KB128409

SPSS활용 통계조사방법론

제갈욱

Statistical survey methodology using SPSS

박영사

머리말

주제의 선정과 자료의 수집, 분석, 보고서 작성은 사회과학을 공부하고 연구하는데 매우 중요한 것으로 현실적인 사회에서 요구되는 것이라고 할 수 있다. 이 교재를 통해 주제 선정부터 설문지 작성, 데이터 코딩, 다양한 방법을 적용한 분석, 분석 결과를 토대로 한 보고서 작성까지 전 과정의 조사방법론에서 필요로 하는 계량분석론, 통계학의 이해력을 높이기 위해서 현실적으로 SPSS, Amos 등의 프로그램의 다양한 분석기법을 통해 관련된 통계치들이 어떻게 도출되었는지를 설명함으로써 학생들을 포함한 방법론에 관심이 있는 사람들의 이해력을 돕고자 이 교재를 제1장 사회과학과 과학적 연구방법, 제2장 사회과학 연구절차, 제3장 개념, 변인 및 측정, 제4장 표집방법, 제5장 서베이 방법, 제6장 설문지 작성법, 제7장 SPSS를 활용하는 방법, 제8장 SPSS를 이용한 기초 통계분석, 제9장 추리통계, 제10장 문항 간 교차비교분석, 제11장 *t*검정, 제12장 일원변량분석, 제13장 다원변량분석, 제14장 공분산분석, 제15장 다변량 분산분석, 제16장 상관관계분석, 제17장 단순 회귀분석, 제18장 다변인 회귀분석, 제19장 가변인 회귀분석(1), 제20장 가변인 회귀분석(2), 제21장 가변인 회귀분석(3), 제22장 경로분석, 제23장 요인분석, 제24장 신뢰성 분석, 제25장 변수계산, 제26장 조절효과 분석방법, 제27장 군집분석 등으로 구성되어 있다.

특히, 각 분석기법을 합리적으로 활용하여 보다 효과적인 결과를 추출할 수 있을 것이다.

끝으로 이 책의 원고를 작성하고 수정하는데 도움을 준 여러 분들에게 고마움을 전한다.

차례

제3장

개념, 변인 및 측정

제4장

표집방법(Sampling Method)

제5장

서베이 방법(Survey Method)

제10장
문항 간 교차비교분석(Chi-square Analysis)

제11장
t 검증

제13장

다원변량분석(n-way ANOVA)

제14장

공분산분석(Analysis of Covariance: ANCOVA)

제19장

가변인(Dummy Variable) 회귀분석(1)

제20장

가변인 회귀분석(2) -명목변인이 2개 이상인 경우-

제21장

가변인 회귀분석(3)
-명목척도와 등간척도(비율척도)로 측정한 변들이 독립변인에 동시에 있는 경우-

제22장

경로분석(Path Analysis)

제23장

요인분석(Factor Analysis)

제24장

신뢰성 분석(Reliability Analysis)

제25장

변수계산

제26장

조절효과 분석방법

제27장

군집분석

제 1 장

사회과학과 과학적 연구방법

제1절 사회과학방법의 의의

1. 사회과학방법의 목적: 사회 내·외에서 일어나는 다양한 상황, 사건, 현상들을 객관적이고 체계적으로 탐색(Exploration), 기술(Description), 설명(Explanation), 예측(Prediction)하는 것을 목적으로 한다.
2. 사회현상(Social Phenomenon): 사회 내의 인간, 인간 간의 상호작용, 사회 구조에서 일어나는 모든 현상을 의미한다.
3. 현상(Phenomenon): 관찰할 수 있는 실체를 의미한다.
4. 변인(Variable): 현상을 수량화(조작화)한 것으로 특정 분류 틀이나 측정 틀에 의해 수치로 기록되어 여러 가지 값을 가지는 대상이나 사건을 의미하는 개념이다.
5. 측정(Measurement): 현상은 설명 가능하게 하는 개념들로 구성되고, 이 개념들을 일정한 법칙에 따라 값(수치)을 부여하는 것을 측정이라 하는데, 이는 현상에 대한 관찰을 좀더 쉽고 객관적으로 할 수 있게 한다.
6. 데이터(Data): 측정된 변인의 값으로 연구를 위한 기초자료로 통계적 방법을 통해 데이터를 체계적으로 분석할 수 있는 자료를 지칭한다.

제2절 사회과학 연구방법 개관

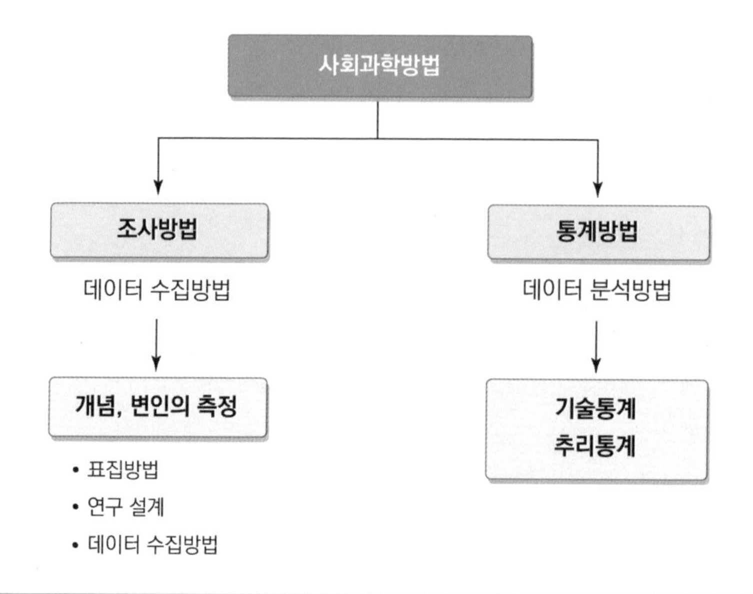

〈그림 1-1〉 사회과학 연구방법

위의 <그림 1-1>과 같이 사회과학연구방법은 조사방법과 통계방법으로 구분할 수 있는데 상대적으로 조사방법은 데이터 수집방법에 초점을 두고 그 내용은 연구분석을 위한 개념의 조작화, 변수의 측정, 연구대상의 표집방법, 자료수집방법, 연구설계로 구성되며, 통계방법은 수집된 자료를 처리하는 데이터 분석방법에 초점을 두는 것으로 이는 기술통계와 추리통계로 구성된다.

1. 조사대상(모집단과 표본)

1) 모집단(Population)

연구자가 연구를 할 때 관심을 가지는 대상 전체를 의미한다.

2) 전수조사(Complete enumeration)

연구자가 전체 대상(모집단)을 대상으로 조사하는 것을 전수조사라 한다.

3) 표본조사(Sampling survey)

대부분의 조사는 제한된 예산, 제한된 시간, 제한된 인력 등의 제한 하에 수행하게 되므로 표본(sample)을 대상으로 조사하는 것을 표본조사라 한다.

2. 조사방법

1) 데이터를 수집하는 과학적 방법

(1) 과학적 연구절차와 변인의 종류와 측정방법

(2) 표본을 선정하는 표집방법: 확률 표집방법과 비확률 표집방법

(3) 연구설계: 서베이(Survey)와 실험(Experiment)연구

(4) 데이터 수집 및 입력방법

3. 통계방법

1) 데이터를 분석하는 방법

(1) 기술통계방법(Descriptive Statistics)과 추리통계방법(Inferential Statistics)으로 구분된다.

(2) 추리통계방법: 모수통계방법(Parametric Statistics)과 비모수통계방법(Non-parametric Statistics)으로 구분된다.

참 고

기술통계방법과 추리통계방법

사회과학연구는 연구자가 관심을 가지고 있는 전체 대상, 즉 모집단(Population)을 대상으로 이루어지지는 않는다. 모든 연구는 제한된 예산과 시간 속에서 수행되기 때문에 모집단을 대상으로 연구하는 것은 불가능한 경우가 많다.

∴ 연구자는 모집단을 가장 잘 대표하는 표본(Sample)을 선정하여 이를 대상으로 연구한다. → 표본은 모집단의 부분집합이다.

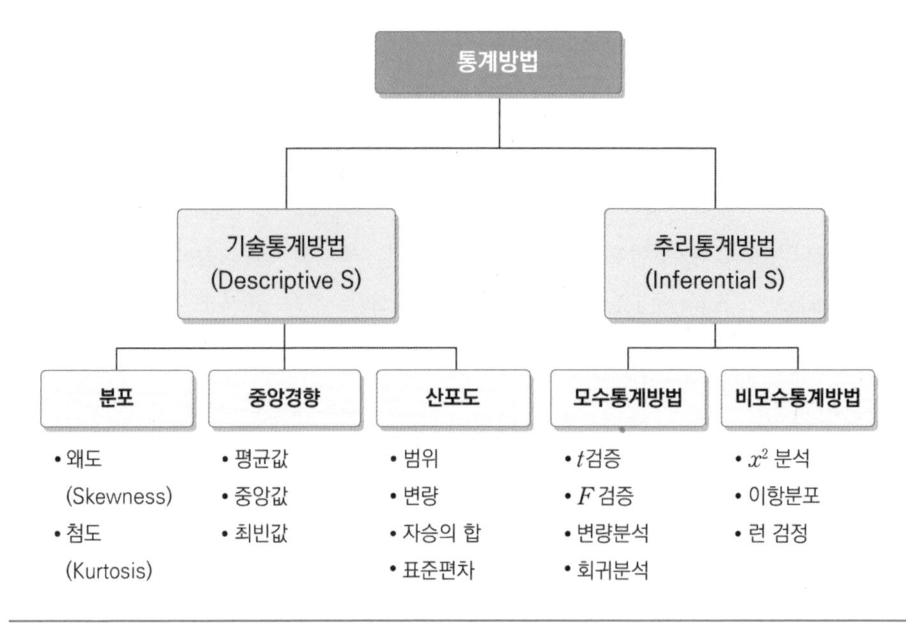

〈그림 1-2〉 통계방법

2) 기술통계방법

표본의 주요 특성이나 속성을 파악하는 통계방법으로 자료의 정리와 단순화를 목적으로 하는 통계방법으로 변인의 분포(Distribution)와 중앙경향(Central tendency), 산포도(Dispersion)를 분석한다.

(1) 변인의 분포: 자료의 분포가 정상분포에 비해 왼쪽으로 기울었는지 오른편으로 기울었는지 파악하는 왜도(Skewness)와 자료의 분포가 정상분포에 비해 뾰족한지 완만한지를 파악하는 첨도(Kurtosis)를 분석하는 것을 말한다.

(2) 중앙경향: 분포의 특성을 평균값(Mean), 중앙값(Median), 최빈값(Mode) 통해 분석하는 것을 말한다.

(3) 산포도(분포): 범위(Range), 사분위수, 변량(Variance), 분산(Sum of square, 자승의 합), 표준편차(Standard Deviation) 등을 통해 각 점수들이 평균값으로부터 얼마나 퍼져 있는지를 분석하는 것을 의미한다.

3) 추리통계방법

모집단과 표본을 구분하여 표본의 연구결과를 모집단에 일반화할 수 있는지를 판단하는 통계방법으로 연구자는 표본의 연구결과를 통해 모집단의 결과를 유추하는 통계방법이다. 즉, 모수통계방법을 사용할지 비모수통계방법을 사용할지는 측정수준(Level of Measurement)과 선형성(Linearity), 변량의 동질성(Homo-geneity of Variance) 등 몇 가지 전제조건의 충족 여부에 따라 결정한다.

(1) 모수통계방법(Parametric Statistics)

모집단의 특성에 관한 정보(분포의 형태와 모수에 대한 사전정보)가 충분하고, 변수의 척도가 등간척도이상으로 측정된 경우 적용될 수 있는 통계분석으로 정규분포일 때는 모수통계를 사용한다. Z검증, t-검정, F-검정(변량분석), 상관관계분석, 회귀분석 등이 해당된다.

예 상관관계분석방법을 정확하게 사용하기 위해서는 모든 변인이 반드시 등간척도(또는 비율척도)로 측정되어야 한다. 이러한 전제 조건들이 충족되었을 때 사용할 수 있는 통계방법이 모수통계방법이다. 모수통계방법에는 t-검정과 변량분석(ANOVA), 회귀분석 등이 있다.

(2) 비모수통계방법(Nonparametric Statistics)

모집단 분포의 형태나 모수에 대한 정보가 부족하여, 모집단의 특성에 대한 가정을 세우기 어렵거나 자료의 척도가 명목척도나 서열척도인 경우 적용되는 통계기법으로 전제 조건들을 충족하기 어려운 상황에 적용한다. 편포일 때는 비모수통계를 사용한다.

대표적인 방법은 χ^2(Chi-square)분석, 이항분포 검정, 런분포 검정, 일표본

4) 분석기법의 분류

통계분석기법은 분류의 기준에 따라 세분화될 수 있으며 다음과 같다:

(1) 분석상 고려되는 변수의 수에 따라 단일변량분석과 다변량분석으로 구분되고,

(2) 변수들 상호 간의 관계에 따라 종속관계에 관한 기법과, 상호관계에 관한 기법으로 구분되고,

(3) 변수들의 척도의 종류에 따라 모수통계분석과 비모수통계분석으로 구분되고,

(4) 표본을 추출하는 집단 수에 따라 표본이 2개 이상인 경우에는 표본 간의 독립성 유지 여부에 따라 분석기법이 달라진다.

일반적으로 변수들 간 관계분석을 파악하기 위해서는 상관분석, 신뢰도분석, 요인분석(구인 타당성 분석)

4. 독립-종속변수 관계 분석

1) 독립변수(질적변수)

(1) 독립변수(질적변수)

교차분석(카이제곱, χ^2) = 독립변수와 종속변수 각 1개

(2) 종속변수(양적변수)

① 독립변수 1개(2집단), 종속변수 1개
- 단일 집단의 점수를 특정(모집단) 점수와 비교: 단일표본 t-검정
- 두 종속(대응)집단 비교: Paired t-검정
- 두 독립집단 비교: t-검정(등분산성 가정): Welch-Aspin 검정이론(이분산성 가정)

② 독립변수 1개(3집단 이상), 종속변수 1개: One-way ANOVA

③ 독립변수 2개, 종속변수 1개: Two-way ANOVA

④ 독립변수 3개, 종속변수 2개: Three-way ANOVA

⑤ 독립집단 t-검정과 ANOVA에서 무선표집에 문제가 있을 때: ACOVA(공분산분석)
- 종속변수에 영향을 주는 양적변수인 매개변수(사전점수, 지능 등)를 공분산으로 두고 검정

⑥ 독립변수 1개 이상, 종속변수 2개 이상: MANOVA(다변량분산분석)
- MANOVA(다변량분산분석)도 가능: ANCOVA의 확장

2) 독립변수(양적변수)

(1) 종속변수(질적변수)

① 독립변수 2개 이상, 종속변수 1개가 이분변수(합격여부 등)일 때: 로지스틱 회귀분석

② 독립변수 2개 이상, 종속변수 1개가 다분변수(선호정당 등)일 때: 판별분석

(2) 종속변수(양적변수)

① 독립변수 1개, 종속변수 1개: 단순회귀분석

② 독립변수 2개 이상, 종속변수 1개: 중회귀분석

③ 독립변수 2개 이상, 종속변수 2개 이상[1]: 경로분석, 구조방정식 모형

〈표 1-1〉 **분석목적과 방법**

분석의 목적	독립변수	종속변수	분석기법
조사도구 결정			분석-척도-신뢰도 분석
기술통계	질적변수 (명목, 서열)	질적변수	분석-기술통계-빈도분석/기술통계
			분석-기술통계-교차분석
평균비교	질적변수 (2개)	양적변수 (등간, 비율)	분석-평균비교-독립표본 T-검정
		양적변수 (2개)	분석-평균비교-대응표본 T-검정
	질적변수 (3개 이상 또는 2개)	양적변수	분산분석(ANOVA) 분석-평균비교-일원배치 분산분석
인과관계	양적변수 (여러 개)	양적변수	분석-상관분석-이변량 상관계수 분석-회귀분석-선형 그래프-산점도
기타			경로분석(반응변수들 간의 인과관계 존재) 구조방정식모형(경로분석과 인과분석의 혼합형태) 비모수적 분석(정규성, 등분산성 등의 가정이 적절하지 않은 경우)

---

1) 독립변수가 질적변수라도 더미변수로 코딩하면 분석이 가능함.

제2장

사회과학 연구절차

제1절 데이터를 분석하는 통계 프로그램

SPSS/PC, SAS, STATA, BMDP, MINITAB, Crustall Ball 등이 있다.

1. SPSS/PC를 시행하는 두 가지 방법

1) SPSS/PC Syntax Editor를 사용하여 연구자가 프로그램을 만들어 실행하는 방법과
2) 메뉴판을 이용하는 방법이 있다.

제2절 사회과학적인 연구과정

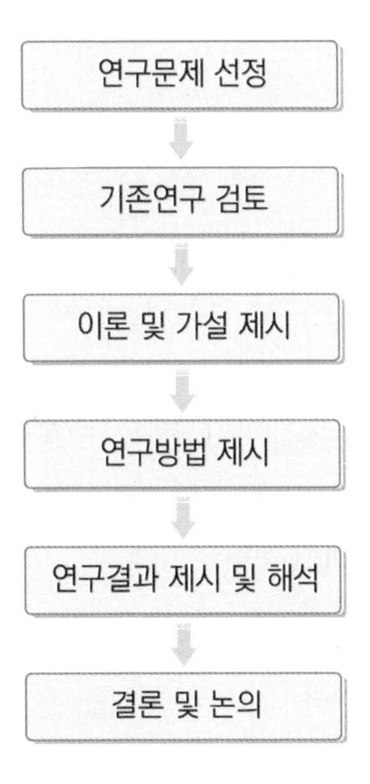

1) 연구자는 연구하고 싶은 연구문제를 선정한다.
2) 연구자는 기존(선행)연구를 검토한다.
3) 연구자는 기존연구들의 문제점을 보완 또는 개선할 수 있는 이론을 찾거나 때로는 새로운 이론을 만들어 이를 기존 이론의 대안으로서 제시한다. 이론의 타당성을 구체적으로 검증할 수 있는 연구가설(대립가설, Alternative Hypothesis)을 만들어 제시한다.
4) 가설을 검증할 수 있는 수단인 과학적인 연구방법 제시한다.
5) 연구방법을 이용하여 데이터를 분석한 후 연구결과를 제시한다.
6) 결론과 논의: 연구결과 요약하고, 가설검증을 통해 이론이 적절했는지를 판단하고, 연구가 지닌 의의를 논의한다.

1. 연구문제의 선정(고려사항)

연구의 성공과 실패는 어떤 문제를 선정하느냐에 달려있다.

1) 너무 광범위한 연구문제를 잡아서는 안 된다.
2) 현실적으로 조사 가능한지를 검토한다.
3) 연구할 만한 가치가 있는지 검토한다.
4) 연구할 비용과 시간을 고려한다.
5) 윤리적인 문제를 고려한다.

2. 기존연구 검토

연구자가 제기한 연구문제와 직접적으로 관련된 연구들을 비판적으로 검토하는 단계이다.

1) 이론적인 측면(Value)에서 검토

개념의 정의와 개념과 개념 간의 논리적 관계를 중심

2) 방법론적인 측면(Fact)에서 검토

개념 측정의 적합성과 방법의 타당성을 중심

3. 이론 및 가설 제시

기존문헌 검토에서 제기한 문제점을 해결하기 위한 대안(Alternative)으로 기존의 이론을 부분적으로 보완하였거나 개선시킨 이론이나 새로운 이론을 제안하는 단계이다.

1) 이론에서는 개념들이 등장하고, 이들 개념들 간의 상호관계가 제시된다.
2) 합리적인 이론은 사용된 개념이 명확하게 정의되고, 개념들 간의 상호관계가 논리적으로 연결된 것으로 현상을 잘 설명하는 이론을 말한다.
3) 비합리적인 이론은 사용된 개념이 명확하게 정의되어 있지 못하거나, 개념들 간의 관계가 체계적으로 연결되어 있지 못해 현상을 잘 설명할 수 없는 이론을 말한다.
4) 가설(Hypothesis)은 변인들 간의 관계에 대한 검증 가능한 연구자의 주장으로, 추상적 개념을 현실세계에서 구체적으로 검증할 수 있도록 조작적 정의(Operational Definition)를 통해 수량화시켜야 하는데 수량화된 개념을 변인이라 하며, 변인들 간의 상호관계(인과관계)에 대한 연구자의 주장을 가설이라 한다.

※ 고려사항

① 가설은 이론과 모순되어서는 안 된다(일치성).
② 가설에서는 변인들 간의 논리적인 일관성이 있어야 한다(일관성).
③ 가설은 간결하게 서술되어야 한다(간결성).
④ 현실적으로 조사와 분석이 가능하여야 한다(현실성).

4. 연구방법 제시

이론과 가설을 제시한 다음에는 이를 경험으로 검증할 수 있는 연구방법을 제시하는 단계이다.

1) 연구방법: 가설을 검증할 수 있는 도구

과학적인 방법이 되기 위해서는 데이터 수집이 객관적(objective)으로 이루어져야 하고, 개념 정의 및 측정이 명확하게(clear) 이루어져야 하며, 가설을 검증할 때 사용방법이 타당하여야(validity) 한다.

2) 연구방법을 제시할 때 고려사항

(1) 객관적으로 데이터를 수집할 수 있는 방법을 선택
(2) 가설에서 제시한 변인들을 제대로 정의하고, 측정
(3) 변인들 간의 상호관계를 분석하는 적절한 방법 선택

5. 연구결과 제시 및 해석

연구결과 제시 및 해석 부분에서는 연구가설의 분석결과를 제시한다. 분석결과는 외적 타당성과 내적 타당성을 기준으로 해석하여야 한다.

1) 외적 타당성(External Validity)

모집단과 장소, 시간에 구애됨 없이 연구결과를 일반화 시킬 수 있느냐의 문제, 외적 타당도가 결여된 연구는 다른 상황에 적용될 수 없는 한계를 가진다.

2) 내적 타당성(Internal Validity)

연구자가 의도했던 데로 측정과 조사가 이루어졌는가의 문제, 내적 타당도를 높이기 위해서는 연구가 진행되는 동안 항상 오류를 줄이려고 최선을 다해야 한다.

6. 결론 논의

1) 결과의 요약부분은 연구자가 왜 이러한 연구를 했고, 어떠한 연구과정을 거쳐 연구했으며, 연구결과는 무엇인지를 밝힌다.
2) 연구의 한계를 서술하는 부분으로서 연구를 수행하는 과정에서 나타난 이론적·방법론적 문제를 기술한다.
3) 미래의 연구방향을 제시하는 부분으로 다른 연구자를 위해 앞으로 어떠한 연구가 어떻게 이루어졌으면 좋겠다고 연구자의 바램을 서술한다.

제3장

개념, 변인 및 측정

제1절 개념(Concept)

과학적 연구방법의 목적은 가설검증을 통해 이론의 타당성을 밝히는 것이다.

1. 이론(Theory)

특정 현상을 설명하기 위해 개념(Concept)을 제시하고, 개념 간의 상호관계를 논리적(체계적)으로 서술한 일련의 진술문이다.

2. 개념(Concept)

특정 현상을 설명하기 위해 만든 추상성이 강한 실체로 추상적인 생각이나 현상을 설명하는 단어나 문구로 표현된다.

예 경제성, 합리성, 학업성취도, 만족도 등

제2절 변인(Variable)의 종류

개념은 추상성이 강하기 때문에 이 추상적인 개념을 가지고 경험적으로 연구할 수 없다.

따라서 연구자들은 개념을 변인(Variable)으로 만들어야 하고 이러한 과정을 개념의 조작화(수량화)라고 한다.

1. 변인은 과학적 연구에서 측정을 위해 개념을 수량화한 것으로 변인은 속성을 가진다. 여기서 속성은 어떤 특정변인을 구성하는 특징이라 할 수 있다.

   예 남성과 여성은 속성이고 이 속성들로 구성되는 성별은 변인이다. 중학교졸업, 고등학교졸업, 대학교졸업, 대학원졸업은 속성이고 이 속성들로 구성되는 학력은 변인이다.

〈표 3-1〉 개념과 변인 간의 관계

개 념		변 인
수량화 정도	수량화 →	변인으로 갈수록 높아짐
만족도	수량화 →	매우 만족한다(5점) 만족한다(4점) 보통이다(3점) 만족하지 않는다(2점) 전혀 만족하지 않는다(1점)

2. 과학적 연구는 개념을 수량화시킨 변인들 간의 상호관계를 연구하는 것으로 연구자는 변인들 간의 상호관계에 인과관계(Cause and Effect)를 설정하여 연구한다. 이러한 변인들은 독립변인과 종속변인으로 구분될 수 있다.
   ① 독립변인(Independent Variable)은 연구자가 원인(Cause)으로 여기는 변인으로 결과를 설명하는 변인이다.
   ② 종속변인(Dependent Variable)은 연구자가 결과(Effect)로 여기는 변인으로 독립변인 설명의 대상이 되는 변인이다.
   ③ 독립변인과 종속변인의 구분은 연구목적에 따라 달라질 수 있다.

예 "지방정부의 재정력이 사회복지지출에 미치는 영향"이라는 연구주제에서 지방정부의 재정력은 독립변인, 사회복지지출은 종속변인에 해당한다.

제3절 조작적 정의(Operational Definition)

추상적 개념을 현실세계에서 관찰이 가능하도록 수량화하기 위해서 개념을 다시 정의하게 되는데, 이를 조작적 정의(Operational Definition)라고 한다. 즉, 연구를 수행하기 위해 측정할 수 있는 변인으로 개념을 재정의하는 것을 말한다.

제4절 변인의 측정(측정수준)

측정수준(Level of Measurement)은 척도라고도 부르는데 4개의 주요 측정수준이 있고, 이들은 그 특성에 따라 특정 통계시험(Statistical Tests)만 적절하다. 개념이 가진 속성에 정해진 규칙에 따라 수치를 부여하는 것을 측정이라 하고, 일정한 규칙을 세워 질적인 자료를 양적인 자료로 전환한 것을 척도라고 한다.

1. 명목척도(명명척도, Nominal Scale; Categorical Data): 분류

연구자가 어떤 현상에 대해 임의로 값을 부여하는 것으로 관찰대상을 범주로 분류하기 위하여 숫자를 사용한다.

1) 대표적인 통계치

퍼센트, 최빈치, 비모수통계

예 성별, 종교, 선수의 등번호, 직업, 지역, 국적

2) 독단적, 이름만 존재(답변: only one and one code)

예 투표시 각 당을 수치로 명명한 것

참고

Only to Identity Categories

만약 4개의 판매지역이 있다면, 이 지역은 순차적으로 1, 2, 3, 4로 명명된다. 양적인 변수인 성별은 남성 1, 여성 2로 코드화 된다.

3) 명목척도의 수적인 명칭은 양적인 측면을 의미하는 것은 아니다.

4) 명목의 의미는 단순히 카테고리의 이름을 나타내는 것이다.

5) 1 또는 2라는 값을 부여하였을 경우, 값에는 아무런 의미가 없고, 단지 구분하기 위해 값을 부여했을 뿐이다.

6) 현상을 분류할 때 분류 항목이 상호배타적(Mutually Exclusive)이어야 한다. 상호배타적이란 어느 한 항목에 속한 사람이 다시 다른 어느 항목에는 속하지 말아야 한다. String(Alphanumeric) or Numeric

2. 서열척도(Ordinal Scale): 분류, 순위

1) 관찰대상의 속성에 따라 크기나 양의 많고 적음 등 서열(순서)을 결정하는 척도로 관찰대상의 상대적인 순위만을 구별한다.

2) 연구자가 어떤 현상을 순위에 따라 등급을 매겨 수량화하는 것을 말한다.

3) 명목척도와 달리 서열척도의 값은 수학적 의미를 지닌다.

4) 서열척도에서는 등급들 사이의 차이가 얼마나 되는지는 알 수 없다. 다시 말해, 계속되는 두 척도(속성) 간의 거리의 등간성이 성립하지 않는다.

5) 대표적인 통계치

중위수, 비모수통계

예 성적순, 기업의 매출액 순위, 차량의 크기순위, 경제수준(상, 중, 하)

6) 순서

예 기쁨의 정도

1	2	3	4	5
매우 불행				매우 행복

예 서열척도

귀하의 학교 성적은 어느 정도 입니까?

① 상	② 중	③ 하

석차의 경우, 1등은 2등보다 성적이 높고, 2등은 3등보다 성적이 높다는 것을 의미하지 1등과 2등의 차이와 2등과 3등의 차이가 같음을 의미하지 않는다.

순서의 의미로 숫자를 사용한다. 순위(Rank)는 크기(Magnitude)를 표시하고, 순위사이의 차이가 같음을 의미하는 것은 아니다.

String(Alphanumeric) or Numeric으로 Value Labels를 정의

Numeric variables without defined value labels but less than a specific number of unique values are set to Ordinal.

3. 등간척도(Interval Scale): 분류, 순위, 등간격

서열화된 척도이나 순위척도와는 달리 척도 간의 간격이 같은 등간성이 존재한다.

예 IQ, 온도, 시간

1) 리커트 척도(Likert's Method)

수식어에 의해 격을 매김으로써 선택지에 순서관계를 갖게 하는 방법이다. 기본적으로 5개의 문항으로 구성된다. 정도(약 → 강)

통계적 신뢰도를 높이기 위해 보통 5점 척도를 많이 사용하며, "매우 그렇다, 그렇다, 보통이다, 그렇지 않다, 매우 그렇지 않다" 등으로 구성된다. 4점 척도의 경우는 중립적인 응답 범주를 뺀 "매우 그렇다, 그렇다, 그렇지 않다, 매우 그렇지 않다"로 구성된다.

리커트 척도의 변형된 모습으로 "매우 만족한다～매우 불만이다", "매우 효과적이다～전혀 효과가 없다", "완전히 찬성한다～완전히 반대한다", "확실하다～불확실하다" 등이 가능하며, 이런 다양한 척도들은 하나의 설문지 안에서 혼합되어 사용될 수 있다. 리커트 척도는 구성이 간단하여 제작이 편리하며, 다양한 상황과 조건에 적용할 수 있어 널리 사용된다.

예 리커트법: 이 방은 "따뜻한" 인상을

1	2	3	4	5
매우 받는다	약간 받는다	보통	약간 받지 않는다	매우 받지 않는다

2) 의미분화척도(SD[1]: Semantic Differential Technique)

하나의 사물이나 개념을 여러 가지 의미의 차원에서 측정할 수 있도록 서로 반대의 의미를 갖는 형용사 쌍을 사용해서 격 매김해 가는 방법이다. 특징은 척도의 양 극점에 서로 상반되는 형용사를 사용, 본질적인 뜻을 몇 개의 차원에 따라 측정함으로써 태도의 변화를 좀더 정확하게 파악할 수 있으며, 가치와 태도의 측정에 적합하며, 다양한 연구문제에 적용이 가능하며, 연구목적에 부합되는 타당성 있는 분석이 가능하다.

예 SD법: 부정적 의미에서 긍정적 의미

-2	-1	0	+1	+2
매우 좋지 않다	좋지 않다	그저 그렇다	좋다	매우 좋다

3) 거트만 척도(Guttman Scaling)[2]

단일 차원성의 개념에 기초하여 어떤 현상에 대한 문항들을 질문의 강도에 따라 순서대로 나열하는 경우에 사용하는 방법이며, 거트만 척도는 태도나 의견에 대한 측정에서 사용되는 가장 일반적인 방법이다.

4) 서스톤 척도(Thurstone Scaling)

특정 사실에 대하여 가장 우호적인 태도와 가장 비우호적인 태도를 나타내는 양 극단적인 경우에 사용하는 방법이다. 서스톤 척도의 구성에서 자극에 대한 평가는 응답자의 태도를 반영할 수밖에 없다는 한계를 갖는 단점이 존재한다.

예 행정학 전공은 장래 성공의 최선의 선택이다.
그렇다(　　) 아니다(　　)

---

1) 의미분화법, 의미척도법 또는 의미미분법: 1959년 미국 심리학자 찰스 오스굿, 인간이 가지고 있는 측정하기 어려운 감성을 물리적·정량적으로 표현하는 개념의 한 방법. 의미를 미분하여 수치로 분석하는 방법. 뜨겁다–차갑다, 화려하다–수수하다, 단순하다–복잡하다. 서로 상반되는 수식어를 양쪽에 배열하고 그 중간에 3점 또는 5점, 10점 등의 척도를 두어 제시된 샘플의 이미지에 대한 연상의미의 값을 평점하는 것. 좋다–나쁘다(평가), 크다–작다(역량), 활발함–활발치 않음(활동성). 이 방법을 통해 Leader의 Leadership이 일반대중에게 어떤 의미로 받아들여지는가를 분석할 수 있으며, color or design 등 반드시 언어적인 것이 아니라도 인간이 감성적으로 느껴지는 정도를 정량적으로 분석할 수 있는 방법이다.

2) Louis Guttman이 개발한 척도법으로 누적 척도법(Cumulative Scaling)이다.

5) 설문조사를 할 때 가장 많이 사용되는 척도로 측정대상의 위치에 따라 수치를 부여할 때 이 숫자상의 차이를 산술적으로 다룰 수 있다.

6) 대표적인 통계치

산술평균, 분산, 모수 통계치 등

예 설문지의 5점 척도 또는 7점 척도

7) 사회과학에서 사용되는 대부분 통계학은 등간 척도 자료를 설계하고 사용한다.

거리(distance): 숫자 사이의 거리 똑같다. 한 쌍의 응답 사이의 거리 설명

8) 연구자가 어떤 현상에 인접 점수간의 간격을 같도록 만들어 수량화하는 것을 말한다.

예 IQ 120과 121의 차이 1, 121과 122의 차이 1은 같다.

9) 등간척도는 절대 영점이 없다.

예 귀하는 중국이 우리나라의 친구라고 생각하십니까?

그렇지 않다				그렇다
1	2	3	4	5

4. 비율척도(Ratio Scale): 분류, 순위, 등간격, 절대값 0

1) 등간척도의 속성을 가지고 있는 동시에 절대 영점을 가지고 있는 현상에 값을 부여하는 것을 말한다.
2) 위의 3가지 척도의 특수성에 비율개념이 첨가된 척도이다.
3) 절대 영점(Absolute Zero)의 개념이 포함(거리: Length)된다.[3)]
4) 대표적인 통계치: 기하평균, 조화평균, 모수통계치 등

예 비율 값, 키, 몸무게

3) 절대 영점인 "0"의 개념이 포함.

5) 비율자료(Ratio Data): 한 Score가 다른 것의 두 배이다.

6) 통계학에서 잘 사용하지 않는다.

7) 부정적인 거리(Negative Length)는 없다.

예 몸무게와 키, 속도

8) 절대 영점이 있기 때문에 현상 간에 비례적 비교가 가능하다.

예 비율척도의 예
귀하는 하루 평균 TV를 어느 정도 보십니까? (　　)시간

참고

- 변인의 측정방법에 따라 통계방법이 결정되기 때문에 변인을 수량화할 때에는 신중히

  예 독립변인과 종속변인을 명목척도로 측정 → 통계방법은 χ^2방법밖에 없다.
  예 독립변인과 종속변인을 등간척도(또는 비율척도)로 측정 → 회귀분석방법

- 변수의 정의

  Scale: 등간(Interval) 또는 비율(Ratio) 척도의 수적인 자료

제5절 측정의 타당도(Validity)

연구자가 측정하고자 하는 것을 타당하게 측정하였는가를 판단하는 것이다.

1. 타당도

개념의 정의와 조작적 정의가 일치하는지를 평가하는 것이다.

1) 외관적 타당도(Face Validity)

측정방법이 언뜻 보기에 측정하고자 하는 것을 제대로 측정하는지 여부를 검사하는 것이다.

예 무게를 측정할 때, 저울 대신에 자로 측정하였다면 이는 잘못된 것이다.

2) 예측 타당도(Predictive Validity)

미래에 나타날 결과를 얼마나 정확하게 예측할 수 있는지를 검증함으로써 알 수 있다.

예 선거에서 어느 후보가 승리할 것인가를 예측하기 위한 측정에서 얻은 수치를 실제 투표결과와 비교해서 검증할 수 있다. 특정 측정방법으로 실제 투표결과를 정확하게 예측했다면 측정방법의 예측 타당도가 높다고 할 수 있다.

3) 공인 타당도(Concurrent Validity)

측정방법이 현존하는 기준과 비교하여 타당한지를 검증하는 것이다.

예 청소년의 폭력성향에 관한 측정방법을 통해 폭력적인 청소년과 비폭력적인 청소년을 구별할 수 있다면 측정방법은 공인 타당도가 높다.

4) 구성 타당도(Construct Validity)

측정방법이 전체 이론 속에서 다른 개념들과 논리적으로, 경험적으로 제대로 연결되었는가를 검증함으로써 알 수 있다.

예 연구자가 폭력적인 텔레비전 드라마 시청량이 청소년의 폭력성향에 영향을 미친다는 가설을 검증할 때 이 두 변인 간의 관계가 높게 나왔다면 측정방법의 구성타당도가 높다.

2. 타당도의 유형

타당도의 유형은 주관적 판단에 근거하느냐, 기준에 근거하느냐, 이론에 근거하느냐에 따라 다음 표와 같이 분류될 수 있다.

주관적 판단에 근거	기준에 근거	이론에 근거
외관적 타당도	예측 타당도 공인 타당도	구성 타당도

제6절 측정의 신뢰도(Reliability)

1. 변인의 신뢰도

1) 한 가지 측정방식을 가지고 시간차를 둔 상이한 시점에서 각각 사용해서 일관성 있는 측정결과를 얻을 수 있는지를 판단하는 것이다.

예 사람 간의 관계
특정 사람의 행동이 어제도, 오늘도 같다면 그 사람은 신뢰할 만하다고 말하지만, 어제와 오늘의 행동이 일관성이 없어 예측할 수 없다면 그 사람은 신뢰할 만하지 못하다고 말한다.

2) 신뢰도는 동일 대상에 대한 유사한 측정방법들 사이에 일관성 있는 측정결과를 얻을 수 있는지를 판단하는 것이다.

예 금반지의 무게를 측정할 경우, 한 금은방에서 쓰는 저울과 다른 금은방에서 쓰는 저울이 같은 결과를 보였다면 그 저울은 신뢰할 만한 것이다.

제7절 사회조사 과정

〈표 3-2〉 사회조사 과정

순서	주 제	내 용
1	주제/연구가설의 설정	무엇을 조사할 것인가? 조사의 주제 또는 가설을 설정
2	자료(정보) 수집	조사에 대한 이론적 기초가 되는 자료(정보) 수집 · 검토
3	조사설계/조사계획 작성 조사준비 단계	조사의 목적 또는 목표와 연관된 가설 구체화 조사내용, 조사방법, 예산, 조사원 투입, 이론적 배경, 조사분석의 방법설정 모집단 설정과 표본추출 준비단계

4	설문지 작성/자문	조사목적과 목표 또는 가설에 적합한 설문초안 작성, 전문가의 자문과 자체회의를 통한 초안 완성
5	표본추출 사전조사/설문보완	조사대상집단의 일부를 무작위로 선정하고 예비조사를 시행하여 설문수정
6	본조사 진행	설문조사 실시, 조사원과 설문지 관리 철저
7	코딩/입력	설문지마다 고유의 ID 부여하고 수집된 자료를 분석을 할 수 있도록 입력
8	통계처리	조사계획서에 있는 목적 또는 목표, 가설에 근거한 조사설계에 부합하는 적절한 방법을 통한 통계처리
9	보고서 작성	자료조사와 통계처리된 결과를 토대로 보고서 작성
10	총괄평가	전체 과정에 대한 평가, 조사대상의 문제점과 해결방안 정리, 문서화
11	발표	정책으로 적용

1. 조사설계

연구주제에 대한 결과를 도출하기 위한 조사연구의 계획이다. 조사자 특성과 환경, 측정도구, 조사방법(면접, 우편, 전화, 인터넷), 응답자 특성, 조사과정에서의 오류와 실수 등에 의해 항상 오차는 존재할 수 있기 때문에 이를 사전에 방지한다는 측면에서 조사설계는 중요한 의미를 가진다.

1) 조사목적과 목표의 설정

(1) 조사목표는 조사를 통해 알고자 하는 사항을 조사목적을 보다 구체적으로 표현(상위목표와 하위목표)하는 것이다.

(2) 조사목적은 조사가 필요한 배경과 조사의 필요성에 대해 개괄적이고 지향적으로 서술하는 것이다.

(3) 가설은 인과관계에 기초하여 검정할 예비적 이론을 정립하고 명제로 진술하는 것이다.

2) 조사개요

(1) 조사대상 선정과 표본추출단계에서 표집오차를 최소화하기 위해 모집단의 특성을 고려하고 무작위 표본추출을 통해 적정 수 이상의 표본수를 확보하는 것이 중요하다.

(2) 조사방법은 비표집오차를 최대한 줄일 수 있어야 한다. 조사계획, 조사과정, 통계 · 분석과정을 철저히 관리하여 오차를 최소화하고 조사원 교육과 설문내용의 구성을 철저히 하여야 한다.

(3) 조사책임자, 통계방법, 조사일정 약술한다.

참고

표집오차(Sampling Error)와 비표집오차(Non-sampling Error)

표집오차는 표본을 추출하여 조사하기 때문에 발생하는 오차로 무작위성(Randomness)과 동질성(Homogeneity)이 그 원인인 반면, 비표집오차는 표본을 추출하는 것과 관계없는 오차로 그 원인은 무응답오차(Non-response Error), 응답오차(Response Error), 처리오차(Processing Error)이다. 편의 제거, 적절한 표본추출방법의 선택, 적절한 표본의 크기 확보를 통해 표집오차를 줄일 수 있으며 응답자의 조사에 대한 관심유발, 조사원의 철저한 교육과 적절하고 신중한 통계처리를 통해 비표집오차를 줄일 수 있다.

3) 조사내용

(1) 조사내용을 제시할 때는 구체적이고 단순하게 제시하고 설문 흐름의 파악을 쉽게 하여야 한다.

(2) 가급적 표나 흐름도를 포함하여 이해를 돕는 것이 좋다.

4) 조사일정

(1) 조사일정에 사전조사를 포함하여 조사의 신뢰성을 높인다.

(2) 조사일정 중 실제 설문지를 만드는 기간, 조사를 실시하는 기간은 여유있게, 현실적으로 가능한 최적의 기간을 선정하는 것이 바람직하다.

5) 예산

〈표 3-3〉 예산 항목

	항 목	내 역	예 산	비 고
1	문헌조사비/자료구입비			필수비용
2	설문 · 조사 자문비			
3	설문인쇄비			필수비용
4	조사대상자 선물비			
5	조사원 교육비			
6	조사원 활동비			필수비용
7	코딩 · 입력비			
8	통계처리비			
9	보고서 제작비(원고료)			
10	보고서 인쇄비			필수비용
11	평가 · 자문회의비			
12	세미나비용 별도			

2. 설문지 작성과 관리(6장 참조)

조사는 목적과 주제, 대상, 조사기간과 비용에 따라서 달라지며, 조사방법에는 면접조사, 전화조사, 우편조사, 인터넷조사 등이 있다. 조사는 조사방법에 따라 표본 추출과 질문의 수가 달라지기 때문에 신중하게 선택하여야 한다, 또한 조사는 조사목적, 조사내용, 조사기간과 예산 등을 고려하여야 한다.

3. 표본추출

오늘날 대부분의 조사는 전수조사가 아니라 표본조사이기 때문에 타당한 표본을 추출하는 것은 매우 중요한 일이다. 이러한 측면에서 대표성과 표본의 크기는 표본추출의 중요한 기준이다.

1) 대표성

표본은 모집단의 부분집합이기 때문에 전체 모집단을 충분히 대표할 수 있어야 한다. 즉 모집단의 특성(성비, 연령, 출신지 등)이 잘 반영되도록 추출되어야 한다. 표본의 적절성(adequacy of sample)

2) 일반적으로 사회과학분야에서는 신뢰수준 95%(p=0.05)를 기준으로 하기 때문에 p값이 0.05보다 작으면 무조건 가설은 채택된다. 또한 t값이 ±1.96이상이 될 때도 가설은 채택된다. 예를 들어, 가설을 검정하였더니 p값이 0.45가 나왔으면 p값이 0.05보다 작으므로 가설이 채택되었다고 해석한다. 또한 t값이 −2.01이 나왔을 경우는 역시 t값이 ±1.96 이상이 되므로 가설을 채택하게 된다.
결과적으로 p값이 0.05보다 작으면 가설이 채택되고, t값이 절대치 1.96보다 크면 가설이 채택된다.

3) 표본의 크기도 모집단을 대표할 만큼 적정해야 한다.

〈표 3-4〉 모집단의 크기

모집단의 크기	적정표본의 크기							
	95%신뢰도 수준에서의 허용표집오차				99%신뢰도 수준에서의 허용표집오차			
	±1%	±2%	±3%	±5%	±1%	±2%	±3%	±5%
1,000	-	-	473	244	-	-	-	360
3,000	-	1,206	690	291	-	-	1,021	470
5,000	-	1,437	760	303	-	2,053	1,182	502
10,000	4,465	1,678	823	313	-	2,584	1,341	527
20,000	5,749	1,832	858	318	8,213	2,967	1,437	542
50,000	6,946	1,939	881	321	10,898	3,257	1,502	551
100,000	7,465	1,977	888	321	12,231	3,367	1,525	554
500,000이상	7,939	2,009	895	322	13,557	3,460	1,544	557

- 적정표본의 크기는 다음과 같은 식에 의해 결정된다.
  $n=(1.96)^2/(4e^2)$
- 예를 들어, 신뢰수준을 95%으로 하고 허용표집오차를 5%로 추정하기 위해 최소한 몇 명 이상을 조사대상으로 해야 하는가?
  $n=(1.96)^2/(4\times0.05^2)=384$ (추가 작성한 부분으로 확인 필요)

4. 통계분석

1) 분석준비

(1) 입력된 자료를 설문지와 대조하여 재확인한다.

(2) 자료를 입력하는 것은 분석프로그램(SPSS)을 활용한다.

(3) 변수(Variable View) 설정, Label, Missing Value 등을 지정한다.

(4) 빈도분석, 교차분석 후 결과와 설문지 확인하여 입력오류 찾아 수정(Find)한다.

(5) 저장

2) 기초분석

(1) 빈도, 백분율, 평균과 표준편차 → 전체적인 결과의 흐름 파악할 수 있다.

(2) 연령대(10살 단위), 학력(각 영역의 비율 고려)

3) 독립변수가 종속변수에 미치는 영향을 분석

회귀분석을 사용하며, 경로분석, 요인분석, 다차원분석 등을 상황에 맞게 사용한다.

4) 1순위 2순위 등 우선순위가 주어진 복수응답의 분석의 경우,

(1) 1순위, 2순위가 주어진 경우 1순위 빈도수를 2배로 만들어(가중치 부여로 빈도수의 200%에 해당하는 값) 2순위의 빈도와 더하면 전체 종합순위가 된다.

5) 다양한 분석방법을 정리하면 〈표 3-5〉와 같다.

〈표 3-5〉 **분석방법**

빈도분석	모든 척도	모든 변수의 첫 번째 분석에 사용되는 가장 기초적인 분석
기술통계분석 (Descriptive)	등간, 비율척도	연령, 키, 월평균 급여, 5점 리커트 척도 등과 같이 등간, 비율척도로 구성된 변수의 최소값, 최대값, 평균, 표준편차

교차분석 (Crosstabs)	주로 명목, 서열척도 척도 무관	2개 이상, 최고 4개까지의 변수와 변수 간의 분포와 비율을 보고자 할 때 사용, 독립변수와 종속변수의 관계가 있을 수도 있으며, 분포가 너무 넓으면 코딩변경을 통하여 범주 재조정한 다음 사용 교차분석 시 χ^2검정의 조건이 안되는 경우 (추리통계가 아닌 경우, 총 응답자가 30명 미만이거나, 셀 내 최소 기대빈도가 5 미만인 경우가 20%보다 크거나 같은 경우)에는 다시 코딩 변경할 구역을 설정하거나 다른 통계방법 고려
t-검정 (t-test)	독립: 두 개 범주로 된 척도 종속: 등간 이상 서열인 경우 비모수통계 사용	독립변수가 2개의 값을 가지면서 (성별, 고학력과 저학력 등) 종속변수가 등간척도, 비율척도인 경우 사용 Independent Samples t-test는 독립변수는 성별, 직업유무 등 2개의 범주를 가지고 있으며, 종속변수는 등간척도 이상으로 되어 있어 종속변수의 평균차이가 있는지 없는지를 검정하는 소표본 통계방법 Paired Samples t-test는 동일한 대상의 두 개의 서로 다른 측정치의 평균비교를 할 때 사용. 장애인과 함께하는 프로그램에 참여하기 이전에 장애인에 대한 인식과 참여 후의 장애인에 대한 인식이 과연 변화가 있었는가를 분석할 때 사용
평균비교 (Means)	독립: 명목, 서열 종속: 등간, 비율	종속변수는 반드시 등간 이상의 평균을 구할 수 있는 변수일 경우에 사용한다. 옵션을 선택하면 분산분석도 사용할 수 있다.
카이자승 (χ^2)	명목, 서열척도 조건 맞으면 척도 무관	독립변수, 종속변수 모두 명목, 서열척도인 경우 주로 사용하지만, 조건만 맞으면 척도에 상관없이 사용 가능. 독립변수 내 각 범주별로 종속변수에서의 분포가 같은지 다른지를 검정할 때 사용
상관관계	독립: 서열 이상 종속: 서열 이상	독립, 종속변수 모두 서열척도 이상이어야 함. 단, 상관관계는 인과관계가 없는 경우에도 분석 가능. 등간척도 이상의 변수로 구성될 경우 Pearson, 서열척도가 하나라도 포함되면 Spearman, Kendall's tau-b 선택. 회귀분석 결과에 대한 예측
분산분석 (ANOVA) 일반선형모델 (GLM)	독립: 두 개 이상 범주로 된 척도 종속: 등간 이상 서열인 경우 비모수통계 사용	독립변수의 범주가 두 개 이상으로 되어 있으며, 종속변수는 평균을 구할 수 있는 등간척도 이상으로 되어 있는 경우 평균의 차이가 있는지를 분석하기 위해 사용. 독립변수가 두 개 이상일 경우 GLM 사용

경로분석	외부변인: 독립변인 내부변인: 종속변인	등간척도(또는 비율척도)로 측정한 두 개 이상 여러 개의 외부변인들이 등간척도로 측정한 특정 내부변인 또는 다른 내부변인에 미치는 영향력 분석
요인분석	등간척도(또는 비율척도)로 측정한 두 개 이상 여러 개의 변인들의 공통요인	상관관계가 깊은 여러 변인들 간의 밑바탕에 깔려있는 공통요인 파악하는데 사용하는 통계방법
회귀분석	독립: 등간이상 종속: 등간이상	독립변수, 종속변수 모두 등간척도 이상으로 되어 있어야 하며, 독립변수가 종속변수의 변화에 얼마나 영향을 미치는가? 유의미성, 방향, 영향의 크기 등을 파악

부록

사회조사과정; 정책분석과정

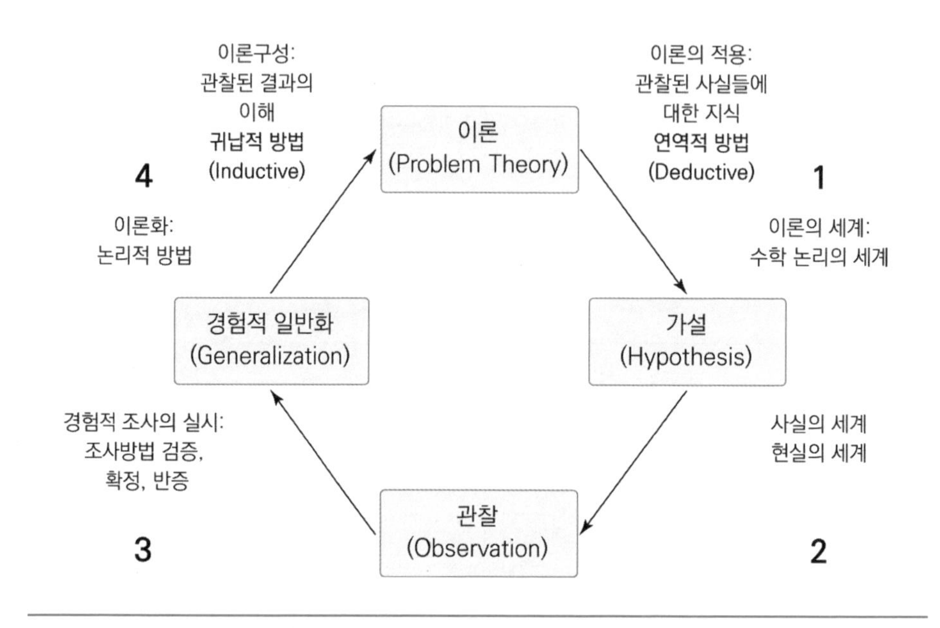

연구과정에서의 논리체계

과학적 연구

구분	순수연구	응용연구	평가연구
다른 명칭	기초연구	정책연구, 행동연구	사정연구
연구의 성격	사회현상에 관한 지식 현상 설명	사회문제 이해, 문제 해결 위해 필요한 지침 제공	사회문제 해결 위한 정책 개입 및 처리결과 사정 및 평가
연구의 목표	변수 통한 새로운 지식 산출, 다양한 조건 통한 결과 예측 능력 배양	사회문제 제거 또는 완화 위한 지식 제공	정책결과에 대한 정확한 사회적 설명 제공

주도적 이론	가설검증 지침과 이론 선택	사회체계 상태 탐색할 수 있는 이론, 지침, 예감 선택	현재 진행 중인 정책프로그램에 적합한 이론 선택, 기존 이론과 새로운 이론 모색
적합한 기법	이론형성, 가설검증, 표본추출, 자료수집기법, 통계처리	개별적 행위에 대한 접근추구, 탐구, 평가	문제에 적합한 모든 전통적인 기법 사용

연구방법에 따른 분류

가정	질문	양적 방법	질적 방법
존재론적 (Ontological) 가정	현상의 본질은 무엇인가?	현실은 연구자와는 분리된 객관적이고 단일의 현상	현실은 주관적이며 연구 참여자에 의하여 다양하게 인식
인식론적 (Epistemological) 가정	연구자와 연구대상간의 관계는 무엇인가?	연구자는 연구가 이루어지는 대상과는 독립적	연구자는 연구대상과 상호작용
가치론적 (Axiologicla) 가정	가치의 역할은 무엇인가?	가치중립적이며 편견의 배제	가치부하적이며 편견의 개입
수사학적 (Rhetorical) 가정	연구에 사용하는 언어는 무엇인가?	공식적 일단의 정의에 기초, 비개인적인 목소리, 일반적으로 합의된 양적 언어의 사용	비공식적 결정을 계속 바꾸어 나감 합의된 질적인 언어 사용
방법론적 (Methodological) 가정	연구의 과정은 무엇인가?	연역적 과정, 원인과 결과, 예측·설명·이해 가능하게 하는 일반화 타당성과 신뢰성	귀납적 과정

척도의 정보 특성

척도 \ 특성	범주	순위	등간격	절대 영
명목척도	O	X	X	X
서열척도	O	O	X	X
등간척도	O	O	O	X
비율척도	O	O	O	O

정성 및 정량 자료

정성적인 자료 (Qualitative Data)		정량적인 자료 (Quantitative Data)	
명목척도 (Nominal Scale)	식별할 목적으로 할당된 숫자 (예) 성별, 혈액형 (설문 1)	등간척도 (Interval Scale)	순서로서 의미 숫자간에 차이에 등간격성 (설문 3)
서열척도 (Ordinal Scale)	숫자에 순서로서 의미 (설문 2)	비율척도 (Ratio Scale)	길이는 비율척도 온도는 등간척도

(설문 1) 혈액형을 답하시오.
① A ② B ③ O ④ AB

(설문 2) 이 상품에 대한 만족도를 답하시오.
① 불만 ② 약간 불만 ③ 보통 ④ 약간 만족 ⑤ 만족

(설문 3) 귀하의 연령을 답하시오. (   ) 세

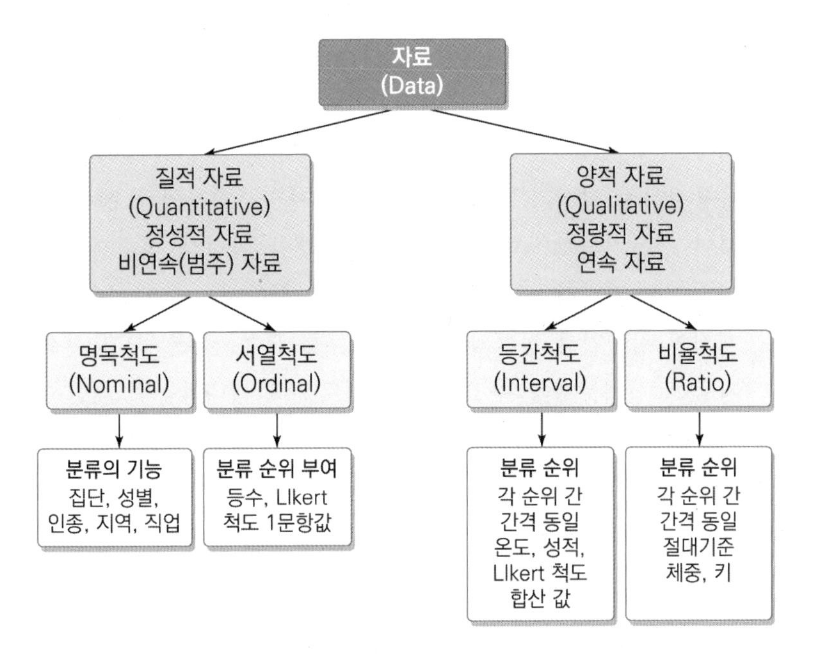

□ 정책분석의 형태

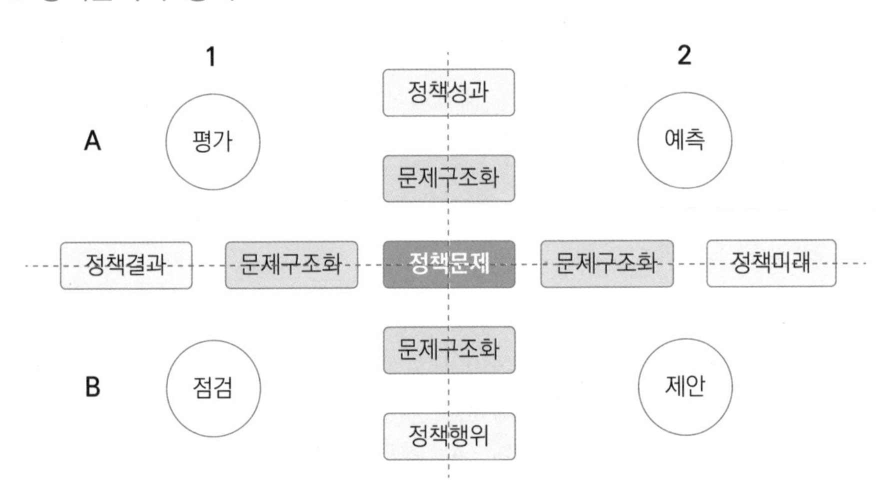

- 1) 영역: 과거지향적(Ex Post): 무엇이 발생했으며, 그것이 어떠한 차이를 가져왔는가?

  정책행위가 이미 취해지고 난 이후(after)에 정보의 창출과 전환이 이루어지는 것을 의미한다.

  ① 학문지향적 분석가: 학문에 기초를 둔 이론들을 개발 · 검증하는데 관심, 정책의 원인과 결과들을 묘사

② 문제지향적 분석가: 정책의 원인과 결과들을 묘사하는데 관심가진 정치학자와 사회학자들로 구성되고, 문제해결을 위하여 정책결정자들이 조작할 수 있는 변수들을 찾아내는 분석에 보다 큰 관심

③ 응용지향적 분석가: 사회학자, 정치학자+사회사업과 행정, 평가연구 분야 전문가들로 구성되고, 정책변수뿐만 아니라 정책결정자들과 그 외의 정책관련자들의 목표와 목적들을 찾아내는데 관심을 가지며, 구체적인 정책결과 점검의 평가에 기초를 두며, 사전·사후 분석의 실무자들이 정책문제를 구조화하고, 새로운 정책대안들을 개발하고 문제해결을 위한 일련의 행동노선을 제안하기 위해 사용된다.

- 2) 영역: 미래지향적(Ex Ante): 무엇이 발생할 것이며, 무엇을 할 것인가? 정책행위가 시작하거나 시행되기 이전(before)에 정보의 창출과 전환이 이루어지는 것을 의미하며, 경제학자, 체제분석가, 운영연구가 등이 정책결정을 위한 하나의 기초나 지침으로서 비교 가능하고, 예측 가능한 양적, 질적 방법으로 정책대안들과 우선순위들을 도출해 내기 위하여 정보를 종합하는 하나의 수단이며, 개념상으로는 정보를 수집하는 단계가 포함되지 않는다.
- A영역: 문제해결: 무슨 문제가 해결되어야만 하는가?
- B영역: 문제해결: 해결방안은 무엇인가?

□ 통합적 정책분석

정책행위가 채택되기 이전(before)과 이후(after) 양쪽 모두에 걸친 정보의 산출과 전환을 다루는 실무자들의 운영방식을 의미하며, 과거지향적과 미래지향적 두 측면을 연계하고, 시간의 흐름에 따른 계속적인 정보의 산출과 전환을 요구하며, 계속적, 반복적, 무제한적으로 행한다.

제4장

표집방법
(Sampling Method)

제1절 모집단과 표본

1. 시간적, 금전적 이유 때문에 모집단을 대상으로 연구할 수가 없다.
2. 표집방법(Sampling Method): 모집단에서 표본을 추출하는 방법으로 연구자가 연구목적, 비용과 시간적 제약 등을 고려하여 방법을 선택하여야 한다.
   ① 확률표집방법(Probability Sampling Method): 확률이론에 따라 표본을 선정하기 때문에 표집오차를 계산할 수 있고, 그 결과 표본의 결과로부터 상당히 정확하게 모집단의 결과를 유추할 수 있다.
   ② 비확률표집방법(Non-probability Sampling Method): 연구자가 자의적으로 표본을 선정하기 때문에 표집오차를 계산할 수 없고, 표본의 결과로부터 모집단의 결과를 정확하게 유추할 수가 없다.

제2절 확률 표집방법

1. 무작위 표집방법(Random Sampling Method)

1) 장점

(1) 확률 표집방법의 가장 기본이 되는 방법이다.
(2) 모집단에 대한 자세한 지식이 없어도 모집단을 가장 잘 대표하는 표본을 선정할 수 있다.
(3) 표본의 조사결과를 모집단에 유추할 때 오류를 줄일 수 있다.

2) 단점

(1) 모집단의 명단을 난수표로 만들어야 하기 때문에 모집단이 클 경우 난수

표 만들기가 어렵다.

(2) 비용이 많이 든다.

(3) 이러한 단점으로 사용을 많이 하지 않는다.

2. 체계적 표집방법(Systematic Sampling Method)

모집단에서 k번째 사람을 표본으로 선정하는 방법으로 전화번호부와 같은 명부를 이용하여 전화조사를 할 때 유용하게 사용하는 방법이다. 이 경우 전화번호부에 나온 사람을 모집단으로 하여 출발점을 정하고 표집 간격을 k번째로 정하여 표본을 선정한다.

1) 장점

(1) 체계적 표집의 장점으로는 무작위 표집방법보다 표본 선정이 쉽고 비용이 적게 든다.

(2) 조사의 정확도가 높고 실제 현장에서 직접 사용이 가능하다.

2) 단점

(1) 완벽한 명부를 구하기 어렵고,

(2) 주기성의 문제가 발생해 특정 집단의 사람이 더 많이 표본으로 선정될 수 있다.

예 전화번호부에 등재된 사람을 표본으로 할 경우, 김씨가 한씨보다 더 많아 때로는 김씨가 불필요하게 더 많이 선정될 수 있다.

3. 유층별 표집방법(Stratified Sampling Method); 층화임의표집방법

연구자가 중요하다고 생각하는 특성이 모집단에서 차지하는 비율에 따라 표본을 그에 맞게 선정하는 방법이다.

예 연구자가 100명의 모집단에서 50명의 표본을 선정할 경우, 모집단의 남 · 여 성비가 60%대 40%라는 사실을 알고 있다면 이 비율을 표본 선정에 반영하여 50명 중 60%인 30명을 남성으로, 50명의 40%인 20명을 여성으로 선정한다.

1) 연령, 교육 등 다른 주요 특성의 비율에 따라 표본을 선정할 수 있다.
2) 유사한 특징을 가진 모집단으로부터 표본을 선정할 때 사용하는 방법으로 표집오차를 줄일 수 있다.

3) 장점

유층별 표집의 장점은 연구자가 선택한 특성의 비율이 고려되기 때문에 대표성이 잘 확보되고 그 결과 표집오차를 줄일 수 있다.

4) 단점

표본선정을 위해서 연구자가 선정한 주요 특성에 따른 모집단에 대한 정보를 알아야 한다는 것이다. 그러나 연구자가 원하는 정보가 없는 경우가 상당히 있는데 이때에는 유층별 표집방법을 사용할 수 없다. 여러 가지 특성의 비율에 따라 표본을 선정할 경우 표본의 수가 많아야하기 때문에 비용이 많이 든다.

4. 군집 표집방법(Cluster Sampling Method)

연구자가 중요하다고 생각하는 특성에 대한 정보가 없을 경우 군집 표집방법(집락 표집 방법)을 사용하면 쉽게 표본을 선정할 수 있다. 모집단의 대상을 여러 개의 군집으로 묶고 군집(특정집단)을 단위로 삼아 표본을 추출하는 방법이다.

예 서울에 살고 있는 사람들의 TV 시청형태를 조사하고자 할 때, 서울을 구로 분할하고 그 중에서 하나, 또는 몇 개를 무작위로 선택하여 표본을 선정하면 된다. 그러나 선정한 특정 집단이 독특한 성격을 가질 경우 조사결과가 잘못될 수가 있기 때문에 가능한 한 집단을 작게 나누어 표본을 선정하는 것이 바람직하다.

1) 장점

모집단의 부분집단만 표집하면 되기 때문에 시간과 비용을 줄일 수 있다.

2) 단점

표본으로 선정한 집단이 모집단을 대표하지 못하는 경우가 발생할 수 있고, 그 결과 표집오차가 증가할 수 있다.

5. 다단계 표집방법(Multi-stage Sampling Method)

군집표집방법을 수정한 것이다.

다단계 표집방법에서는 먼저 가장 큰 집단을 나누어 표본으로 선정한 후, 다음으로 각 집단을 다시 하위집단으로 나누어 표본으로 재선정한 후, 마지막으로 하위집단에 속한 개별 가정을 표본으로 선정하게 된다.

예 우리나라 유권자의 투표성향을 연구할 때:
전국을 서울과 광역시, 도로 구분하고; 구를 다시 시와 군으로 나누고; 시는 통과 반으로 세분화하고; 군은 읍과 면으로 세분화하고; 최종적으로 반이나 면에 속한 사람을 표본으로 선정한다.

6. 확률 표집방법의 적용

① 표집방법은 연구목적, 비용과 시간 등 여러 요인에 따라 선정한다.

② 반드시 한 가지 표집방법만 사용할 필요는 없다

③ 최근 가장 많이 사용하는 방법은 유층별 표집방법과 다단계 표집방법을 합하여 만든 다단계 유층별 표집방법을 많이 사용한다.

④ 다단계 유층별 표집방법: 모집단의 주요 특성별 비율에 따라 표본의 수를 정하고, 이 수에 맞추어 다단계로 표본을 선정하는 것이다.

제3절 비확률 표집방법

1. 할당 표집방법(Quota Sampling Method)

유층별 표집방법과 달리 모집단의 주요 특성의 비율에 따라 표본의 수를 선정하는 것이 아니고, 연구자가 임의대로 표본의 수를 정하는 방법이다.

예 연구자가 모집단 100명 중 표본 50명을 선정할 때 남·여의 수를 각각 25명씩 임의대로 선정하는 것이다.

2. 가용 표집방법(Available Sampling Method); 편의표본추출

자발적으로 조사에 응하는 사람들이나 쉽게 구할 수 있는 사람들을 표본으로 선정하는 방법이다.

예 수업을 수강하는 학생들을 표본으로 선정하여 연구하는 것이다.

3. 의도적 표집방법(Purposive Sampling Method)

연구자가 연구하고 싶어 하는 특정 대상만을 의도적으로 표집하는 방법이다.

예 연구자가 특정상품을 구입한 소비자들의 소비성향을 조사하고 싶을 때 연구자는 특정 상품을 구입한 사람들만을 의도적으로 선정하고, 특정 상품을 구입하지 않은 사람은 의도적으로 배제하는 것이다.

제4절 표집오차(Sampling Error)

- 모집단의 결과와 표본의 결과와의 차이

예 신문의 여론조사 경우, 특정후보 지지도 40% ±3에서 ±3이라는 값이 표집오차이다.

제5절 표본의 크기

1. 표본의 크기: 연구문제와 시간, 비용에 따라 결정된다.
2. 일반적으로 표본이 크면 표집오차가 작아지는 경향이 있다.
3. 표본의 수가 300명에서 500명 정도면 표집오차가 1% 정도밖에 나타나지 않기 때문에 만족할 만한 크기라고 할 수 있다.

제5장

서베이 방법
(Survey Method)

제1절 서베이 방법

1. 기술적 서베이

특정 사건이나 이슈에 대해 사람들이 어떻게 생각하고 있는지를 알아보기 위한 조사이다.

예 정부의 부동산 정책에 대한 국민의 지지도 파악

2. 분석적 서베이

연구자가 특정 연구문제나 가설을 실증적으로 검증하기 위해 실시하는 조사이다.

예 대통령 후보의 TV 토론이 대통령 후보에 대한 지지도 변화에 미치는 영향을 분석하기 위해 실시하는 조사

3. 어떤 서베이 방법을 사용할 것인가?

연구목적, 연구문제와 가설, 연구자가 처한 상황에 따라 결정된다.

4. 서베이 방법의 장점

① 현실적인 상황에서 특정 문제에 대한 사람들의 반응을 자연스럽게 조사할 수 있다.

② 다양한 사람들로부터 많은 양의 정보를 비교적 쉽고 적은 비용으로 수집할 수 있고, 연구에 필요한 많은 변인들에 대한 정보를 쉽게 얻을 수 있다.

5. 서베이 방법의 단점

① 연구하고 싶은 변인들을 원하는 대로 조작할 수 없다. 서베이 방법은 현실적인 상황에서 조사가 이루어지기 때문에 연구자가 원하는 변인들 간의 인과관계를 정확하게 알 수 없다.

② 서베이는 주로 설문조사를 통해 이루어지는데 이때 질문의 표현방식이나 배열에 따라 응답자에 대한 정보가 왜곡될 수 있다.

제2절 예비조사와 사전조사, 본조사

서베이 방법은 설문지를 통해 이루어지기 때문에 연구문제나 가설에 적합한 설문지를 제대로 만들기 위해서는 설문지 초안을 만들기 위한 예비조사와 설문지를 완성하기 위해 실시하는 사전조사를 실시한다.

1. 예비조사(Pilot Study; Pre-test)

연구자가 소수의 사람들을 대상으로 설문지 초안을 만들기 위해 실시하는 조사, 예비(豫備)조사란 설문지 작성의 전체(全體) 단계에서 실시하는 조사이다.

2. 사전조사(Pretest)

예비조사를 통해 설문지 초안(草案)을 작성한다. 설문지 초안을 작성한 후 연구자는 소수의 사람들을 대상으로 사전조사를 실시한다.

사전조사에서는 응답자들의 반응을 분석하여 설문문항의 타당성과 신뢰성이 있는지, 질문에 사용하는 말이 적합한지, 문항배열은 적절한지 등 알아본다. 사전조사를 통해 본(本)조사에서 사용할 설문지를 확정한다.

3. 본조사(Main Survey)

예비조사를 통해 설문지를 작성하고, 설문지 초안을 가지고 사전조사를 한 후, 설문문항을 최종적으로 확정하여 본격적인 조사, 즉 본조사를 실시한다.

본조사는 면접원이나 전화, 우편, 인터넷을 통해 한다.

제3절 서베이 방법의 종류

1. 직접 면접방법(Personal Interview)

면접자가 언어를 통해 응답자와 직접 면접이라는 방법으로 자료를 수집하는 것으로 면접원의 역할이 중요하다.

1) 직접 면접방법의 절차

(1) 표본을 선정한다.
(2) 설문지를 작성한다.
(3) 면접원을 훈련시킨다.
(4) 면접원을 통해 데이터를 수집한다.
(5) 수집한 설문지를 검토하여 필요한 경우 추가 설문조사를 한다.
(6) 데이터를 정리하여 코딩한 후 컴퓨터에 입력한다.

2) 장점

(1) 설문지 회수율을 높일 수 있다.
(2) 비교적 정확한 정보를 얻을 수 있다.
(3) 무응답의 비율을 줄일 수 있다.

3) 단점

(1) 비용이 많이 든다.
(2) 면접원의 성별과 나이 등에 따라 응답내용이 달라질 수 있다.
(3) 주로 낮에 가정을 방문하여 이루어지는 경우가 많기 때문에 주부들을 대상으로 조사할 가능성이 높아 정확성에 문제가 있을 수 있다.

2. 전화 서베이(Telephone Survey) 방법

1) 전화 서베이 방법의 절차

(1) 표본을 선정한다: 전화번호부를 이용하기 때문에 표본선정 방법으로 체계적 표집방법을 활용한다.
(2) 설문지를 작성한다: 시각적인 내용을 담은 질문이나 많은 질문은 피해야 한다.
(3) 면접원을 훈련시킨다: 면접원은 공손한 태도와 상냥한 말투를 사용하여야 한다.
(4) 면접원이 전화를 이용하여 데이터를 수집한다.
(5) 필요한 경우 추가 전화면접을 한다.
(6) 데이터를 정리하여 코딩한 후 컴퓨터에 입력한다.

2) 장점

(1) 소수의 면접원이 전화를 이용하여 데이터를 수집하므로 비용이 적게 든다.
(2) 비교적 정확한 조사를 할 수 있다.
(3) 빠른 시간 내에 데이터를 수집할 수 있다.

3) 단점

(1) 응답자가 성실히 대답하지 않을 경우가 발생할 수 있다.
(2) 많은 질문을 할 수 없다.

3. 우편 서베이(Mail Survey) 방법

1) 우편 서베이 방법의 절차

(1) 표본을 선정한다.
(2) 설문지를 작성한다.
(3) 인사 편지를 작성하고 조사기관이 공공기관일 경우 협조 공문을 작성한다.
(4) 우편을 이용하여 반송봉투를 첨부하여 설문지와 기타 서류를 발송한다.
(5) 회수율을 검토하여 필요한 경우 독촉 편지를 보낸다.

(6) 데이터를 정리하여 코딩한 후 컴퓨터에 입력한다.

2) 장점

(1) 면접법에 비해 시간과 비용을 절감할 수 있다.
(2) 광범위한 지역의 많은 대상을 조사할 수 있다.
(3) 면접자의 주관적 개입을 배제할 수 있고, 조사 대상자의 익명성이 보장된다.
(4) 접근하기 어려운 조사자를 조사할 수 있다.
(5) 조사 대상자가 시간적 제약을 받지 않는다.

3) 단점

(1) 질문지의 회수율이 낮을 수 있다.
(2) 응답자가 성실히 대답하지 않을 경우가 발생할 수 있다.
(3) 누락된 응답이 다수 있을 수 있다.
(4) 질문지 내용 외의 2차적인 질문을 할 수 없다.

4. 인터넷 서베이(Internet Survey) 방법

컴퓨터와 정보기술의 발달로 컴퓨터를 이용한 인터넷 서베이(Internet Survey) 방법이 최근에 그 사용 빈도가 증가하고 있다. 인터넷 서베이방법은 인터넷 사용자를 대상으로 이메일이나 홈페이지 또는 전문조사 데이터베이스를 활용해 서베이하는 방법이다.

제6장

설문지 작성법

제1절 설문지의 구성요소

1. 인사와 감사의 말

설문지 첫 장에 쓰며, 조사의 주체, 조사의 목적과 중요성, 응답자의 응답내용의 비밀보장, 성실한 답변을 부탁하는 말을 가능한 짧고 분명하게 쓴다.

2. 지시와 설명문

질문을 하기 전에 질문에 답변하는 방법을 써야 한다. 질문에 대답하는 데 필요한 지시 또는 설명은 가능한 명확하고 눈에 잘 띄도록 써야 한다.

예 지시 및 설명문의 예

아래 문항은 텔레비전에 대한 귀하의 생각을 알아보기 위한 것입니다. 귀하가 동의하는 정도에 따라 1점에서 5점까지의 점수 중 하나에 √를 표시해 주십시오.

※ 텔레비전은 일상생활에 필요한 정보를 전달해준다.

매우 그렇지 않다	그렇지 않다	보통이다	그렇다	매우 그렇다
①	②	③	④	⑤

3. 질문

연구목적, 또는 가설을 검증하기 위해 필요한 질문을 담는다.

1) 개방형 질문(Open-ended Question)

응답자가 자신의 의견을 자유롭게 대답할 수 있도록 만든 질문을 말한다.

예 개방형 질문의 예

귀하가 좋아하는 텔레비전 프로그램을 세 가지만 써 주십시오.

①

②

③

※ 설문지를 만들기 위한 예비조사나 사전조사에 많이 사용한다.

2) 폐쇄형 질문(Close-ended Question)

연구자가 제시한 응답내용 중 하나 또는 몇 개를 응답자가 선택하도록 만든 질문을 말한다.

예 폐쇄형 질문의 예
귀하가 좋아하는 텔레비전 프로그램은 무엇인지 두 가지만 골라 주십시오.
① 뉴스 ( ) ② 쇼 ( ) ③ 드라마 ( )
④ 다큐멘터리 ( ) ⑤ 코미디 ( ) ⑥ 만화 ( )

제2절 설문지 작성방법

설문지는 연구의 목적[1]에 맞게 만드는 것이 중요하다.

1. 설문지 구성 시 유의사항

응답자들에게 신뢰성 있는 설문지를 수집하기 위해서는 설문지의 배열과 설문지의 길이, 질문의 순서 등을 고려하여야 한다.

1) 설문지의 배열

설문지 한 장에 들어가는 질문의 수를 적절하게 배정하고, 각 질문은 적당한 간격을 두어 보기 좋게 배열한다.

2) 설문지의 길이

연구의 목적에 따라 다를 수 있지만 너무 많은 문항과 긴 응답시간은 피하는 것이 좋다.

(1) 설문지 응답시간:

① 직접 면접방법의 경우; 20분~40분 사이가 적절하다.

1) 일반적인 문항 수: 20개~30개 또는 10~15분

② 전화 서베이 경우: 10분 정도가 적절하다.
③ 우편 서베이: 15분 정도가 적절하다.

3) 질문의 순서

(1) 상대적으로 쉬운 질문으로 시작하여,
(2) 뒤로 가면 갈수록 복잡한 질문, 또는 곤란한 질문을 배열하고,
(3) 특히 수입이나 연령 등 인구사회학적 특성이나 개인적인 질문은 설문지 맨 뒤에 배열하는 것이 좋다.

2. 질문 작성 시 유의사항

1) 질문은 명확하게 작성한다(예비조사, 사전조사).
2) 질문은 짧게 작성한다.
3) 두 개의 답변을 요구하는 질문을 해서는 안 된다.
4) 응답자의 답변에 영향을 줄 수 있는 편견이 개입된 단어의 사용을 피한다.
5) 4)와 같은 맥락에서 유도질문을 해서는 안 된다.
6) 꼭 필요한 경우가 아니면 응답자가 당황해 하는 질문을 해서는 안 된다.

제3절 대표적인 척도

1. 리커트 척도(Likert Scale)

1) 리커트(Likert)가 개발한 총화평정법(Summated Rating)에 의한 척도로,
2) 사회과학에 많이 사용되는 폐쇄형 질문에 주로 사용되는 척도이다.
3) 5점 중에서 한 점수를 선택하게끔 한다.
4) 강·약 정도, 서열척도 또는 등간척도

예 평소에 자신에 대한 생각과 느낌에 가장 가까운 것에 V표해 주세요

번호	문 항	전혀 없었다	거의 없었다	가끔 있었다	자주 있었다	매우 자주 있었다
1	예상치 못한 일 때문에 화가 났다.	①	②	③	④	⑤
2	나의 삶에서 중요한 일들을 통제할 수 없다고 느꼈다,	①	②	③	④	⑤
3	신경이 예민해지고 스트레스를 받았다.	①	②	③	④	⑤
4	나의 개인적인 문제들을 다루는 능력에 대해 자신감이 느껴졌다.	①	②	③	④	⑤
5	내 방식대로 일이 진행되고 있다고 느꼈다.	①	②	③	④	⑤
6	내가 해야만 하는 일들 모두에 대처할 수 없다고 생각되었다.	①	②	③	④	⑤
7	일상생활에서 겪는 불안감과 초조함을 통제할 수 있었다.	①	②	③	④	⑤
8	어떤 일을 아주 잘했다고 생각했다.	①	②	③	④	⑤
9	내가 통제할 수 없는 일 때문에 화가 났다.	①	②	③	④	⑤
10	힘든 일이 너무 많이 쌓여서 극복할 수 없다고 느꼈다.	①	②	③	④	⑤

2. 의미분별 척도(Semantic Differential Scale)

1) 1957년 오스굿과 수시, 탄넨바움(Osgood, Suci & Tannenbaum)에 의해 개발된 척도로 사용한다.

2) 어떤 항목에 대해 개인이 느끼는 의미를 측정하는 척도이다.

3) 연구자는 측정대상에 개념을 제시하고 그에 대한 양극화된 태도를 5점 또는 7점으로 측정한다.

4) 반대 의미 형용사 사용한다. (따뜻하다 차갑다)

예 의미분별 척도의 예

〈동아일보〉

믿을 만하다	①	②	③	④	⑤	⑥	⑦	믿을 만하지 못하다
가치 있다	①	②	③	④	⑤	⑥	⑦	가치 없다
공정하다	①	②	③	④	⑤	⑥	⑦	불공정하다

제 7 장

SPSS를 활용하는 방법

제1절 데이터를 정의하는 방법

1. 데이터를 정의하는 명령문

명령문	내 용	비 고
DATA LIST	• 데이터가 보관되어 있는 장소 • 각 변인의 이름 • 각 변인이 차지하고 있는 줄과 칸	반드시 필요
MISSING VALUE	• 무응답에 부여한 수치 (예) ED 두 칸(99), SEX 한 칸(9)	필요에 따라 선택
VARIABLE LABELS	• 각 변인 이름에 대한 보충 설명	필요에 따라 선택
VALUE LABELS	• 각 변인의 값에 대한 보충 설명	필요에 따라 선택
BEGIN DATA	• 데이터 시작	데이터가 프로그램 안에 있으면 필요
END DATA	• 데이터 끝	데이터가 프로그램 안에 있으면 필요

2. 변수보기

1) 변인 정의

(1) 이름(Name): 변인이름의 지정

(2) 유형(Type): 변인의 유형(숫자, 문자열(주관식), 날짜 등) 지정

(3) 자릿수(Width): 자릿수를 지정

(4) 소수점 이하 자리(Decimals): 소수점 이하 자릿수 지정

2) 변인의 설명(Label)

변인에 대한 자세한 설명과 내용입력

3) 변인값 설명(Values)

(1) 변수 값(U): 변인의 값 입력
(2) 변수 값 설명(E): 값의 내용(의미) 입력

4) 결측값 설명(Missing)

(1) 응답자가 설문 문항에 대답하지 않은 경우 그 결측값의 지정
(2) 이산형 결측값

예 변인값에 사용하지 않은 값 사용
변인값이 0~8까지의 변인인 경우: 9
변인값이 10~98까지의 변인인 경우: 99

5) 열(Columns): 열의 자릿수를 지정
6) 맞춤(Align): 셀 내에서 자료의 위치 지정
7) 척도(Measure): 변수의 측정 수준 지정
8) 데이터 입력 및 저장
9) 데이터 분석 및 분석결과 저장

제2절 데이터를 변환하는 방법[1]

1. 코딩변경(RECODE)

기존 변인의 값을 다른 값으로 변환할 때 사용하는 방법이다.

예 여성(1), 남성(2) → 여성(2), 남성(1)

2. 변수 계산

기존의 변인값을 활용하여 새로운 변인을 생성하는 방법이다.

1) <부록> 날짜 변환 및 변수화 참조.

3. 코딩변경(RECODE) 방법

1) 같은 변수로 코딩변경

동일한 변수 내에서 값이 변환되는 경우이며, 기존의 변수값이 새로운 변수값으로 대체된다.

변환(T)

▶ 같은 변수로 코딩변경(S)

〈변환 실행〉

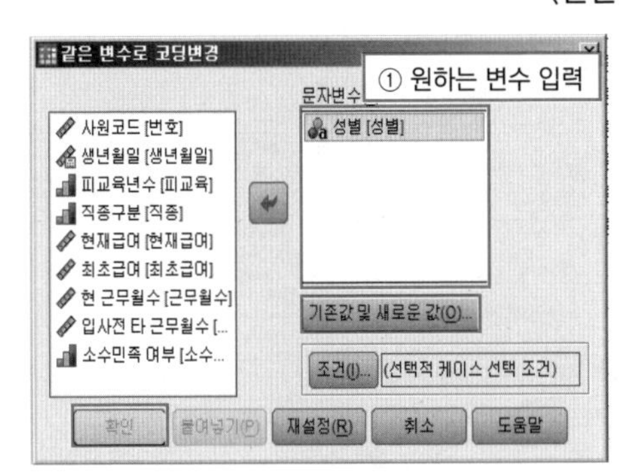

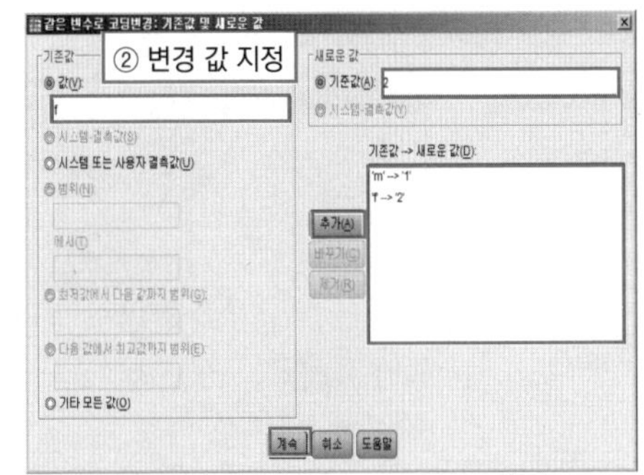

2) 다른 변수로 코딩변경

변환(T)

▶ 다른 변수로 코딩변경(R)

〈변환 실행〉

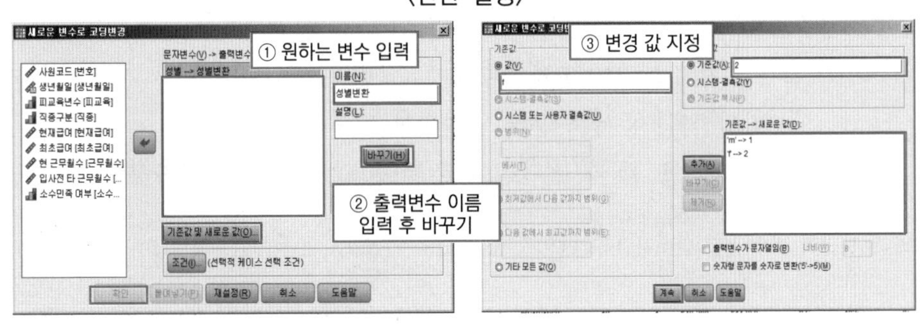

(1) 다른 변수로 코딩변경을 통한 범주화

① 원하는 범위로 범주화를 하고자 할 때에는 직접 입력을 통해 범주화가 가능하다.

- 날짜를 범주화 시키고자 할 때에는 [변환(T) → 날짜 및 시간마법사 → 작업선택] 순서를 통해 날짜변환을 해야 한다.

② 하지만, 데이터 값이 많을 때에는 직접 입력을 통한 범주화가 어렵다.

변환(T)

▶ 다른 변수로 코딩변경(R)

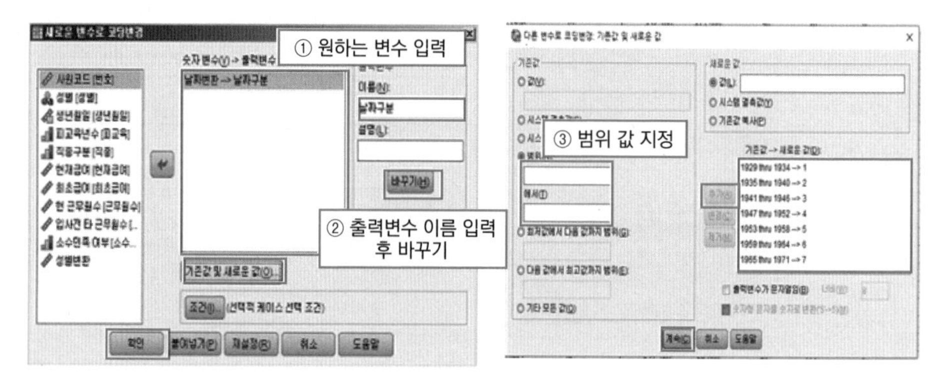

※ 5년으로 구분한다고 가정[2)]

3) 비주얼 빈 만들기[3)]

(1) 비주얼 빈 만들기를 사용하면 직접 변환값을 입력하지 않고도 쉽게 범주화가 가능하다.

(2) 비주얼 빈 만들기는 아래의 <비주얼 빈 만들기 순서>에 따라 진행된다.

① 날짜를 범주화 시키고자 할 때에는 [변환(T) → 날짜 및 시간마법사 → 작업선택] 순서를 통해 날짜변환을 해야 한다.

(3) 절단점 만들기를 할 때 절단점 값은 이전 구간 위에서 시작하여 지정한

---

2) 날짜변환 범위 1929년에서 1971년으로 총 43년의 기간으로 5년 기간으로 7그룹으로 구분하였음.

(예) 1929～1934, 1935～1940, 1941～1946, 1947～1952, 1953～1958, 1959～1964, 1965～1971

3) 부록 참조.

수에서 끝나는 구간을 정의한다.

- 절단점의 처음 값은 '포함(< =)' , '제외(<)'로 지정되어서 원하는 범주 너비의 끝 값을 입력해 주어야 한다.

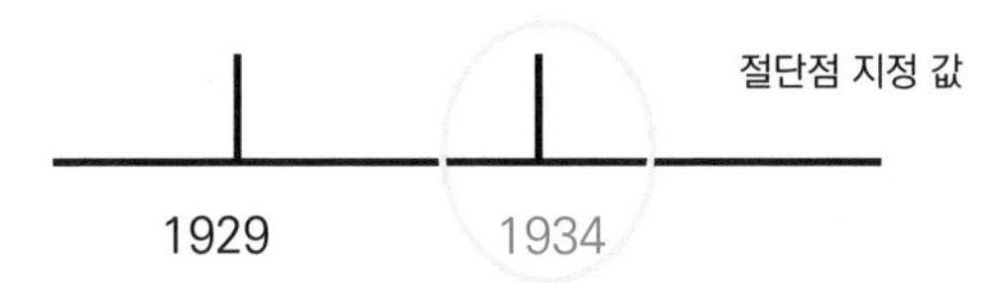

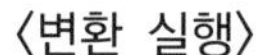
〈변환 실행〉

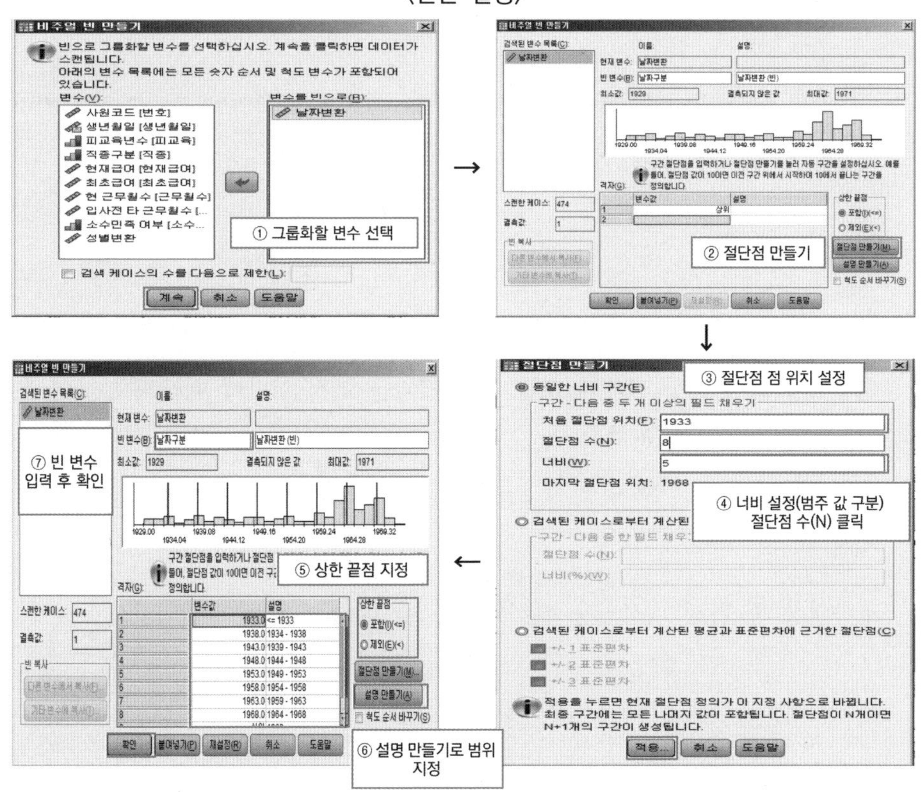

〈 변환 결과 〉

*employee data.sav [데이터집합1] - PASW Statistics Data Editor

파일(F) 편집(E) 보기(V) 데이터(D) 변환(T) 분석(A) 다이렉트 마케팅(M) 그래프(G) 유틸리티(U) 창(W) 도움말(H)

비주얼 빈 만들기 결과

같은 변수로 변경 결과

다른 변수로 변경 결과

표시: 13 / 13 변수

	번호	성별	생년월일	피교육	직종	현재급여	최초급여	근무월수	경력	소수민족	성별변환	날짜변환	날짜구분	변수	변
1	1	1	02/03/1952	15	3	$57,000	$27,000	98	144	0	1	1952	5		
2	2	1	05/23/1958	16	1	$40,200	$18,750	98	36	0	1	1958	6		
3	3	2	07/26/1929	12	1	$21,450	$12,000	98	381	0	2	1929	1		
4	4	2	04/15/1947	8	1	$21,900	$13,200	98	190	0	2	1947	4		
5	5	1	[illegible]	[illegible]	[illegible]	$45,000	$21,000	98	138	0	1	1955	6		
6	6	1	[illegible]	[illegible]	[illegible]	$32,100	$1	[illegible]	[illegible]	[illegible]	1	1958	6		
7	7	1	04/26/1956	15	1	$36,000	$1	[illegible]	[illegible]	[illegible]	1	1956	6		
8	8	2	05/06/1966	12	1	$21,900	$9,750	98	0	0	2	1966	8		
9	9	2	01/23/1946	15	1	$27,900	$12,750	98	115	0	2	1946	4		
10	10	2	02/13/1946	12	1	$24,000	$13,500	98	244	0	2	1946	4		
11	11	2	02/07/1950	16	1	$30,300	$16,500	98	143	0	2	1950	5		
12	12	1	01/11/1966	8	1	$28,350	$12,000	98	26	1	1	1966	8		
13	13	1	07/17/1960	15	1	$27,750	$14,250	98	34	1	1	1960	7		
14	14	2	02/26/1949	15	1	$35,100	$16,800	98	137	1	2	1949	5		
15	15	1	08/29/1962	12	1	$27,300	$13,500	97	66	0	1	1962	7		
16	16	1	11/17/1964	12	1	$40,800	$15,000	97	24	0	1	1964	8		
17	17	1	07/18/1962	15	1	$46,000	$14,250	97	48	0	1	1962	7		
18	18	1	03/20/1956	16	3	$103,750	$27,510	97	70	0	1	1956	6		
19	19	1	08/19/1962	12	1	$42,300	$14,250	97	103	0	1	1962	7		

제3절 데이터를 선택하는 방법

1. 파일분할

연구자가 조사 대상 전체에 대한 분석 결과를 특정 집단에 따라 구분하여 분석할 때 사용하는 방법이다.

2. 케이스 선택

조사대상 중 특정 대상만을 분석하고자 할 때 사용하는 방법이다.

3. 통계방법의 조건과 사용방법

통계방법과 척도		설 명
빈도분석	모든 척도	모든 변수의 첫 번째 분석에 사용되는 가장 기초적인 분석으로 값의 빈도와 비율을 보여준다.
가술통계분석	등간, 비율척도	연령, 키, 월평균 급여, 5점 리커트 척도 등과 같이 등간, 비율척도로 구성된 변수에 사용할 수 있으며 최소값, 최대값, 평균, 표준편차를 보여준다.
교차분석 (Crosstabs)	명목, 서열척도 척도 무관	두 개 이상, 최고 네 개까지의 변수와 변수간의 분포와 비율을 보고자 할 때, 변수가 주로 명목, 서열척도로 이루어진 경우와 등간척도, 비율척도 관계없이 사용할 수 있는 방법으로 분포가 너무 넓거나 값이 많을 경우 코딩 변경을 통하여 다시 범주를 재조정한 다음 사용할 수 있다.
평균비교 (Means)	독립: 명목, 서열 종속: 등간, 비율	쌍으로 된 두 집단의 차이를 계산해서 평균을 비교하는 방법
카이자승(χ^2)	명목, 서열척도 조건 맞으면 척도 무관	독립변수, 종속변수 모두 명목, 서열척도인 경우 주로 사용하지만, 조건이 맞으면 척도에 상관없이 사용할 수 있다. 독립변수 내 각 범주별로 종속변수에서의 분포가 같은지 다른지를 검정할 때 사용
상관관계 (Correlation)	독립: 서열 이상 종속: 서열 이상	변수 간의 상관관계의 정도를 볼 때 사용하는 방법으로 인과관계가 없는 경우에도 분석이 가능하다. 등간척도 이상의 변수로 구성될 경우 Pearson, 서열척도가 하나라도 포함되어 있으면 Spearman or Kendall's tau-b 선택을 선택하다.
t-검정	독립: 두 개 범주로 된 척도 종속: 등간 이상 서열인 경우 비모수통계 사용	독립표본 *t*-test는 독립변수는 성별, 직업 유무 등과 같이 두 개의 범주, 종속변수는 등간척도 이상으로 종속변수의 평균차이 유무를 검정하는 소표본 통계방법이다. 대응표본 *t*-test는 동일인, 대상의 두 개의 서로 다른 측정치(시차)의 평균비교를 하는 방법이고, 일표본 *t*-test는 기존 연구결과와 실제 조사한 집단의 평균값을 비교하여 t검증이다.
분산분석 (ANOVA)과 일반선형모델 (GLM)	독립: 두 개 이상 범주로 된 척도 종속: 등간 이상 서열인 경우 비모수통계 사용	독립변수의 범주가 두 개 이상으로 되어 있으며, 종속변수는 평균을 구할 수 있는 등간척도 이상으로 되어 있는 경우 평균의 차이가 있는지를 분석하기 위해 사용하는 방법이다. 독립변수가 두 개 이상일 경우 GLM을 사용한다.

회귀분석	독립: 등간 이상 종속: 등간 이상	독립변수, 종속변수 모두 등간척도 이상으로 되어 있어야 하며, 독립변수가 종속변수의 변화에 얼마나 영향을 미치는가? 유의미성, 방향, 영향의 크기 등을 보여주는 방법이다.

4. 사회조사 진행 점검표

단 계	내 용	담당
1. 조사계획	• 조사계획 → 조사목표, 목적, 조사내용, 예산, 일정 확정 • 조사목적에 맞는 자료, 기존연구자료, 각종 정보 등 수집(조사계획 이전에도 시작할 수 있다) • 설문지 초안 구성과 자체회의 → 조사목적, 목표에 맞게 구성 • 조사대상자 선정 → 무작위 추출? 임의 추출? • 자문단 구성 → 은사, 관련전문가, 주변자원 최대한 활용 • 사은품 선정 →필요 없는 경우 제외	담당자를 명확하게 선정해야 함 책임의식 팀 워크
2. 조사준비	• 설문 초안 완성 • 구청, 유관기관 등 주변지원체계에 조사 협조 요청 공문 발송(필요한 경우) • 조사원 모집 공고(제1차 공문 발송) → 자원봉사자, 학생, 실습생, 실무자 • 조사원 모집과 교육 → 일정에 맞는 인력수급 중요, 교육내용은 기관소개, 조사의 중요성과 조사원의 역할, 조사내용, 설문조사 실습 • 홍보물 준비 → 조사목적, 기관안내 등 매우 중요	
3. 사전조사와 설문보완	• 사전조사 실시 → 조사대상의 5~10% 내외, 대상이 많을수록 적은 비율로 선정, 실무자가 설문을 직접 조사해서 문제를 확인 • 사전조사 분석 → 기초통계와 조사과정, 조사내용의 문제 분석 • 자문단 활용 → 설문최종 보완 등 자문 • 설문 최종 완성 → 최종 코딩과 입력까지 실무자가 해야 한다	
4. 본조사	• 본조사 실시 → 조사 대상 또는 주변지원체계에 미리 연락 • 조사원 교육, 수급, 관리가 매우 중요 • 설문지 관리 → ID 부여, 코딩 입력 준비 관리	

5. 통계분석	• 코딩 입력 → 단순작업이나 사전 이해가 필요하므로 어린 학생은 No • 입력에러 체크와 기초분석 → 코딩 입력이 잘 되어야 쉽게 한다 • 통계분석 → 조사 목적과 목표, 설문내용(척도)에 맞는 분석 실시	
6. 보고서 작성	• 보고서 초안 작성 • 자문단 회의 → 보고서의 분석 내용 검토와 제언 • 보고서 완성, 인쇄 • 보고서 발송, 세미나 등 후속 작업 활용 → 가능한 경우 • 총괄 평가	

5. 변수 측정의 수준

자료(Data)				
질적자료(Qualitative)			양적자료(Quantitative)	
↓			↓	
명목척도 (Nominal Scale) 분류의 기능	서열척도 (Ordinal Scale) 분류 · 순위 부여		등간척도 (Interval Scale) 분류 · 순위, 각 순위 간의 등간성	비율척도 (Ratio Scale) 분류 · 순위, 각 순위 간의 등간성, 절대값 0의 존재

6. 척도에 따른 통계방법

종속변인 \ 독립변인	명목변수	서열변수	등간/비율변수
명목변수	교차분석 독립성 검정	교차분석 독립성 검정	로짓, 프로빗 분석
서열변수	교차분석, 범주형 분산분석 등 비모수통계 분석	교차분석, 범주형 분산분석 등 비모수통계분석, 서열상관관계	더미 정준상관분석, 로짓, 프로빗 분석, 서열상관관계
등간/비율변수	t-검정, 분산분석, 다차원 분산분석	t-검정, 분산분석, 다차원 분산분석	피어슨상관관계, 회귀분석, 다차원 분산분석
종속변수 없음			요인분석, 군집분석

7. 질적 데이터와 양적 데이터

정성(질적) 데이터		정량(양적) 데이터	
명목 척도 (Nominal Scale)	식별할 목적으로 할당된 숫자(설문1) (예) 성별, 혈액형	**등간척도** (Interval Scale)	순서로서의 의미(설문3) 숫자간에 차이에 등간격성 온도는 등간척도
서열척도 (Ordinal Scale)	숫자에 순서로서 의미 등간격이 비보증(설문2)	**비율척도** (Ratio Scale)	길이는 비율척도 몸무게는 비율척도

(설문 1) 혈액형을 답하시오.

① A ② B ③ AB ④ O

(설문 2) 이 상품에 대한 만족도를 답하시오.

① 불만 ② 약간 불만 ③ 어느 쪽이라고 할 수 없다
④ 약간 만족 ⑤ 만족

(설문 3) 귀하의 연령을 답하시오. ( ) 세

1) 질적 데이터의 정리방법

(1) 명목척도의 데이터는 카테고리마다의 도수(빈도)의 집계와 비율의 계산이 데이터 처리의 기본이 된다.
(2) 도수의 집계결과는 막대그래프를 사용하여 시각화한다.
(3) 비율은 원그래프, 띠그래프, 막대그래프 등을 사용하여 시각화한다.

2) 양적 데이터의 정리방법

(1) 간격척도의 데이터는 구간을 나누어서 각 구간마다 도수의 집계와 평균, 중앙값, 표준편차 등의 통계량 계산이 데이터 처리의 기본이 된다.
(2) 결과는 히스토그램 또는 막대그래프로 시각화한다.

제4절 데이터의 입력

1. 단일회답의 입력

예 단일회답과 단어를 기입하는 자유회답의 설문 예

(질문1) 성별을 답해 주시오 (   )

(질문2) 혈액형은 (   )형

(질문3) 가장 좋아하는 색은 (   ) 색

(질문4) 귀하의 연령은 (   )

(질문5) 이 상품을 처음으로 알게 된 계기는 다음 중 어느 것입니까?

① TV의 광고　　② 라디오의 광고　　③ 신문의 광고

④ 온라인광고　　⑤ 아는 사람의 소개　　⑥ 기타(   )

(질문6) 이 상품에 대한 만족도를 답해 주시오.

① 대단히 불만　　② 불만　　③ 약간 불만

④ 약간 만족　　⑤ 만족　　⑥ 대단히 만족

1) 사전에 몇 가지의 답이 출현할 것인가 알 수 있는 (질문1)과 (질문2) 경우에는, 입력하기 전에 코드화해 놓고 거기에서 정한 숫자를 입력하는 편이 입력 작업이 더 효율적이다.

   설문1) 남 → ①, 여 →②

   설문2) A → ①, B → ②, AB → ③, O → ④

2) (질문3)과 같이 사전에 몇 가지의 답이 출현할지 알 수 없는 경우에는 답 그 자체를 입력하는 편이 좋다.

   ※ [변환]; [자동 코딩변경]을 통해 척도 변경

3) (질문4)는 수량이 얻어지는 자유회답형식, 답의 수치를 그대로 입력하면 된다. 구간을 나누어 놓고 코드화하는 방법도 있는데, 데이터를 처리할 때를 생각하면 코드화는 입력 후에 필요한 시점에서 실시하면 된다.

4) (질문5)와 같은 선택회답형식의 설문은 선택된 숫자를 그대로 입력하면 된다.

"기타"의 경우에는 최초에는 내용을 무시하고 숫자 6만을 입력해 놓는다.

5) (질문6)은 선택회답형식이므로 선택된 숫자를 그대로 입력한다.

6) 무회답에 대해서

모든 설문에 답을 기입하지 않은 사람은 논외로 하고, 어떤 일부의 설문에만 답을 기입하지 않은 사람이 나오는 경우가 있다. 그 이유는 다음과 같다:

(1) 기입하는 것을 잊어버림

(2) 회답불능

(3) 회답거부

등이 있을 수 있는데 새로 "무회답"이라고 하는 선택지를 추가하고, 그것에 적당한 번호를 할당해서 입력한다. 통계적인 방법을 이용한 분석을 실시할 때에는 제외한다.

2. 복수회답의 입력

(설문 예제)

(질문1) 제품 X를 구입한 이유로서 적당한 것에 √표를 하시오 (복수선택 가능)

① 가격이 싸다 ② 품질이 좋다 ③ 디자인이 좋다 ④ 아는 사람의 권유

(질문2) 제품 X를 두는 장소로 적당하다고 생각하는 공간으로 적합한 것에 2개까지 √표

① 사무실 ② 가정의 서재 ③ 연구실 ④ 학교의 교실

(Sol) 적합한 것 2개를 선택하는 질문에 대해서는 입력란의 변인으로 선택1, 선택2를 만들어 입력한다.

회답자	공간1	공간2
A	4	1
B	2	6

3. 순위회답의 입력

(설문 예제)

(질문1) 다음의 6가지 음료수 중에서 어느 순서로 좋아하는지, 가장 좋은 쪽부터 순서대로 1위에서 6위까지 순위를 매겨 주시오.

① 커피 ② 홍차 ③ 우유
④ 녹차 ⑤ 탄산음료 ⑥ 과즙음료

(질문2) PC를 구입할 때 특히 중요시하는 항목을 다음의 6개 중에서 3개를 골라 1위에서 3위까지 순위를 매겨 주시오.

① 가격 ② 기능(그래픽, 통신 등) ③ 디자인
④ 계산속도 ⑤ 메이커 ⑥ 서비스

(Sol) 모든 선택지에 순위를 매기는 완전 순위회답의 설문인 경우, 설문 회답 결과를 입력할 때에는, 행을 회답자로 하고 열을 선택지로 하는 데이터 표 형식으로 입력한다.

회답자	커피	홍차	우유	녹차	탄산음료	과즙음료
A	4	1	6	5	2	3
B	2	6	5	4	1	3

※ 행을 회답자로 하고 열을 순위로 하는 데이터표의 형식에 선택지의 번호를 데이터로서 입력하는 방법도 생각할 수 있다.

회답자	1위	2위	3위	4위	5위	6위
A	2	5	6	1	4	3
B	5	1	6	4	3	2

부록 1 날짜 변환 및 변수화

• 변환: 날짜 및 시간 마법사

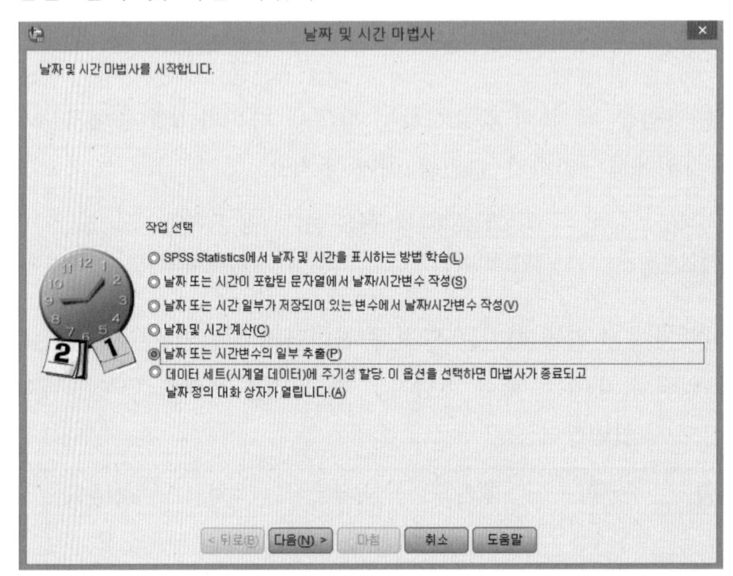

• 생년월일로 표기된 변수 ⇒ 연도로 만 표기된 변수로 변환

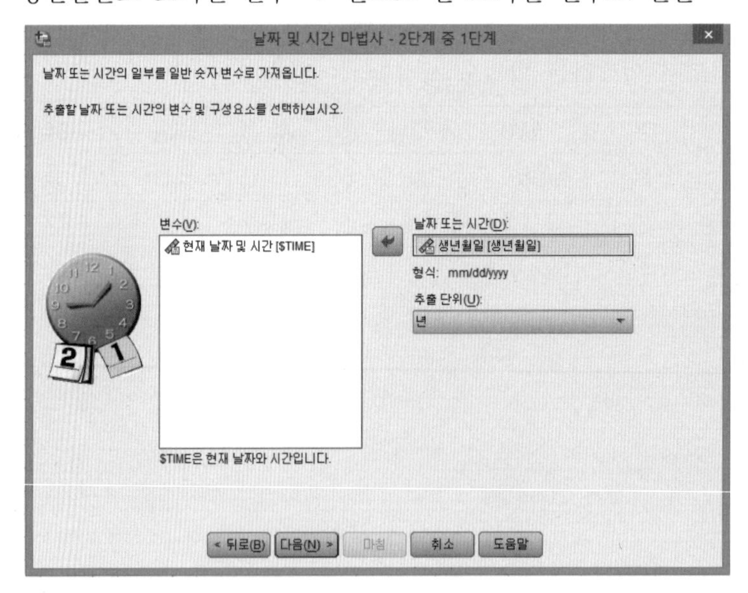

• 변수: 생년월일2로 변환

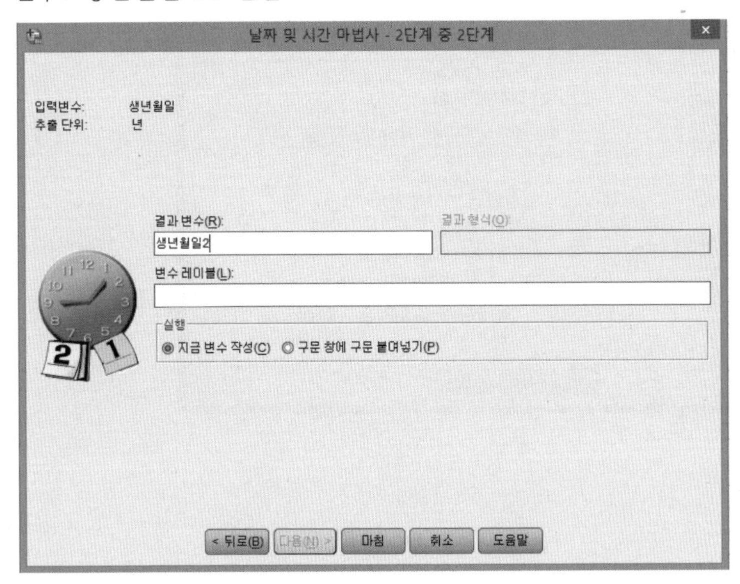

– 결과적으로 생년월일2 변수 연도로 정리되어 변수값 제시

• 생년월일2 변수를 구간별로 구분하여 표기된 생년월일변환 변수로 변환

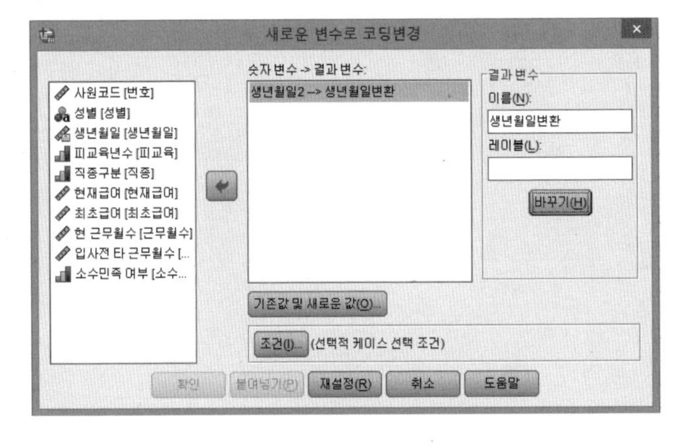

• 생년월일2의 변수는 범위 1929년에서 1971년으로 총 43년의 기간으로 분포,

• 총 43년 기간을 7개의 구간으로 구분화하여 명명할 수 있다.

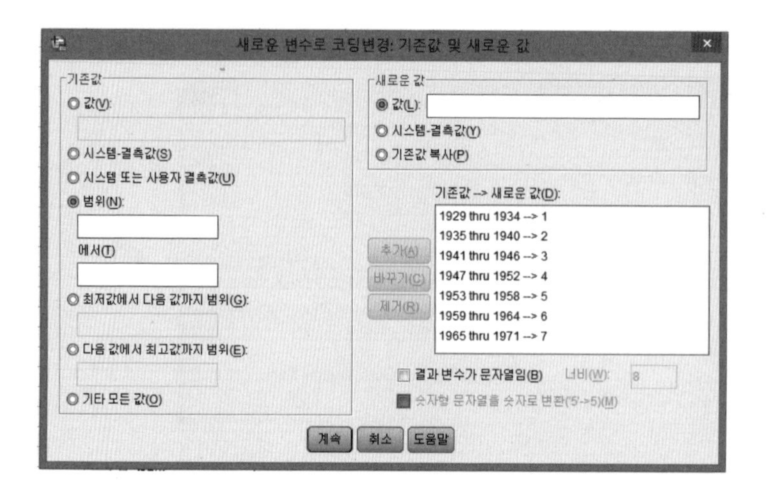
새로운 변수로 코딩변경: 기존값 및 새로운 값
기존값
값(V):
시스템-결측값(S)
시스템 또는 사용자 결측값(U)
범위(N):
에서(T)
최저값에서 다음 값까지 범위(G):
다음 값에서 최고값까지 범위(E):
기타 모든 값(O)
새로운 값
값(L):
시스템-결측값(Y)
기존값 복사(P)
기존값 --> 새로운 값(D):
1929 thru 1934 --> 1
1935 thru 1940 --> 2
1941 thru 1946 --> 3
1947 thru 1952 --> 4
1953 thru 1958 --> 5
1959 thru 1964 --> 6
1965 thru 1971 --> 7
추가(A)
바꾸기(C)
제거(R)
결과 변수가 문자열임(B)
너비(W):
8
숫자형 문자열을 숫자로 변환('5'->5)(M)
계속
취소
도움말

부록 2 변수 코딩 변환

• 같은 변수로 코딩 변경, 다른 변수로 코딩 변경

1. 같은 변수로 코딩 변경

변환: 같은 변수로 코딩 변경

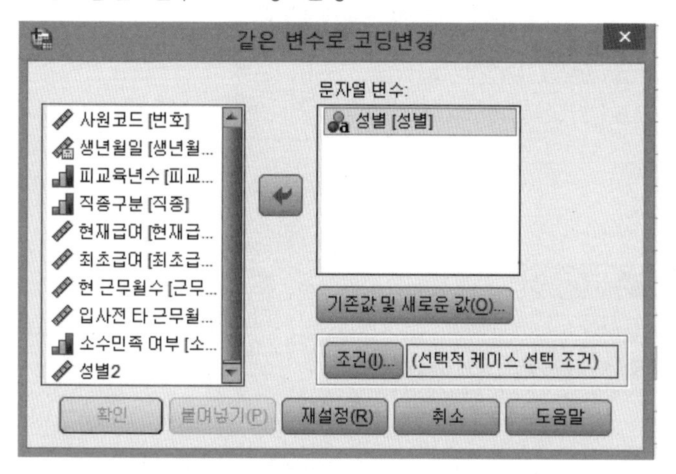

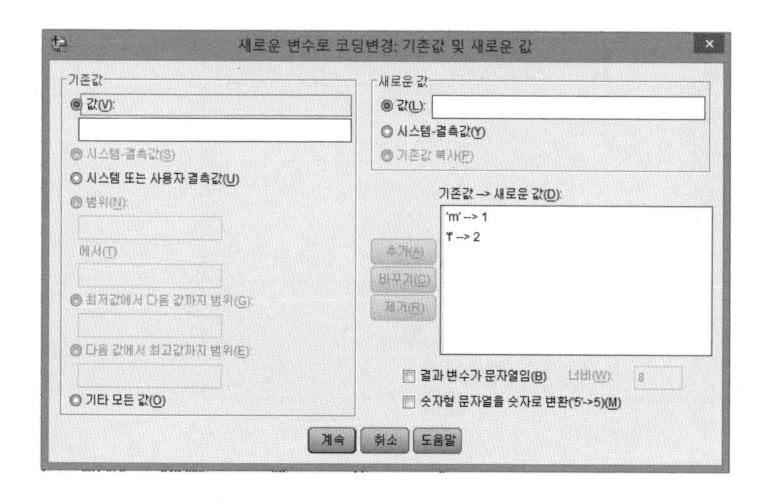

2. 다른 변수로 코딩 변경

변환: 다른 변수로 코딩 변경

문자화된 변수 성별을 다른 변수인 숫자화된 변수 성별2로 변화시키는 경우 사용하는 방법

결과적으로 변수 문자화된 성별 변수는 그대로 존재하고, 성별2로서 숫자화된 변수 창출

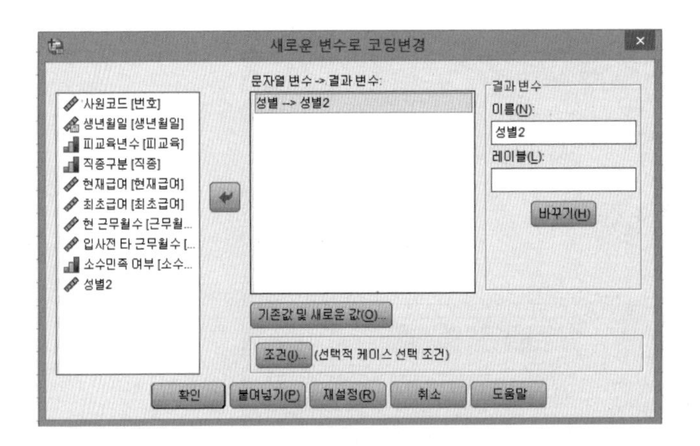

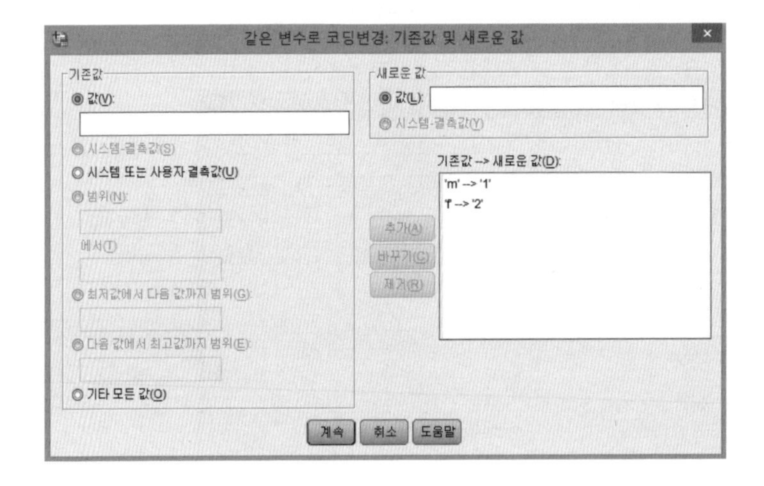

부록 3 변수 코딩

employee data 빈도분석 결과 중에서 누적퍼센트에 의하면 $15,750~22,950 구간 20.3%, $23,100~26,850 구간 40.7%, $27,000~30,750 구간 60.5%, $30,900~40,800 구간 80.0%, $41,100~135,000 구간 100.0%로 5개 구간으로 구분화 할 수 있다.

결과에 따라서 변수를 새롭게 코딩할 수 있다.

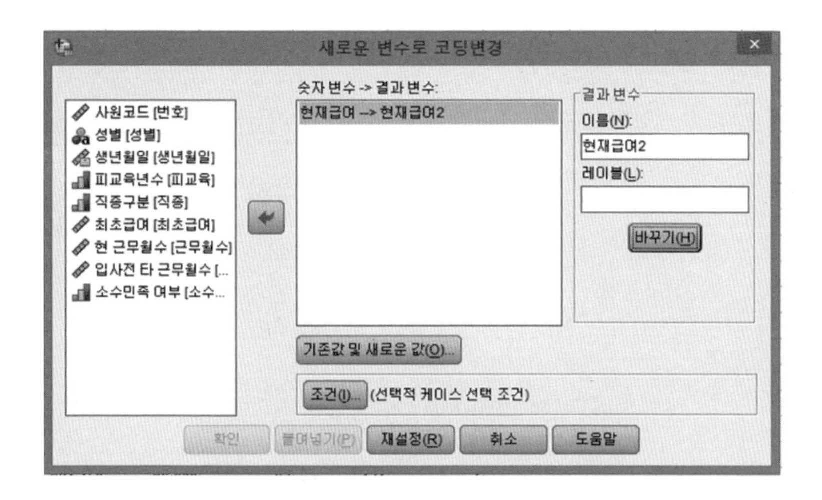

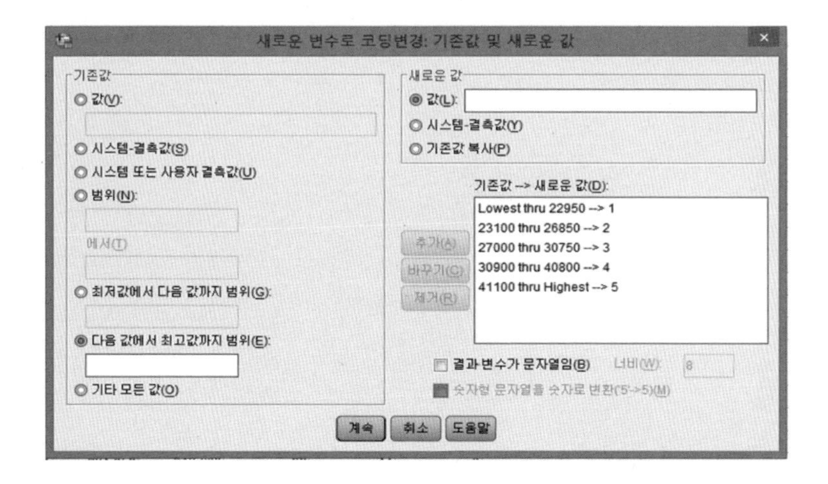

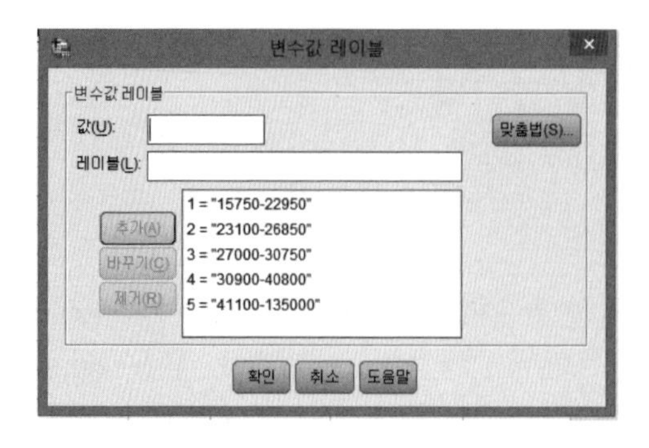

변수 보기에서 변수값 레이블을 통해 기록한다.

부록 4 시각적 구간화[4)]

1. 그룹화할 변수 선택

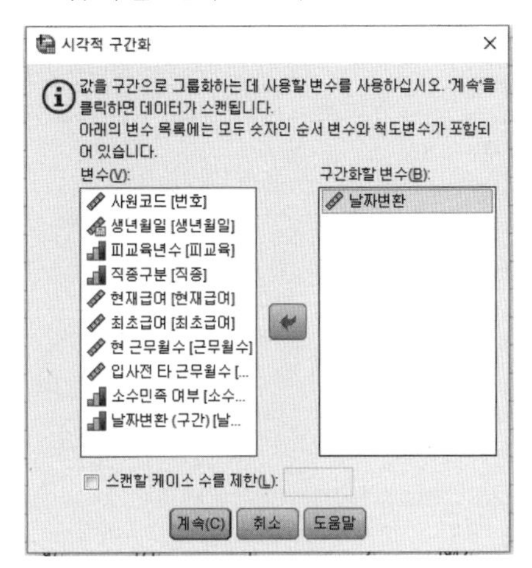

2. 절단점 만들기

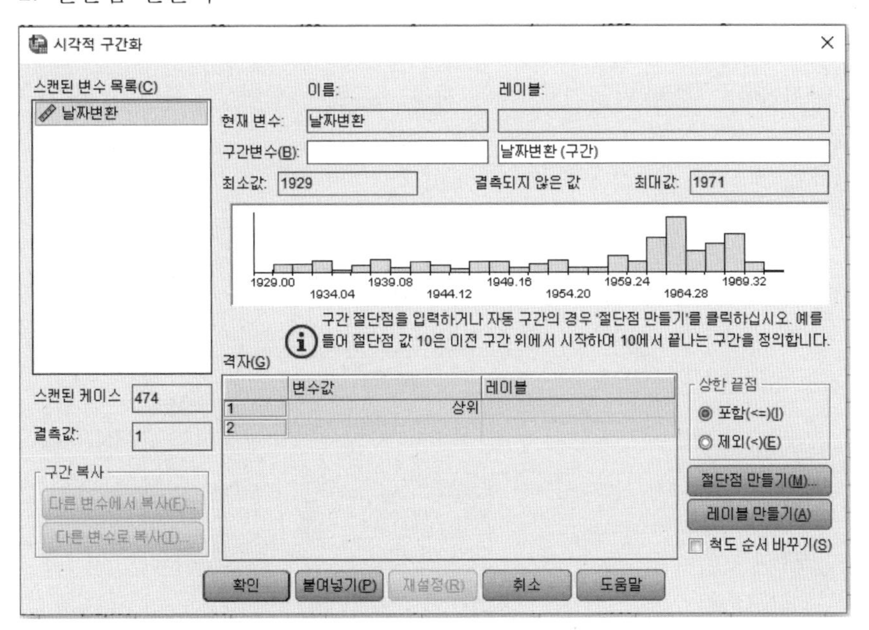

---

4) 변환(T); 시각적 구간화(B)

3. 절단점 위치 설정 및 너비 설정(범주 값 구분), 절단점 수(N) 클릭

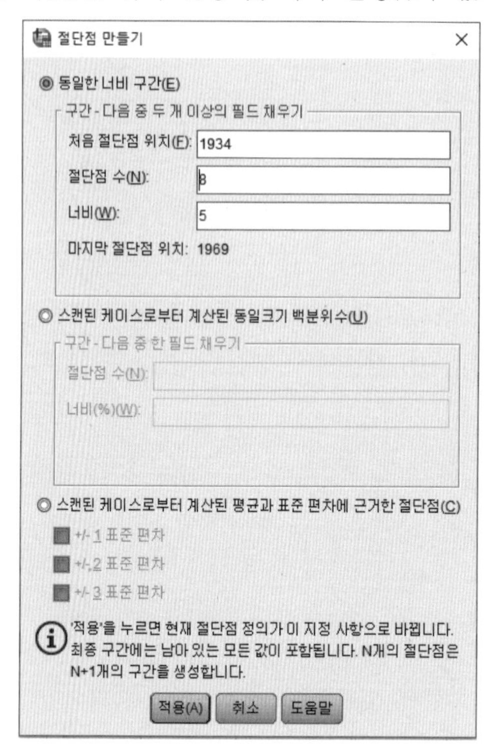

4. 상한 끝점 지정, 설명 만들기로 범위 지정, 빈 변수 입력 후 확인

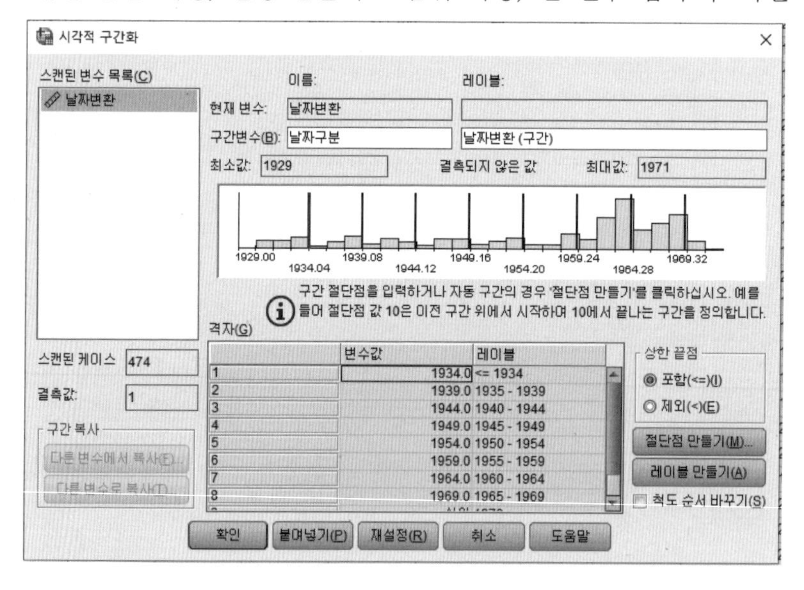

제 8 장

SPSS를 이용한 기초 통계분석

제1절 기술통계(Descriptive Statistics)

연구자는 첫 번째 표본의 특성을 기술하는 기술통계 값을 구한다.

수집된 자료가 어떠한 특성들을 가지고 있는지 분석하고자 할 때 사용하는 분석방법이며, 가장 기초적인 분석방법은 빈도분석이다.

1. 기술통계

기술통계는 변인의 기본적 특성을 보여주는 자료의 분포(Distribution), 분산(Dispersion), 중심경향(Central Tendency) 등을 나타낸다.

2. 도수분포표(Table of Frequency Distribution)

상대적 빈도, 백분율, 유효백분율(Valid Percent), 누적빈도 및 누적백분율(Cumulative Percent)로 구성되며, 도수분포를 하나의 표로 나타내는 것으로 자료의 분포상태를 나타낼 수 있다.

〈표 8-1〉 빈도분석의 기본개념

구 분	개 념	구 성
백분위수 값 (Percentile Values)	특정 백분율 이하 혹은 이상의 값에 대한 의미	사분위수(Quartiles) 절단점(Optimal cutoff point) 백분위수(Percentile)
산포도(분산도) (Dispersion)	자료가 평균을 중심으로 흩어져 있는 상태를 나타낸다. 분산도가 클수록 자료들이 평균에서 멀리 흩어져 있으며, 작을수록 평균주위에 모여 있다는 것을 의미한다.	표준편차(Std. Deviation) 분산(Variance) 범위(Range) 최소값(Minimum) 최대값(Maximum) 평균의 표준오차(S.E. Mean)

중심경향 (Central Tendency)	자료들이 특정 수치에 얼마나 집중되어 있는가를 파악 가능하게 하는 통계수치이다.	평균(Mean) 중앙치(Median) 최빈치(Mode) 합계(Sum)
분포 (Distribution)	자료가 분포되어 있는 정도를 의미한다.	왜도(Skewness) 첨도(Kurtosis)

3. 중심경향(Central Tendency)

1) 평균값(Mean)

자료의 값을 더하여 자료의 수로 나눈 값이다.

2) 중앙값(Median)

자료를 크기순으로 나열할 때 가운데 놓이는 값이며, 자료의 수를 N이라 할 때 N이 홀수이면 (n+1)/2번째 자료값이 중앙값이 되며, 자료의 수가 짝수이면 n/2와 n/2+1번째 자료값의 평균을 중앙값으로 한다.

3) 최빈값(Mode)

자료의 분포에서 빈도가 가장 많은 관찰치를 의미하며, 질적 자료와 양적 자료 모두에 적용된다.

4. 분포(Distribution)

변인의 전체 모양을 살펴보는 것이다.

1) 변인의 분포가 정상분포곡선(Normal Distribution Curve)으로부터 얼마나 벗어났는지 보여준다.
2) 분포의 특징은 분포의 퍼짐 또는 집중의 정도를 말하는 분산도와 분포의 기울기, 즉 편향의 정도를 나타내는 왜도(Skewness)와 그 분포가 얼마나 뾰족한가를 나타내는 첨도(Kurtosis) 등에 의해 표현된다.
3) 왜도(Skewness): 비대칭 정도를 나타내는 지표

(+)값은 변인의 분포가 정상분포보다 왼쪽으로 치우친 경우

(−)값은 변인의 분포가 정상분포보다 오른쪽으로 치우친 경우

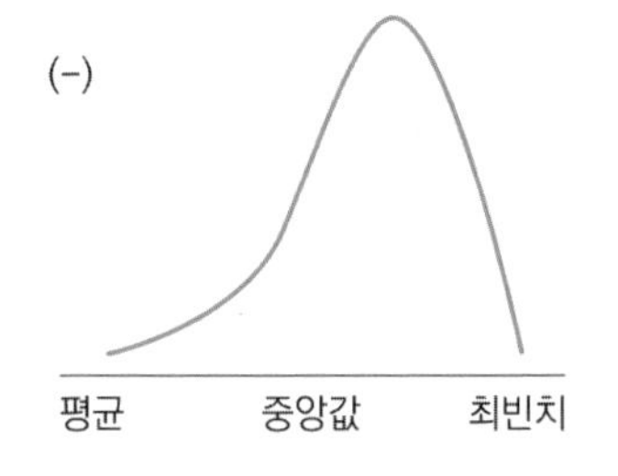

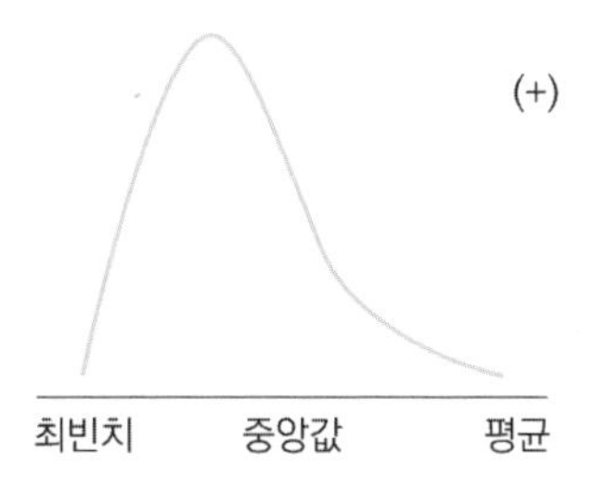

4) 첨도(Kurtosis): 변인의 분포가 정상분포곡선으로부터 위쪽, 아래쪽으로 치우친 정도

(+): 변인의 분포가 정상분포보다 위쪽으로 치우친 경우, 사례의 상당수가 평균값 근처에 몰려 있어 뾰족한 모양

(−): 변인의 분포가 정상분포보다 아래쪽으로 치우친 경우, 사례의 상당수가 평균값을 중심으로 양쪽에 넓게 퍼져 있는 모양

※ 분포의 뾰족한 정도를 정규분포와 비교하여 나타내는 것

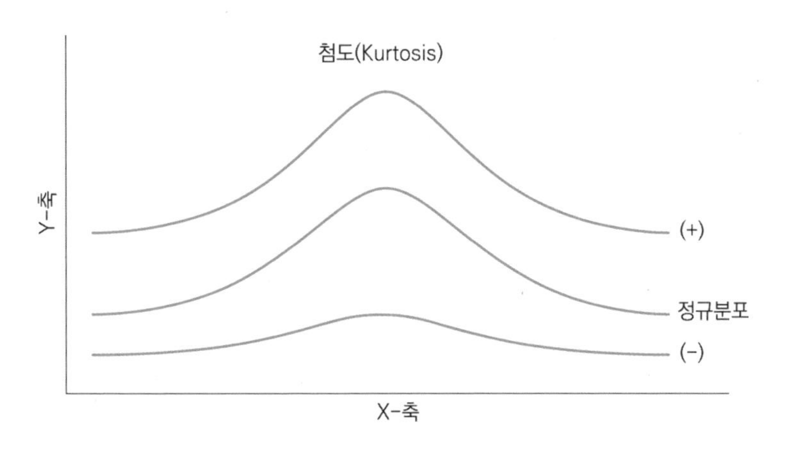

5. 빈도와 백분율(Frequency & Percent)

1) 유효 퍼센트: 무응답자를 제외한 전체 사례

2) 퍼센트: 무응답자를 포함한 전체 사례

6. 분산도(산포도, Dispersion)

변수의 동질성 or 이질성 정도 나타내는 값이다.

1) 표본의 특성을 정확하게 기술: 범위(Range)와 변량(Variance), 표준편차 (Standard Deviation)
2) 범위(Range): (최대값－최소값)
3) 변량(Variance):
   (1) 변인의 개별 점수(원 점수)가 평균값으로부터 퍼져 있는 정도로
   (2) 변인의 동질성을 측정하는데 사용한다.
   (3) 변량의 값이 적으면 작을수록 그 집단은 동질적 집단이고, 변량의 값이 크면 클수록 그 집단은 이질적 집단이라고 말할 수 있다.

① 각각의 차이 점수(원점수－평균)를 자승하고, 자승한 각 점수를 더함 → 자승의 합

② 자승의 합의 평균값을 구함: 자승의 합을 사례 수로 나누어 구함
자승의 합의 평균값이 변량 또는 평균 자승의 합(Mean Square)
※ 원칙적으로 자승의 합을 자유도(Degree of Freedom)로 나누어야 함
자유도: 사례 수에서 1을 뺀(사례 수－1)

③ 변량을 제곱근한 값: 표준편차

7. 표준오차(Standard Error)

여러 표본들의 평균값들의 표준편차

1) 표준오차(SE)를 구하기 위해 변인은 반드시 등간척도, 비율척도
2) 표본의 표준편차(SD)를 사례수의 제곱근($\sqrt{\ }$)한 값으로 나누어 구한다.
   $\mathrm{SE} = SD/\sqrt{n} = \sigma / \sqrt{n}$
3) 변인이 퍼센트(%)로 측정되었을 경우, 표준오차를 구하는 공식에 나타난 소문자 n은 사례수이고, p는 표본에서 구한 퍼센트(%) 결과이다
4) 표준오차: 100%에서 실제 조사한 퍼센트(%)를 뺀 값에 실제 조사한 퍼센트(%)를 곱하고, 이를 사례수로 나눈 값을 제곱근($\sqrt{\ }$)하여 구한다.

5) 변인이 퍼센트(%)로 측정되었을 경우 표준오차 구하는 공식

$$SE(P) = \sqrt{P\frac{(100-P)}{n}}$$

예 표준오차 계산방법

각 표본의 원점수/평균값/표준편차				표본들의 각 평균값 /평균의 평균값/표준오차	
	A	B	C		
1	1	2	5	A	3
2	2	5	4	B	4
3	3	5	6	C	5
4	4	4	5		
5	5	4	5		
평균값	3	4	5	평균값	4
표준편차	1.414	1.095	0.632	표준편차(표준오차)	0.816

A: 변량(Variance): $(1-3)^2+(2-3)^2+(3-3)^2+(4-3)^2+(5-3)^2= 10$,

$10 \div 5 = 2$

표준편차(Standard Deviation): $\sqrt{2} = 1.414$

B: 변량(Variance): $(2-4)^2+(5-4)^2+(5-4)^2=6$, $6 \div 5 = 1.2$

표준편차(SD) = $\sqrt{1.2} = 1.095$

C: 변량(Variance): $(4-5)^2+(6-5)^2=2$, $2 \div 5 = 0.4$

표준편차(SD) = $\sqrt{0.4} = 0.632$

(1) 표준오차

① 변량(Variance): $(3-4)^2+(4-4)^2+(5-4)^2=2$, $2 \div 3 = 0.667$

② 표준오차(Standard Error): $\sqrt{0.667} = 0.816$

8. 도수분포표의 기본개념 및 의의

기본 개념	개념 설명	의의
계급 (Class)	자료의 값을 몇 개의 등급으로 분산한 구간	비슷한 유형 및 계층을 구분하여 자료 정리를 쉽게 한다.
빈도 (Frequency)	각 계급에 속하는 케이스의 수	계급간의 케이스의 수(빈도)를 비교 가능하게 한다.
백분율 (Percent)	전체 케이스 중에서 각 계급의 도수(빈도)가 차지하는 비율	계급간의 도수가 차지하는 비율을 비교 가능하게 한다.
유효백분율 (Valid Percent)	전체자료에서 미수집 케이스를 제외한 합계에서 각 계급의 도수(빈도)가 차지하는 비율	미수집된 자료를 제외한 실제 도수를 포함한 비율을 비교 가능하게 한다.
누적백분율 (Cumulative Percent)	각 계급에 속한 백분율과 상위 계급에 속한 모든 백분율을 포함한 백분율	특정 값, 특정 계급 이하 혹은 이상이 차지하는 비율 계산을 가능하게 한다.

참고

SPSS 빈도분석(Frequency Analysis) Procedure

1. 〈분석〉〈기술통계량〉〈빈도분석〉
2. 변수 선택
3. [통계량] : 〈중심경향〉〈산포도〉〈분포〉
   - 자료의 분포, 분산, 백분율, 중심경향
4. [도표]: 〈히스토그램〉
   - 상대적 빈도, 백분율, 유효백분율, 누적빈도 및 누적백분율
5. [형식]: 〈출력순서〉〈다중변수〉
6. 분석결과

제2절 빈도분석 사례

1. 분석할 변수 설정

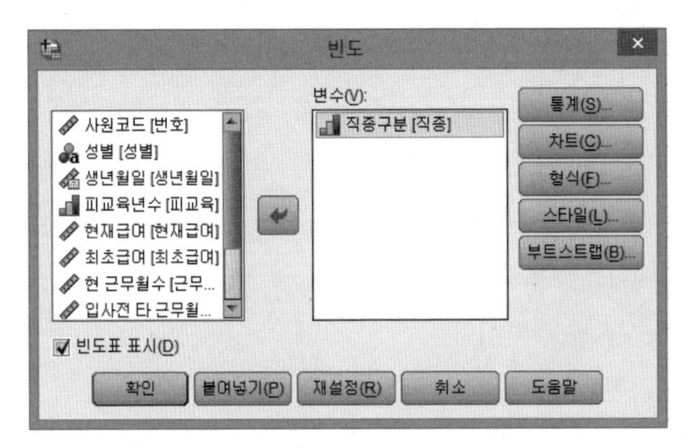

1) employee data(employee.sav)를 사용하여 분석을 실시하였다.

2) 변수(Variable)들 중에서 직종을 선택하여 빈도분석을 하였다.

2. 빈도분석: 통계량

빈도분석[1]을 이용한 기초적인 자료분석

1) 백분위수 값(Percentile Values)

(1) 사분위수: 매 25%에 해당하는 백분위수이다.

(2) N 분위수: 전체를 N으로 나눈 퍼센트에 해당하는 백분위수이다.

(3) 백분위수: 원하는 백분율을 지정하여 해당하는 백분위수를 출력할 수 있다.

2) 산포도(Dispersion)

(1) 표준편차: 평균주위의 산포에 대한 측도, 분산의 제곱근 값과 같다.

---

1) 변수의 분포도 구할 때 주로 사용, 명목척도, 서열척도, 등간척도, 비율척도 모두 이용하며, 단, 변수가 등간척도와 비율척도로 구성되어 있을 때만 그 값들은 의미가 있다.

(2) 분산: 평균주위의 산포의 측도, 케이스 수보다 하나 작은 수로 나눈 평균으로부터 편차제곱합과 같다.

(3) 범위: 최대값과 최소값의 차이를 나타낸다.

(4) 최소값: 가장 작은 변수의 수치이다.

(5) 최대값: 가장 큰 변수의 수치이다.

(6) 평균의 표준오차: 평균값이 동일한 분포에서 계산된 것보다 얼마나 다른지 나타내는 측도이다.

3) 중심경향(Central Tendency)

(1) 평균: 산술평균, 수치 전체를 더한 값을 N으로 나눈 값이다.

(2) 중위수: 50%에 해당하는 백분위수이다.

(3) 최빈값: 빈도가 가장 높은 수치이다.

(4) 합계: 수치 전체를 더한 값이다.

(5) 값들이 집단 중심점임: 데이터가 집단화되었다는 가정과 데이터 값들이 원래 집단의 중심점이라는 가정 하에 백분위수 값 통계량과 중위수를 계산한다.

4) 분포도(Distribution)

(1) 왜도(Skewness): 비대칭 정도(0에 가까울수록 정규분포, +값은 오른쪽 꼬리 분포)

(2) 첨도(Kurtosis): 분포도의 뾰족한 정도(+값은 정규분포보다 좁게 밀집된 분포)

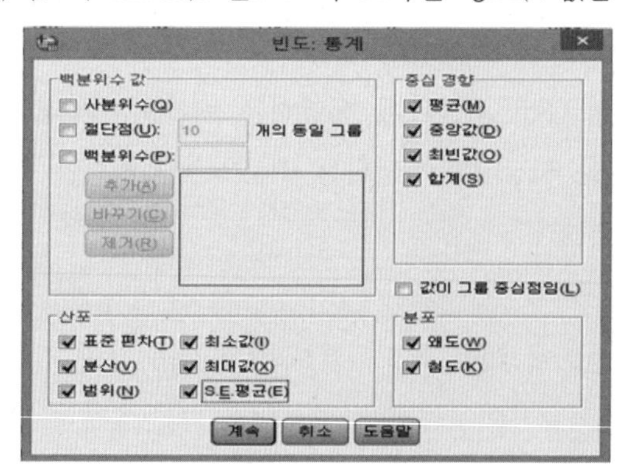

3. 빈도분석: 도표

※ 도표(그래프)를 통해 직종의 전체적인 분포를 한 눈에 파악할 수 있다.

4. 빈도분석: 형식

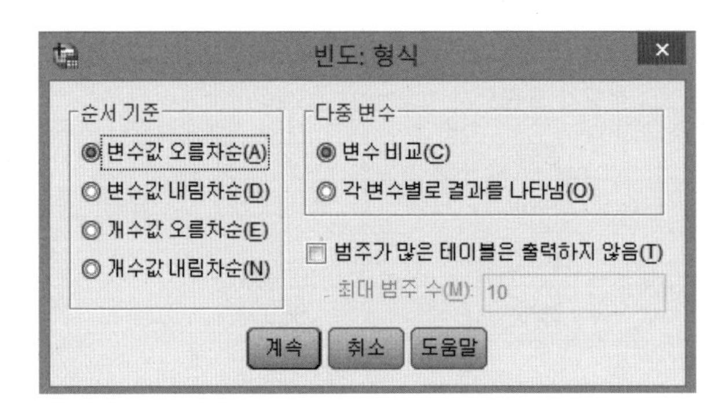

제3절 분석결과

1. 사무직(1), 관리직(2), 경영직(3)
2. 전체 대상 집단 474명 중에서 사무직에 363명이 종사하고, 관리직은 27명, 경영

직은 84명으로 사무직이 전체의 76.6%, 경영직이 17.7%, 그리고 관리직이 5.7%를 차지하고 있다.

통계량

직종구분

N	유효	474
	결측	0
평균		1.41
평균의 표준오차		.036
중위수		1.00
최빈값		1
표준편차		.773
분산		.598
왜도		1.456
왜도의 표준오차		.112
첨도		.268
첨도의 표준오차		.224
범위		2
최소값		1
최대값		3
합계		669

직종구분

		빈도	퍼센트	유효 퍼센트	누적 퍼센트
유효	사무직	363	76.6	76.6	76.6
	관리직	27	5.7	5.7	82.3
	경영직	84	17.7	17.7	100.0
	합계	474	100.0	100.0	

3. 앞 표에 나타난 분포를 그림으로 표현하면 아래의 히스토그램과 같다.

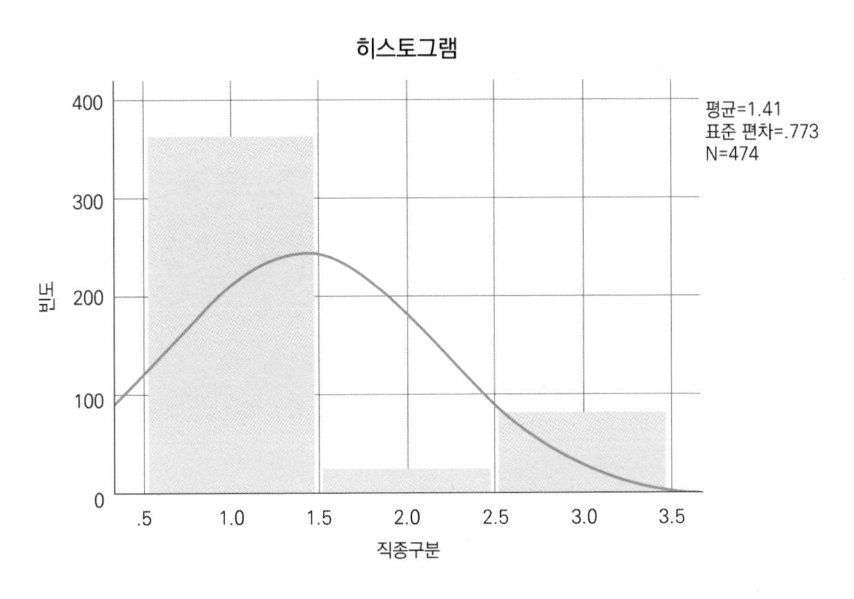

4. 분포가 좌측인 사무직에 치우친 것을 알 수 있다.
5. 전체 집단 474명이고, 직종에 의하면 사무직(1), 관리직(2), 경영직(3)으로 하였으며, 직종에 따른 평균값은 1.41, 표준편차 0.773이다.

제 9 장

추리통계 (Inferential Statistics)

제1절 정상분포곡선 (Normal Distribution Curve)

1. X축(변인의 점수), Y축(빈도)
2. 종 모양으로 봉우리가 하나이다.
3. 종 모양은 좌·우대칭으로 좌·우가 같은 모양이다.
4. 정상분포의 경우 평균값, 중앙값, 최빈값이 동일하다.
5. 평균값을 중심으로 ±1 표준편차 안에는 전체 사례 수의 68%가 속해 있고,
   ±2 표준편차 안에는 전체 사례수의 95%가 속해 있고,
   ±3 표준편차 안에는 전체 사례수의 99%가 속해 있다.

제2절 표준점수(Z-score)

- 표준점수

원 점수에서 평균값을 뺀 점수를 표준편차로 나누어 구하고 그 결과는 평균(0)으로부터 몇 표준점수(표준편차)만큼 떨어져 있는가를 보여준다.

$$\text{표준점수} = \frac{X-\overline{X}}{SD} = [(\text{원점수})-(\text{평균값})]\ /\ (\text{표준편차})$$

제3절 표준 정상분포곡선

1. 분포와 측정단위가 다른 변인들 간의 관계를 분석하거나 비교하기 위해 원점수를 표준점수로 변환하여 사용함으로써 비교의 객관성을 높일 수 있다.
2. 표준 정상분포곡선: 평균값 0을 가지며, 표준점수들의 표준편차는 1이다.
3. 정상분포곡선: 원 점수를 이용한 분포곡선이다.
   표준 정상분포곡선: 원 점수를 표준점수로 바꾸어 만든 분포곡선이다.

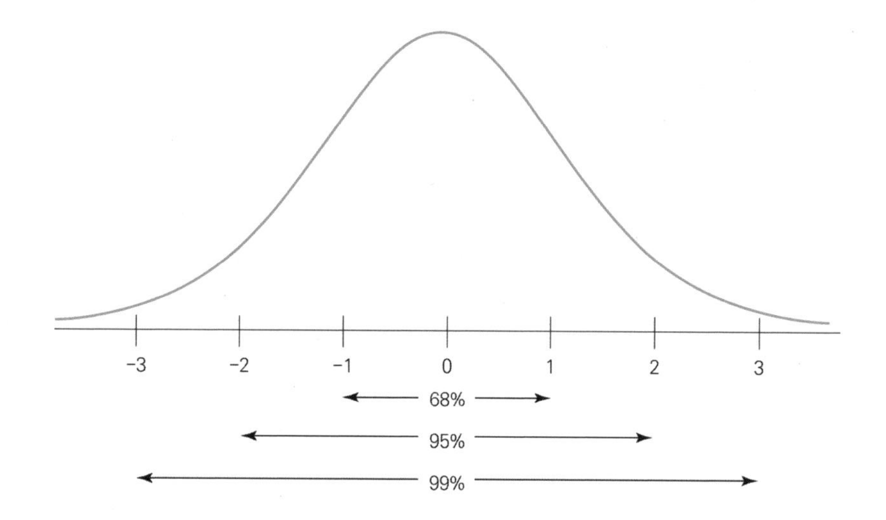

제4절 가설

1. 가설(Hypothesis) 검증

변인들 간의 관계를 검증하기 위한 연구자의 주장

1) 가설의 종류

귀무가설(영가설, H_0), 대립가설(연구가설, H_1)

(1) 귀무가설(Null H): 연구가설의 반대 명제

(2) 대립가설(Alternative H): 연구자가 검증하고 싶어 하는 주장

(3) 일반적인 유형

구분	대립가설	귀무가설
	무엇과 무엇과의 관계가 있다	무엇과 무엇과는 관계가 없다
	무엇이 무엇에게 영향을 미친다	무엇이 무엇에게 영향을 미치지 않는다
	무엇을 하면 무엇이 나타날 것이다	무엇을 해도 무엇이 나타나지 않을 것이다

2) 가설검증 방법

(1) 연구가설의 반대 명제인 귀무가설을 검증하고, 이를 통해 대립가설을 간접적으로 증명하는 절차를 거친다.

(2) 과학적 목적은 시간과 공간을 초월하여 법칙을 발견하는 것이다.

(3) 과학적 연구결과는 잠정적 진실로 항상 진실의 여부를 검증받는다.

3) 유의도 수준

(1) 가설을 검증할 때 가설을 사실로서 받아들이거나 거부하는 기준이 필요하다.

(2) 유의도 수준: p(probability)

(3) 유의도 수준 $p<0.05$: 100개의 연구를 했는데 95개(95%)는 제대로 된 결론을 내리고, 5개(5%)는 연구자가 실수하여 잘못된 결론을 내리는 것을 의미한다.

(4) 유의도 수준 $p<0.01$: 0.05보다 기준이 더 엄격하여 100개의 연구를 할 경우, 99개(99%)는 제대로 된 결론을 내리고, 1개(1%)는 연구자가 잘못된 결론을 내리는 것을 의미한다.

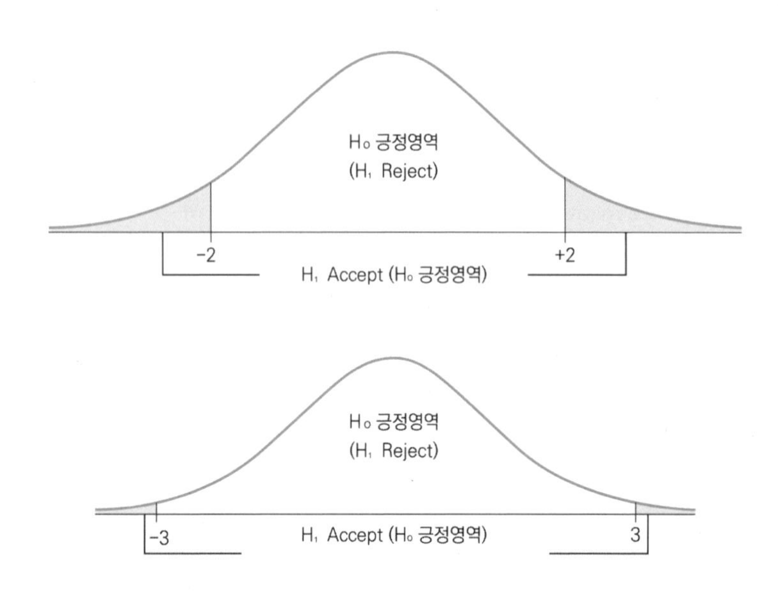

제5절 제1종, 제2종 오류(Type I or Type II Error)

1. 제1종 오류

귀무가설이 진실임에도 불구하고, 귀무가설을 진실로 판단하지 않고 허위로 판단하는 경우의 오류이다.

예 대립가설이 허위일 때, 연구자가 대립가설을 허위로 판단 → 제대로 연구를 한 것으로 문제가 없다.
대립가설이 허위임에도 불구하고, 연구자가 대립가설을 진실이라고 잘못 판단하여 결론을 내리면 연구자는 제1종 오류 범한다.

연구자는 새로운 사실을 발견한 것으로 착각하여 결과를 발표하여 사람을 오도하거나, 진실을 발견한 것이라 믿기 때문에 그 연구를 다시 하지 않을지 모른다.

2. 제2종 오류

귀무가설이 허위임에도 불구하고, 귀무가설을 허위로 판단하지 않고 진실로 판단하는 경우의 오류이다.

예 대립(연구)가설이 진실인 경우, 연구가자 대립가설을 진실로 판단하면 제대로 연구한 것이다. 연구가설이 진실임에도 불구하고, 연구자가 연구가설을 허위라고 잘못 판단하여 결론을 내리면 연구자는 제2종 오류를 범하게 된다.

연구자는 새로운 사실을 발견하지 못했다고 착각했기 때문에 발표를 하지 않을 것이고, 진실을 발견하지 못했다고 믿기 때문에 그 연구를 다시 할 것이다. 따라서 제1종 오류가 제2종 오류보다 심각한 문제이다.

연구자 판단 / 사실세계	H_0을 진실로 판단함	H_0을 허위로 판단함
H_0이 진실인 경우	제대로 된 연구	제1종 오류(α)
H_0이 허위인 경우	제2종 오류(β)	제대로 된 연구

3. 유의도 수준의 의미

1) $p<0.05$: 100개의 연구 중 5개가 Type I 오류를 범할 수 있다.
   100개의 연구 중 95개(95%)는 제대로 된 결론을 내리고, 나머지 5개(5%)는 잘못된 결론을 내리는 것을 의미, 100개의 연구를 할 경우 그 중 제1종 오류를 5개(5%) 미만으로 범하면 표본의 연구결과를 모집단의 연구결과로 받아들일 수 있다. 5개(5%)의 잘못된 결론이란 제1종 오류, 허위를 진실로 판단하는 오류의 가능성이 5% 존재한다는 것을 의미한다.
   $p<0.05$수준, $\alpha<0.05$수준
2) $p<0.01$: 100개의 연구 중 1개가 Type I 오류를 범할 수 있다.
3) 제1종의 오류와 제2종의 오류는 반비례의 관계가 존재한다.
4) 제1종의 오류와 제2종의 오류 양자를 적정수준에서 줄일 수 있는 기준으로 유의도 수준 0.05와 0.01을 권장한다.

Type I Error: $H_1(F) \Rightarrow H_1(T)$

$H_0(T) \Rightarrow H_0(F)$

Type II Error: $H_1(T) \Rightarrow H_1(F)$

$H_0(F) \Rightarrow H_0(T)$

제6절 추리통계방법 선정기준

1. 변인의 종류와 측정

1) 변인의 역할에 따라 원인(독립변인)과, 결과(종속변인)로 구분할 수 있다.
2) 독립변인: 명목척도, or 등간척도와 비율척도(서열척도)
3) 종속변인: 명목척도, or 등간척도와 비율척도(서열척도)

		독립변인	
		명목척도	등간척도/비율척도 (서열척도도 가능)
종속 변인	명목척도	① 문항 간 교차비교분석(χ^2) (비모수 통계방법)	④ 판별분석 (모수 통계방법)
	등간척도/ 비율척도 (서열척도도 가능)	② *t*검증 ANOVA 가변인 회귀분석 (모수 통계방법)	③ 회귀분석 통로분석 LISREL (모수 통계방법)

(1) 독립변인이 명목척도로 측정되어 있고, 종속변인도 명목척도로 측정되어 있다면, 연구자는 문항 간 교차비교분석(χ^2 analysis)을 사용하여 연구가설을 검증하면 된다. 문항 간 교차비교분석은 대표적인 비모수 통계방법이다.

(2) 독립변인이 명목척도로 측정되어 있고, 종속변인은 등간척도와 비율척도

(서열척도)로 측정되어 있다면, 연구자는 *t*검증(t-test)이나 ANOVA (Analysis of Variance), 가변인 회귀분석(Dummy Variable Regression Analysis)을 사용하여 연구가설을 검증하면 된다. *t*검증과 ANOVA, 가변인 회귀분석은 모수 통계방법이다.

(3) 독립변인이 등간척도와 비율척도(서열척도)로 측정되어 있고, 종속변인도 등간척도와 비율척도(서열척도)로 측정되어 있다면, 연구자는 회귀분석이나 통로분석(Path Analysis), LISREL(Linear Structural Equation Model)을 사용하여 연구가설을 검증하면 된다. 회귀분석과 통로분석, LISREL은 모수 통계방법이다.

(4) 독립변인이 등간척도와 비율척도(서열척도)로 측정되어 있고, 종속변인은 명목척도로 측정되어 있다면, 연구자는 판별분석을 사용하여 연구가설을 검증하면 된다. 판별분석은 모수 통계방법이다.

2. 모수 통계방법과 비모수 통계방법 선정기준

1) 모수통계방법 선정기준

(1) 분포의 정상성(Normality)으로 변인이 정상적으로 분포되어 있어야 한다.

① 표준정상분포곡선일 경우 평균값을 중심으로

±1 표준편차 사이에 사례수의 68%가 속하고

±2 표준편차 사이에 사례수의 95%가 속하고

±3 표준편차 사이에 사례수의 99%가 각각 속해 있기 때문에 모집단의 점수를 예측할 수 있다. 변인이 정상적으로 분포되어 있을 경우에는 모수통계방법, 아닌 경우에는 비모수통계방법을 사용한다.

(2) 기준은 변량의 동질성(Homogeneity of Variance)으로 각 집단의 오차변량이 비슷해야 한다. 변량은 집단의 동질성을 측정하는 수치로서 변량이 다르면 다른 집단이기 때문에 비교하는 것이 어렵다. 집단의 변량이 비슷한 경우에는 모수통계방법을 사용한다.

(3) 기준은 변인의 측정방법으로 변인이 등간척도(or 비율척도)로 측정되어야 한다. 변인이 명목척도로 측정되었을 경우에는 변량을 계산할 수 없기 때문에 비모수통계방법을 사용한다.

2) 비모수통계방법의 대표적인 것은 χ^2방법으로 명목척도로 측정된 두 변인 간의 관계를 분석한다.

3) 모수통계방법

(1) 독립변인과 종속변인이 명목척도와 서열척도, 등간척도, 비율척도 중 어떤 척도로 측정되었는가에 따라 통계방법이 결정된다.
(2) 독립변인이 한 개가 아니면 여러 개인가? 종속변인이 한 개인가 또는 여러 개인가에 따라 사용하는 통계방법이 결정된다.

4) 대표적인 모수통계방법으로는 t검증방법, 일원변량분석방법(One-way ANOVA), 회귀분석방법(Regression Analysis), 통로분석방법(Path Analysis) 등이 있다.

제 10 장

문항 간 교차비교분석 (Chi-square Analysis)

명목척도로 측정한 (독립)변인과 명목척도로 측정한 (종속)변인 간의 관계를 분석하는 대표적인 비모수통계방법이다. 즉, 실제빈도와 기대빈도 간의 비교 분석을 통해 두 변수간의 상관관계 여부를 분석하는데 이용되는 검정방법이다.

제1절 정의

문항 간 교차비교분석방법 ⇔ χ^2(Chi－square) 분석방법으로

1. 명목척도란?

명목척도(성별, 지역별, 종교별, 직업별 등)로 측정한 변인들 간의 관계를 분석할 때 사용하는 방법이며, "성별에 따른 정부 부동산 정책의 지지도 간의 관계 분석" 등이다. 명목척도(서열척도)의 범주형 변수들을 분석하기 위하여 2개 변수가 가진 각 범주를 교차하여 해당 빈도를 표시하는 교차분석표를 통해 두 변수 간의 독립성과 관련성을 분석하는데 이용한다.

2. 조건은?

	수	측 정
독립변인	한 개	명목척도(서열척도, 등간척도도 가능)
종속변인	수	측 정
	한 개	명목척도(서열척도, 등간척도도 가능)

3. 연구절차

1) 연구가설의 설정

독립변인과 종속변인의 관계를 기초로 가설을 설정한다.

2) 교차분석(SPSS), 카이제곱; 람다; 관측빈도; 퍼센트(열)

점수가 아닌 가중 값(셀 수 반올림) → 분석 결과

3) χ^2분석 및 유의도 검증

(1) χ^2분석표

변인 간에 독립변인과 종속변인의 구별이 있을 때 독립변인은 가로(행)로 종속변인은 세로(열)로 표시된다. 각 셀(Cell) 안에는 셀의 조건에 해당하는 사람의 빈도 쓰고, 빈도의 백분율 계산되고 백분율은 독립변인에서 종속변인 방향으로 계산된다.

(2) χ^2수치 계산공식

$$X^2 = \Sigma \frac{(O-E)^2}{E}$$

O: 실제 관측빈도, E: 기대빈도, df =(C−1)(R−1)

$$E = \frac{(C \times R)}{N}$$

C: χ^2 분석표의 각 열에 속한 사람의 숫자
R: 각 행에 속한 사람의 숫자
N: 사례 수

E = r/n × c/n
n(참여총수), c(열에 속한 계), r(행에 속한 계)

(3) χ^2(Chi-square)값은 실제 관측빈도와 기대빈도의 차이가 크면 클수록 커지고 일반적으로 χ^2값이 크면 클수록 통계적으로 유의미하다.
표본의 연구결과에서 나온 변인들 간의 관계는 모집단에서도 같은 결과로 나온다.
따라서 연구결과를 받아들이면 된다.

(4) 자유도(Degree of Freedom): 독자적 정보를 가지고 있는 사례가 얼마인지를 보여주는 값이다.

자유도 = N − 1

4) 상관관계분석

(1) 연구가설이 부정: χ^2분석은 자유도와 χ^2값을 해석함으로써 끝이 난다. '연구가설에서 제시한 명목변인들 간의 관계가 없는 것으로 나타났다' 라는 결론을 내리면 된다.

(2) 연구가설이 검증되었다면, 변인들 간의 인접성 정도를 보여주는 상관관계분석이 필요하다.

(3) 명목척도로 측정된 변인들 간의 상관관계를 측정하는 계수는 Phi, Cramer's V, Contingency Coefficient(분할계수), PRE(Proportional Reduction in Error)가 있다.

(4) 람다(Lambda, λ): 0~1: 한 변인과 다른 변인 간의 관계의 정도를 보여준다. 명목척도로 측정된 변인들의 상관관계 계수

람다 계수	설명
0~0.1 미만	변인 간의 관계가 거의 없다
0.1~0.3 미만	변인들의 관계가 어느 정도 있다
0.3~0.5	변인들의 관계가 상당히 깊다
0.5~0.8	변인들의 관계가 매우 깊다
0.8~1.0	변인들의 관계가 거의 일치 한다

(5) 감마(Gamma, γ): 서열척도로 측정된 변인들의 상관관계 계수

(6) 일표본 χ^2 분석

<분석> <비모수 검정> <레거시 대화상자> <카이제곱검정> <검정변수>

<옵션: 기술통계> <결측값: 검정별 결측값 제외> → 분석결과

제2절 χ^2 분석 논문작성법

1. χ^2 분석에 적합한 연구가설을 만든다.
2. 유의도 수준을 정한다. $p<0.05$(95%), 또는 $p<0.01$(99%) 중 하나를 선택한다.
3. 표본을 선정하여 데이터를 수집한 후, 컴퓨터에 입력한다.
4. <기술통계량> <교차 분석표> <통계량: 카이제곱: 람다> <셀: 빈도; 관측빈도, 퍼센트> 실행 결과에서 χ^2, 자유도(df), λ(람다계수), $p<0.05$ 표기
5. 남·여 총 25명을 대상으로 TV와 신문의 선호도를 파악하고자 한다.

(사례) 자료: TV 시청량, 신문구독[1)]

1) 〈기술통계량〉〈교차 분석〉: 행(성별), 열(선호매체), 〈정확한 검정〉: 점근적 검정
2) 〈통계량〉: 〈카이제곱〉〈명목데이터: 람다〉
3) 〈셀〉: 〈빈도: 관측빈도, 기대빈도〉〈백분율: 열〉
4) 〈형식〉: 〈오름차순〉
5) 〈수평배열 막대도표 표시〉
6) 〈확인〉

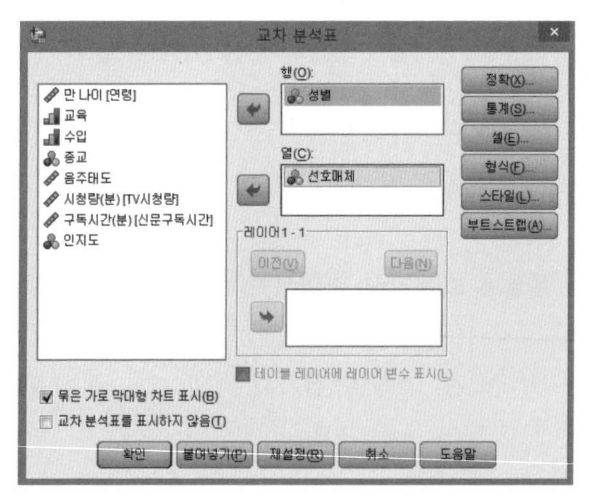

1) 행(독립변수), 열(종속변수)

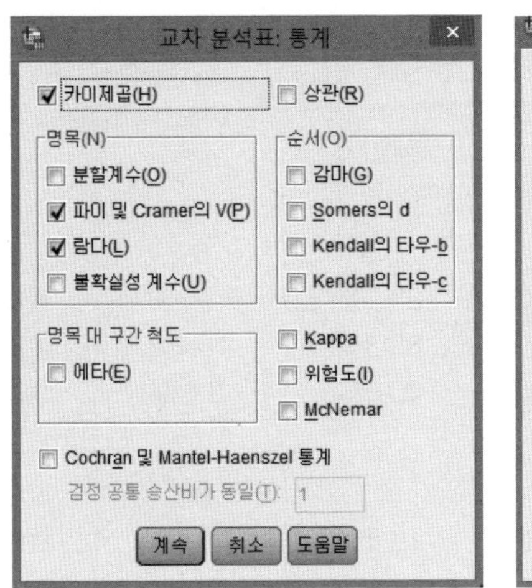

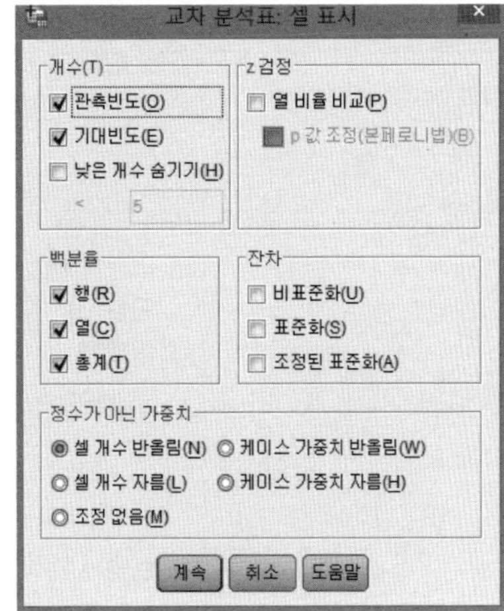

(1) 총 25명 중에서 선호매체가 TV인 경우 전체의 48%이며, 남성이 10명(83.3%)이고 여성이 2명(15.4%)이며, 신문 선호도의 전제 분포는 13명(52%)이며 남성이 2명(16.7%)이고, 여성은 11명(84.6%)이다. 전체적인 분포 구도를 살펴보면, 남성과 여성의 선호매체 취향이 상반됨을 알 수 있다.

케이스 처리 요약

	케이스					
	유효함		결측값		총계	
	N	퍼센트	N	퍼센트	N	퍼센트
성별×선호매체	25	100.0%	0	0.0%	25	100.0%

성별×선호매체 교차 분석표

			선호매체		총계
			텔레비전	신문	
성별	남성	개수	10	2	12
		기대개수	5.8	6.2	12.0
		성별 내 %	83.3%	16.7%	100.0%
		선호매체 내 %	83.3%	15.4%	48.0%
		총계의 %	40.0%	8.0%	48.0%
	여성	개수	2	11	13
		기대개수	6.2	6.8	13.0
		성별 내 %	15.4%	84.6%	100.0%
		선호매체 내 %	16.7%	84.6%	52.0%
		총계의 %	8.0%	44.0%	52.0%
총계		개수	12	13	25
		기대개수	12.0	13.0	25.0
		성별 내 %	48.0%	52.0%	100.0%
		선호매체 내 %	100.0%	100.0%	100.0%
		총계의 %	48.0%	52.0%	100.0%

(2) 가설검정

① 귀무가설(H_0): 성별과 선호매체와는 관련성이 없다.

② 대립가설(H_1): 성별과 선호매체와는 관련성이 있다.

(3) 카이제곱 검정

① 일반적으로 교차분석에서 셀당 기대빈도가 5 이상이 되어야 바람직한 것이다. 이번 사례의 경우 0(zero)로 0%이고, 최소 기대빈도는 5.76이다.

② 독립성을 검정을 위한 카이제곱 검정결과, 카이제곱 값이 11.543이고, 자유도 1, 유의수준은 0.001로서 귀무가설을 기각하고 대립가설을 채택한다. 그 결과 성별과 선호매체와는 밀접한 관련성이 있다고 할 수 있다.

카이제곱 검정

	값	자유도	근사 유의확률 (양측검정)	정확 유의확률 (양측검정)	정확 유의확률 (단측검정)
Pearson 카이제곱	11.543[a]	1	.001		
연속성 수정[b]	8.981	1	.003		
우도비	12.641	1	.000		
Fisher의 정확검정				.001	.001
선형 대 선형결합	11.081	1	.001		
유효 케이스 수	25				

a. 0셀 (0.0%)은(는) 5보다 작은 기대 빈도를 가지는 셀입니다. 최소 기대빈도는 5.76입니다.

b. 2×2 표에 대해서만 계산됨

구분	선호매체		합계	χ^2	p
	TV	신문			
남	10	2	12	11.543	0.001
여	2	11	13		
합계	12	13	25		

– 성별×선호매체의 표와 카이제곱 검정의 카이제곱, 유의확률

$\chi^2 = 11.543$, 유의확률 $p < 0.05$ 이므로 집단 간의 유의한 차이가 있는 것으로 이해 즉, 남녀간의 TV시청량과 신문구독시간에 대해 차이가 있는 것으로 판단된다. 남성은 TV를 선호하며, 여성은 신문구독을 선호하는 것으로 나타났다.

(4) 성별에 따라 선호매체 선택에 차이가 얼마나 있는지를 측정하기 위하여 결합도 측정방법인 위의 표의 값을 사용한다. 그 결과 람다 값이 0.667로 결합도가 높다고 할 수 있다.

방향성 측도

			값	근사 표준오차[a]	근사 T값[b]	근사 유의확률
명목척도 대 명목척도	람다	대칭적	.667	.164	2.754	.006
		선호매체 종속	.667	.167	2.604	.009
		성별 종속	.667	.167	2.604	.009
	Goodman과 Kruskal 타우	선호매체 종속	.462	.200		.001[c]
		성별 종속	.462	.200		.001[c]

a. 영가설을 가정하지 않음.

b. 영가설을 가정하는 점근 표준오차 사용

c. 카이제곱 근사값을 기준으로

(5) 대칭성 측도(Symmetric Measures)

대칭적 측도

		값	근사 유의수준
명목 대 명목	파이	.679	.001
	Cramer의 V	.679	.001
유효 케이스 N		25	

위의 대칭적 측도결과, 파이(phi)와 Cramer V값이 0.679로서 두 변수 간의 대칭성의 정도는 높은 수준임을 의미한다.

(6) 남·여 총 25명을 대상으로 TV와 신문의 선호도에 대한 조사결과, 그래프에 나타난 것과 같이 남성은 TV, 여성은 신문에 선호도가 높음을 알 수 있다.

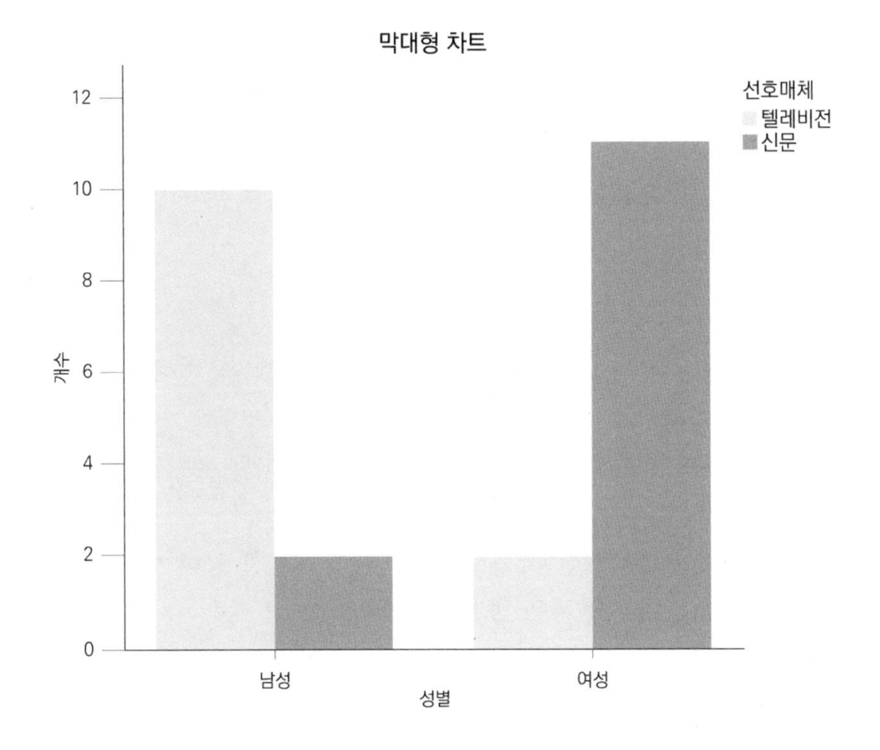

제3절 교차통계분석(Crosstabs Analysis)

1. 사용목적

1) 두 변수 간의 상호관련성을 분석하기 위해 사용되는 방법
2) 두 변수들 간의 독립성과 연관성을 통계학적으로 확인하기 위한 통계기법이며, 검정통계량 Chi-Square분석[2]이라고도 한다.

---

2) -상황표(Contingency Table): 표본의 빈도분포 상태 작성, 두 변수 간의 독립성과 연관성을 통계적으로 확인
-독립성 검정(Test of Independence): 상황표에 사용된 두 요인의 기대도수와 관측도수의 관련성이 있는지 또는 독립성인지를 검정하는 분석
-Chi-square: 기대빈도와 실제빈도 간의 차이에 의해 계산

3) 두 변수들 간의 관계를 검정하는 것으로서, 상관관계분석을 명목자료(Nominal data)나 서열자료(Ordinal data)에 적용한 것이라 할 수 있다.

4) 두 개의 범주형 변수[3]에 대한 상관관계분석이라고 한다.

5) 교차분석을 사용할 수 있는 자료의 수준은 명목 혹은 서열척도이다.

2. 교차분석표(Cross Tabulation)

1) 두 개의 변수를 결합하여 도수분포 현황을 분석하는 것이며, 이를 표로 나타낸 것이다.

예 성별에 따른 차이, 성별 간의 직무만족도, 선거에서 유세전과 후에 지지하는 정당 또는 후보자에 관한 관심의 비율이 어떻게 변하는가?

2) 통계학의 개념 중 가설(귀무가설, 대립가설)의 의미를 통해 변수 간의 연관성을 확인하는데 사용되는 방법으로,

(1) 귀무가설(H_0): 두 변수 간에는 상호 연관성이 없다(독립성)

(2) 대립가설(H_1): 두 변수 간에는 상호 연관성이 있다(연관성)

(3) 가설검증 통계치: χ^2값[4]과 자유도(df)

두 변수가 서로 독립이라는 의미는 서로 아무런 상관이 없다는 것이다.

예 통계학을 좋아하느냐, 좋아하지 않느냐 하는 것과 이성친구가 "있는가" 또는 "없는가" 하는 것은 아무런 관계가 없다.
부모 중 어느 한 분이 안경을 착용한 것과 자녀 중에서 안경을 착용한 것과는 관계가 있을 가능성이 있다.

(4) 통계학의 선호도와 이성친구의 유무와는 '서로 독립적'이고, 반면에 본인의 안경착용 여부와 부모의 안경착용 여부와는 '서로 종속적'이라고 표현할 수 있다.

---

3) 범주형 자료(category data): 자료의 관측결과가 몇 개의 범주 또는 항목의 형태로 나타나는 자료이며 정성적 자료이다. 크게 서열자료와 명목자료로 구분된다.

4) Chi-Square: 선형 대 선형결합과 관련된 Chi-Square값 계산

제4절 분석(Analysis); 기술통계량(Descriptive Statistics); 교차분석(Crosstabs)

1. 변수목록으로부터 교차분석표 왼쪽에 위치할 변수를 지정하여 행(Row)으로, 교차분석표 오른쪽에 위치할 변수를 지정하여 열(Column)로 옮긴다.
   만일, 통제변수(Layer)를 지정하면, 각 Layer값에 대한 교차분석표가 만들어진다.

   예 소수민족 여부(Minority Classification)를 통제변수(Layer)로 지정하면, 소수민인 경우와 아닌 경우에 대한 교차표가 만들어진다.

(사례) 자료: employee data

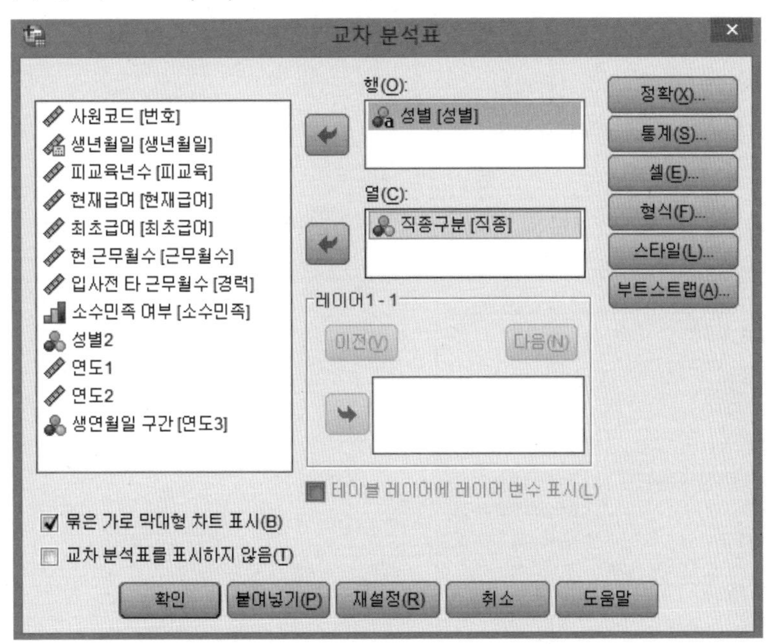

※ 수평누적 막대도표 출력(Display clustered bar charts),[5] 교차표(Suppress Tables) 출력하지 않음

---

5) 행에 지정된 변수 값에 대해 수평누적 막대도표가 출력된다. 각 군집 내의 막대를 정의하는 변수는 열에 지정된 변수이다.

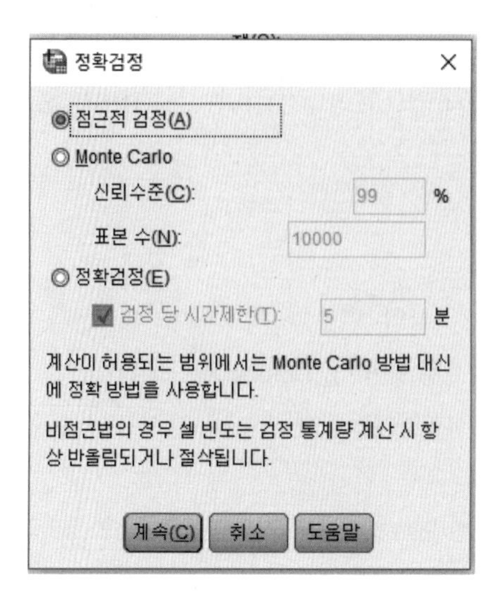

- 점근적 검정(Asymptotic Only): 점근 유의성 확률의 값을 의미한다.
- Monte Carol: 몬테카를로 유의성 확률값을 의미한다.

  신뢰수준(Confidence Level)

  표본의 수(Number of Samples)

2. 변수 간의 결합도를 측정하는 통계량으로 측정하려는 자료의 수준에 따라 위에 있는 방법을 선택한다.

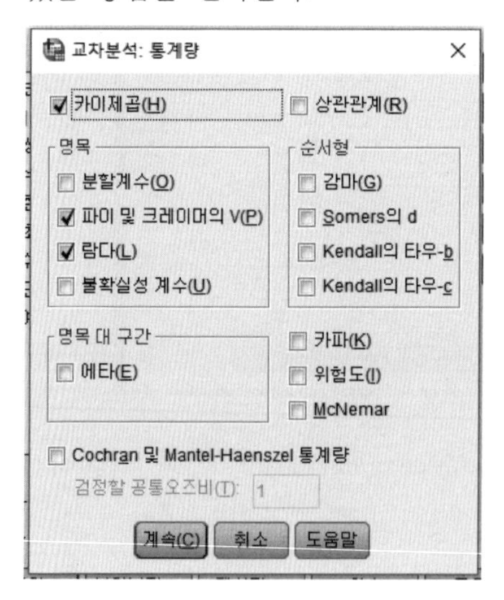

3. 두 변수 간에 시간적 우선순위나 결합도가 존재하는 경우, 즉 두 변수 간의 관계가 의존적인 경우를 비대칭적(Asymmetric)관계라 하고, 시간적 우선순위나 인과관계의 방향이 존재하지 않을 경우, 즉 두 변수 간의 관계가 독립적인 경우를 대칭적(Symmetric) 관계라 한다.
4. 자료의 수준을 명목수준(Nominal Level), 서열수준(Ordinal Level), 명목 대 등간수준(Interval Level)으로 분류되어 있다.

※ 셀의 대화상자

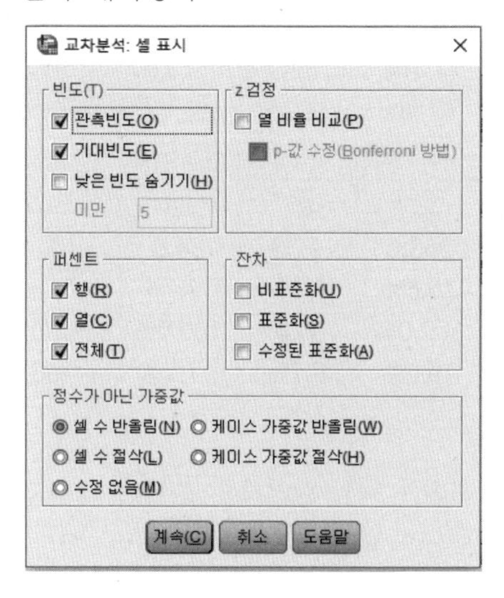

- 빈도, 퍼센트, 잔차 중 분석하고자 하는 통계량을 선택한다.
- 오름차순(Ascending): 오름차순 정렬

5. 분석결과

케이스 처리 요약

	케이스					
	유효함		결측값		총계	
	N	퍼센트	N	퍼센트	N	퍼센트
성별×직종구분	474	100.0%	0	0.0%	474	100.0%

성별×직종구분 교차 분석표

			직종구분			총계
			사무직	관리직	경영직	
성별	여자	개수	206	0	10	216
		기대개수	165.4	12.3	38.3	216.0
		성별 내 %	95.4%	0.0%	4.6%	100.0%
		직종구분 내 %	56.7%	0.0%	11.9%	45.6%
		총계의 %	43.5%	0.0%	2.1%	45.6%
	남자	개수	157	27	74	258
		기대개수	197.6	14.7	45.7	258.0
		성별 내 %	60.9%	10.5%	28.7%	100.0%
		직종구분 내 %	43.3%	100.0%	88.1%	54.4%
		총계의 %	33.1%	5.7%	15.6%	54.4%
총계		개수	363	27	84	474
		기대개수	363.0	27.0	84.0	474.0
		성별 내 %	76.6%	5.7%	17.7%	100.0%
		직종구분 내 %	100.0%	100.0%	100.0%	100.0%
		총계의 %	76.6%	5.7%	17.7%	100.0%

1) 교차표 작성결과, 사무직은 363명(76.6%), 관리직은 27명(5.7%), 경영직은 84명(17.7%)으로 사무직이 가장 높은 비중을 차지하고 있다. 직종을 성별에 따라 살펴보면, 사무직은 전체 363명 중에서 남성이 157명(43.3%), 여성이 206명(56.7%)으로 나타났고, 관리직은 27명 중에서 남성이 27명(100%)으로 나타났다. 경영직의 경우, 84명 중 남성이 74명(88.1%), 여성이 10명(11.9%)로 관리직과 경영직 모두 남성이 편중되어 있음을 알 수 있다.
일반적으로 독립성 검정(Chi-Square Test)의 결과 셀당 기대빈도(Expected Count)가 5이상이 되어야 바람직하다고 할 수 있다. 관리직 여성의 경우 0(zero, 0%)이며, 최소 기대빈도는 12.3이다[6].

6) 자유도의 수=(행의 수-1)(열의 수-1)

2) 가설검정

(1) 귀무가설(H_0): 직업의 종류와 성별은 관련성이 없다.

(2) 대립가설(H_1): 직업의 종류와 성별은 관련성이 있다.

3) 독립성 검증을 위해, Chi-Square Test를 실시한 결과, Chi-Square값은 79.277이며, 자유도는 2, 유의수준은 0.000으로 귀무가설을 기각하고 대립가설을 채택한다. 즉, 직업의 종류와 성별과는 밀접한 관련성이 있는 영향력이 높다고 할 수 있다.

카이제곱 검정

	값	자유도	근사 유의확률 (양측검정)
Pearson 카이제곱	79.277[a]	2	.000
우도비	95.463	2	.000
선형 대 선형결합	67.463	1	.000
유효 케이스 수	474		

a. 0셀 (0.0%)은(는) 5보다 작은 기대 빈도를 가지는 셀입니다. 최소 기대빈도는 12.30입니다.

6. 결합도 측정

교차분석을 위해 선택된 변수인 직종과 성별 사이에 결합도로서 직종구분에 따라 성별의 차이가 있다면, 얼마나 차이가 있는지 그 정도를 측정하기 위해 결합도 측정을 한다.

1) 방향성 측도(Directional Measures)

위의 표는 결합도 측정의 한 단계로서 방향성측도를 파악하기 위해 람다를 지정하여 얻은 결과이다. 이 분석에 사용한 두 변수(직종, 성별)는 명목수준이므로 명목척도 중에서 람다를 선택하여 얻은 결과는 0.150으로 두 변수의 결합도가 미약함을 의미한다. 즉, 성별에 따라 직종을 선택하는 성향은 다소 차이가 있으며, 직종에 따라 사무직은 여성, 관리직과 경영직은 남성에 편중되어 있는 것을 알 수 있다.

방향성 측도

			값	근사 표준오차[a]	근사 T값[b]	근사 유의확률
명목척도 대 명목척도	람다	대칭적	.150	.054	2.590	.010
		직종구분 종속	.000	.000	.[c]	.[c]
		성별2 종속	.227	.078	2.590	.010
	Goodman과 Kruskal 타우	직종구분 종속	.123	.021		.000[d]
		성별2 종속	.167	.024		.000[d]

a. 영가설을 가정하지 않음.

b. 영가설을 가정하는 점근 표준오차 사용

c. 점근 표준오차가 0이므로 계산할 수 없습니다.

d. 카이제곱 근사값을 기준으로

2) 대칭성 측도(Symmetric Measures)

대칭적 측도

		값	근사 유의확률
명목척도 대 명목척도	파이	.409	.000
	Cramer의 V	.409	.000
유효 케이스 수		474	

위의 대칭적 측도결과, 파이(phi)와 Cramer V값이 0.409로서 두 변수 간의 대칭성의 정도는 보통 수준임을 의미한다.

3) 성별에 따라 직업을 선택하는 경향에 다소 차이가 있으며, 다음의 그림에 나타난 것과 같이 여성에서 남성으로 갈수록 사무직에서 경영직으로, 그리고 관리직으로 선택하는 경향이 있다는 것을 알 수 있다.

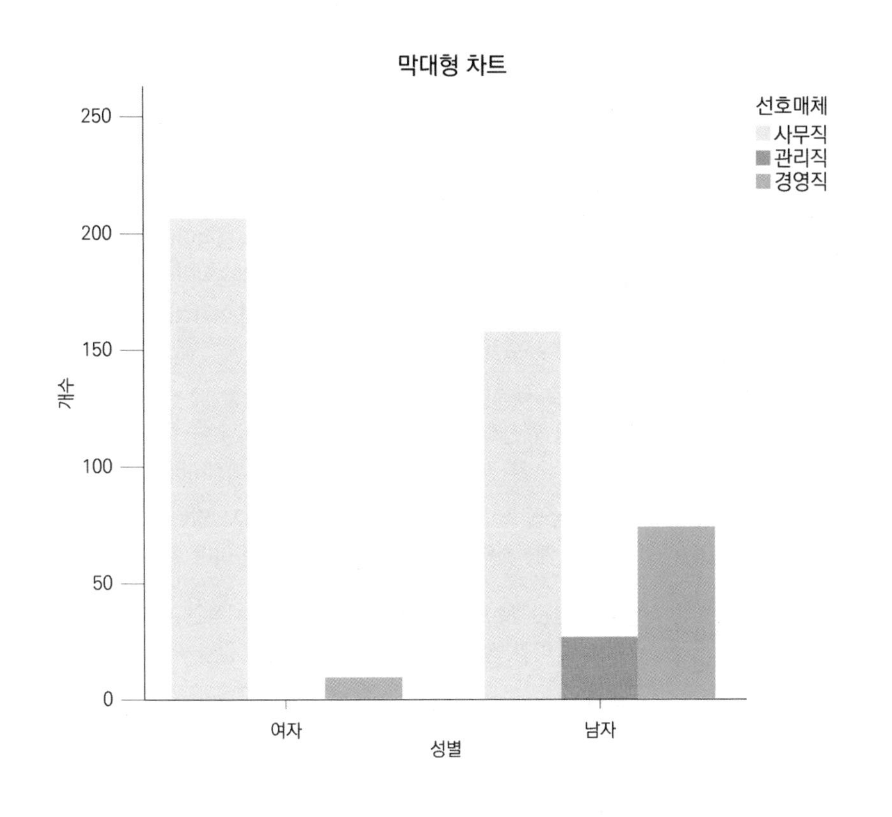

<table>
<caption>용어설명(통계량)</caption>
<tr><th colspan="2">항목 및 세부항목</th><th>내용</th></tr>
<tr><td colspan="2">카이제곱</td><td>선형 및 선형결합과 관련된 Chi-Square값 계산</td></tr>
<tr><td colspan="2">상관관계</td><td>상관계수</td></tr>
<tr><td rowspan="4">명목 데이터</td><td>명목 데이터</td><td>연계성의 강도를 의미</td></tr>
<tr><td>분할계수</td><td>우발성계수(contingency coefficient), 관련성 정도 비교 척도로 이용</td></tr>
<tr><td>파이 및 크레머 V값</td><td>Phi and Cramer's V 두 변수 간의 완전한 관계가 존재하여도 1.0의 값을 가질 수 없는 유관계수의 약점을 보완하기 위한 것이며, 대칭적 측도를 위한 항목, 0.0~0.25(약한 관계), 0.26~0.5(보통), 0.51~ 0.75(약간 강한), 0.76~1.0(강한)</td></tr>
<tr><td>람다 (Lambda)</td><td>두 변인 간 관계 측정, 최빈치에 기초하며, 방향성 측도를 위한 항목, 결합도 범위(0~1), 영(zero): 독립변수에 의하여 종속변수를 전혀 예측할 수 없는 것을 의미하며 두 변수 간의 관계가 독립적, 1(one): 독립변수에 의해 종속변수가 어느 범주에 속하는지 완전히 예측한다는 것을 의미하며 두 변수 간의 관계가 완전 종속적</td></tr>
</table>

	불확실성 계수	대칭 및 비대칭 불확실성 계수 의미(Uncertainty Coefficient)
명목 대 등간척도 에타(Eta)		Nominal by Interval 두 변수의 관련성을 계산하는 것으로 상관계수와 유사
순서 데이터	순서 데이터	결합도가 영(zero)일 경우 두 변수가 독립적이며, -1인 경우 두 변수 간의 관계가 반대 방향으로 완전 의존적이며, 1인 경우는 두 변수 간의 관계가 같은 방향으로 완전 의존적이라는 의미. 강도와 방향성 모두 포함.
	감마 (Gamma)	무작위로 예측했을 때 다른 변수를 예측할 때 줄일 수 있는 오류의 비를 계산하는 것으로 대칭적 측도를 위한 항목이며 0일 경우 독립적, +일 경우 보완적, -일 경우 대체적이라는 의미
	Somers' d	종속변수만 일치하고 독립변수는 일치하지 않는 경우를 포함하여 비율을 계산하며 방향성 측도를 위한 항목이며 확장된 Gamma 값
	Kendall's Tau-b and c	등위 상관계수로서 변수들의 관계가 일치적인가, 비일치적인가의 여부에 따라 산출되며 1~ -1의 사이의 값을 가짐
Kappa		같은 변수값의 범위를 포함하는 두 변수 간의 일치성 측정 도구
위험도(Risk)		상대적 위험률
McNemar[7)]		이산형 변수에 대한 비모수 검정으로 Chi-Square 분포를 사용
빈도 (counts)	관측빈도 (observed counts)	각 셀에 표시될 실제 케이스의 수
	기대빈도 (expected counts)	각 셀에 표시될 기대 케이스의 수
퍼센트	행(Row)	행 퍼센트: 각 셀의 케이스가 행 변수 전체 케이스의 점유율
	열 (Column)	열 퍼센트: 각 셀의 케이스가 열 변수 전체 케이스의 점유율
	전체 (Total)	각 셀의 케이스 수가 전체 케이스 수에 대한 비율
잔차	표준화 하지 않음 (Unstandardized)	기대빈도와 관측빈도 사이의 차이이며, 양의 잔차는 행변수 또는 열변수가 독립일 때보다 셀이 더 많은 케이스가 있다는 것을 나타냄
	표준화 (Standardized)	표준오차의 추정값으로 나준 잔차이며, Pearson 잔차라고도 하며, 평균이 영(zero)이고 표준편차가 1이 됨

	수정된 표준화 (Adjust Stand ardized)	표준오차의 추정값으로 나눈 셀에 대한 잔차로서 평균의 위나 아래에 있는 표준편차 단위로 표시

7) 대응표본 검정(Test of Marginal Homogeneity)은 McNemar에 의해 학계에 처음 발표된 것으로 McNemar 검정이라고 한다. 대응표본 검정은 행과 열의 크기가 같은 경우에 사용할 수 있으며, 같은 내용을 반복해서 측정한 경우나 같은 내용을 한 쌍의 응답자에게 질문한 경우에 사용할 수 있다.

제 11 장

t 검증

제1절 개념(Conception)

t - 검정은 두 집단 간의 평균의 차이가 통계적으로 유의한지를 검정할 때 사용하는 통계적 기법이다. 즉, 모집단의 분산이나 표준편차를 알지 못할 때 모집단의 표본으로부터 분산과 표준편차를 추정하여 분석하는 대표적인 사회과학연구 분석기법이다. 표본크기가 증가하면 t분포는 정규분포에 가까워진다. 표본크기가 30이 넘으면 보통 정규분포로 간주한다. t분포는 임의의 서로 독립된 두 표본, 즉 같은 모집단에서 추출된 표본의 분산이 같으면 그 평균도 같다는 가설을 검정할 때 자주 응용된다. 또한 실제 모평균이 있을 구간, 즉 평균의 신뢰구간을 설정하기 위해 사용되며 확률도를 명확히 나타낼 수 있다.

1. 한 개의 독립변인과 한 개의 종속변인 간의 관계를 분석하는 통계방법이다.
2. 독립변인은 명목척도로 측정된 변인으로 반드시 2개의 집단으로 구성되어야 한다.

   예 성별은 명목척도로 측정된 변인으로 두 개의 유목(남, 여)으로 구성되어 있어 가능한 반면, 종교는 세 개의 유목[1])으로 측정되었다면 비록 명목척도로 측정된 변인이라도 t검증방법에서는 사용할 수 없다.

3. 독립변인이 서열척도, 등간척도, 비율척도로 측정되면 t검증을 할 수 없다.
4. 종속변인은 등간척도(또는 비율척도)로 측정되어야 한다.
5. t검증방법: 두 개의 유목으로 측정된 한 개의 독립변인이 한 개의 종속변인에게 미치는 영향력을 분석하는 방법이며 두 집단 평균값의 차이를 검증하는 통계방법이다.
6. t 검증방법의 조건
   ① 독립변인: 수(1개), 척도(명목척도, 반드시 유목이 2개)
   ② 종속변인: 수(1개), 척도(등간척도 또는 비율척도)

1) 3개 이상의 유목인 경우에는 F-test 적용.

제2절 종류

연구자가 독립변인의 두 집단을 어떻게 선정하느냐에 따라 독립표본(Independent Sample), 대응표본(Paired Sample), 일표본(One-Sample) t검증방법 세 가지로 구분된다.

1. 독립표본 t검증방법(Independent Sample t-test) A ⇔ B

독립된 두 집단 간의 차이가 있는지를 알아보기 위해 사용하는 방법이다. 성별에 따른 관련성이 대표적인 예이다.

예 음주, 교통사고빈도 (관계성)

1) 200명 중 100명 술을 마시게 하여 음주집단으로 분류한 후 교통사고 건수를 측정하고,
2) 200명 중 100명 술을 마시지 않게 하여 비음주집단으로 분류한 후 교통사고 건수를 측정한다.
   → 두 집단에 속한 사람들의 교통사고 평균값 비교 → t검증

A집단	B집단
종속변인 평균값	종속변인 평균값

2. 대응표본 t검증방법(Paired Sample t-test)

1) 시점만 달리하여 동일한 사람들을 표본으로 선정하여 분석한다.
2) 한 시점에 200명 모두에게 술을 마시게 한다.
3) 또 다른 한 시점에 200명 모두 술을 마시지 않게 한다.
   → 교통사고 건수 측정한다.
4) 두 시점에 동일한 사람들의 교통사고 평균값을 비교 → t검증

시점 1	시점 2
A 집단	A 집단
종속변인 평균값	종속변인 평균값

3. 일표본 *t*검증방법(One-Sample t-test)

기존 연구결과와 실제 조사한 집단의 평균값을 비교 → t검증

A 집단	B 집단
종속변인 평균값 (기존연구의 결과)	종속변인 평균값 (실제 연구의 결과)

제3절 독립표본 *t*검증(Independent Sample t-test)

한 집단에 속한 사람이 다른 집단에 속하지 않도록 표본을 선정한 후 두 집단 간의 평균값을 비교하여 연구(대립)가설을 검증하는 방법이다.

1. 연구절차

1) 독립표본 *t*검증방법에 적합한 대립가설을 선정한다. 독립변인과 종속변인의 수와 측정 조건에 맞는 변인을 선정한다.
2) SPSS를 실행하여 분석에 필요한 결과를 얻는다.
3) 두 집단의 동질성을 검증한다.
4) t분석표를 만들고, 각 집단에 속한 사례 수와 평균값을 분석한 후 t값을 통해 유의성을 검증한다.

2. 집단의 동질성 검증

1) 동질성 여부의 검사가 필요하다.
2) 독립표본 t검증방법은 두 집단이 독립적으로 선정되어 있기 때문에: 두 집단이 같은 모집단에서 추출되었는지를 검증해야 한다.
3) 두 집단 같은 모집단에서 추출했다면 문제없다.
4) 그러나, 다른 모집단에서 추출되었다면, t값을 계산할 수 없고 단지 추정값만 계산이 가능하다.

두 집단의 동질성 검증

대립가설	두 집단이 추출된 모집단이 다르다
귀무가설	두 집단이 추출된 모집단이 같다

3. 사례: 현재급여

<평균비교> <독립표본 T-검정>

<검정변수>: 현재급여

<집단변수>: 성별(집단정의); 지정값 사용(집단1: 1, 집단2: 2)

<옵션>: 신뢰구간 95%, 결측값: 분석별 결측값 제외

<확인>

분석: 현재급여

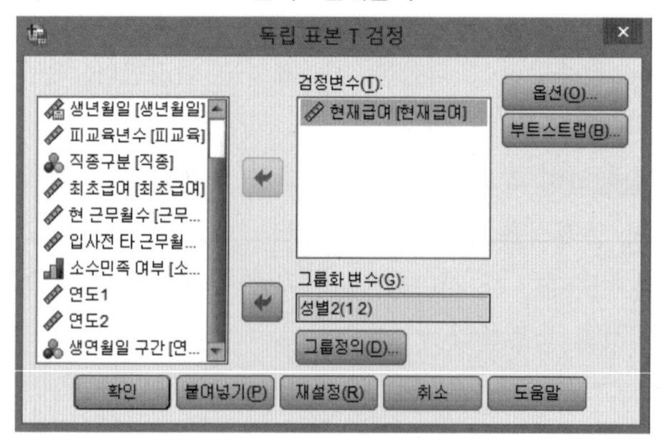

1) 자료: 현재급여

2) 남성과 여성 두 집단 간의 현재급여의 평균값을 비교하여 대립가설을 검증한다.

3) 종속변인으로 현재급여를 독립변인으로 성별을 선정한다.

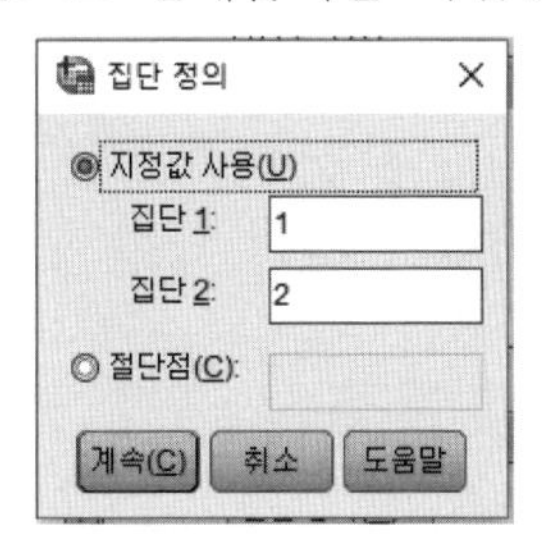

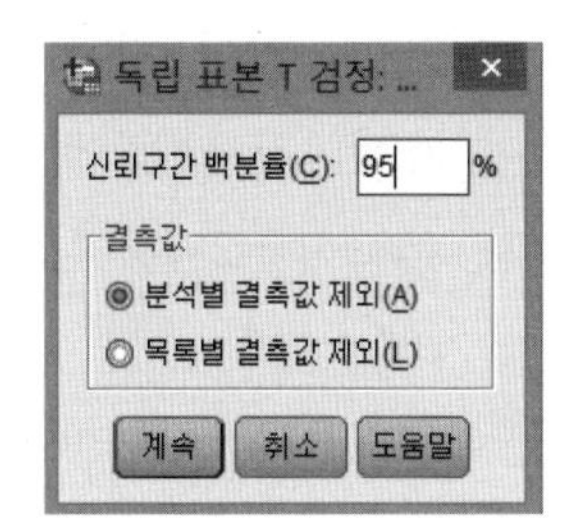

그룹 통계

	성별2	N	평균	표준 편차	표준오차 평균
현재급여	남성	258	$41,441.78	$19,499.214	$1,213.968
	여성	216	$26,031.92	$7,558.021	$514.258

독립표본 검정

		Levene의 등분산 검정		평균 등식에 대한 T검정						
		F	유의수준	t	df	유의수준(양쪽)	평균차이	표준오류편차	차이의 95% 신뢰구간	
									하한	상한
현재급여	등분산을 가정함	119.669	.000	10.945	472	.000	$15,409.862	$1,407.906	$12,643.322	$18,176.401
	등분산을 가정하지 않음			11.688	344.262	.000	$15,409.862	$1,318.400	$12,816.728	$18,002.996

4) Levene의 변량의 동질성 검증: $F=119.669$, $p=0.000$

5) 대립가설을 검증하기 위해서는 Levene의 변량 검증을 통해 두 집단의 변량을 비교한다.

6) Levene의 검증결과, F값은 119.669이고, 유의도 수준이 0.000으로 0.05보다 작기 때문에 귀무가설(H_0)을 기각한다. 즉, 연구자는 두 집단의 모집

단이 차이가 있다는 결론을 내린다.

7) t검증결과

(1) 두 집단의 모집단이 같은 경우: t값 계산에 문제가 없다.
→ '등분산이 가정됨'에 제시된 값을 해석하고

(2) 두 집단의 모집단이 다른 경우: 단지 추정값만 계산할 수 있다.
→ '등분산이 가정되지 않음'에 제시된 값을 해석한다.

(3) 자유도: 남자 258−1=257, 여성 216−1=215
257+215=472

(4) 남자 현재급여 평균=41441.78, 여자 현재급여 평균=26031.92

(5) 유의도 검증결과 0.000으로 0.05보다 작기 때문에 대립가설을 받아들인다. 즉, 성별의 구분인 남성과 여성 간의 현재급여에 차이가 있다는 결론을 내린다.

(6) 만약, Levene의 변량 검증결과 두 집단의 모집단이 다르다는 결과가 나오면, <등분산이 가정되지 않음>에 제시된 값을 해석한다.
<등분산이 가정되지 않음>에 제시된 자유도 값을 보면 344.262이다. 자유도란 독자적 정보를 가지고 있는 사례수이기 때문에 소수점이 나올 수 없지만, 두 집단이 다른 모집단에서 나온 경우에는 추정치를 계산할 수 있기 때문에 이때 계산한 자유도 역시 추정값에 불과하다.

4. 사례: TV 시청량

<분석> <평균비교>: <독립표본 T−검정>
<검정변수> (TV 시청량)
<집단변수> (성별)
<옵션> (신뢰구간: 95%); (결측값: 분석별 결측값 제외)
<확인>

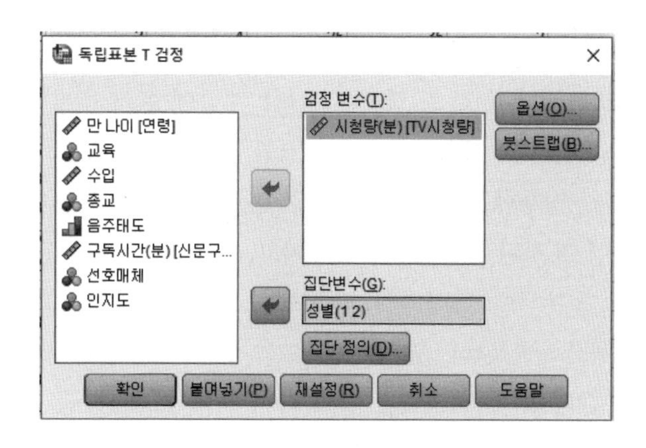

집단통계량

	성별	N	평균	표준화 편차	표준오차 평균
시청량(분)	남성	12	42.58	13.761	3.972
	여성	13	51.46	14.937	4.143

1) Levene의 변량 검사결과 F값은 0.09이고, 유의도 수준이 0.924로 나와서 0.05보다 크기 때문에 귀무가설(H_0)을 받아들인다. 즉 두 집단의 추출된 모집단이 같다는 결론을 내린다. 성별에 따라 TV 시청량에는 큰 차이가 없다는 것을 의미한다.

독립표본 검정

		Levene의 등분산 검정		평균의 동일성에 대한 *T*-검정						
		F	유의확률	t	자유도	유의확률(양측)	평균차이	표준오차차이	차이의 95% 신뢰구간 하한	차이의 95% 신뢰구간 상한
시청량(분)	등분산을 가정함	.009	.924	-1.542	23	.137	-8.878	5.759	-20.792	3.035
	등분산을 가정하지 않음			-1.547	23.000	.136	-8.878	5.739	-20.751	2.995

2) t 검증결과

(1) 두 집단의 모집단이 같은 경우에는 t값 계산에 문제가 없지만, 두 집단의 모집단이 다른 경우에는 단지 추정치만 계산할 수 있다. 두 집단의 모집단이 같은 경우에는 위의 표에서 '등분산이 가정됨'(Equal Variances Assumed)에 제시된 값을 해석하면 되고, 두 집단이 추출된 모집단이 다른 경우에는 '등분산이 가정되지 않음'(Equal Variances Not Assumed)에 제시된 값을 해석하면 된다. 앞의 Levene의 변량 검증결과에 따라 두 집단의 모집단이 같다는 결론을 내렸다. 따라서 아래 표에서 '등분산이 가정됨'에 제시된 값을 보면 t값이 −1.542이고, 자유도가 23이다. t값은 두 집단 평균값이 차이를 통계적으로 살펴본 값이고, 자유도란 독자적 정보를 가지고 있는 사례 수이다. 이 경우, 남성의 사례 수는 12이기 때문에 자유도는 사례 수에서 1을 뺀 값 11이고, 여성의 사례 수는 13이기 때문에 자유도는 12이다. 따라서 전체 자유도는 23이 된다.

독립표본 t 검증결과

	빈도	평균	표준편차(Standard Deviation)
남성	12	42.5833	13.7607
여성	13	51.4615	14.9466
	t	df	sig(2-tailed)
등분산이 가정됨	-1.542	23	.137
등분산이 가정되지 않음	-1.547	23.000	.136

(2) 두 집단의 평균을 비교해 보면, 남성 집단의 경우 평균 TV 시청량은 42.58분으로 나타났고, 여성 집단의 경우는 51.46분으로 나타났는데, 유의성을 검증해 본 결과 유의도 수준은 0.137로 0.05보다 크기 때문에 귀무가설을 받아들인다. 즉, 남성과 여성 간의 TV 시청량에 차이가 없다는 결론을 내린다.

제4절 대응표본 t검증(Paired Sample t-test)

동일한 표본을 대상으로 시점만 달리하여 실험처치를 한 후 두 시점 간의 평균값의 차이를 검증하는 방법으로 두 시점 간 동일한 사람들을 대상으로 연구하기 때문에 두 집단이 같은 모집단에서 추출되었는지 여부를 검증할 필요가 없다. 즉, 연구자는 t연구가설만을 검증하면 된다.

1. 연구절차

1) 대응표본 t검증방법에 적합한 연구가설을 선정한다.
2) SPSS에서 대응표본 t검증방법을 실행하여 분석에 필요한 결과를 얻는다.
3) t분석표를 만들고, 평균값을 분석한 후, t값을 통해 유의도를 분석한다.
   – <분석> <평균비교>: <대응표본 T−검정>
   <대응변수>: 현재급여, 최초급여
   <옵션> (신뢰구간: 95%); (결측값: 분석별 결측값 제외)
   <확인>

2. 사례: employee data

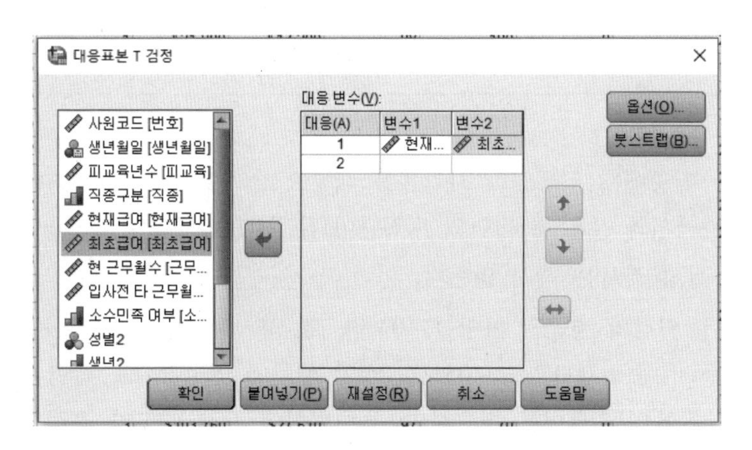

대응표본 통계량

		평균	N	표준화 편차	표준오차 평균
대응1	현재급여	$34,419.57	474	$17,075.661	$784.311
	최초급여	$17,016.09	474	$7,870.638	$361.510

대응표본 상관계수

		N	상관관계	유의확률
대응1	현재급여 & 최초급여	474	.880	.000

대응표본 검정

		대응차					t	자유도	유의확률(양측)
					차이의 95% 신뢰구간				
		평균	표준화 편차	표준오차 평균	하한	상한			
대응1	현재급여-최초급여	$17,403.481	$10,814.620	$496.732	$16,427.407	$18,379.555	35.036	473	.000

1) 대응표본 *t*검증에서는 동일한 사람들을 대상으로 연구하기 때문에 독립표본 *t*검증에서와 같은 두 집단의 모집단이 같은지를 살펴보는 Levene의 변량의 동질성 검사는 하지 않는다.

2) '대응차': 두 시점의 평균의 차이 17403.48, t값 35.036, 자유도 474－1＝473, 유의도 수준 0.000으로 0.05보다 작기 때문에 연구가설을 받아들인다. 현재급여와 최초급여를 비교하면, 급여변화에 대해 태도가 긍정적으로 변화한 것을 알 수 있다.

제5절 일표본 *t*검증(One-Sample t-test)

연구자가 분석하고 싶은 두 집단 중 한 집단에 대한 기존 연구결과가 있을 때, 이 기존 연구결과와 연구자가 실제 조사한 변인의 평균값을 비교하여 분석하는 방법이다.

1. 연구절차

1) 일표본 *t*검증에 적합한 연구가설을 선정한다.
2) SPSS의 일표본 *t*검증방법을 실행하여 분석에 필요한 결과를 얻는다.
3) t분석표를 만들고, 각 집단의 평균값을 분석한 후 t값을 통해 유의성을 분석한다.

2. 사례: employee data

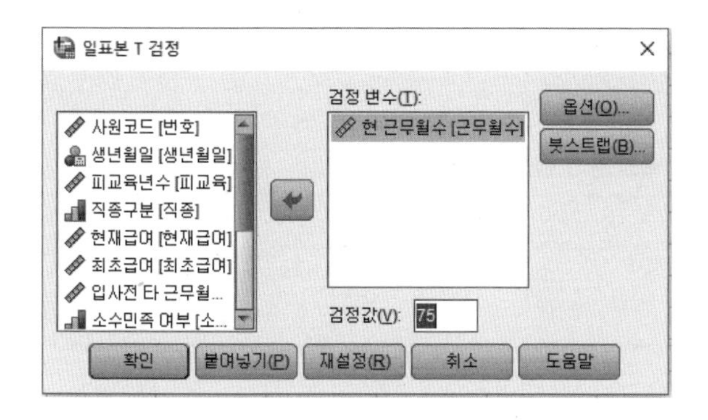

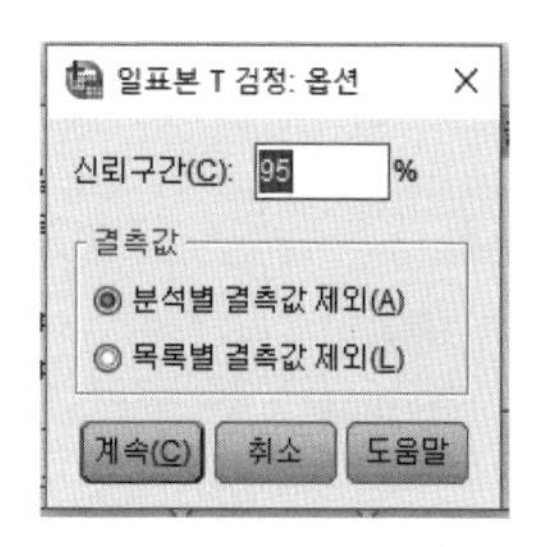

일표본 통계량

	N	평균	표준화 편차	표준오차 평균
현 근무월수	474	81.11	10.061	.462

일표본 검정

검정값=75						
	t	자유도	유의확률(양측)	평균차이	차이의 95% 신뢰구간	
					하한	상한
현 근무월수	13.221	473	.000	6.110	5.20	7.02

1) 연구자가 한국사람들의 현 근무월수와 미국사람들의 현 근무월수를 비교한다고 가정하자. 이때 미국사람들의 현재 근무월수에 대한 기존 연구결과가 있다면 굳이 다시 조사할 필요가 없다. 미국의 경우 기존 연구결과를 그대로 사용하고, 한국의 경우에만 표본을 선정하여 현 근무월수를 조사해서 두 평균값을 비교할 수 있다.

2) 한국 평균 81.11, 미국의 평균을 75.00으로 하였고, 사례수는 동일한 474개이다.

일표본 집단 평균값

	평균	사례수	표준편차
한국	81.11	474	10.061
미국	75.00	474	0.000

일표본 *t* 검증결과

	평균차	t	df	유의확률(양쪽)
대응 한국-미국	6.110	13.221	473	0.000

3) 한국과 미국의 현 근무월수의 차이는 6.110이고, 이 차이 점수를 계산한 t값과 자유도, 유의수준을 살펴보면, t값은 13.221이고, 자유도는 473명, 유의도 수준은 0.000으로 0.05보다 작기 때문에 대립가설을 받아들인다. 즉 한국사람과 미국사람들의 '현 근무월수의 차이가 있다'라는 결론을 내리게 된다. 이 결과로 한국사람들은 미국사람들에 비해 현 근무월수가 더 많다는 것을 알 수 있다.

3. 사례

TV 시청량(일표본 t−검정)

사례: 한국과 미국의 사례 수는 각각 25명이다. 한국사람들의 평균 TV 시청시간은 47.2분, 미국사람들의 평균 TV 시청시간은 30.00분으로 나타났다.

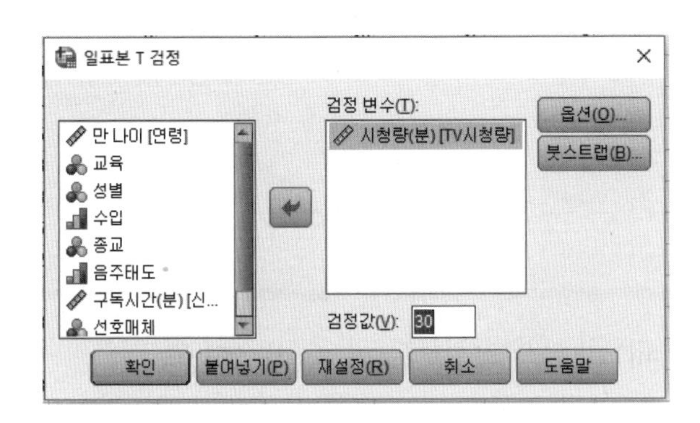

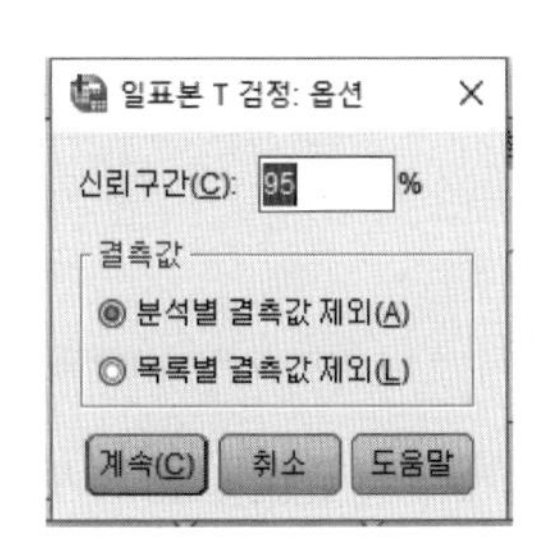

일표본 통계량

	N	평균	표준화 편차	표준오차 평균
시청량(분)	25	47.20	14.793	2.959

1) 일표본 t검증 결과표는 대응표본 t검증 결과표와 형식이 같다는 것을 알 수 있다. 두 표본의 형식이 같은 이유는 한 표본은 실제 조사한 것이지만, 다른 표본은 기존의 연구결과이기 때문에 의도적으로 표본의 수를 같이 맞추어 마치 짝을 이룬 것처럼 만든 것이라 가정하기 때문이다.

일표본 검정

	검정값=30					
	t	자유도	유의확률(양측)	평균차이	차이의 95% 신뢰구간	
					하한	상한
시청량(분)	5.814	24	.000	17.200	11.09	23.31

2) 평균값의 차이를 검증해 보면, '평균차' 항목에는 한국과 미국사람들의 TV 시청시간의 차이 점수인 17.2가 제시되어 있다. 이 차이 점수를 계산한 t값과 자유도, 유의도 수준을 살펴보면, t값은 5.814이었고, 자유도는 사례 수가 25명이기 때문에 25명에서 1을 뺀 24명이다. 유의도 수준은 0.000으로서 0.05보다 작기 때문에 대립가설을 받아들인다. 즉, 한국사람들과 미국사람들의 TV 시청시간의 차이가 있다는 결론을 내리게 된다. 이 결과로 한국사람들은 미국사람들에 비해 TV 시청을 더 많이 한다는 것을 알 수 있다.

제6절 일방향(One tail)과 양방향(Two tail) 검증

1. 양방향 검증

예 '성별에 따라 TV 시청량에 차이가 날 것이다'

1) 이 대립가설에는 누가 누구보다 더 많이 또는 더 적게라는 방향이 정해져 있지 않고, 남성과 여성 간에는 차이가 나타난다고 했기 때문에 양방향 검증을 적용한다.
2) t값이 표준정상분포곡선의 빗금 친 왼쪽과 오른쪽 부분에 속해 있다면 대립가설이 긍정 집단 간 차이를 검증하는 것인데, 차이가 커면 대립가설이 검증되고, 작으면 대립가설이 검증된다.

2. 일방향 검증

예 '여성은 남성보다 TV를 더 많이 볼 것이다'

1) t값이 표준정상분포곡선의 왼쪽, 또는 오른쪽 중 어느 한 쪽의 빗금친 부분에 속할 때만 대립가설이 긍정되는 것이다. 연구자가 'A가 B보다 클 것이다'라는 대립가설을 만들었는데, 조사 후 "A가 B보다 작다"라는 결과가

나오면 이 대립가설은 부정된다.

2) t검증방법의 대립가설: '차이'만을 검증하기 때문에 양방향을 기본으로 한다. 만일, 방향성이 정해진 대립가설, 즉 누가 누구보다 작다 또는 크다는 대립가설을 t검증한다면, t검증결과에 나타난 확률 값을 2로 나누어 제시하고 해석하면 된다.

제7절 일원분산분석

1. 다수의 종속변인을 하나의 3개 이상의 집단으로 구분화된 요인인 독립변수를 통해 분석
2. 사례: TV 시청량, 신문구독시간

   <평균비교> <일원분산분석>

   <종속목록>: TV 시청량, 신문구독시간

   <요인> 교육

   <사후분석> Scheffe

   <옵션> 기술통계, 분산 동질성 검정, 결측값: 분석별 결측값 제외

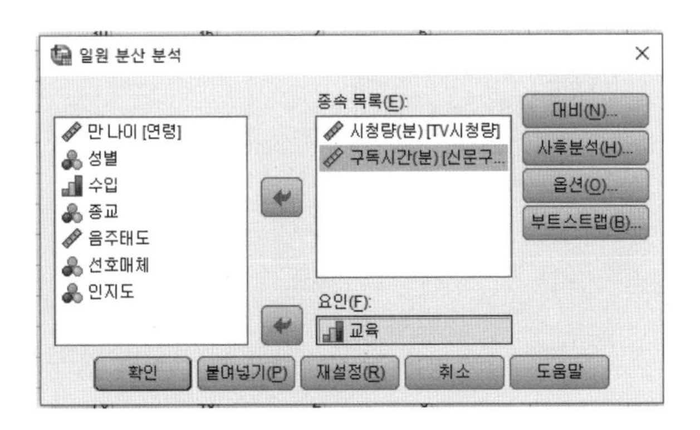

① 자료: TV 시청량, 신문구독시간

② 교육(중졸, 고졸, 대졸) 3집단 간의 TV 시청량과 신문구독시간 비교 및 검토

③ 종속변인으로 TV 시청량과 신문구독시간으로 선정하고, 독립변인으로 교육으로

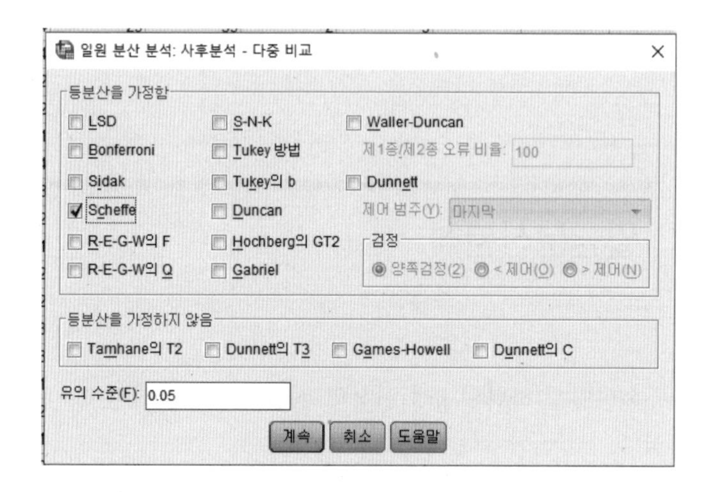

기술통계

		N	평균	표준편차	표준오차	평균의 95% 신뢰구간		최소값	최대값
						하한	상한		
시청량(분)	중졸	6	56.33	8.914	3.639	46.98	65.69	45	70
	고졸	10	52.30	13.174	4.166	42.88	61.72	25	70
	대졸	9	35.44	12.690	4.230	25.69	45.20	20	50
	총계	25	47.20	14.793	2.959	41.09	53.31	20	70
구독시간(분)	중졸	6	15.83	9.174	3.745	6.21	25.46	5	30
	고졸	10	33.50	15.102	4.776	22.70	44.30	10	55
	대졸	9	47.78	14.386	4.795	36.72	58.84	30	70
	총계	25	34.40	18.046	3.609	26.95	41.85	5	70

분산 분석

		제곱합	df	평균 제곱	F	유의수준
시청량(분)	그룹 사이	2004.344	2	1002.172	6.789	.005
	그룹 내	3247.656	22	147.621		
	총계	5252.000	24			
구독시간(분)	그룹 사이	3687.111	2	1843.556	9.823	.001
	그룹 내	4128.889	22	187.677		
	총계	7816.000	24			

④ 분산분석 결과 시청량의 경우 유의수준 0.005, F=6.789, 구독시간의 경우 유의수준 0.001, F=9.823으로 나타났다. 즉, 두 가지 경우에 대한 교육의 관련성이 있다고 할 수 있다. 교육수준의 차이에 따라 TV 시청량과 신문구독시간에도 차이가 존재한다고 할 수 있다. 따라서 TV 시청량과 신문구독시간을 조정하기 위하여 교육수준이 상당한 영향력이 있다.

사후검정

다중 비교

Scheffe

종속변수	(I) 교육	(J) 교육	평균차이 (I-J)	표준 오차	유의수준	95% 신뢰구간	
						하한	상한
시청량(분)	중졸	고졸	4.033	6.274	.815	-12.43	20.50
		대졸	20.889*	6.404	.013	4.08	37.69
	고졸	중졸	-4.033	6.274	.815	-20.50	12.43
		대졸	16.856*	5.583	.022	2.21	31.51
	대졸	중졸	-20.889*	6.404	.013	-37.69	-4.08
		고졸	-16.856*	5.583	.022	-31.51	-2.21
구독시간(분)	중졸	고졸	-17.667	7.074	.064	-36.23	.90
		대졸	-31.944*	7.220	.001	-50.89	-13.00
	고졸	중졸	17.667	7.074	.064	-.90	36.23
		대졸	-14.278	6.294	.099	-30.80	2.24
	대졸	중졸	31.944*	7.220	.001	13.00	50.89
		고졸	14.278	6.294	.099	-2.24	30.80

* 평균 차이가 0.05 수준에서 유의합니다.

동일서브세트

시청량(분)

Scheffe[a,b]

교육	N	알파의 서브세트=0.05	
		1	2
대졸	9	35.44	
고졸	10		52.30
중졸	6		56.33
유의수준		1.000	.805

동일 서브세트에 있는 그룹의 평균이 표시됩니다.

a. 조화 평균 표본 결과=7.941을(를) 사용합니다.

b. 그룹 크기가 서로 같지 않습니다. 그룹 크기의 조화 평균이 사용됩니다. 유형 I 오류 수준이 보장되지 않습니다.

구독시간(분)

Scheffe[a,b]

교육	N	알파의 서브세트=0.05	
		1	2
중졸	6	15.83	
고졸	10	33.50	33.50
대졸	9		47.78
유의수준		.056	.140

동일 서브세트에 있는 그룹의 평균이 표시됩니다.

a. 조화 평균 표본 결과=7.941을(를) 사용합니다.

b. 그룹 크기가 서로 같지 않습니다. 그룹 크기의 조화 평균이 사용됩니다. 유형 I 오류 수준이 보장되지 않습니다.

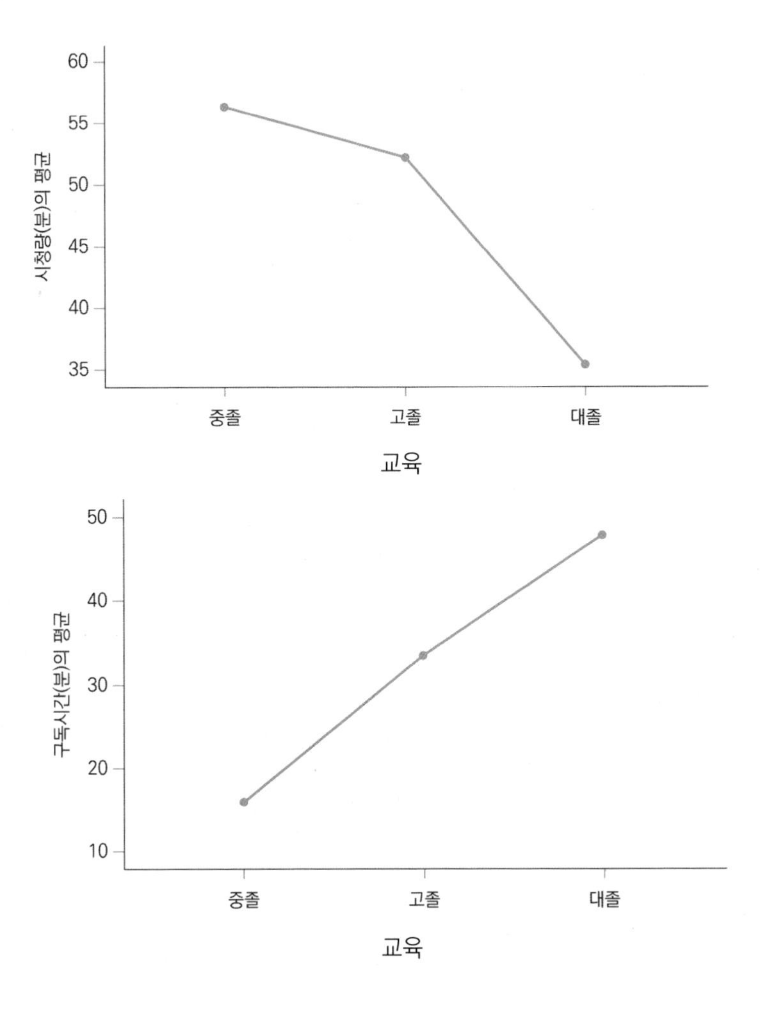

제8절 *t*검증분석 논문작성법

1. 독립표본 *t*검증 논문작성법

1) 연구절차

(1) 독립표본 *t*분석에 적합한 연구가설을 세운다.

연구가설	독립변인		종속변인	
	변인	측정	변인	측정
성별에 따라 TV 시청시간에 차이가 나타난다.	성별	(1) 여성 (2) 남성	TV 시청시간	실제 시청시간(분)

(2) 유의도 수준을 정한다. $p < 0.05(95\%)$, 또는 $p < 0.01(99\%)$ 중 하나를 결정한다.

(3) 표본을 선정하여, 데이터를 수집한 후, 컴퓨터에 입력한다.

(4) SPSS에서 독립표본 t분석을 실행한다.

2) 연구결과 제시 및 해석방법

(1) 변량의 동질성 검증: Levene 검증(논문에서 제시하지 않는다)

대립가설: $P_1 \neq P_2$

귀무가설: $P_1 = P_2$

① Levene 검증을 통해 결과가 유의미하게 나와 대립가설을 받아들이면[2], 즉, 두 모집단이 다르면, 결과에서 <등분산이 가정되지 않음[3]>에 제시된 t값을 해석한다.

② Levene 검증을 통해 결과가 유의미하지 않게 나와 귀무가설을 받아들이면, 즉, 두 모집단이 같으면, 결과에서 <등분산이 가정됨[4]>에 제시된 t값을 해석한다.

---

2) 유의수준 95%의 경우, Levene의 등분산 검정 영역의 유의확률(p)값이 0.05보다 작은 경우

3) 대립가설(H_1)이 적용되는 경우

4) 귀무가설(H_0) 적용되는 경우

(2) t연구결과를 표로 제시한다.

성별과 TV 시청시간 간의 차이

집단	사례수	평균	표준편차	t값	df	유의확률
남성	12	42.58	13.761	-1.542	23	1.137
여성	13	51.46	14.937			

(3) t표를 해석한다.

① 유의도 검증결과를 쓰는 방법

- 성별과 텔레비전 시청시간 간에는 통계적으로 유의미한 차이가 없는 것으로 나타났다($t=-1.542$, $df=23$, $p>0.05$).
- 즉 남성은 하루 평균 약 43분 정도, 여성은 약 52분 정도 텔레비전을 시청하는 것으로 나타나 여성이 남성보다 TV를 더 많이 시청하는 경향이 있다.

② 상관관계(t분석에서는 구할 수 없음)

- t분석 결과표에서는 변인들 간의 상관관계 값을 제시하지 않기 때문에 논문에서 제시하고, 해석할 수 없다.
- 변인들 간의 상관관계 값을 구하려면 ANOVA 분석을 하여 에타(eta) 값을 구해야 한다. ANOVA 분석을 하기 위해서는 SPSS 프로그램 중 (일반선형모형 → 일변량)을 실행하면 된다. 따라서 t를 실행하는 것보다는 ANOVA를 실행하는 것이 바람직하다.

3) 사례

검정변수(길이), 집단변수(그룹) 독립표본 T-test

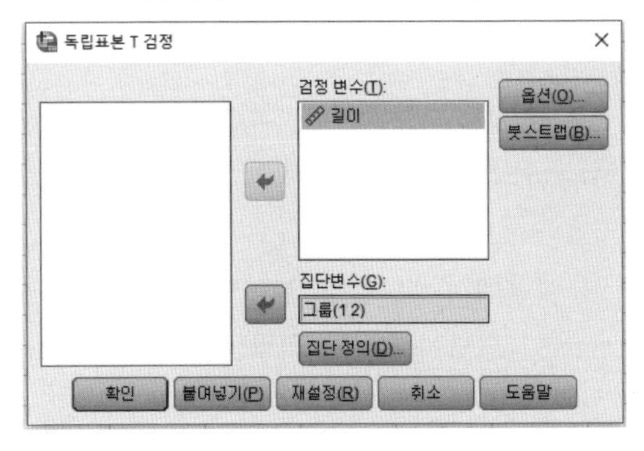

(1) A그룹 18개에 대한 늘어난 길이의 평균은 19.5이며 표준편차는 3.55213, 표준오차는 0.83725이다. 여기서 표준오차는 표준편차를 관찰개수의 제곱근, 즉 $\sqrt{18}$로 나눈 값이다.

집단통계량

	그룹	N	평균	표준화 편차	표준오차 평균
길이	A그룹	18	19.5000	3.55213	.83725
	B그룹	16	23.5000	2.82843	.70711

독립표본 검정

		Levene의 등분산 검정		평균의 동일성에 대한 T검정						
		F	유의확률	t	자유도	유의확률 (양측)	평균차이	표준오차 차이	차이의 95% 신뢰구간	
									하한	상한
길이	등분산을 가정함	.936	.340	-3.601	32	.001	-4.00000	1.11088	-6.26278	-1.73722
	등분산을 가정하지 않음			-3.650	31.651	.001	-4.00000	1.09589	-6.23323	-1.76677

(2) [Levene 등분산 검정: F=0.936 유의확률=0.340]: 독립표본 T-검정을 위해서는 먼저 두 집단에 대한 분산의 동질성 가정을 검정해야 한다. 이러한 분산의 동질성 여부는 Levene의 검정, 즉 F값을 이용한다.

H_0: $\sigma_1^2 = \sigma_2^2$

H_1: $\sigma_1^2 \neq \sigma_2^2$

(3) F값이 0.936이고 유의확률=0.340>0.05이므로 두 모집단의 분산이 동일하다는 귀무가설이 채택되어, 등분산이 가정되는 하에서 T-검정을 실시한다.

(4) [평균차이=−4.0]: 제시된 통계량에서 A그룹의 늘어난 길이와 B그룹의 늘어난 길이의 차이는 −0.4(19.5−23.5)이다. 유의확률(양쪽)=0.001<0.05이므로 다음의 귀무가설은 기각된다.

$H_0: \mu_1 - \mu_2 = 0$

$H_1: \mu_1 - \mu_2 \neq 0$

(5) A그룹과 B그룹 간의 늘어난 길이의 차이 −4.0은 통계적으로 유의하다. 평균차이의 95% 신뢰구간을 계산하면 [−6.26278, −1.73722]이다. 신뢰구간이 0을 포함하고 있지 않으므로 귀무가설이 기각되었음을 알 수 있다. 즉 A그룹과 B그룹의 늘어난 길이의 모평균에는 차가 있다고 판단된다.

2. 대응표본 *t* 검증 논문작성법

1) 연구절차

(1) 대응표본 t분석에 적합한 연구가설을 세운다.

대응표본 통계량

		평균	N	표준편차	평균의 표준편차
대응1	현재급여	$43,419.57	474	$17.075.661	$784.311
	최초급여	$17,016.09	474	$7.870.638	$361.510

(2) 유의도 수준을 정한다: p<0.05(95%), 또는 p<0.01(99%) 중 하나를 결정한다.

대응표본 상관계수

		N	상관계수	유의확률
대응1	현재급여 & 최초급여	474	.880	.000

(3) 표본을 선정하여, 데이터를 수집한 후, 컴퓨터에 입력한다.

(4) SPSS 프로그램 중 대응표본 t분석을 실행한다.

2) 연구결과 제시 및 해석방법

(1) t연구결과를 표를 제시한다.

– 프로그램을 실행하여 얻은 결과를 다음 표와 같다.

대응표본 검정

		대응 차이					t	df	유의수준(양쪽)
		평균	표준편차	표준오차 평균	차이의 95% 신뢰구간 하한	차이의 95% 신뢰구간 상한			
쌍1	현재급여-최초급여	$17,403.481	$10,814.620	$496.732	$16,427.407	$18,379.555	35.036	473	.000

(2) t표를 해석한다.

- 두 변수의 대응표본 상관계수는 0.880으로 상당히 높은 상관관계를 보이고 있으며, 급여 간에 통계적으로 유의미한 차이가 있는 것으로 나타났다.($t=35.036$, $df=473$, $p<0.05$)

  즉 급여의 평균을 살며보면 최초급여는 17,016.09, 현재급여는 43,419.57로 나타났으며, 급여의 조정을 대응표본 검정의 결과인 평균 17,403.481로 했을 때 적절하다고 할 수 있다.

3) 사례

중간고사 기말고사(대응표본 T-test)

대응표본 통계량

		평균	N	표준화 편차	표준오차 편차
대응1	기말고사	66.7500	12	9.27484	2.67742
	중간고사	60.5833	12	11.51646	3.32451

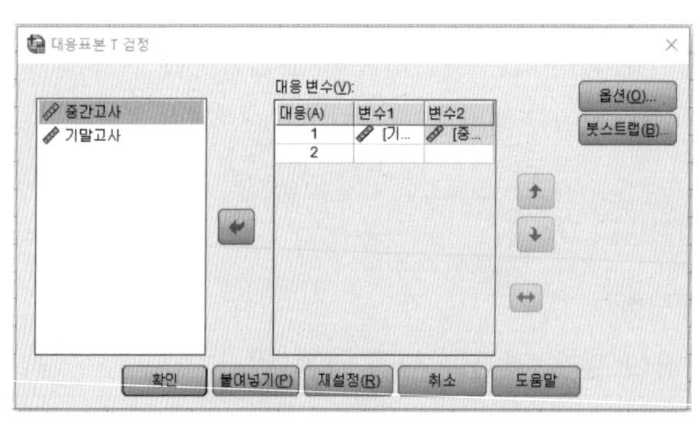

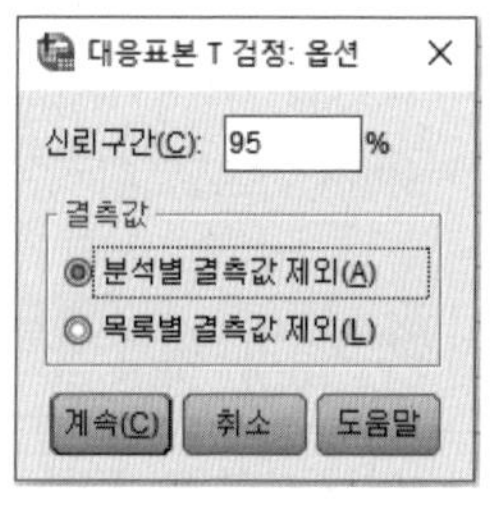

대응표본 상관계수

		N	상관관계	유의확률
대응1	기말고사 & 중간고사	12	.825	.001

두 변수의 대응표본 상관계수는 0.825로 상당히 강한 상관관계를 보이고 있다. 중간고사의 평균점수와 기말고사의 평균점수 차이가 6.1667(66.7500−60.5833)이며 표준편차는 6.50641, 표준오차는 1.87824이다. 이 평균 차이의 95% 신뢰구간은 [2.03269~10.30064]이며, 이것은 0을 포함하고 있지 않으므로 기말고사의 성적은 중간고사의 성적보다 향상했다고 판단할 수 있다. 그리고 t 검정을 해보면 유의확률(양쪽)$=0.007<0.05$이므로, 유의수준 0.05에서 두 집단 간의 평균 차이는 유의하다고 할 수 있다.

3. 일표본 t검증 연구절차 및 논문작성법

1) 연구절차

(1) 일표본 t분석에 적합한 연구(대립)가설을 세운다.

일표본 통계량

	N	평균	표준편차	평균의 표준오차
현 근무월수	474	81.11	10.061	.462

연구가설 예	독립변인		종속변인	
	변인	측정	변인	측정
국가와 신문구독시간에는 관계가 있다	국가	(1) 한국 (2) 미국	신문구독 시간	실제 구독기간 (분)

(2) 유의도 수준을 정한다: $p<0.05$(95%), 또는 $p<0.01$(99%) 중 하나를 결정한다.

(3) 표본을 선정하여, 데이터를 수집한 후, 컴퓨터에 입력한다.

(4) SPSS 프로그램 중 일표본 t분석을 실행한다.

2) 연구결과 제시 및 해석방법

(1) t연구결과를 표로 제시한다.

국가 간 신문구독시간의 차이

집단	사례수	평균	표준편차	t 값	df	유의확률
한국	120	88.2	23.8	-2.330	119	0.007
미국	120	95.0				

(2) t 표를 해석한다.

① 국가와 신문구독시간 간에는 통계적으로 유의미한 차이가 있는 것으로 나타났다($t = -2.330$, $df = 119$, $p < 0.05$).
즉 한국사람들의 평균 신문구독시간은 88.2분으로 나타났고, 미국사람들의 신문구독은 95분으로 나타났다. 이 결과를 볼 때, 미국사람들은 한국사람들보다 신문을 더 많이 읽는 것으로 보인다.

3) 사례

강도 "12"에 대한 검증

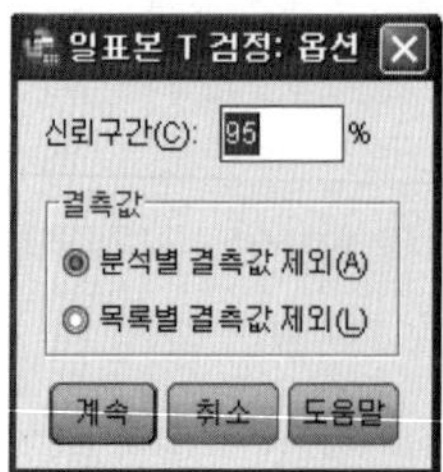

일표본 통계량

	N	평균	표준화 편차	표준오차 평균
강도	16	15.2500	2.76887	.69222

일표본 검정

	검정값=12					
	t	자유도	유의확률(양측)	평균차이	차이의 95% 신뢰구간	
					하한	상한
강도	4.695	15	.000	3.25000	1.7746	4.7254

(1) 유의확률(양쪽)=0.000<0.05 이므로 귀무가설이 기각된다. 즉 모평균은 12라고 할 수 없다. 그리고 귀무가설의 수치(12)와 표본평균(15.25)간의 차이에 대한 95% 신뢰구간을 살펴보면, 1.7746~4.7254가 된다. 이 신뢰구간이 0을 포함하고 있지 않으므로 귀무가설을 기각해야 된다.

제 12 장

일원변량분석 (One-way ANOVA)*

제1절 변량이란

제2절 일원변량분석이란

제3절 연구절차

제4절 일원변량분석 논문작성법

* 분산분석(Analysis of Variance, ANOVA, F test)

제1절 변량이란

3개 집단 이상의 질적 자료로 측정한 한 개의 독립변인이 양적 자료인 등간척도(또는 비율척도)로 측정한 한 개의 종속변인에게 미치는 영향력을 분석하는 방법이다. 단일 요인변수에 의해 종속변수에 대한 평균치의 차이를 검정하는데 활용되며, 변수(요인)와 종속변수가 각각 1개일 경우 사용된다.

예 학력에 따른 직무만족 차이

1. 변량의 구성요소

① 기술통계방법에서 변량은 변인의 동질성 정도를 파악하는 데에만 이용된다.
② 추리통계방법에서 독립변인과 종속변인 간의 관계를 분석하는데 이용한다.

변량의 구성요소

전체 변량	=	집단 간 변량 Between-groups Variance Explained Variance	+	집단 내 변량 Within-groups Variance Unexplained Variance

③ 전체 변량은 종속변인의 변량으로서, 전체변량은 집단 간 변량과 집단 내 변량의 두 가지로 구성된다.
④ 집단 간 변량은 설명변량(Explained Variance)이라고도 하며 전체 변량 중 독립변인에 의해 설명될 수 있는 변량을 말한다.
⑤ 집단 내 변량은 설명할 수 없는 변량, 또는 오차변량(Error Variance)[1]이라고 하며 전체 변량 중 독립변인으로 설명할 수 없는 변량을 말한다.

---

1) $Vt = Vb + Vw$

제2절 일원변량분석이란

1. 명목척도로 측정한 독립변인의 수가 한 개이고, 등간척도(또는 비율척도)로 측정한 종속변인의 수가 하나인 연구가설을 검증하는 통계방법이다.
2. 독립변인은 세 개 이상 여러 개의 유목으로 측정된 명목변인이고, 일원변량분석 방법에서 명목척도 또는 다른 척도로 측정한 독립변인을 요인(Factor)이라고 하며 종속변인은 등간척도(또는 비율척도)로 측정되어야 한다.
3. 종속변수 분산의 원인이 집단 간 차이에 의한 것인지 검정(각 집단의 평균차이 검정).
   ① 처치효과가 발생하여 집단 간의 차이가 나면 $F>1$
   ② 처치효과가 없거나, 유사하면 집단 간 차이가 나타나지 않고, $F=1$과 비슷하다.
4. 분산분석의 종류
   ① 독립변수 개수에 따라 다음과 같이 구분한다:
   - 일원분산분석(One-way ANOVA): 독립변수 1개(3집단 이상)
   - 이원분산분석(Two-way ANOVA): 독립변수 2개
   - 삼원분산분석(Three-way ANOVA): 독립변수 3개

   ② 공분산분석(ANCOVA): 독립집단 t-검정과 ANOVA에서 무선표집에 문제가 있을 때에 시행한다.
   ③ 다변량분산분석(MANOVA)[2]: 독립변수 1개 이상, 종속변수 2개 이상인 경우
   - 일원다변량분석(One-way MANOVA): 독립변수 1개
   - 다원다변량분석(n-way MANOVA): 독립변수 2개 이상

일원변량분석방법의 조건

	수	측정	명칭
독립변인	1개	명목척도(유목이 3개 이상)	요인(Factor)
종속변인	1개	등간척도 or 비율척도	

2) 다변량분산분석(Multivariate Analysis of Variance, MANOVA)

제3절 연구절차

1. 연구절차

1) 일원변량분석방법에 적합한 연구가설을 선정한다. 종속변인과 독립변인의 수와 측정조건에 맞는 변인을 선정한다.

2) SPSS 프로그램 중 일원변량분석방법을 실행하여 분석에 필요한 결과를 얻는다.

3) 집단의 동질성을 검증한다.

4) 각 집단에 속한 사례 수와 평균값을 분석한다.

5) 변량분석을 통해 유의성을 검증한다.

6) 독립변인과 종속변인 간의 관계가 유의미하게 나왔다면, 사후검증을 통해 개별 집단 간의 차이를 검증한다.

7) 에타(eta)계수를 분석한다. 위에서 언급한 이론적인 연구절차를 보다 현실적인 측면에서 살펴보면 다음과 같다:

① 각 집단 종속변수들이 등분산이라고 가정

- Levene 검정결과가 유의하지 않을 때(p값이 0.05보다 클 때), 등분산검정이 충족됨
- 등분산 검정이 충족되면 *F* test

② 효과크기(에타제곱)

- 독립변수에 의해 설명된 종속변수의 변화량을 의미하며, 에타제곱이 0.3(30%) 이상이 되어야 실질적으로 유의하다고 판단할 수 있다.

③ 사후검정(post-hoc test): 집단이 3집단일 경우 적용

- F 통계량이 유의할 경우, 어느 집단 간에 유의한 차이가 발생했는지 확인절차
- 여러 방법 중에서 Scheffe 사후검정을 가장 많이 활용하고 있다.

2. 연구가설 선정

예 연구자가 거주 지역이 DMB(Digital Multimedia Broadcasting) 가입의사에 미치는 영향력을 분석하고자 한다고 가정하자. 따라서 연구자는 〈거주 지역에 따라 DMB 가입의사에 차이가 날 것이다〉라는 연구가설을 검증하고자 한다. 연구자는 〈지역〉을 ① 북부, ② 중부, ③ 남부 3개의 유목으로 측정하였고, 〈DMB 가입의사〉는 5점 척도 (1=가입의사가 전혀 없다, 2=가입의사가 없는 편이다, 3=보통이다, 4=가입할 의사가 있다, 5=가입의사가 높은 편이다)로 측정하였다.

3. SPSS 메뉴판 실행방법

1) DMB 가입의사(Data) 사용

(1) 실행방법

① <일반선형모형> → <일변량(U)>

② 종속변수는 (DMB 가입의사) → <종속변수(D)>, 독립변수는 (지역) → <모수요인(F)> 집단이 3집단 이상일 경우 <사후분석(H)>을 한다.

③ <일반선형모형>; <모형>

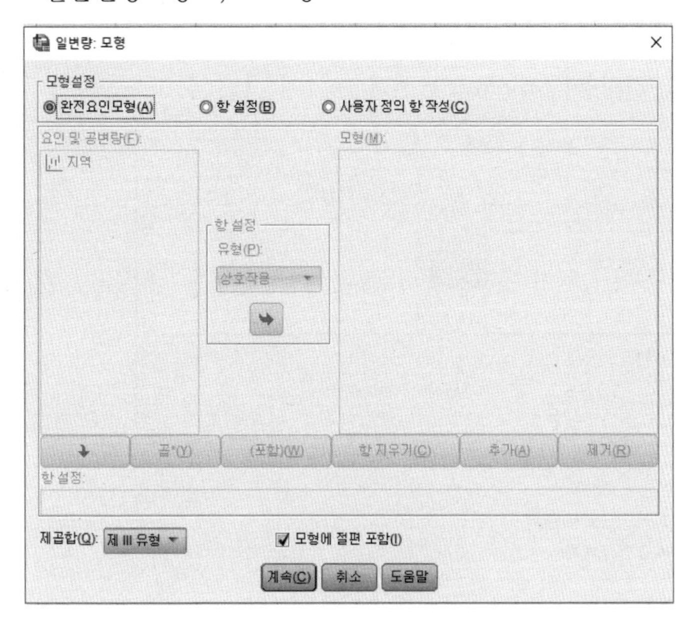

④ [도표]; 일변량 프로파일 도표; <수평축변수(H)>; 도표 추가 → [계속]

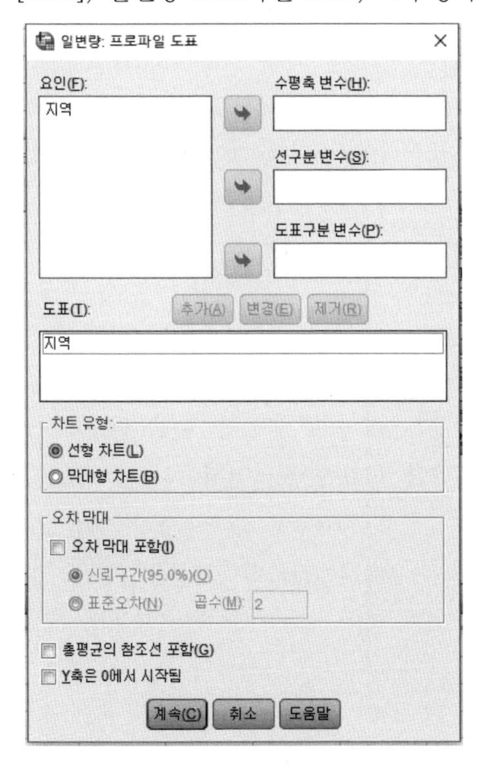

⑤ [일변량: 관측평균의 사후분석 다중비교]; <사후분석(H)> <사후검정변수(P)>

[등분산을 가정함] Scheffe(C) 선택 → [계속]

일변량: 관측평균의 사후분석 다중비교

요인(F): 지역

사후검정변수(P): 지역

등분산을 가정함

LSD, S-N-K, Waller-Duncan, Bonferroni, Tukey 방법, 제1종/제2종 오류 비율: 100, Sidak, Tukey의 b, Dunnett, Scheffe (선택), Duncan, 대조 범주(Y): 마지막, R-E-G-W-F, Hochberg의 GT2, 검정, R-E-G-W-Q, Gabriel, 양측검정(2), < 대조(O), > 대조(N)

등분산을 가정하지 않음

Tamhane의 T2, Dunnett의 T3, Games-Howell, Dunnett의 C

계속(C) 취소 도움말

⑥ [옵션] ; [출력] → 기술통계량(S), 효과크기 추정값(E), 동질성 검정(H) → [계속]

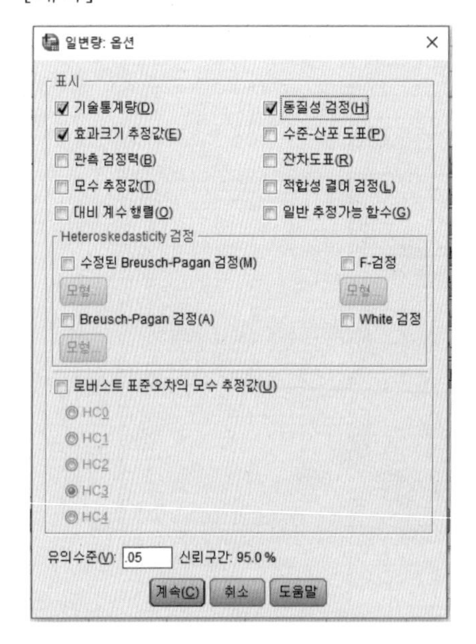

2) DMB 가입의사(Data) 사용 결과(일변량 분석결과)

(1) 분석결과

① 독립변인의 변수값 설명과 사례수가 제시된다.

개체-간 요인

		값 레이블	N
지역	1.00	북부	8
	2.00	중부	8
	3.00	남부	8

② 독립변인의 집단에 따른 종속변인의 평균, 표준편차, 사례수가 각각 제시된다.

기술통계량

종속변수: DMB가입의사

지역	평균	표준편차	N
북부	3.6250	.51755	8
중부	2.7500	.70711	8
남부	1.8750	.64087	8
전체	2.7500	.94409	24

③ 집단의 동질성에 대한 결과가 제시된다.

오차 분산의 동일성에 대한 Levene의 검정[a,b]

		Levene 통계량	자유도1	자유도2	유의확률
DMB 가입의사	평균을 기준으로 합니다.	.293	2	21	.749
	중위수를 기준으로 합니다.	.152	2	21	.860
	자유도를 수정한 상태에서 중위수를 기준으로 합니다.	.152	2	20.980	.860
	절삭평균을 기준으로 합니다.	.320	2	21	.729

여러 집단에서 종속변수의 오차 분산이 동일한 영가설을 검정합니다.

a. 종속변수: DMB가입의사

b. Design: 절편+지역

Levene 검정결과가 유의하지 않을 경우인 p값이 0.05보다 클 때, 등분산 검정이 충족되고, F-test를 시행하게 된다. 즉, 여러 집단에서 종속변수의 오차 분산이 동일한 귀무가설을 검정합니다.

④ 독립변인과 종속변인의 일원변량 분석결과가 제시된다.
<수정 모형>의 F값, 자유도, 유의확률, 부분 에타 제곱의 수치를 살펴보면 된다.

개체 간 효과 검정

종속변수: DMB가입의사

소스	제III유형 제곱합	자유도	평균제곱	F	유의확률	부분 에타 제곱
수정된 모형	12.250[a]	2	6.125	15.591	.000	.598
절편	181.500	1	181.500	462.000	.000	.957
지역	12.250	2	6.125	15.591	.000	.598
오차	8.250	21	.393			
전체	202.000	24				
수정된 합계	20.500	23				

a. R 제곱=.598(수정된 R 제곱=.559)

– 부분 에타 제곱이 0.598(59.8%)로 0.3(30%)보다 큰 값임.

⑤ 사후검정 결과가 [다중 비교]표에 제시된다.

다중비교

종속변수: DMB가입의사

Scheffe

					95% 신뢰구간	
(I) 지역	(J) 지역	평균차이(I-J)	표준오차	유의확률	하한	상한
북부	중부	.8750*	.31339	.036	.0498	1.7002
	남부	1.7500*	.31339	.000	.9248	2.5752
중부	북부	-.8750*	.31339	.036	-1.7002	-.0498
	남부	.8750*	.31339	.036	.0498	1.7002
남부	북부	-1.7500*	.31339	.000	-2.5752	-.9248
	중부	-.8750*	.31339	.036	-1.7002	-.0498

관측평균을 기준으로 합니다.

오차항은 평균제곱(오차)=.393입니다.

* 평균차이는 .05 수준에서 유의합니다.

⑥ 사후검정(Scheffe)의 결과 [동일집단군]표에 제시된다.

DMB가입의사

Scheffe[a,b]

		부분집합		
지역	N	1	2	3
남부	8	1.8750		
중부	8		2.7500	
북부	8			3.6250
유의확률		1.000	1.000	1.000

동질적 부분집합에 있는 집단에 대한 평균이 표시됩니다.

관측평균을 기준으로 합니다.

오차항은 평균제곱(오차)=.393입니다.

a. 조화평균 표본크기 8.000을(를) 사용합니다.

b. 유의수준=.05.(95%)

※ 프로파일 도표

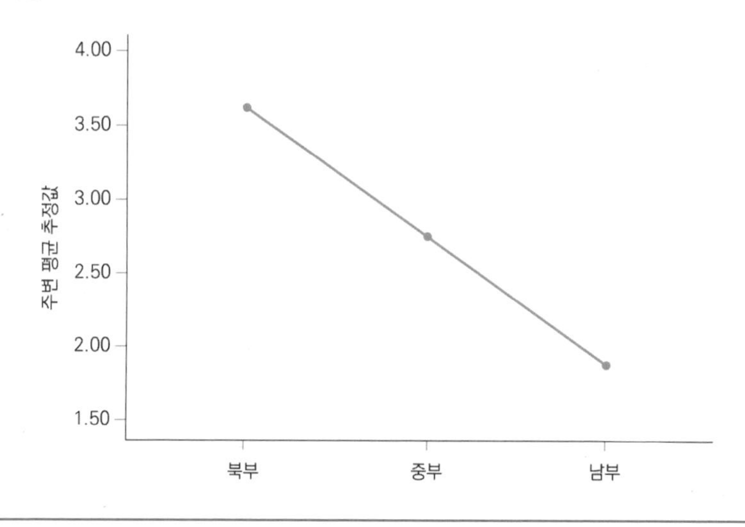

DMB가입의사의 주변 평균 추정값

(2) 집단의 동질성 검정

① 일원변량분석에서는 독립변인의 여러 집단들이 독립적으로 선정되었기 때문에 이 집단들이 같은 모집단에서 추출되었는지를 먼저 알아야 한다. 따라서 먼저 표본으로 선정된 여러 집단들이 같은 모집단에서 추출되었는지, 또는 다른 모집단에서 추출되었는지를 검정한다.

② 대립가설은 여러 집단이 추출된 모집단이 다르다.

③ 귀무가설은 여러 집단이 추출된 모집단이 같다.

집단의 동질성 검정

여러 집단의 모집단이 같은지, 다른지를 검정한다. 귀무가설: 여러 집단의 모집단이 같다. 대립가설: 여러 집단의 모집단이 다르다.
(1) 같은 모집단일 경우 (통계적으로 유의하지 않아 영가설을 받아들일 경우) : 일원변량분석방법을 사용한다.
(2) 다른 모집단일 경우 (통계적으로 유의하여 연구가설을 받아들일 경우) ① 집단의 표본 수가 같으면 일원변량분석방법을 사용한다. ② 집단의 표본 수가 다르면 일원변량분석방법을 사용하지 못한다. 이 경우 비모수통계방법을 사용해야 한다.

일원변량분석방법을 사용하기 위해서는 가능하면 각 집단의 표본수를 맞추는 것이 바람직하다.

오차변량의 동질성에 대한 Levene의 검정			
Levene값	자유도1	자유도2	유의도
0.293	2	21	0.749

Levene값은 0.293, 유의도 수준은 0.749로 0.05 수준보다 크기 때문에 귀무가설을 받아들인다. 즉 여러 집단이 추출된 모집단이 같다는 결론을 내린다. 모집단이 같기 때문에 일원변량분석방법을 사용할 수 있다.

(3) 기술통계

집단 사례 수와 평균값

지역	평균	표준편차	사례 수
북부	3.625	0.5175	8
중부	2.750	0.7071	8
남부	1.875	0.6408	8
합계	2.750	0.9440	24

남부지역 거주자가 행복도가 가장 낮은 것으로 보인다. 반면 북부지역 거주자는 가장 높고, 중부지역 거주자는 3집단의 중간 정도인 것으로 나타났다. 그러나 표본의 결과가 모집단에서도 나타나는지를 알기 위해서는 일원변량분석을 통해 이 평균값들이 통계적으로 유의미한 차이가 있는지를 검정해야 한다.

(4) 변량분석 및 유의도 검정

① 집단 간 변량은 독립변인 <지역>으로 설명할 수 있는 변량으로 6.125이다. 이 값은 집단 간 변량의 자승의 합 12.250을 자유도 2로(이 경우 거주지역별로 세 집단이기 때문에 자유도는 유목 수−1, 즉 3−1=2가 된다) 나누어 구한다.

② 집단 내 변량은 설명할 수 없는 변량 즉 오차변량(error variance)으로

0.393인데, 이 값은 오차 자승의 합 8.250을 자유도 21{북부 사례수 −1, 중부 사례수 −1, 남부 사례수 −1: (8−1)+(8−1)+(8−1)=21}로 나누어 구한다.

③ 집단 내 변량은 독립변인 <지역>으로 설명할 수 없는 변량이다.

변량분석 결과

소스	제III유형 제곱합	자유도	평균제곱	F	유의확률	부분 에타 제곱
모형(Model)	12.250	2	6.125	15.591	0.000	0.598
절편(Intercept)	181.500	1	181.500	462.000	0.000	0.957
지역	12.250	2	6.125	15.591	0.000	0.598
오차(error)	8.250	21	0.393			
합계	202.000	24				
수정 합계	20.500	23				

eta^2=0.598(수정 eta^2=0.559)

④ 집단 간 변량과 집단 내 변량을 비교하여 F값을 구한다.

F값=집단 간 변량/집단 내 변량

F값 15.591은 집단 간 변량(6.125)÷집단 내 변량(0.393)

유의확률은 F값의 검증결과를 보여준다. → 이 값은 0.000으로 유의도 수준 0.05보다 작기 때문에 대립가설을 받아들인다. 즉 귀무가설을 받아들이지 않는다. 따라서 거주지역에 따라 DMB 가입의사 차이가 있는 것으로 나타났다고 결론을 내릴 수 있다.

(cf) F값이 0.000으로 유의수준 0.05보다 작으면 연구가설을 받아들인다. 즉 거주지역에 따라 행복도 차이가 있는 것으로 나타났다고 결론을 내릴 수 있다.

(5) 집단 간 차이의 사후검정

① *F*검증: 연구가설을 검정하는 방법으로서 전체적으로 집단 간에 종속변인의 값에 차이가 난다는 정보만을 알려주기 때문에 구체적으로 어느 집단과 어느 집단이 차이가 있는지에 대해서는 알 수가 없다.

② 만일, 독립변인의 집단이 두 개라면 두 집단의 평균값을 비교하여 바로 어느 집단이 어느 집단보다 크다 또는 적다라는 판단을 할 수 있다.

③ 그러나 독립변인이 3개 이상의 집단들로 이루어졌을 때에는 어느 집단과 어느 집단이 통계적으로 차이가 있는지를 정확하게 판단할 수 없기 때문에 사후검정을 해야 한다.

④ Sheffe 검정방법

(6) 집단 간 차이 사후검정의 해석

집단 간 평균값 차이와 유의도 검정결과가 제시된다. 유의확률이 모두 0.05보다 작게 나타났다. 즉 가입의사에 대해 지역에 따라 차이가 있게 나타난다.[3]

다중비교

가입의사

Scheffe

(I) 지역	(J) 지역	평균차(I-J)	표준오차	유의확률	차이의 95% 신뢰구간	
					하한값	상한값
북부	중부	.8750*	.31339	.036	.0498	1.7002
	남부	1.7500*	.31339	.000	.9248	2.5752
중부	북부	-.8750*	.31339	.036	-1.7002	-.0498
	남부	.8750*	.31339	.036	.0498	1.7002
남부	북부	-1.7500*	.31339	.000	-2.5752	-.9248
	중부	-.8750*	.31339	.036	-1.7002	-.0498

관측평균을 기준으로 합니다.

오류 조건은 평균 제곱(오류)=.339입니다.

* 평균차는 .05 수준에서 유의합니다.

cf) 만일 유의확률이 0.05보다 작게 나타났다면, 북동부 거주자와 남동부 거주자, 북동부 거주자와 서부 거주자, 남동부 거주자와 북동부 거주자, 남동부 거주자와 서부 거주자, 서부 거주자와 북동부 거주자, 서부 거주자와 남동부 거주자 간 모두 생활에 대한 의사의 차이가 있다는 것을 알 수

3) 만약, 유의확률이 모두 0.05보다 크게 나타나면, 즉 가입의사에 대해 지역에 따라 차이가 없게 나타난다는 것이다.

있다. 즉 북동부 거주자들은 남동부 거주자와 서부 거주자들에 비해 생활이 흥미롭고, 또한 남동부 거주자들은 북동부와 서부 거주자들보다 생활이 흥미롭고, 서부 거주자들은 북동부와 남동부 거주자들 보다 흥미로움을 알 수 있다. 이처럼 집단이 3개 이상일 경우에는 집단 간 평균값 차이를 검증하여 집단 간 차이를 구체적으로 알 수 있다.

- 상관관계: eta계수
  - 일원변량분석방법에서는 독립변인이 종속변인에 미치는 영향력의 크기를 보여주는 값으로 에타계수의 자승의 값(eta^2)을 제시한다.
  - 변량분석의 eta = 회귀분석의 Multiple R
  - 변량분석의 eta^2 = 회귀분석의 R^2
  - 에타: 명목척도로 측정된 독립변인과 등간척도(또는 비율척도)로 측정된 종속변인 간의 상관관계를 보여주는 값이다.
  - Multiple R: 등간척도(또는 비율척도)로 측정된 독립변인과 등간척도(또는 비율척도)로 측정된 종속변인 간의 상관관계를 보여주는 값이다.
  - 에타계수: 상관관계의 정도를 보여주는 값이다.
  - 에타 자승의 값: 설명변량의 크기를 보여준다.

3) 사례: 교육과 텔레비전 시청량 관계

<분석> <일반선형모형>: <일변량>
[종속변수: TV 시청량] [모수요인: 교육]
<모형>: <모형설정> [완전요인모형] [제곱합: 제III유형] [모형에 절편 포함]
<사후분석>: [교육] 요인 → 사후검정변수 ○○○ [Scheffe]
<옵션>: [출력: 기술통계량, 효과 크기 추정값, 동질성 검정]
<확인>

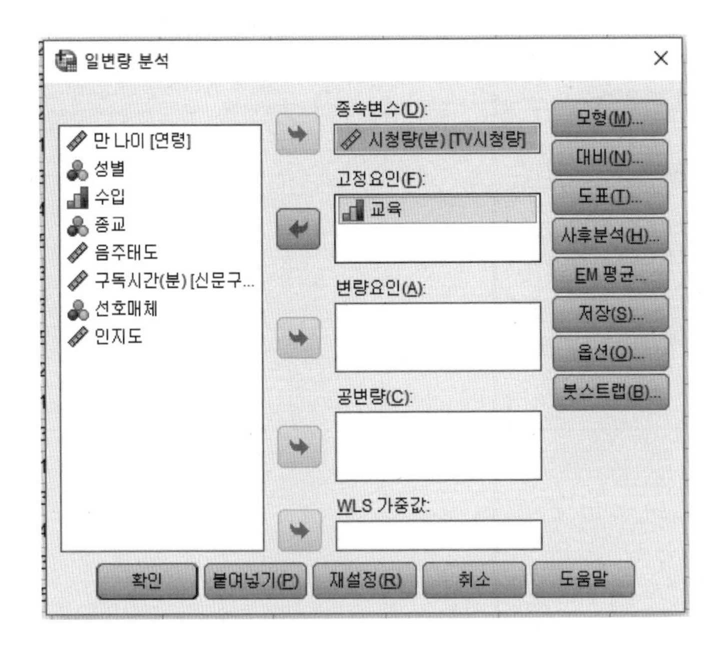
일변량 분석
만 나이 [연령]
성별
수입
종교
음주태도
구독시간(분) [신문구...
선호매체
인지도
종속변수(D):
시청량(분) [TV시청량]
고정요인(F):
교육
변량요인(A):
공변량(C):
WLS 가중값:
모형(M)...
대비(N)...
도표(T)...
사후분석(H)...
EM 평균...
저장(S)...
옵션(O)...
붓스트랩(B)...
확인
붙여넣기(P)
재설정(R)
취소
도움말

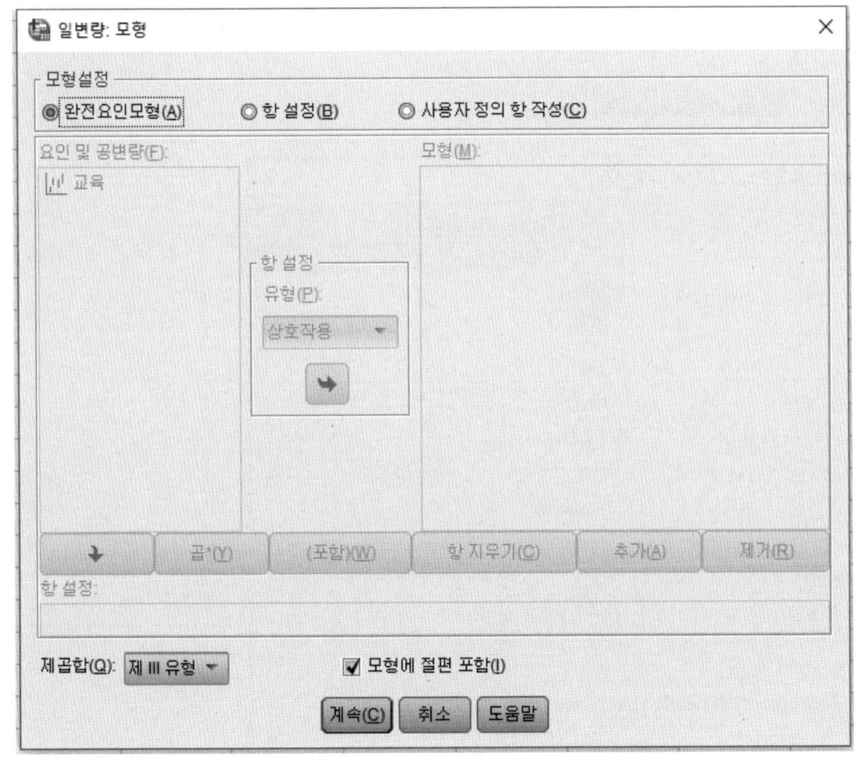
일변량: 모형
모형설정
완전요인모형(A)
항 설정(B)
사용자 정의 항 작성(C)
요인 및 공변량(F):
교육
모형(M):
항 설정
유형(P):
상호작용
곱*(Y)
(포함)(W)
항 지우기(C)
추가(A)
제거(R)
항 설정:
제곱합(Q):
제 III 유형
모형에 절편 포함(I)
계속(C)
취소
도움말

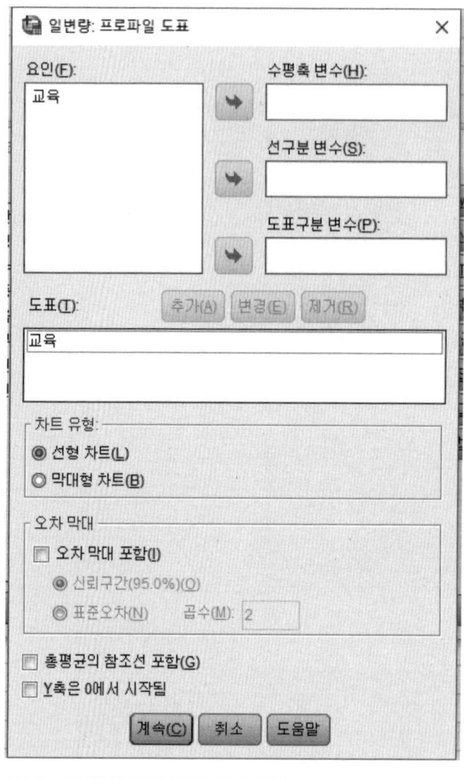
일변량: 프로파일 도표
요인(F):
교육
수평축 변수(H):
선구분 변수(S):
도표구분 변수(P):
도표(T):
추가(A)
변경(E)
제거(R)
교육
차트 유형:
선형 차트(L)
막대형 차트(B)
오차 막대
오차 막대 포함(I)
신뢰구간(95.0%)(O)
표준오차(N)
곱수(M):
2
총평균의 참조선 포함(G)
Y축은 0에서 시작됨
계속(C)
취소
도움말

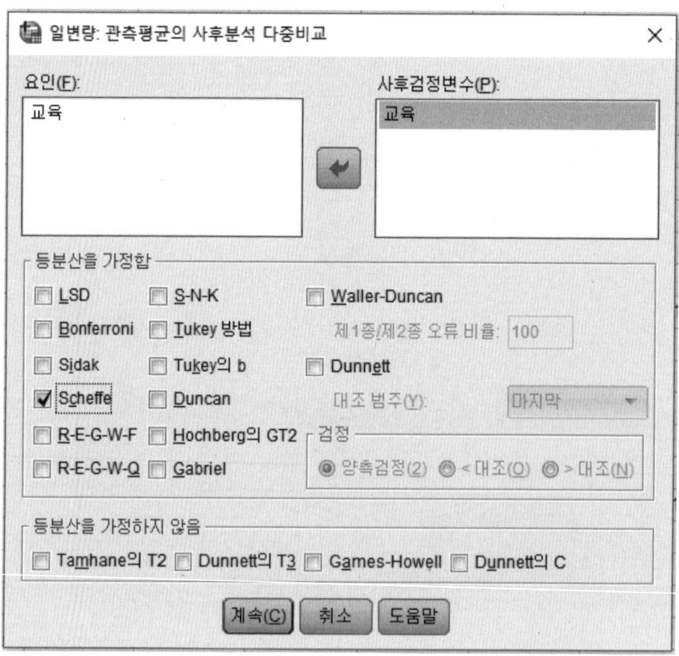
일변량: 관측평균의 사후분석 다중비교
요인(F):
교육
사후검정변수(P):
교육
등분산을 가정함
LSD
S-N-K
Waller-Duncan
Bonferroni
Tukey 방법
제1종/제2종 오류 비율:
100
Sidak
Tukey의 b
Dunnett
Scheffe
Duncan
대조 범주(Y):
마지막
R-E-G-W-F
Hochberg의 GT2
검정
R-E-G-W-Q
Gabriel
양측검정(2)
< 대조(O)
> 대조(N)
등분산을 가정하지 않음
Tamhane의 T2
Dunnett의 T3
Games-Howell
Dunnett의 C
계속(C)
취소
도움말

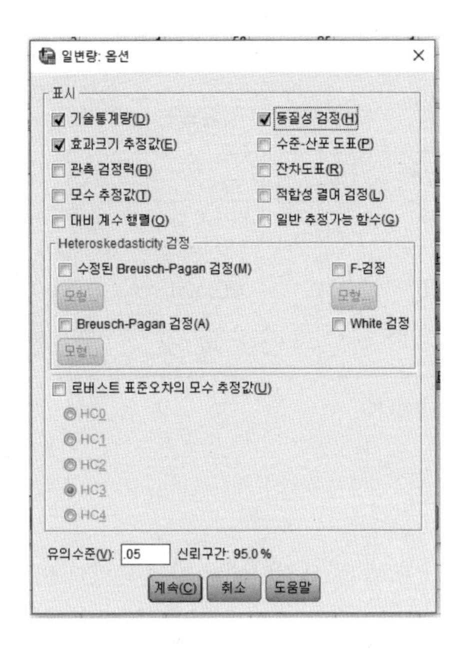

(1) 분석결과

개체 간 요인

		값 레이블	N
교육	1	중졸	6
	2	고졸	10
	3	대졸	9

기술통계량

종속변수: 시청량(분)

교육	평균	표준편차	N
중졸	56.33	8.914	6
고졸	52.30	13.174	10
대졸	35.44	12.690	9
전체	47.20	14.793	25

<교육> 개체 간 요인결과가 제시된다.

<교육>과 <TV 시청량>에 관한 기술통계량이 제시된다.

– 변인의 기본적인 특징을 분석한다.

오차 분산의 동일성에 대한 Levene의 검정[a,b]

		Levene 통계량	자유도1	자유도2	유의확률
시청량(분)	평균을 기준으로 합니다.	1.124	2	22	.343
	중위수를 기준으로 합니다.	.700	2	22	.507
	자유도를 수정한 상태에서 중위수를 기준으로 합니다.	.700	2	20.504	.508
	절삭평균을 기준으로 합니다.	1.132	2	22	.341

여러 집단에서 종속변수의 오차 분산이 동일한 영가설을 검정합니다.

a. 종속변수: 시청량(분)

b. Design: 절편+교육

① 집단의 동질성을 검정한 후, '여러 집단이 같은 모집단에서 추출되었다'면 일원변량분석방법을 사용하는데 아무 문제가 없다. 반면 여러 집단이 다른 모집단에서 추출되었다면 집단의 표본수가 동일한가에 따라 분석방법이 달라진다. 만일 집단의 표본의 수가 같다면 일원변량분석방법을 사용할 수 있지만, 집단의 표본수가 다르다면 일원변량분석방법을 사용할 수 없고, 비모수 통계방법을 사용해야 한다. 따라서 가능한 일원변량분석방법을 사용하기 위해서는 각 집단의 표본수를 맞추는 것이 바람직하다.

② 집단의 동질성 검정은 Levene의 값으로 검정한다. Levene의 값은 여러 집단들이 같은 모집단에서 나왔는지, 아니면 다른 모집단에서 나왔는지를 변량을 비교함으로써 검증하는 방법이다. Levene의 수치는 1.124, 유의도 수준은 0.343으로 0.05보다 크기 때문에 귀무가설(H_0)을 받아들인다. 즉 여러 집단이 추출된 모집단이 같다는 결론을 내린다. 모집단이 같기 때문에 일원변량분석방법을 사용할 수 있다.

개체 간 효과 검정

종속변수: 시청량(분)

소스	제III유형 제곱합	자유도	평균제곱	F	유의확률	부분 에타 제곱
수정된 모형	2004.344[a]	2	1002.172	6.789	.005	.382
절편	54948.722	1	54948.722	372.229	.000	.944
교육	2004.344	2	1002.172	6.789	.005	.382
오차	3247.656	22	147.621			
전체	60948.000	25				
수정된 합계	5252.000	24				

a. R 제곱=.382(수정된 R 제곱=.325)

③ 독립변수 <교육>과 종속변수 <TV 시청량>에 관한 개체 간 효과 검정결과가 제시된다.

④ 집단 간 변량은 독립변인 <교육>으로 설명할 수 있는 변량으로 1002.172이다. 이 값은 변량의 자승의 합 2004.344를 자유도 2로 나누어 구한다.

⑤ 집단 내 변량은 설명할 수 없는 변량(오차변량 error variance) 147.621이다. 이 값은 오차 자승의 합 3247.656을 자유도 22(중졸 이하: 6−1=5, 고졸 이하: 10−1=9, 대졸 이상: 9−1=8)로 나누어 구한다. 집단 내 변량은 독립변인 <교육>으로 설명할 수 없는 변량이다.

⑥ 집단 간 변량과 집단 내 변량을 비교하여 F값을 구한다.
F값=집단 간 변량/집단 내 변량=1002.172/147.621=6.789

⑦ 'Sig.'는 유의도 검정 값으로 F값의 검정결과를 보여준다. → 0.005 유의도 수준 0.05보다 작기 때문에 연구가설을 받아들인다. 즉 교육에 따라 TV 시청량에 차이가 있는 것으로 나타났다고 결론을 내릴 수 있다.

(2) 상관관계: eta계수

① eta계수(η): 독립변인이 종속변인에 미치는 영향력 크기를 보여주는 값으로 에타계수의 자승 값(eta^2)을 제시한다.

② 변량분석의 에타계수는 회귀분석방법의 Multiple R과 같은 수치, 둘 간의 차이점인 에타는 명목척도로 측정된 독립변인과 등간척도(또는 비율척도)

로 측정된 종속변인 간의 상관관계를 보여주는 수치이며, Multiple R은 등간척도(또는 비율척도)로 측정된 독립변인과 등간척도로 측정된 종속변인간의 상관관계를 보여준다.

③ 에타계수는 상관관계의 정도를 보여주는 값이고, 이를 자승한 에타 자승의 값은 설명변량의 크기를 보여준다.

－변량분석의 eta＝회귀분석의 Multiple R

－변량분석의 eta^2＝회귀분석의 R^2

④ ＜교육＞의 에타 자승의 값(0.382)은 통계적으로 유의미한 것으로 나타났다. 즉 ＜교육＞은 설명변량은 0.382 또는 38.2%이고, ＜교육＞과 ＜TV 시청량＞간의 상관관계는 0.618($\sqrt{0.382}$)이기 때문에 ＜교육＞은 ＜TV 시청량＞에 상당히 큰 영향력을 주는 것을 알 수 있다.

4) 사후검정(Post Hoc Test or Multiple Comparison Test): 교육

다중비교

종속변수: 시청량(분)

Scheffe

(I) 교육	(J) 교육	평균차이(I-J)	표준오차	유의확률	95% 신뢰구간	
					하한	상한
중졸	고졸	4.03	6.274	.815	-12.43	20.50
	대졸	20.89*	6.404	.013	4.08	37.69
고졸	중졸	-4.03	6.274	.815	-20.50	12.43
	대졸	16.86*	5.583	.022	2.21	31.51
대졸	중졸	-20.89*	6.404	.013	-37.69	-4.08
	고졸	-16.86*	5.583	.022	-31.51	-2.21

관측평균을 기준으로 합니다.

오차항은 평균제곱(오차)=147.621입니다.

* 평균차이는 .05 수준에서 유의합니다.

(1) 사후검정으로 Scheffe 검증을 통해 ＜교육＞요인별로 ＜TV 시청량＞의 차이를 다중 비교한 결과가 제시된다.

① F검정은 연구가설을 검증하는 방법으로서 전체적으로 집단 간에 종속변

인의 수치에 차이가 난다는 정보만을 알려주기 때문에 구체적으로 어느 집단과 어느 집단이 차이가 있는지에 대해서는 알 수가 없다.

② 별표(*)가 표시된 중졸과 대졸, 고졸과 대졸 집단 간에는 TV 시청량에 차이가 있다는 것을 알 수 있다.

③ 중학교 졸업과 고등학교 졸업의 교육수준을 가진 사람들은 대학교 졸업의 학력을 가진 사람들보다 TV를 더 많이 시청한다.

(2) 동일집단군(동일서브세트)

시청량(분)

Scheffe[a,b,c]

교육	N	부분집합	
		1	2
대졸	9	35.44	
고졸	10		52.30
중졸	6		56.33
유의확률		1.000	.805

동질적 부분집합에 있는 집단에 대한 평균이 표시됩니다.

관측평균을 기준으로 합니다.

오차항은 평균제곱(오차)=147.621입니다.

a. 조화평균 표본크기 7.941을(를) 사용합니다.

b. 집단 크기가 동일하지 않습니다. 집단 크기의 조화평균이 사용됩니다. I 유형 오차 수준은 보장되지 않습니다.

c. 유의수준=.05.

① 사후검정으로 Scheffe 검정을 통해 <교육>요인별 집단이 얼마나 동일한가를 검정한 결과를 제시한다.

5) 프로파일 도표

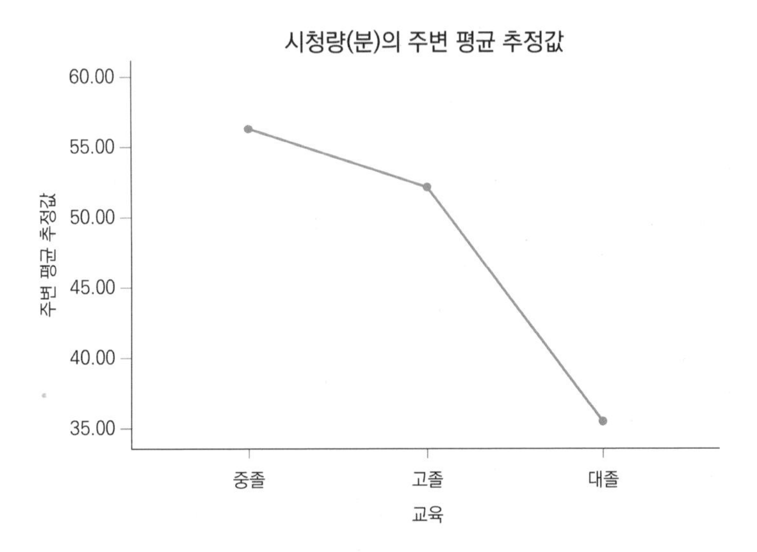

제4절 일원변량분석 논문작성법

1. 연구절차

1) 일원변량분석방법에 적합한 연구가설을 만든다.

연구가설	독립변인(명목척도)		종속변인(비명목척도)	
	변인	측정	변인	측정
교육에 따라 텔레비전 시청시간에 차이가 나타난다.	교육	(1) 중졸 (2) 고졸 (3) 대졸 (4) 대학원졸	텔레비전 시청시간	실제 시청시간(분)

2) 유의도 수준을 정한다: $p<0.05$(95%), 또는 $p<0.01$(99%) 중 하나를 결정한다.

3) 표본을 선정하여, 데이터를 수집한 후, 컴퓨터에 입력한다.

4) SPSS 프로그램 중 일원변량분석을 실행한다.

2. 연구결과 제시 및 해석방법

1) 변량의 동질성 검정은 Levene 검정을 사용한다(논문에서 제시하지 않는다).

2) 일원변량분석 연구결과를 표로 제시한다.

   – 프로그램을 실행하여 얻은 결과를 아래 표와 같이 만든다.

교육과 텔레비전 시청시간의 관계

<table>
<tr><th>집단</th><th>사례수</th><th>평균</th><th>표준편차</th><th>F</th><th>df</th><th>유의
확률</th><th>에타자승</th><th>차이 집단</th></tr>
<tr><td>중졸</td><td>100</td><td>51.5</td><td>13.8</td><td rowspan="4">6.79</td><td rowspan="4">3396</td><td rowspan="4">0.009</td><td rowspan="4">0.55</td><td rowspan="4">중졸/고졸 집단과
대졸/대학원 집단</td></tr>
<tr><td>고졸</td><td>100</td><td>42.5</td><td>14.9</td></tr>
<tr><td>대졸</td><td>100</td><td>30.2</td><td>7.8</td></tr>
<tr><td>대학원졸</td><td>100</td><td>25.3</td><td>3.3</td></tr>
</table>

3) 변량분석표를 해석한다.

(1) 유의도 검정결과/집단 간 차이 검증결과 쓰는 방법

① 교육과 텔레비전 시청시간 간에는 통계적으로 유의미한 차이가 있는 것으로 나타났다. (F=6.79, df=3396, p<0.05)

② 각 집단 간 텔레비전 시청시간의 차이를 사후 검정한 결과, 중학교를 졸업한 사람(평균=51.5)과 고등학교를 졸업한 사람(평균=42.5) 간에는 텔레비전 시청시간에 차이가 없었다. 대학교를 졸업한 사람(평균=30.2)과 대학원을 졸업한 사람(평균=25.3)간에도 텔레비전 시청시간에 차이가 없었다.

③ 반면, 중학교와 고등학교를 졸업한 사람과 대학교와 대학원을 졸업한 사람 간에는 텔레비전 시청시간에 차이가 있는 것으로 나타났다. 즉 중학교와 고등학교를 졸업한 사람은 대학교와 대학원을 졸업한 사람에 비해 텔레비전을 더 많이 시청하는 경향이 있다.

(2) 상관관계 결과 쓰는 방법

① 교육과 텔레비전 시청시간 간의 상관관계를 분석한 결과, 두 변인 간의 상관관계는 매우 높은 것으로 나타났다(eta = 0.74/ 또는 eta 자승 = 0.55). 이 결과는 교육이 텔레비전 시청시간에 영향을 주는 중요한 요인이라는 사실을 보여준다.

3. 사례: 미국 지역별 행복도 조사

1) 분석

(1) <일반선형모형> → <일변량>

(2) 종속변수: (행복도) → <종속변수>, 독립변수: (지역) → <모수요인> 집단이 3집단 이상일 경우 <사후분석> 실시

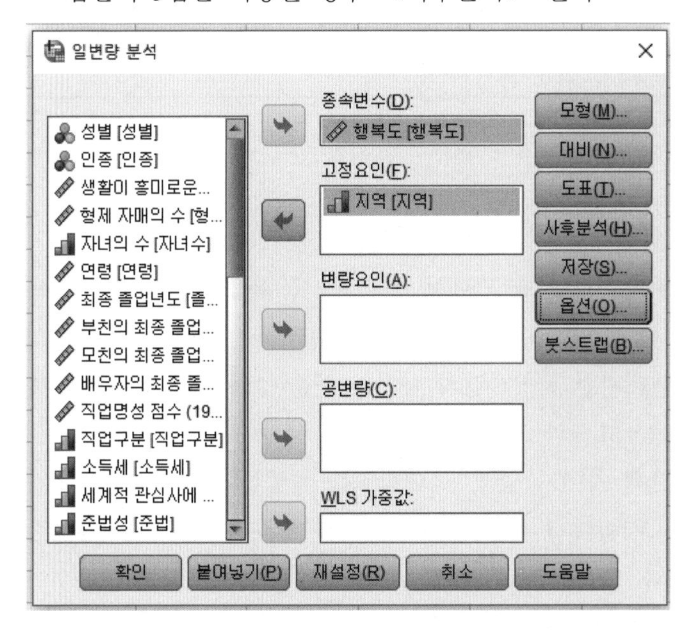

(3) [일변량: 관측평균의 사후분석 다중비교]; <사후검정변수>
[등분산을 가정함] Scheffe 선택 → [계속]

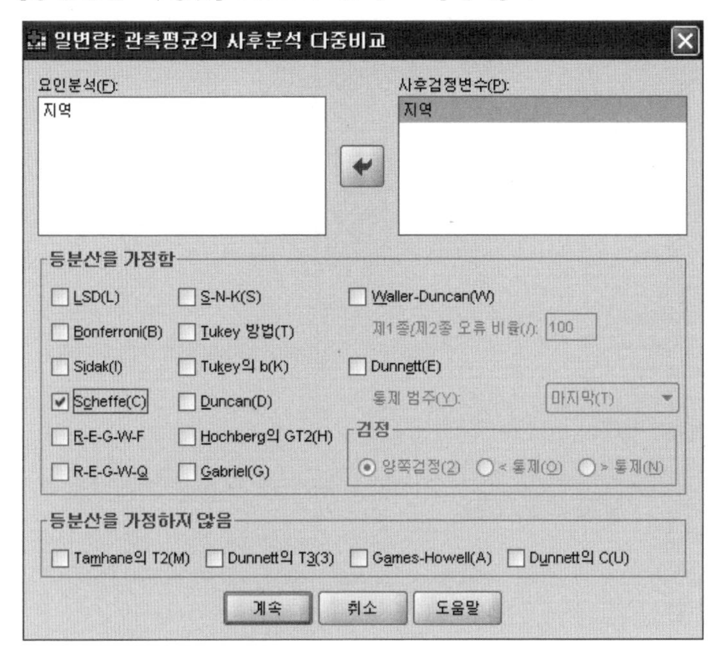

(4) 도표: 일변량 프로파일 도표

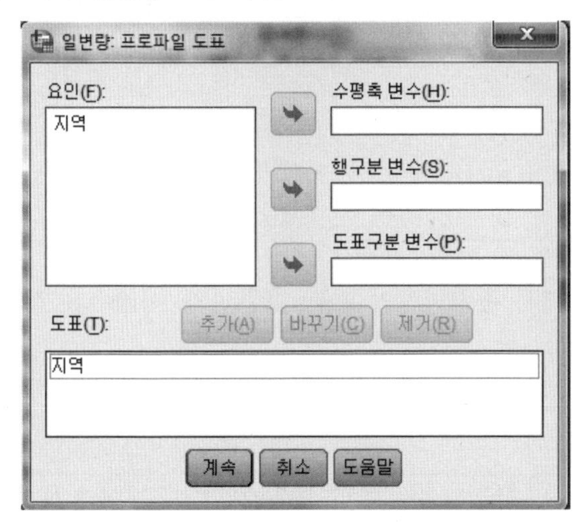

(5) [옵션]; [출력] → 기술통계량, 효과크기 추정 값, 동질성 검정 → [계속]

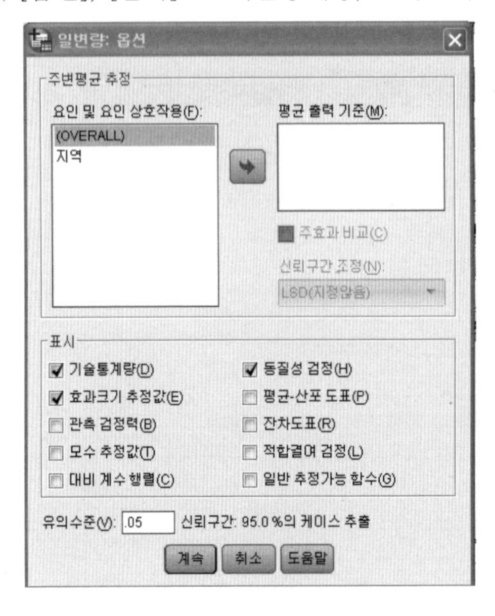

2) 분석결과

(1) 독립변인의 변수값 설명과 사례수가 제시된다.

오브젝트 간 요인

		변수값 레이블	N
미국 내 조사지역	1	북동부	673
	2	남동부	411
	3	서부	420

(2) 독립변인의 집단에 따른 종속변인의 평균, 표준편차, 사례수가 각각 제시된다.

기술통계

종속변수: 행복한 정도

미국 내 조사지역	평균	표준편차	N
북동부	1.84	.602	673
남동부	1.75	.645	411
서부	1.78	.609	420
총계	1.80	.617	1504

(3) 집단의 동질성에 대한 결과가 제시된다.

Levene의 오차 분산 등식 검정[a]

종속변수: 행복한 정도

F	df1	df2	유의수준
6.799	2	1501	.001

그룹 간에 종속변수의 오차 분산이 동일한 귀무가설을 검정합니다.

a. 디자인: 절편+조사지역

- Levene값은 6.799, 유의도 수준은 0.001로 0.05보다 작기 때문에 귀무가설을 기각한다. 즉 여러 집단에서 추출된 모집단이 다르다는 결론을 내린다. 모집단이 다르기 때문에 일원변량분석방법을 사용할 수 없다.

(4) 독립변인과 종속변인의 일원변량 분석결과가 제시된다.

<수정모형>의 F값, 자유도, 유의확률, 부분 에타 제곱의 수치를 살펴보면 된다.

오브젝트 간 효과 검정

종속변수: 행복한 정도

소스	유형 III 제곱합	df	평균제곱	F	유의수준	부분 에타 제곱
수정한 모형	2.043[a]	2	1.022	2.694	.068	.004
절편	4582.791	1	4582.791	12082.521	.000	.889
조사지역	2.043	2	1.022	2.694	.068	.004
오류	569.316	1501	.379			
총계	5440.000	1504				
수정 합계	571.359	1503				

a. R 제곱=.004(조정된 R 제곱=.002)

- 모형의 적합도인 유의수준도 0.068로 0.05 이상으로 부적합하다.
- 조사지역의 경우에도 유의수준이 0.068로 부적합하다.

3) 사후검정(지역)

(1) 분석결과

다중비교

종속변수: 행복한 정도

Scheffe

(I) 미국 내 조사지역	(J) 미국 내 조사지역	평균차이 (I-J)	표준오류	유의수준	95% 신뢰구간	
					하한	상한
북동부	남동부	.09	.039	.082	-.01	.18
	서부	.05	.038	.361	-.04	.15
남동부	북동부	-.09	.039	.082	-.18	.01
	서부	-.03	.043	.762	-.14	.07
서부	북동부	-.05	.038	.361	-.15	.04
	남동부	.03	.043	.762	-.07	.14

관측 평균을 기준으로 합니다.

오차항은 평균 제곱(오류)=.379입니다.

– 종속변수 행복한 정도에 대한 지역의 사후검정 결과인 Scheffe값의 유의수준은 모두 0.05 이상으로 부적절한 결과이다.

(2) 동일서브세트

행복한 정도

Scheffe[a,b,c]

미국 내 조사지역	N	서브세트
		1
남동부	411	1.75
서부	420	1.78
북동부	673	1.84
유의수준		.097

동일 서브세트에 있는 그룹의 평균이 표시됩니다.

관측 평균을 기준으로 합니다.

오차항은 평균 제곱(오류)=.379입니다.

a. 조화 평균 표본 결과=476.196을(를) 사용합니다.

b. 그룹 크기가 동일하지 않습니다. 그룹 크기의 조화 평균을 사용합니다. 유형 I 오류 수준이 보장되지 않습니다.

c. 알파=.05.

사후검정 결과가 [다중 비교] 표에 제시된다. 앞의 결과의 유의수준은 0.097로 0.05 이상으로 부적합하다.

※ 프로파일 도표

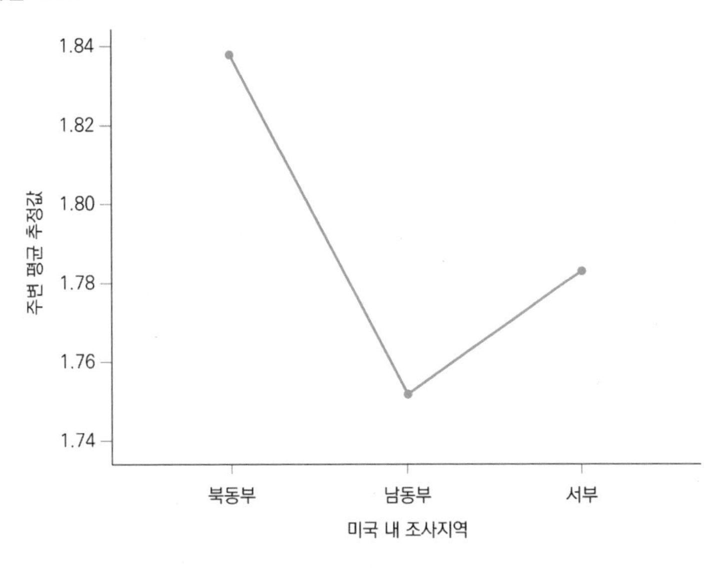

행복한 정도의 주변 평균 추정값

4) 해석: 미국 지역별 행복도 조사

(1) 오차변량의 동질성에 대한 Levene의 검증

Levene 검증			
Levene 값	자유도1	자유도2	유의도
6.799	2	1501	.001

Levene값은 6.799, 유의도 수준은 0.001로 0.05보다 작기 때문에 귀무가설을 기각한다. 즉 여러 집단에서 추출된 모집단이 다르다는 결론을 내린다. 모집단이 다르기 때문에 일원변량분석방법을 사용할 수 없다.

(2) 이 경우 비모수통계방법의 사용이 필요하다. 따라서 그 결과를 살펴보면 다음과 같다.

① [비모수 검정]; 〔레거시대화상자]; [카이제곱]

② [검정변수] → 행복한 정도(행복도)

③ [옵션]; [통계량] → ＜기술통계＞

④ (검정별 결측값 제외): 기본설정

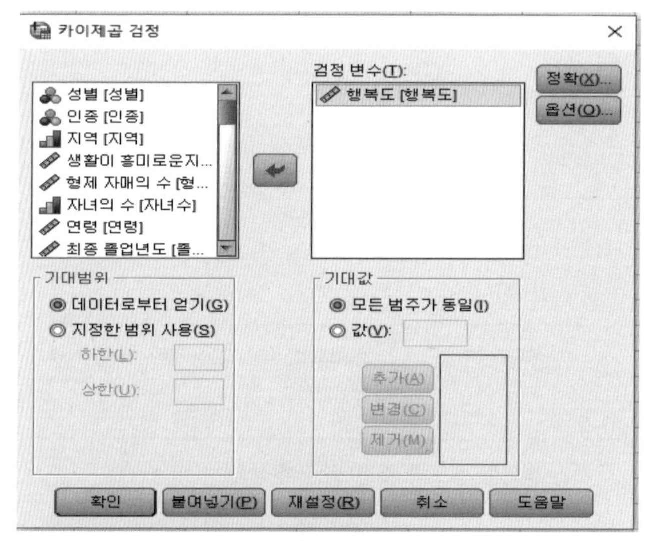

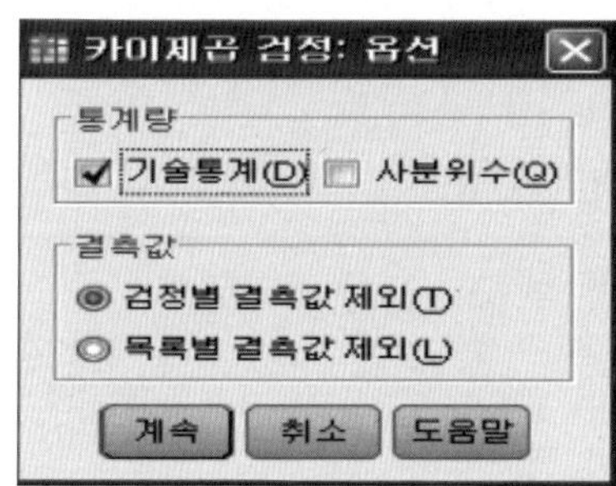

기술통계량

소스	N	평균	표준편차	최소값	최대값
행복한 정도	1504	1.80	.617	1	3

(3) 카이제곱 검정: 빈도

검정통계량

	행복한 정도
카이제곱	502.047[a]
자유도	2
근사 유의확률	.000

a. 0셀 (.0%)은(는) 5보다 작은 기대빈도를 가집니다. 최소 셀 기대빈도는 501.3입니다.

- χ^2 검증결과 지역과 행복한 정도는 관계가 있다. 즉, 지역별로 행복한 정도는 차이가 있다고 결론을 내릴 수 있다.

행복한 정도

소스	관측수	기대빈도	잔차
매우행복	467	501.3	-34.3
행복한편	872	501.3	370.7
불행한편	165	501.3	-336.3
합계	1504		

제 13 장

다원변량분석
(n-way ANOVA)

제1절 다원변량분석이란

명목척도로 측정한 두 개 이상 여러 개의 독립변인(3집단 이상의 질적자료)들이 등간척도(또는 비율척도)로 측정된 한 개의 종속변인(2개 이상의 양적자료)에 미치는 영향력을 분석하는 것이다.

1. 다원변량분석방법[1)]에 적합한 연구가설을 설정하고, SPSS 프로그램 실행방법을 제시한다.
2. 변량분석을 통해 개별 독립변인이 종속변인에 미치는 영향력인 주효과(Main Effect)뿐만 아니라 여러 독립변인들 간의 상호작용 효과(Interaction Effect)의 유의도를 검증하는 방법이다.
3. 집단 간 사후검정방법을 살펴본 후 에타계수의 의미를 파악한다.
4. 다원변량분석방법 논문작성법을 제시한다.

---

1) 1. 일원분산분석에서는 독립변인의 여러 집단이 독립적으로 선정되었기 때문에 이 집단들이 같은 모집단에서 추출되었는지를 먼저 알아야 한다. 여러 집단이 같은 모집단에서 추출되었다면 아무런 문제가 없지만, 여러 집단이 다른 모집단에서 추출되었다면 집단의 표본수가 동일한가에 따라 분석방법이 달라진다. 같으면 분석 가능하지만 다르다면 비모수통계방법을 사용해야 한다.
2. 집단의 동질성 검증은 Levene F검증으로 한다.
3. 일원분산분석에서는 독립변인이 종속변인에 미치는 영향력 크기를 보여주는 값으로 에타계수의 자승의 값을 제시한다. 변량분석의 에타계수는 회귀분석의 Multiple R과 같은 수치로서 차이점은 전자는 명목척도의 독립변인과 등간척도 이상의 종속변인 간의 상관을 보여주는 수치이고, 후자는 등간척도 이상의 독립변인과 종속변인 간의 상관성을 보여준다.
4. 에타 자승의 값은 설명변량의 크기를 보여주며 에타 자승의 값은 회귀분석의 R^2과 같은 의미이다.
   예를 들어, 에타 자승 값이 0.382라면 독립변인의 설명변량이 38.2%라는 의미이고, 종속변인과 0.618의 상관계수를 지닌다 할 것이다.

제2절 정의(Definition)

1. 변인의 수와 측정

다원변량분석

	수	측정	명칭
독립변인	2개 이상 여러 개	명목척도	요인(factor)
종속변인	1개	등간척도 또는 비율척도	

- 개별 독립변인이 종속변인에 미치는 영향력인 주효과뿐만 아니라 여러 독립요인 간의 상호작용 효과도 분석이 가능한 분석방법이다.

2. 독립변인의 유목에 대한 전제

1) 고정요인(Fixed Factor) or 모수요인

"사용한 유목 이외의 다른 유목은 존재하지 않는다"라고 전제한다.

예 독립변인 〈종교〉를 ① 기독교, ② 천주교, ③ 불교 세 유목으로 측정했다고 가정하면, 만일 연구자가 세 유목이 〈종교〉를 구성하는 유목의 전부라고 전제하면 〈종교〉를 고정요인으로 본다.

2) 무작위요인(Random Factor) or 변량요인

연구자가 독립변인의 유목이 수없이 많이 존재하는 유목의 일부, 즉 사용한 유목 이외의 다른 유목이 존재한다고 전제한다.

예 연구자가 세 유목이 〈종교〉를 구성하는 수없이 많은 유목 중 일부라고 전제하면 〈종교〉를 무작위요인으로 본다.

3) 일반적으로, 다원변량분석방법에서는 독립변인을 고정요인으로 전제한다.

3. 기본가정

1) 종속변수의 정상분포

① 편포도와 첨도가 ±2 미만이고, 정규 Q－Q 도표에서 사례들이 대각선상에 분포되면 정상분포가 충족된다고 판단한다.

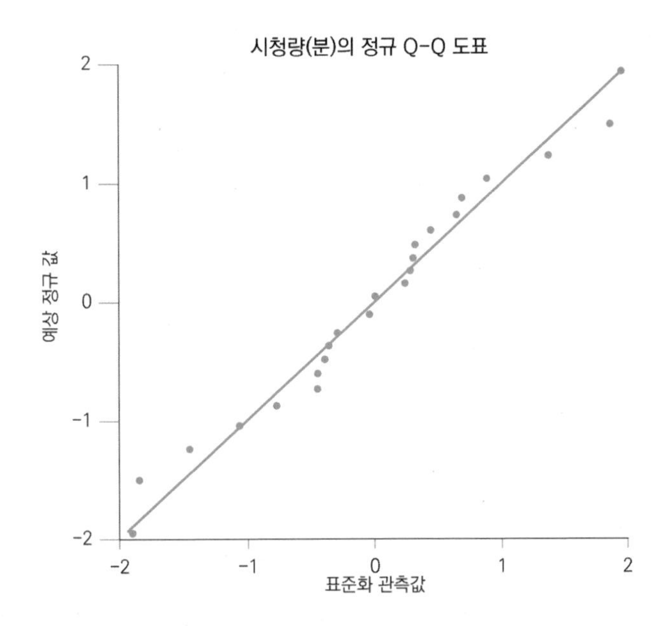

② 각 셀당 사례수가 20명 이상이면 정상분포 가정이 문제되지 않는다는 견해도 있다.

③ 종속변수 간의 상관: Pearson 적률상관계수를 살펴본다.

④ 각 집단별 종속변수 공분산들의 동질성

- Box 검정결과가 유의하지 않으면($p > 0.05$) 충족된다고 판단
- 종속변수 공분산들의 동질성이 충족되지 않을 경우에는 다변량 통계치 중에서 Pillal's 값을 활용하면 된다는 견해도 있다.

2) 다변량 통계치

① Pillal's Trace

- 설명력과 관련, 집단 간 분산/총분산: 값이 클수록 좋음

② Wilk's Lambda

– 집단 내 분산/총분산: 값이 작을수록 좋음

③ Hotteling's T^2

– 집단 간 분산/집단 내 분산: t 통계량의 제곱값

제3절 종류

1. 무작위할당(Random Assignment, 연구자가 각 집단에 속한 사례 수를 무작위로 같게 할당하는 방법)

일반적으로 이루어지는 실험실 연구로부터 얻은 데이터를 분석하는 데 적합한 통계방법이다.

2. 서베이 방법(Survey Method)을 통해 얻은 데이터의 경우

연구자의 통계가 거의 불가능하기 때문에 각 집단의 사례 수가 동일하지 않는 경우이다.

3. 각 집단의 사례 수가 같을 때

1) 독립요인설계(Orthogonal Factorial Design)

무작위할당을 통해 각 집단의 사례 수를 같게 만들었을 때

2) 독립(Orthogonal)

독립변인 간의 상관관계가 없다는 것을 의미, 그 결과 독립요인 설계에서는 독립변인의 집단 간 변량(설명변량)인 주효과들 간의 상관관계가 없을 뿐만 아니라 주효과와 상호작용 효과와의 상관관계도 존재하지 않는다고 전제한다.

3) 그 결과 독립변인 설계에서는 변량계산이 간단하다.

4) 예1

독립변인 설계에서 독립변인 <성별>과 <거주지역>이 종속변인 <문화비지출>에 미치는 영향력을 분석할 때, 전체 집단 간 변량은 <성별>과 <거주지역>의 집단 간 변량과 상호작용 <성별×거주지역> 결과로 생기는 집단 간 변량을 합한 값이고, 전체변량은 집단 간 변량과 집단 내 변량의 합이다.

전체 집단 간 변량=
집단 간 변량〈성별〉+집단 간 변량〈거주지역〉+집단 간 변량〈성별 × 거주지역〉전체 변량
= 전체 집단 간 변량+집단 내 변량

5) 예2

독립변인 설계에서 독립변인 <성별>과 <교육>의 집단 간 변량 <성별*교육> 결과로 생기는 집단 간 변량을 합한 값이고, 총변량은 집단 간 변량과 집단 내 변량의 합이다.

전체 집단 간 변량=
집단 간 변량〈성별〉+집단 간 변량〈교육〉+집단 간 변량〈성별*교육〉 총변량
= 전체 집단 간 변량+집단 내 변량

4. 각 집단의 사례 수가 다를 때

1) 연구자의 통제가 배제된 서베이 연구에서 각 집단의 사례 수를 같게 맞추는 것은 거의 불가능하다.
2) 비독립요인 설계(Nonorthogonal Factorial Design): 각 집단의 사례 수가 다를 때
3) 비독립(Nonorthogonal): 독립변인 간의 상관관계가 있다는 것을 의미
4) 그 결과 비독립요인 설계에서는 독립변인의 집단 간 변량(설명변량)인 주효과들 간의 상관관계가 있을 뿐만 아니라 주효과와 상호작용효과와의

상관관계도 존재한다.

5) 개별 독립변인의 집단 간 변량과 상호작용의 결과인 집단 간 변량을 합하여 전체 설명변량을 계산해서는 안 된다.

6) 예1: 비독립요인 설계에서 독립변인 <성별>과 <거주지역>이 종속변인<문화비지출>에 미치는 영향력을 분석할 때

전체 집단 간 변량 ≠
집단 간 변량〈성별〉+집단 간 변량〈거주지역〉+집단 간 변량〈성별 × 거주지역〉 총변량
≠ 전체 집단 간 변량+집단 내 변량

7) 예2: 비독립요인 설계에서 독립변인 <성별>과 <교육>이 종속변인에 미치는 영향력을 분석할 때

전체 집단 간 변량 ≠
집단 간 변량 〈성별〉+집단 간 변량 〈교육〉+집단 간 변량 〈성별*교육〉총변량 ≠
전체 집단 간 변량+집단 내 변량

8) 위와 같은 문제들을 해결하기 위해 비독립요인 설계에서는 3가지 방법:
(1) 고전 실험접근방법(Classical Experimental Approach)
(2) 단계별 접근방법(Hierarchical Approach)
(3) 회귀 접근방법(Regression Approach)

5. 다원변량분석방법

독립요인 설계와 비독립요인 설계의 경우를 모두 고려하여 변량을 계산하고, 분석해 주기 때문에 계산방법에 대해 걱정하지 않아도 된다.

2-way 요인 설계에 따른 변량 계산방법의 차이점과 공통점

	독립요인 설계	비독립 요인 설계		
		고전실험 접근방법	단계별 접근방법	회귀 접근방법
독립변인 A의 주효과	V_A	$V_{A,B}-V_B$	V_A	$V_{A,B,AB}-V_{B,AB}$
독립변인 B의 주효과	V_B	$V_{B,A}-V_A$	$V_{A,B}-V_A$	$V_{A,B,AB}-V_{A,AB}$
독립변인 A와 B의 상호작용효과	$V_{A\times B}$	$V_{A,B,AB}-V_{A,B}$	$V_{A,B,AB}-V_{A,B}$	$V_{A,B,AB}-V_{A,B}$

1) 독립요인 설계

독립변인 간의 상관관계가 없기 때문에 개별 독립변인의 설명변량을 계산하면 된다.

2) 비독립요인 설계

독립변인 간의 상관관계가 있기 때문에 특정 변인의 영향력은 반드시 다른 변인을 통제(Control)한 후 계산해야 제대로 측정할 수 있다.

3) 변인을 통제한다는 의미

특정 변인의 영향력은 이 변인에 영향을 주는 다른 변인의 영향력을 고려한 후 계산한다는 것이다.

(1) **고전적 실험접근방법**: 독립변인 A의 주효과는 독립변인 B를 통제한 상태에서 계산하고($V_{A,B}-V_B$), 독립변인 B의 주효과는 독립변인 A를 통제한 상태에서 계산한다.

(2) **단계별 접근방법**: 독립변인 A의 주효과는 다른 독립변인 B를 통제하지 않은 상태에서 계산하고(V_A), 독립변인 B의 주효과는 독립변인 A를 통제한 상태에서 계산한다($V_{A,B}-V_A$).

(3) **회귀 접근방법**: 독립변인 A의 주효과는 다른 독립변인 B의 주효과와 상호작용 효과를 통제한 후 계산하고($V_{A,B,AB}-V_{B,AB}$), 독립변인 B의 집단 간 변량은 다른 독립변인 A의 주효과와 상호작용 효과를 통제한 후 계산한다($V_{A,B,AB}-V_{A,AB}$).

제4-1절 다원변량분석방법의 연구절차 (신문구독 시간 사례)[2)]

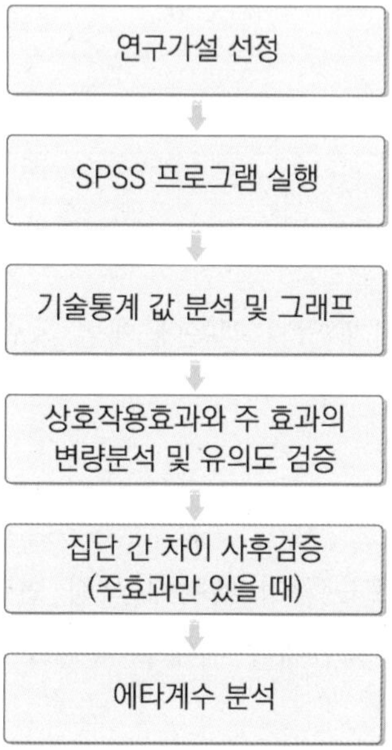

연구가설 선정

↓

SPSS 프로그램 실행

↓

기술통계 값 분석 및 그래프

↓

상호작용효과와 주 효과의 변량분석 및 유의도 검증

↓

집단 간 차이 사후검증 (주효과만 있을 때)

↓

에타계수 분석

1. 연구가설 선정

1) 연구자가 교육수준과 종교가 <신문 구독시간에 영향을 줄 것이다>에 미치는 영향을 분석하고자 한다고 가정

2) 연구자는 <종교와 교육수준이 신문 구독시간에 영향을 줄 것이다>라는 연구가설을 검증하고자 한다. 이때 독립변인은 <교육수준>과 <종교> 두 개이고, 종속변인은 <신문 구독시간> 한 개이다.

3) 연구자는 이 연구가설을 검증하기 위해 <교육수준>은 ① 중졸, ② 고졸, ③ 대졸로, <종교> ① 기독교, ② 천주교, ③ 불교 등으로 측정하였고, <신문 구독시간>은 응답자의 답변에 따른 것이다.

---

2) 신문 구독시간 사례의 경우 Levene값은 0.997이며 유의수준은 0.460.

2. 분석방법

1) <분석> <일반선형모형>: [일변량]
2) [일반선형모형(M)] → [일변량(U)]
3) 종속변인 <신문 구독시간> → [종속변수(D)]
   독립변인[3] <교육수준>과 <종교>는 [모수요인(F)]
   ※ 일변량: 프로파일 도표 [수평축 변수]
4) [일변량: 관측평균의 사후분석 다중비교] → [요인(F)]의 <교육수준>과 <종교> → [사후 검정변수(P)]
   [등분산을 가정함] Scheffe(C)　　　　[계속]
6) [일변량] → [옵션(O)] 기술통계량(S), 효과 크기 추정값(E)
   [실행방법2]의 [일변량] → [확인]

(1) 종속변인: 신문 구독시간

독립변인: 교육수준, 종교

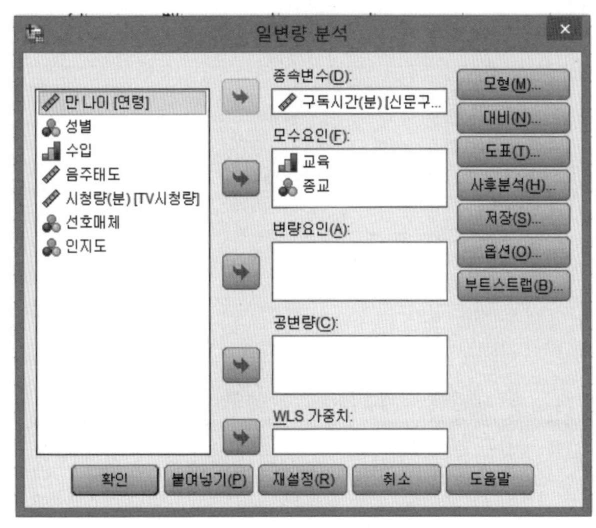

3) 집단이 세 집단일 경우, [사후분석(H)].

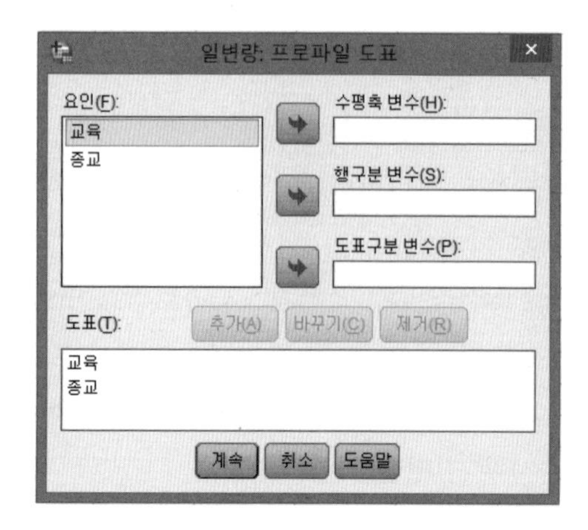

(2) <교육>, <종교>는 집단이 세 집단이므로, 사후분석을 실행하였다.

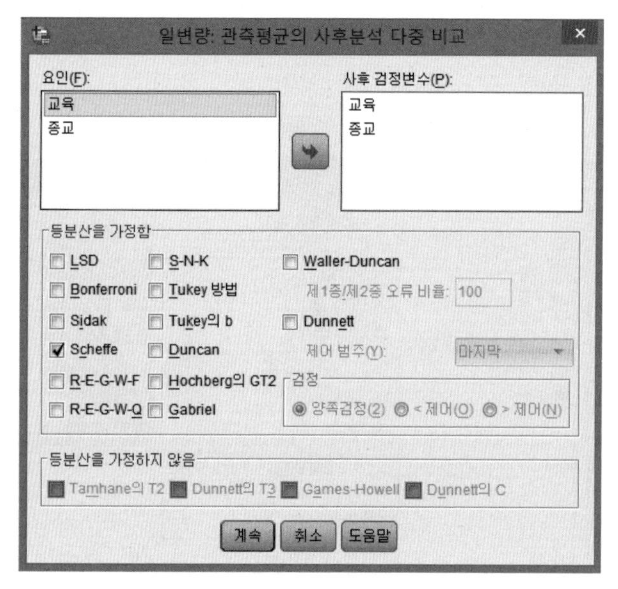

일변량: 옵션

표시

기술통계량(D)

동질성 검정(H)

효과크기 추정값(E)

수준-산포 도표(P)

관측 검정력(B)

잔차도표(R)

모수 추정값(T)

적합성 결여 검정(L)

대비 계수 행렬(O)

일반 추정가능 함수(G)

Heteroskedasticity 검정

수정된 Breusch-Pagan 검정(M)

F-검정

모형...

Breusch-Pagan 검정(A)

White 검정

로버스트 표준오차의 모수 추정값(U)

HC0

HC1

HC2

HC3

HC4

유의수준(V): .05 신뢰구간: 95.0 %

계속(C) 취소 도움말

(3) 독립변인의 설명과 사례수가 제시된다.

개체 간 요인

		값 레이블	N
교육	1	중졸	6
	2	고졸	10
	3	대졸	9
종교	1	기독교	7
	2	천주교	9
	3	불교	9

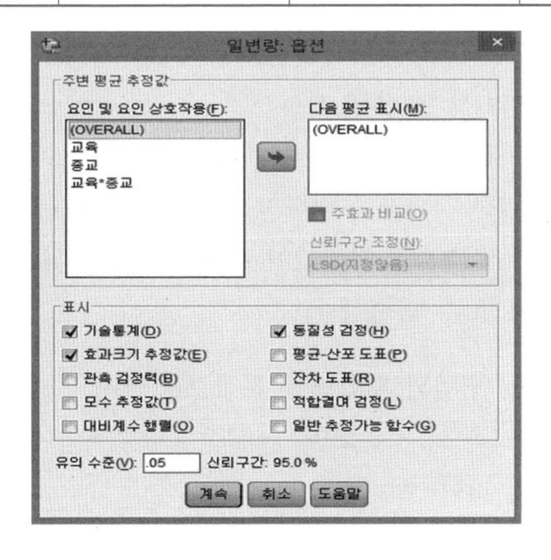

(4) 각 독립변인의 집단에 따른 구독시간의 평균, 표준편차, 사례 수

기술통계량

종속변수: 구독시간(분)

교육	종교	평균	표준편차	N
중졸	기독교	20.00	10.000	3
	천주교	15.00	7.071	2
	불교	5.00	.	1
	전체	15.83	9.174	6
고졸	기독교	33.33	20.817	3
	천주교	36.67	20.207	3
	불교	31.25	10.308	4
	전체	33.50	15.102	10
대졸	기독교	70.00	.	1
	천주교	47.50	10.408	4
	불교	42.50	15.546	4
	전체	47.78	14.386	9
전체	기독교	32.86	22.147	7
	천주교	36.67	18.028	9
	불교	33.33	16.583	9
	전체	34.40	18.046	25

(5) 집단의 동질성에 대한 결과 제시

- Levene값은 0.997이며 유의수준은 0.460으로 0.05보다 크기 때문에 Levene의 검정 결과가 유의하지 않으며, 귀무가설을 수락합니다. 즉, 여러 집단에서 추출된 모집단이 같은 결론을 내리며, 따라서 일원변량 분석을 사용할 수 있습니다.

(6) 독립변인과 종속변인의 일원변량 분석결과 제시

<수정모형>, <교육>, <종교>, <교육×종교>의 F값, 자유도, 유의확률, 부분 에타 자승의 값이 보여진다.

오차 분산의 동일성에 대한 Levene의 검정[a,b]

		Levene 통계량	자유도1	자유도2	유의확률
구독시간(분)	평균을 기준으로 합니다.	.997	6	16	.460
	중위수를 기준으로 합니다.	.328	6	16	.912
	자유도를 수정한 상태에서 중위수를 기준으로 합니다.	.328	6	8.637	.905
	절삭평균을 기준으로 합니다.	.912	6	16	.511

여러 집단에서 종속변수의 오차 분산이 동일한 영가설을 검정합니다.

a. 종속변수: 구독시간(분)

b. Design: 절편 + 교육 + 종교 + 교육 × 종교

오브젝트 간 효과 검정

종속변수: 구독시간(분)

소스	유형 III 제곱합	df	평균제곱	F	유의수준	부분 에타 제곱
수정한 모형	4513.917[a]	8	564.240	2.734	.041	.578
절편	21353.309	1	21353.309	103.466	.000	.866
교육	4332.955	2	2166.477	10.498	.001	.568
종교	627.949	2	313.975	1.521	.248	.160
교육 × 종교	429.380	4	107.345	.520	.722	.115
오류	3302.083	16	206.380			
총계	37400.000	25				
수정 합계	7816.000	24				

a. R 제곱=.578(조정된 R 제곱=.366)

① 독립변수 <교육>과 <종교>, 종속변수 <구독시간>에 관한 개체 간 효과 검정결과가 제시된다.

② 집단 간 변량은 독립변인 <교육>으로 설명할 수 있는 변량이 2166.477이며, 이 값은 변량의 제곱합 4332.955를 자유도 2로 나눈 값이다.

③ 집단 내 변량은 설명할 수 없는 변량(오차변량 error variance) 206.380이며, 이 값은 오차 자승의 합 3302.083을 자유도 16으로 나눈 값이다. 집단 내 변량은 독립변인 <교육>으로 설명할 수 없는 변량이다.

④ 집단 간 변량과 집단 내 변량을 비교하여 F값을 구한다.

F값 = 집단 간 변량/집단 내 변량 = 수정한 모형/오류
= 564.240/206.380 = 2.734

⑤ 'Sig.'는 유의도 검증 값으로 F값의 검증결과를 보여준다. 즉, 0.041 유의확률은 0.05보다 작기 때문에 귀무가설을 거부하며, 이번 사례에서는 교육은 구독시간에 관련성이 있다는 결론을 내리게 된다.

3. 사후검정(교육)

1) 설정한 사후검정 결과 제시

다중비교

종속변수: 구독시간(분)
Scheffe

(I) 교육	(J) 교육	평균차이(I-J)	표준오류	유의수준	95% 신뢰구간	
					하한	상한
중졸	고졸	-17.67	7.419	.088	-37.67	2.33
	대졸	-31.94*	7.572	.003	-52.36	-11.53
고졸	중졸	17.67	7.419	.088	-2.33	37.67
	대졸	-14.28	6.601	.128	-32.07	3.52
대졸	중졸	31.94*	7.572	.003	11.53	52.36
	고졸	14.28	6.601	.128	-3.52	32.07

관측 평균을 기준으로 합니다.
오차항은 평균 제곱(오류)=206.380입니다.
* .05 수준에서 평균 차이가 상당합니다.

① 사후검정으로 Scheffe 검증을 통해 <교육> 요인별로 <신문 구독시간>의 차이를 다중 비교한 결과를 제시한다.

② *F*검증은 연구가설을 검증하는 방법으로서 전체적으로 집단 간에 종속변인의 수치에 차이가 난다는 정보만을 알려주기 때문에 구체적으로 어느 집단과 어느 집단이 차이가 있는지에 대해서는 알 수가 없다.

③ 별표(*)가 표시된 중졸과 대졸 간에는 신문 구독시간에 차이가 있다는 것을 알 수 있다.

2) 동일집단군

사후검정(Scheffe)의 결과 [동일집단군]표 제시 위의 다중비교의 결과를 요약

구독시간(분)

Scheffe[a,b,c]

교육	N	서브세트	
		1	2
중졸	6	15.83	
고졸	10	33.50	33.50
대졸	9		47.78
유의수준		.078	.173

동일 서브세트에 있는 그룹의 평균이 표시됩니다.
관측 평균을 기준으로 합니다.
오차항은 평균 제곱(오류)=206.380입니다.
a. 조화 평균 표본 결과=7.941을(를) 사용합니다.
b. 그룹 크기가 동일하지 않습니다. 그룹 크기의 조화 평균을 사용합니다. 유형 I 오류 수준이 보장되지 않습니다.
c. 알파=.05.

－유의수준 0.05 수준에 부적합하다.

4. 사후검정(종교)

다중비교

종속변수: 구독시간(분)
Scheffe

(I) 종교	(J) 종교	평균차이(I-J)	표준오류	유의수준	95% 신뢰구간	
					하한	상한
기독교	천주교	-3.81	7.240	.872	-23.33	15.71
	불교	-.48	7.240	.998	-19.99	19.04
천주교	기독교	3.81	7.240	.872	-15.71	23.33
	불교	3.33	6.772	.887	-14.92	21.59
불교	기독교	.48	7.240	.998	-19.04	19.99
	천주교	-3.33	6.772	.887	-21.59	14.92

관측 평균을 기준으로 합니다.
오차항은 평균 제곱(오류)=206.380입니다.

구독시간(분)

Scheffe[a,b,c]

종교	N	서브세트
		1
기독교	7	32.86
불교	9	33.33
천주교	9	36.67
유의수준		.867

동일 서브세트에 있는 그룹의 평균이 표시됩니다.

관측 평균을 기준으로 합니다.

오차항은 평균 제곱(오류)=206.380입니다.

a. 조화 평균 표본 결과=8.217을(를) 사용합니다.

b. 그룹 크기가 동일하지 않습니다. 그룹 크기의 조화 평균을 사용합니다. 유형 I 오류 수준이 보장되지 않습니다.

c. 알파=.05.

- 다중비교 분석결과에 의하면, 모든 유의확률이 0.05 이상으로 부적합하다. 또한 구독시간에 대한 Scheffe값의 유의확률도 0.867로 0.05보다 크기 때문에 부적합하다.

5. 프로파일 도표

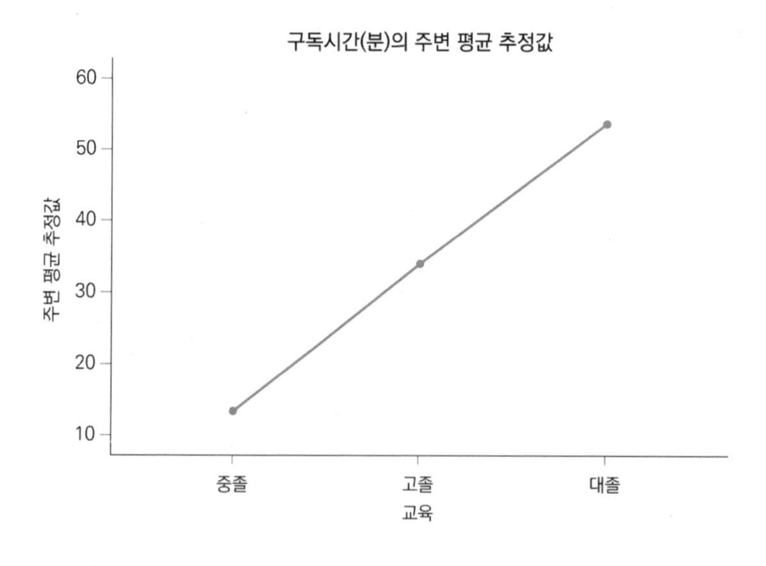

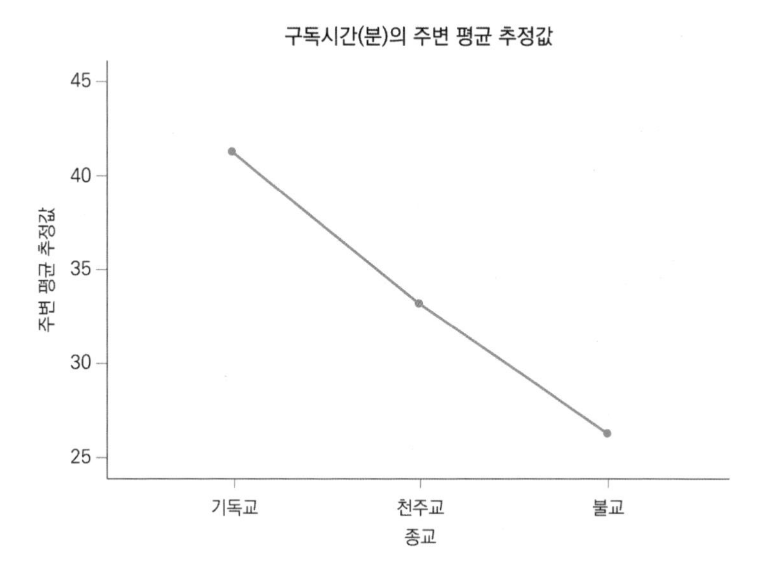

제4-2절 다원변량분석방법의 연구절차(TV 시청량 사례)[4]

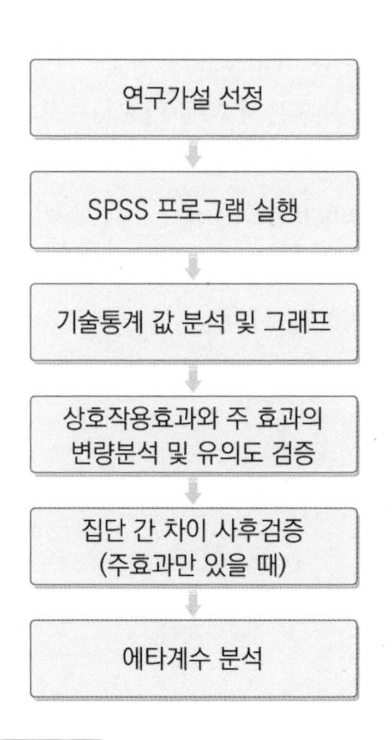

4) Levene 값은 5.327, 유의도 수준은 0.003, TV 시청량 사례.

1. 연구가설 선정

1) 연구자가 교육수준과 종교가 <TV 시청량에 영향을 줄 것이다>에 미치는 영향을 분석하고자 한다고 가정
2) 연구자는 <종교와 교육수준이 TV 시청량에 영향을 줄 것이다>라는 연구가설을 검증하고자 한다. 이때 독립변인은 <교육수준>과 <종교> 두 개이고, 종속변인은 <TV 시청량> 한 개이다.
3) 연구자는 이 연구가설을 검증하기 위해 <교육수준>은 ① 중졸, ② 고졸, ③ 대졸로, <종교> ① 기독교, ② 천주교, ③ 불교 등으로 측정하였고, <TV 시청량>은 응답자의 답변에 따른 것이다.

2. 분석방법

1) <분석> <일반선형모형>: [일변량]
2) [일반선형모형(M)] → [일변량(U)]
3) 종속변인 <TV 시청량> → [종속변수(D)]
   독립변인[5] <교육수준>과 <종교>는 [모수요인(F)]
   ※일변량: 프로파일 도표 [수평축 변수]
4) [일변량: 관측평균의 사후분석 다중비교] → [요인(F)]의 <교육수준>과 <종교> → [사후 검정변수(P)]
   [등분산을 가정함] Scheffe(C) [계속]
5) [일변량] → [옵션(O)] 기술통계량(S), 효과 크기 추정값(E)
   [실행방법2]의 [일변량] → [확인]

---

5) 집단이 세 집단일 경우, [사후분석(H)].

(1) 종속변인: TV 시청량

독립변인: 교육수준, 종교

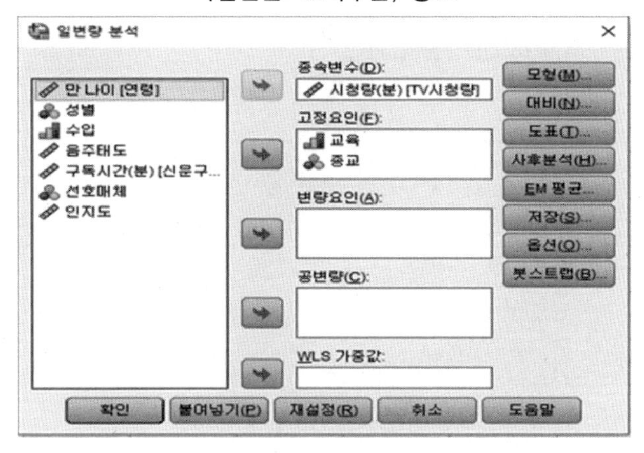

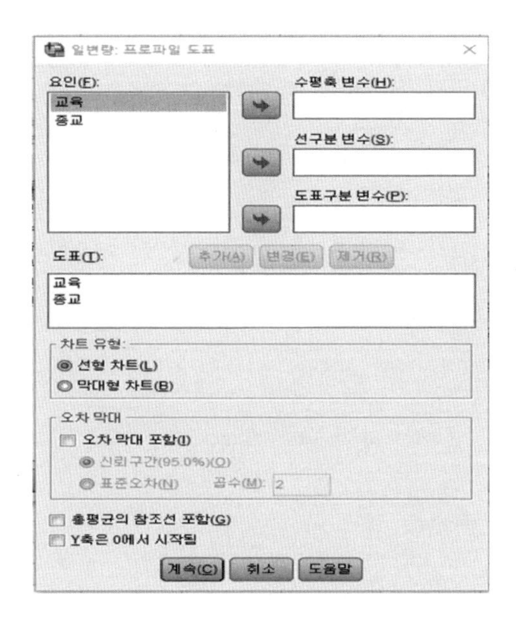

(2) <교육>, <종교>는 집단이 세 집단이므로, 사후분석을 실행하였다.

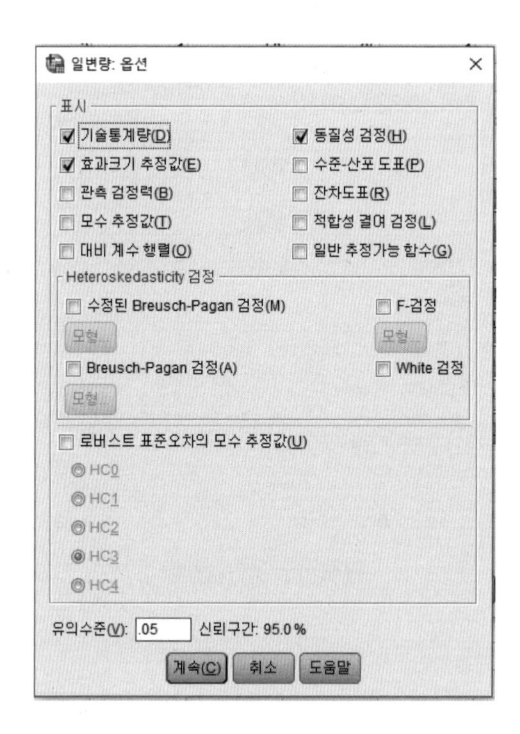

(3) 독립변인의 설명과 사례 수가 제시된다.

개체 간 요인

		값 레이블	N
교육	1	중졸	6
	2	고졸	10
	3	대졸	9
종교	1	기독교	7
	2	천주교	9
	3	불교	9

(4) 각 독립변인의 집단에 따른 시청량의 평균, 표준편차, 사례 수

기술통계량

종속변수: 시청량(분)

교육	종교	평균	표준편차	N
중졸	기독교	54.33	13.650	3
	천주교	58.00	.000	2
	불교	59.00	-	1
	전체	56.33	8.914	6
고졸	기독교	42.00	14.731	3
	천주교	56.33	4.726	3
	불교	57.00	14.468	4
	전체	52.30	13.174	10
대졸	기독교	20.00	-	1
	천주교	37.00	13.880	4
	불교	37.75	12.121	4
	전체	35.44	12.690	9
전체	기독교	44.14	16.906	7
	천주교	48.11	13.761	9
	불교	48.67	15.532	9
	전체	47.20	14.793	25

(5) 집단의 동질성에 대한 결과 제시

오차 분산의 동일성에 대한 Levene의 검정[a,b]

		Levene 통계량	자유도 1	자유도 2	유의 확률
시청량(분)	평균을 기준으로 합니다.	5.327	6	16	.003
	중위수를 기준으로 합니다.	1.147	6	16	.381
	자유도를 수정한 상태에서 중위수를 기준으로 합니다.	1.147	6	5.252	.446
	절삭평균을 기준으로 합니다.	4.781	6	16	.006

여러 집단에서 종속변수의 오차 분산이 동일한 영가설을 검정합니다.

a. 종속변수: 시청량(분)

b. Design: 절편 + 교육 + 종교 + 교육 × 종교

Levene값은 5.327, 유의도 수준은 0.003으로 0.05보다 작기 때문에 귀무가설을 기각합니다. 즉, 여러 집단에서 추출된 모집단에 차이점이 존재한다는 결론을 내린다. 따라서 일원변량분석을 사용할 수 없습니다.

(6) 독립변인과 종속변인의 일원변량 분석결과 제시

<수정모형>, <교육>, <종교>, <교육×종교>의 F값, 자유도, 유의확률, 부분 에타 자승의 값이 보여진다.

개체 간 효과 검정

종속변수: 시청량(분)

소스	제Ⅲ유형 제곱합	자유도	평균제곱	F	유의확률	부분 에타 제곱
수정된 모형	2753.917[a]	8	344.240	2.205	.085	.524
절편	41786.355	1	41786.355	267.638	.000	.944
교육	2151.252	2	1075.626	6.889	.007	.463
종교	567.216	2	283.608	1.816	.195	.185
교육 × 종교	131.901	4	32.975	.211	.928	.050
오차	2498.083	16	156.130			

전체	60948.000	25				
수정된 합계	5252.000	24				

a. R 제곱=.524 (수정된 R 제곱=.287)

① 독립변수 <교육>과 <종교>, 종속변수 <TV 시청량>에 관한 개체 간 효과 검정결과가 제시된다.

② 집단 간 변량은 독립변인 <교육>으로 설명할 수 있는 변량이 1075.626이며, 이 값은 변량의 제곱합 2151.252를 자유도 2로 나눈 값이다.

③ 집단 내 변량은 설명할 수 없는 변량(오차변량 error variance) 156.130이며, 이 값은 오차 자승의 합 2498.083을 자유도 16으로 나눈 값이다. 집단 내 변량은 독립변인 <교육>으로 설명할 수 없는 변량이다.

④ 집단 간 변량과 집단 내 변량을 비교하여 F값을 구한다.
F값 = 집단 간 변량/집단 내 변량 = 344.240/156.130 = 2.205

⑤ 'Sig.'는 유의도 검증 값으로 F값의 검증결과를 보여준다. 즉, 0.085 유의확률은 0.05보다 크기 때문에 연구가설을 거부하며, 이번 사례에서는 교육은 TV 시청량에 관련성이 없다는 결론을 내리게 된다.

3. 사후검정(교육)

1) 설정한 사후검정 결과 제시

다중비교

종속변수: 시청량(분)
Scheffe

(I) 교육	(J) 교육	평균차이 (I-J)	표준오차	유의확률	95% 신뢰구간	
					하한	상한
중졸	고졸	4.03	6.452	.824	-13.36	21.43
	대졸	20.89*	6.586	.020	3.14	38.64
고졸	중졸	-4.03	6.452	.824	-21.43	13.36
	대졸	16.86*	5.741	.032	1.38	32.33

대졸	중졸	-20.89*	6.586	.020	-38.64	-3.14
	고졸	-16.86*	5.741	.032	-32.33	-1.38

관측평균을 기준으로 합니다.

오차항은 평균제곱(오차)=156.130입니다.

* 평균차이는 .05 수준에서 유의합니다.

① 사후검정으로 Scheffe 검증을 통해 <교육> 요인별로 <TV 시청량>의 차이를 다중 비교한 결과를 제시한다.

② *F*검증은 연구가설을 검증하는 방법으로서 전체적으로 집단 간에 종속변인의 수치에 차이가 난다는 정보만을 알려주기 때문에 구체적으로 어느 집단과 어느 집단이 차이가 있는지에 대해서는 알 수가 없다.

③ 별표(*)가 표시된 중졸과 대졸, 고졸과 대졸, 대졸과 중졸, 대졸과 고졸 간에는 TV 시청량에 차이가 있다는 것을 알 수 있다.

④ 중졸과 고졸 교육수준을 가진 사람들은 대졸 교육수준의 사람들보다 TV 시청량이 더 많다는 것을 알 수 있다.

2) 동일집단군

사후검정(Scheffe)의 결과 [동일집단군]표 제시 위의 다중비교의 결과를 요약

시청량(분)

Scheffe[a,b,c]

교육	N	부분집합	
		1	2
대졸	9	35.44	
고졸	10	52.30	52.30
중졸	6		56.33
유의확률		.051	.815

동질적 부분집합에 있는 집단에 대한 평균이 표시됩니다.

관측평균을 기준으로 합니다. 오차항은 평균제곱(오차)= 156.130입니다.

a. 조화평균 표본크기7.941을(를) 사용합니다.

b. 집단 크기가 동일하지 않습니다. 집단 크기의 조화평균이 사용됩니다. I 유형 오차 수준은 보장되지 않습니다.

c. 유의수준=.05.

– 유의수준 0.05 수준에 부적합하다.

4. 사후검정(종교)

다중비교

종속변수: 시청량(분)

Scheffe

(I) 종교	(J) 종교	평균차이 (I-J)	표준오차	유의확률	95% 신뢰구간	
					하한	상한
기독교	천주교	-3.97	6.297	.822	-20.94	13.01
	불교	-4.52	6.297	.776	-21.50	12.45
천주교	기독교	3.97	6.297	.822	-13.01	20.94
	불교	-.56	5.890	.996	-16.43	15.32
불교	기독교	4.52	6.297	.776	-12.45	21.50
	천주교	.56	5.890	.996	-15.32	16.43

관측평균을 기준으로 합니다.

오차항은 평균제곱(오차)=156.130입니다.

시청량(분)

Scheffe[a,b,c]

종교	N	부분집합
		1
기독교	7	44.14
천주교	9	48.11
불교	9	48.67
유의확률		.767

동질적 부분집합에 있는 집단에 대한 평균이 표시됩니다.

관측평균을 기준으로 합니다.

오차항은 평균제곱(오차)=156.130입니다.

a. 조화평균 표본크기 8.217을(를) 사용합니다.

b. 집단 크기가 동일하지 않습니다. 집단 크기의 조화평균이 사용됩니다. I 유형 오차 수준은 보장되지 않습니다.

c. 유의수준=.05.

- 다중비교 분석 결과에 의하면, 모든 유의확률이 0.05이상으로 부적합하다. 또한 시청량에 대한 Scheffe값의 유의확률도 0.767로 0.05보다 크기 때문에 부적합하다.

5. 프로파일 도표

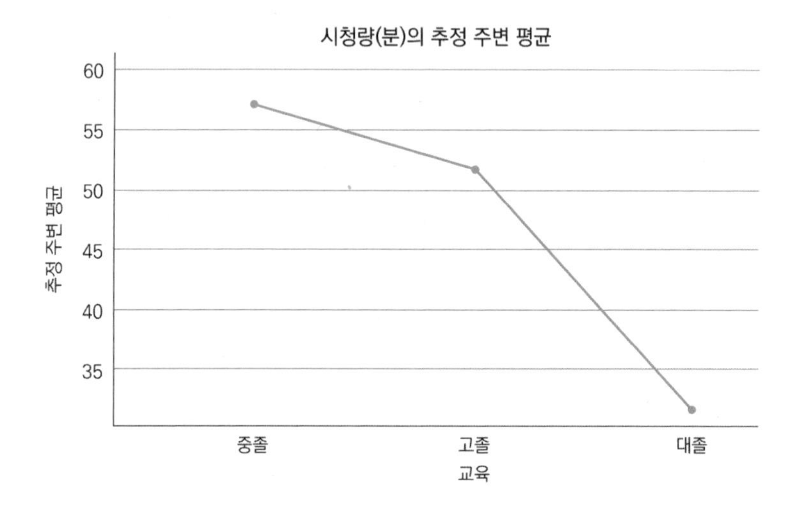

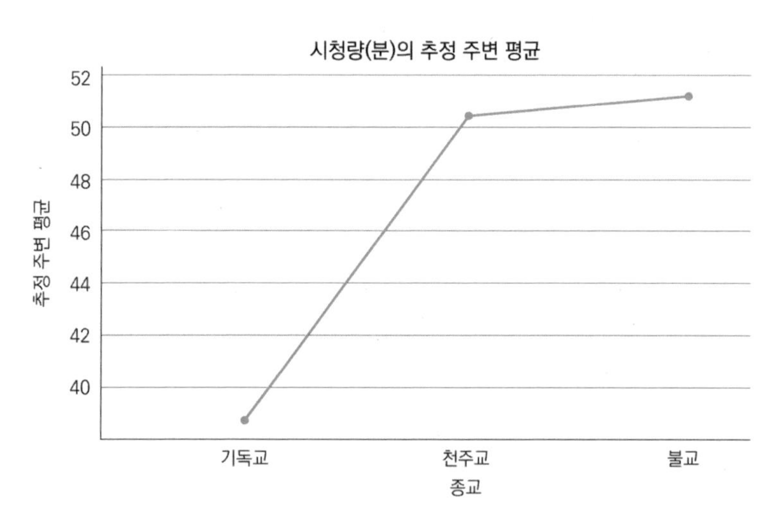

제5절 기술통계

1. 변인들 간의 평균값을 2×3 교차비교분석표를 만들어 비교해 보면 다음과 같다.

성별과 거주지역 간 직업명성점수 평균값

성별	지역	평균	표준편차	사례 수
남자	북동부	44.20	13.632	275
	남동부	43.22	12.532	171
	서부	43.94	13.473	175
	합계	43.85	13.278	621
여자	북동부	42.45	12.989	365
	남동부	40.27	12.434	213
	서부	43.72	12.888	219
	합계	42.22	12.864	797
합계	북동부	43.20	13.287	640
	남동부	41.58	12.547	384
	서부	43.82	13.134	394
	합계	42.93	13.067	1418

1) 남자 중 북동부에 거주하는 평균직업 명성점수 44.20, 여성 중 서부에 거주하는 평균직업 명성점수 42.45로 높게 나타났고, 반면에 남성 중 남동부에 거주자 평균직업 명성점수 43.22, 여성도 역시 남동부 거주자 평균직업 명성점수 40.27로 낮게 나타났다. 전체적으로 볼 때, 남성 평균합계가 43.85로 여성 평균합계 42.22보다 높게 나타났다.

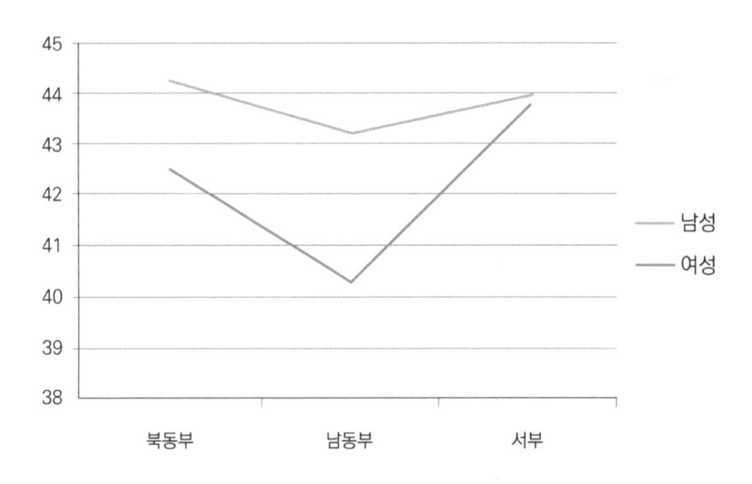

제6절 상호작용 효과와 주효과의 변량분석 및 유의도 검증

1. 다원변량분석방법과 일원변량분석방법은 집단 간 평균값의 차이를 변량분석을 통해 검증한다.
   1) 일원변량분석방법: 독립변인의 수가 한 개인 경우
   2) 다원변량분석방법: 독립변인의 수가 두 개 이상인 경우

변량분석 결과표

	제III유형 자승의 합	자유도	평균자승의 합	F	유의확률	부분 에타 자승값
모형	2362.903	5	472.581	2.785	0.016	0.010
절편	2443298.9	1	2443298.9	14398.567	0.000	0.911
성별(주효과)	885.900	1	885.900	5.221	0.022	0.004
거주지역(주효과)	932.273	2	466.136	2.747	0.064	0.004
성별×거주지역 (상호작용효과)	361.498	2	180.749	1.065	0.345	0.002
오차	239602.866	1412	169.690			
합계	2855770.0	1418				
수정 합계	241965.769	1417				

2. 상호작용 효과의 유의도 검증(성별, 거주지역, 문화비지출자료)

1) 다원변량분석에서는 먼저 독립변인들의 상호작용 효과가 있는지를 검증한다.

2) 유의도 검증을 위한 F값 계산방식

$F = (SS_{성별} \times SS_{거주지역}/DF1)/(SS_{오차}/DF2)$

= (상호작용의 집단 간 변량$_{성별 \times 거주지역}$)/(집단 내 변량)

= 180.749/169.690 = 1.065, 유의도 수준은 0.345로 0.05보다 크기 때문에 통계적으로 의미가 없는 것으로 나타났다. 즉 독립변인 <성별>과 <거주지역>의 상호작용 효과는 없는 것으로 나타났다. 상호작용이 없다는 말은 한 변인의 효과가 다른 변인의 유목에서 차이가 나지 않는다는 것을 의미한다.

> 예 유의도 수준이 0.016으로 0.05보다 작기 때문에 통계적 의미가 있다는 것을 나타낸다. 즉 독립변인 〈성별〉과 〈거주지역〉의 상호작용 효과는 있는 것으로 나타났다. 상호작용이 있다는 말은 한 변인의 효과가 다른 변인의 유목에서 차이가 난다는 것을 의미한다. 만일 거주지역, 성별에 따라 문화비지출이 다르다면 상호작용 효과는 있다고 볼 수 있다.

DF1: $(C_{성별} - 1)$ $(C_{거주지역} - 1)$,

$C_{성별}$: <성별>의 유목 수, $C_{거주지역}$: <거주지역>의 유목 수

상호작용 효과의 자유도는 2: $(1 \times 2 = 2)$

DF 2: $N - (C_{성별} \times C_{거주지역})$, 오차의 자유도: $(25 - 2 \times 3 = 19)$

(1) 독립변인들 간의 상호작용효과가 있다면 두 선이 교차하고, 독립변인들 간의 상호작용이 없다면 두 선은 교차하지 않고 평행한다. 상호작용 효과가 통계적으로 의미가 있을 경우 개별 독립변인의 주효과는 분석하지 않는다.

상호작용 효과가 있을 때(선이 교차함)

상호작용 효과가 없을 때(선이 평행함)

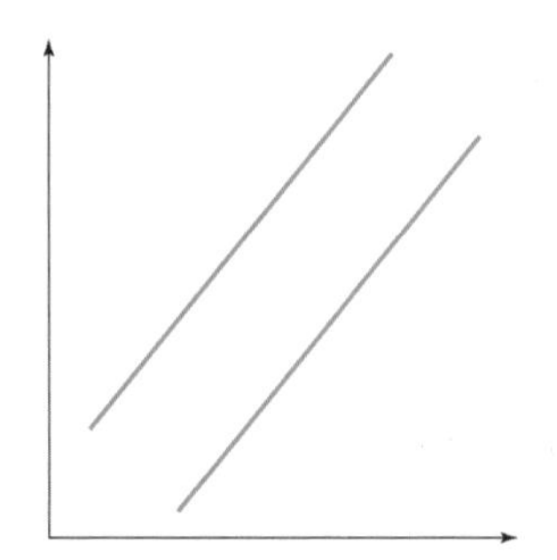

3. 주 효과의 유의도 검증(성별, 거주지역, 직업명성점수 자료)

1) 독립변인들 간의 상호작용 효과가 없을 때에만 개별 독립변인의 주효과를 분석한다.

예 독립변인들 간의 상호작용 효과가 나타나지 않았다고 보고, 독립변인의 주효과 살펴본다.
성별의 $F=(SS_{\text{성별}}/DF\ 1)\div(SS_{\text{오차}}/DF2)$=집단 간 $\text{변량}_{\text{성별}}$/집단 내 변량
$DF1=(C_{\text{성별}}-1)$
거주지역의 $F=(SS_{\text{거주지역}}/DF1)\div(SS_{\text{오차}}/DF2)$=집단 간 $\text{변량}_{\text{거주지역}}$/집단 내 변량
$DF1=(C_{\text{거주지역}}-1)=2-1=1$
$DF2=N-(C_{\text{성별}}\times C_{\text{거주지역}})=$

(1) <성별> 주효과의 F값은 성별의 집단 간 변량인 885.900을 집단 내 변량인 169.690으로 나눈 값 5.221로 0.05보다 크기 때문에 통계적으로 의미가 없는 것으로 나타났다. 즉 성별(남성과 여성)에 따라 직업명성점수의 차이가 없는 것으로 나타났다.

(2) <거주지역>의 주효과에 대한 F값은 거주지역의 집단 간 변량인 466.136을 집단 내 변량인 169.690으로 나눈 2.747이고 유의도 수준은 0.064로 0.05보다 크게 나타났다. 즉 거주지역(북동부, 남동부, 서부)에 따라 직업명성점수의 차이가 없는 것으로 나타났다.

예 〈거주지역〉의 유의도 수준이 0.000으로 0.05보다 작으면 통계적으로 의미가 있는 것으로 나타났다고 한다. 즉 거주지역에 따라 직업명성점수에 차이가 있는 것으로 나타났다. 그러나 이 단계에서 〈거주지역〉은 세 유목으로 측정되었기 때문에 구체적으로 어느 집단이 어느 집단과 차이가 나는지를 알 수 없다. 집단 간 차이를 분석하기 위해서는 집단 간 사후검증이 필요하다

	제III유형 자승의 합	자유도	평균자승의 합	F	유의확률	부분 에타 자승값
모형	2362.903	5	472.581	2.785	0.016	0.010
절편	2443298.9	1	2443298.9	14398.567	0.000	0.911
성별(주효과)	885.900	1	885.900	5.221	0.022	0.004
거주지역(주효과)	932.273	2	466.136	2.747	0.064	0.004
성별×거주지역 (상호작용효과)	361.498	2	180.749	1.065	0.345	0.002
오차	239602.866	1412	169.690			
합계	2855770.0	1418				
수정 합계	241965.769	1417				

제7절 다원변량분석 논문작성법: 성별과 교육이 TV 시청량에 미치는 영향 분석

1. 연구절차

1) 다원변량분석에 적합한 연구가설을 만든다.

연구가설	독립변인		종속변인	
	변인	측정	변인	측정
교육과 성별은 TV 시청시간에 영향을 준다	교육	(1) 중졸 (2) 고졸 (3) 대졸	텔레비전 시청시간	실제 시청시간(분)
	성별	(1) 여성 (2) 남성		

2) 유의도 수준을 정한다. $p<0.05$(95%), 또는 $p<0.01$(99%) 중 하나를 결정한다.

3) 표본을 선정하여, 데이터를 수집한 후, 컴퓨터에 입력한다.

4) SPSS/PC 프로그램 중 다원변량분석을 실행한다.

2. 연구결과 제시 및 해석방법

1) 다원변량분석 결과표 해석 순서는 다음과 같다.

(1) 독립변인들의 상호작용 효과(interaction effect)가 있는지를 살펴본다. 상호작용 효과가 통계적으로 유의미하다면, 이 상호작용 효과를 분석하는 것으로 해석을 마친다.

(2) 독립변인들의 상호작용 효과가 없다면, 독립변인의 주효과(Main Effect)를 살펴본다. 독립변인의 주효과는 독립변인 1개와 종속변인 1개의 관계를 분석하는 One－way ANOVA와 같다.

2) 다원변량분석 연구결과를 표로 제시한다.

(1) 결과를 아래와 같이 <표 13-1>과 <표 13-2>, 그리고 그림으로 나타낸다.

〈표 13-1〉 교육과 성별, 텔레비전 시청시간

집단		사례 수	평균	표준편차
중졸	여	100	51.5	9.8
	남	100	35.3	8.3
고졸	여	100	42.5	7.9
	남	100	50.0	9.9
대졸	여	100	30.2	7.8
	남	100	60.0	6.3

〈표 13-2〉 변량분석

	자유도	F	유의확률	부분 에타 자승 값
전체	5	42.62	0.000	
교육	2	4.2	0.027	0.259
성별	1	16.7	0.000	0.411
교육×성별	2	4.3	0.025	0.263
오차	595			

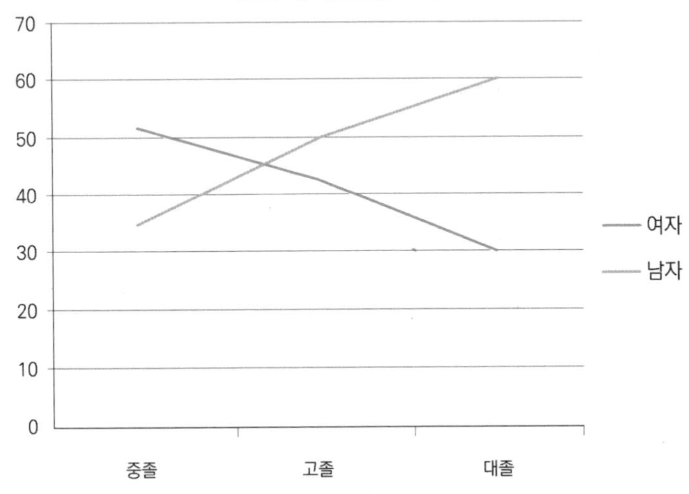

3) 다원변량분석표를 해석한다.

(1) 상호작용 유의도 검증 결과 쓰는 방법

① <성별>과 <교육> 간에는 상호작용 효과가 있는 것으로 나타났다(F=4.3, df=2, $p<0.05$). 이 관계를 그림으로 나타내면 앞의 그림과 같다. 그림에서 볼 수 있듯이 교육 정도에 따라 여성과 남성 간의 텔레비전 시청시간은 차이가 있는 것으로 나타났다. 이를 좀더 자세히 살펴보면, 중학교를 졸업한 사람의 경우, 여성(평균=51.5분)은 남성(평균=35.3)에 비해 텔레비전을 더 많이 시청하는 경향이 있다. 그러나 고등학교를 졸업한 사람의 경우, 남성(평균=50.0분)이 여성(평균=42.5분)에 비해 텔레비전을 더 많이 시청하는 것으로 보인다.

(2) 상관관계 결과 쓰는 방법

① <성별>과 <교육>의 <텔레비전 시청시간>에 미치는 상호작용 효과를 분석한 결과, 두 변인의 상호작용 효과는 어느 정도 있는 것으로 나타났다(에타=0.512/ 또는 에타 자승=0.263). 이 결과는 <성별>과 <교육>이 <텔레비전 시청시간>에 영향을 주는 요인이라는 사실을 보여준다.

(3) 주효과 유의도 검증결과 쓰는 방법(상호작용 효과가 없을 때에 한해 주효과를 해석한다. 상호작용 효과가 있다면 주효과는 해석하지 않는다).

① <표 2>는 상호작용 효과가 있음을 보여준다. 그러나 여기서는 상호작용효과가 없다고 가정하고 주효과를 설명한다. <성별>과 <교육> 간에는 상호작용 효과가 없는 것으로 나타났다(예를 들면, F=2.3, df=2, 595, n.s.).

② 독립변인 간의 상호작용 효과가 없기 때문에 각 변인의 주효과를 분석한다. <표 2>에서 볼 수 있듯이, <성별>은 <텔레비전 시청시간>에 영향을 주는 것으로 나타났다(F=16.7, df=1, 595, $p<0.05$). 즉 남성은 여성에 비해 텔레비전을 더 많이 시청하는 경향이 있다. <교육>도 <텔레비전 시청시간>에 영향을 미치는 것으로 나타났다(F=4.2, df=2, 595, $p<0.05$). 교육 정도에 따른 집단 간 차이를 살펴보기 위해 사후 검증한 결과, 고등학교와 대학교를 졸업한 사람은 중학교를 졸업한 사람에 비해

텔레비전을 더 많이 시청하는 것으로 보인다.

(4) 주 효과에서 상관관계 결과 쓰는 방법

① <성별>과 <텔레비전 시청시간> 간의 상관관계 분석한 결과, 두 변인 간의 상관관계는 상당히 높은 것으로 나타났다(에타=0.641/ 또는 에타 자승=0.411). <교육>과 <텔레비전 시청시간> 간의 상관관계를 살펴보면, 두 변인 간의 상관관계는 어느 정도 있는 것으로 나타났다(에타=0.509/ 또는 에타 자승=0.259). <성별>과 <교육>이 <텔레비전 시청시간>에 미치는 영향력을 비교해 보면, <성별>이 <교육>보다 <텔레비전 시청시간>에 더 큰 영향력을 준다는 사실을 알 수 있다.

3. 예제

성별과 교육이 TV 시청량에 미치는 영향분석

1) <분석>; <일반선형모형>; <일변량>
2) [종속변수: TV 시청량] [모수요인: 교육, 성별]
3) <모형>; <모형설정>; [완전요인모형]; [제 III 유형]; [모형에 절편 포함]
4) <사후분석>; [교육] 요인 → 사후검정변수 [Scheffe]
5) <옵션>; [출력: 기술통계량, 효과 크기 추정값]
6) <확인>

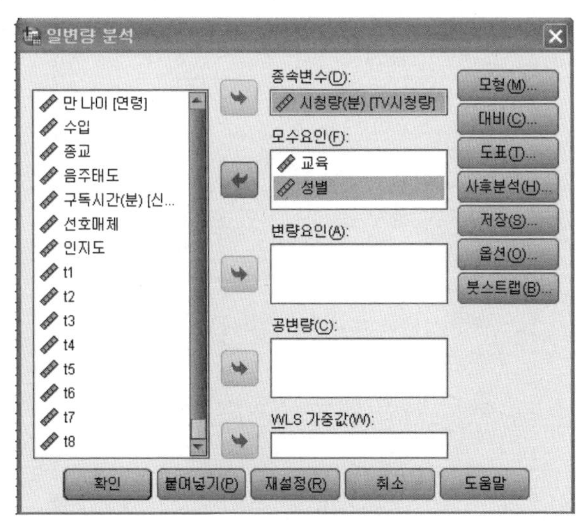

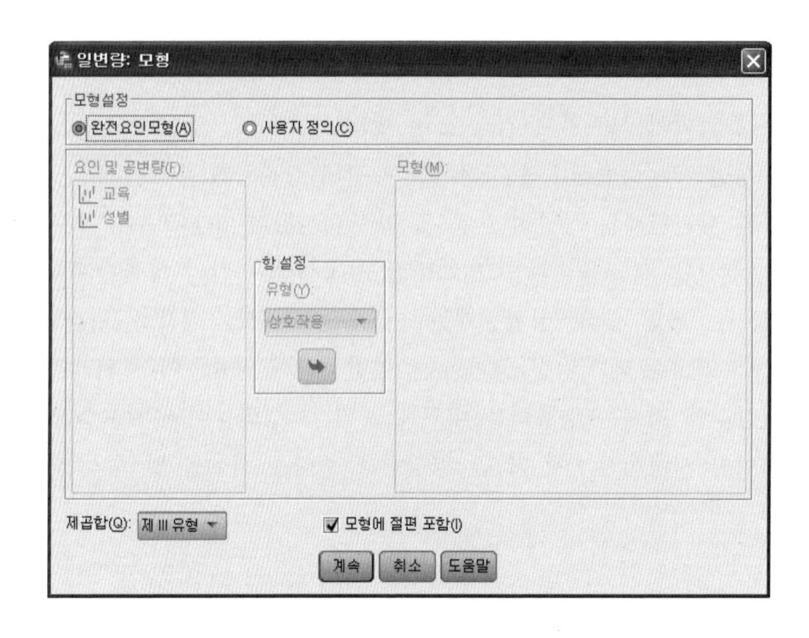
일변량: 모형
모형설정
완전요인모형(A)
사용자 정의(C)
요인 및 공변량(F):
교육
성별
모형(M):
항 설정
유형(Y):
상호작용
제곱합(Q):
제 III 유형
모형에 절편 포함(I)
계속
취소
도움말

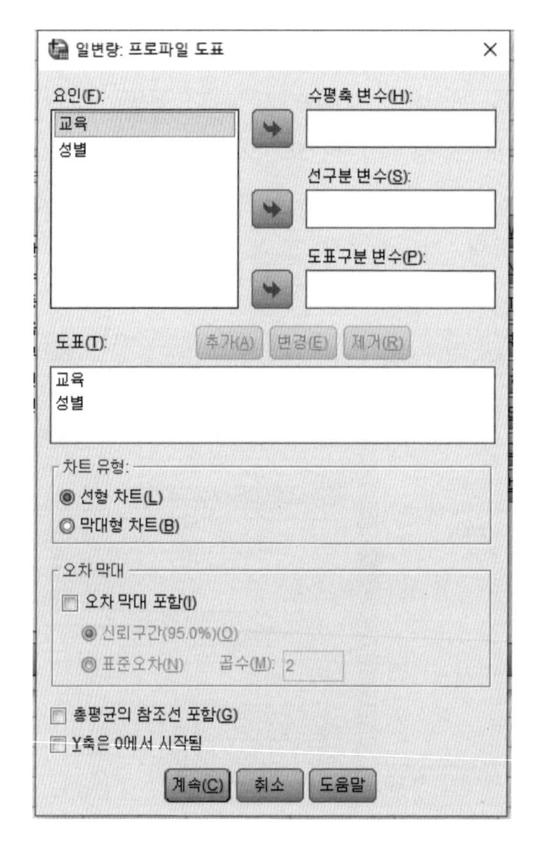
일변량: 프로파일 도표
요인(F):
교육
성별
수평축 변수(H):
선구분 변수(S):
도표구분 변수(P):
도표(T):
추가(A)
변경(E)
제거(R)
교육
성별
차트 유형:
선형 차트(L)
막대형 차트(B)
오차 막대
오차 막대 포함(I)
신뢰구간(95.0%)(O)
표준오차(N)
곱수(M):
2
총평균의 참조선 포함(G)
Y축은 0에서 시작됨
계속(C)
취소
도움말

일변량: 관측평균의 사후분석 다중비교
요인(F):
교육
성별
사후검정변수(P):
교육
등분산을 가정함
LSD(L)
S-N-K(S)
Waller-Duncan(W)
Bonferroni(B)
Tukey 방법(T)
제1종/제2종 오류 비율(/): 100
Sidak(I)
Tukey의 b(K)
Dunnett(E)
Scheffe(C)
Duncan(D)
통제 범주(Y):
마지막(T)
R-E-G-W-F
Hochberg의 GT2(H)
검정
R-E-G-W-Q
Gabriel(G)
양쪽검정(2)
< 통제(O)
> 통제(N)
등분산을 가정하지 않음
Tamhane의 T2(M)
Dunnett의 T3(3)
Games-Howell(A)
Dunnett의 C(U)
계속
취소
도움말

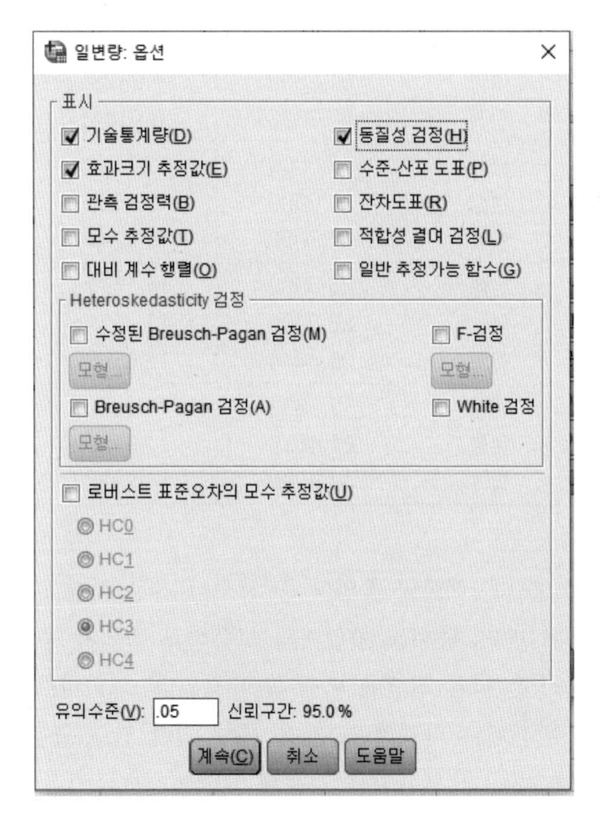
일변량: 옵션
표시
기술통계량(D)
동질성 검정(H)
효과크기 추정값(E)
수준-산포 도표(P)
관측 검정력(B)
잔차도표(R)
모수 추정값(T)
적합성 결여 검정(L)
대비 계수 행렬(O)
일반 추정가능 함수(G)
Heteroskedasticity 검정
수정된 Breusch-Pagan 검정(M)
F-검정
모형...
모형...
Breusch-Pagan 검정(A)
White 검정
모형...
로버스트 표준오차의 모수 추정값(U)
HC0
HC1
HC2
HC3
HC4
유의수준(V): .05
신뢰구간: 95.0 %
계속(C)
취소
도움말

(1) <성별>과 <교육> 개체 간 요인결과

개체 간 요인

		변수값 설명	N
교육	1.00	중졸	6
	2.00	고졸	10
	3.00	대졸	9
성별	1.00	남성	12
	2.00	여성	13

(2) <성별>과 <교육>, <TV 시청량>에 관한 기술통계량

기술통계량

종속변수: 시청량(분)

교육	지역	평균	표준편차	N
중졸	남성	46.5000	2.12132	2
	여성	61.2500	5.85235	4
	합계	56.3333	8.91441	6
고졸	남성	48.6000	13.95708	5
	여성	56.0000	12.70827	5
	합계	52.3000	13.17447	10
대졸	남성	35.0000	14.14214	5
	여성	36.0000	12.72792	4
	합계	35.4444	12.68967	9
합계	남성	42.5833	13.76067	12
	여성	51.4615	14.93662	13
	합계	47.2000	14.79302	25

① 전체적으로 볼 때, 대학교 졸업자 중 남성이 가장 적게 TV를 시청하는 것으로 보인다. 반면, 중학교 졸업자와 고등학교 졸업자 중 여성의 일일 평균 TV 시청량은 다른 집단에 비해 높아 보인다. 그러나 좀더 정확한 결론을 내리기 위해서는 다원변량분석을 통해 집단 간 평균값들 간에 통계적으로 유의한 차이가 있는지를 검증해 보아야 한다.

오차 분산의 동일성에 대한 Levene의 검정[a,b]

		Levene 통계량	자유도1	자유도2	유의확률
시청량(분)	평균을 기준으로 합니다.	1.874	5	19	.147
	중위수를 기준으로 합니다.	.871	5	19	.519
	자유도를 수정한 상태에서 중위수를 기준으로 합니다.	.871	5	13.591	.525
	절삭평균을 기준으로 합니다.	1.766	5	19	.168

여러 집단에서 종속변수의 오차 분산이 동일한 영가설을 검정합니다.

a. 종속변수: 시청량(분)

b. Design: 절편 + 교육 + 성별 + 교육 × 성별

– Levene값은 1.874이며 유의수준은 0.147로 0.05보다 크기 때문에 Levene의 검정결과가 유의하지 않으며, 귀무가설을 수락합니다. 즉, 여러 집단에서 추출된 모집단이 같은 결론을 내리며, 따라서 일원변량 분석을 사용할 수 있다고 할 수 있습니다.

개체 간 효과 검정

종속변수: 시청량(분)

소스	제Ⅲ유형 제곱합	자유도	평균 제곱	F	유의확률	부분 에타 제곱
수정 모형	2433.550[a]	5	486.710	3.281	.027	.463
절편	50179.514	1	50179.514	338.275	.000	.947
교육	1702.031	2	851.015	5.737	.011	.377
성별	334.952	1	334.952	2.258	.149	.106
교육×성별	159.823	2	79.911	.539	.592	.054
오차	2818.450	19	148.339			
합계	60948.000	25				
수정 합계	5252.000	24				

a. R제곱 : .463(수정된 R제곱=.322)

② 다원변량분석을 할 때 제일 먼저 독립변인과 독립변인 간의 상호작용이 전체적으로 종속변인에 영향을 주는지를 검증한다. 전체적 유의도 검증을 위한 F값의 계산방식은

$$F = [SS^{6)}_{성별} + SS_{교육} + SS_{성별\times교육} / df\ 1] / [SS_{오차} / df\ 2]$$

$$= [전체\ 집단\ 간\ 변량_{성별,\ 교육,\ 성별\times교육}] / 집단\ 내\ 변량$$

$$df\ 1 = (C_{성별} - 1) + (C_{교육} - 1) + (C_{성별} - 1)(C_{교육} - 1)$$

$$= C_{성별} \times C_{교육} - 1$$

$$df\ 2 = N - C_{성별} \times C_{교육}$$

③ 모형의 F값은 전체 모형의 집단 간 변량값 486.710을 집단 내 변량(오차변량)값 148.339으로 나눈 3.281이고, 유의도는 0.027로 유의도 수준 0.05보다 작기 때문에 통계적으로 유의한 것으로 나타났다. 즉 전체적으로 볼 때, 독립변인 <성별>과 <교육>은 종속변인 <TV 시청량>에 영향을 주는 것으로 나타났다. 그러나 이 단계에서 독립변인의 상호작용 효과와 각 독립변인의 주효과가 있는지는 판단할 수 없다.

④ 상호작용 효과의 F값은 상호작용 효과의 집단 간 변량인 79.911을 집단 내 변량인 148.339로 나눈 0.539이고, 유의도 수준은 0.592로서 0.05보다 크기 때문에 통계적으로 의미가 없는 것으로 나타났다. 상호작용이 있다는 말은 한 변인의 효과가 다른 변인의 유목에서 차이가 난다는 것을 의미한다. 만일 성별로 교육 정도에 관계없이 TV 시청량이 같다면 상호작용 효과는 없다고 볼 수 있다.

⑤ 즉 독립변인 <성별>과 <교육>의 상호작용 효과가 없는 것으로 나타났다. 상호작용 효과가 통계적으로 유의하다면, 분석은 여기서 끝나고 독립변인의 주효과분석은 하지 않는다. 그러나 이 경우, 상호작용 효과가 통계적으로 의미가 없는 것으로 나타났기 때문에 개별 독립변인의 주효과를 분석한다.

⑥ 독립변인 <성별>의 주효과에 대한 유의도 검증을 위한 F값은

성별의 $F = [SS_{성별} / df\ 1] / [SS_{오차} / df\ 2] = 집단\ 간\ 변량_{성별} / 집단\ 내\ 변량$

6) 자승의 합(Sum of Square: SS), 자유도(Degree of Freedom: df), 전체 집단 간 변량과 오차(설명할 수 없는 부분)

$df\ 1 = (C_{\text{성별}} - 1)$

⑦ <성별>의 주효과의 F값은 성별의 집단간 변량인 334.952를 집단 내 변량인 148.339로 나눈 2.258이고, 유의도 수준은 0.149로 0.05보다 크기 때문에 통계적으로 의미가 없는 것으로 나타났다. 즉 성별(남성과 여성)에 따라 TV 시청량에 차이가 없는 것으로 나타났다.

⑧ <교육>의 주효과에 대한 F값은 교육의 집단 간 변량인 851.015를 집단 내 변량인 148.339로 나눈 5.737이고 유의도 수준은 0.01로 0.05보다 작기 때문에 통계적으로 의미가 있는 것으로 나타났다. 즉 교육에 따라 TV 시청량에 차이가 있는 것으로 나타났다. 그러나 이 단계에서 <교육>은 세 유목으로 측정되었기 때문에 구체적으로 어느 집단이 어느 집단과 차이가 나는지를 알 수 없다. 집단 간 차이를 분석하기 위해서는 집단 간 사후검정이 필요하다.

⑨ 개별 독립변인이 종속변인에 미치는 영향력 크기를 알아보는 값으로 에타 계수의 자승 값(eta^2)을 보여준다. 일원변량분석에서 살펴보았듯이, 변량분석의 에타 계수는 회귀분석방법의 Multiple R과 같고, 에타 계수의 자승 값은 다변인 회귀분석방법의 R^2과 같다.

⑩ 독립변인 부분 에타 계수의 자승값은 다른 독립변인의 주효과와 상호작용효과를 통제한 상태에서 종속변인에게 미치는 영향력을 보여준다.

⑪ 전체 모델의 에타 계수의 자승의 값은 0.463으로 통계적으로 유의미한 것으로 나타났다. 전체적으로 볼 때, <성별>과 <교육>은 <TV 시청량>에 상당한 영향을 주는 것으로 나타났다. 상호작용의 에타 계수의 자승값은 0.054로 통계적으로 의미가 없기 때문에 그 의미를 해석할 필요가 없다.

⑫ 독립변인인 경우, <성별>의 에타 계수의 자승값은 0.106이지만, 통계적으로 의미가 없는 것으로 나타났기 때문에 그 의미를 해석하지 않는다. 그러나 <교육>의 에타 계수의 자승값은 0.377로 통계적으로 유의미한 것으로 나타났기 때문에 그 의미를 살펴보아야 한다. 즉 <교육>의 설명력은 0.377 또는 37.7%이고, <교육>과 <TV 시청량>간의 상관관계는 0.615($\sqrt{0.337}$)이기 때문에 <교육>은 <TV 시청량>에 상당한 영향력을 주는 것을 알 수 있다.

4. 사후검정(교육)

다중비교

시청량(분)

Scheffe

(I) 교육	(J) 교육	평균차(I-J)	표준오차	유의확률	차이의 95% 신뢰구간	
					하한값	상한값
중졸	고졸	4.0333	6.28945	.816	−12.6590	20.7256
	대졸	20.8889*	6.41914	.015	3.8524	37.9254
고졸	중졸	−4.0333	6.28945	.816	−20.7256	12.6590
	대졸	16.8556*	5.59608	.025	2.0035	31.7076
대졸	중졸	−20.8889*	6.41914	.015	−37.9254	−3.8524
	대졸	−16.8556*	5.59608	.025	−31.7076	−2.0035

관측평균을 기준으로 합니다.

오류 조건은 평균 제곱(오류)=148.339입니다.

* 평균차는 .05수준에서 유의합니다.

1) 사후검정으로 Scheffe 검정을 통해 <교육> 요인별로 <TV 시청량>의 차이를 다중 비교한 결과이며, <성별> 요인은 집단이 둘 이하이므로 사후검정을 수행할 수가 없다.
2) 다원변량분석방법에서는 변량분석을 통해 각 독립변인의 유의도를 검증하여 연구가설의 수용 여부를 판단한다. 집단들 간의 차이를 구체적으로 알기 위해 개별 집단의 평균값을 비교하는 사후검정을 실시한다. 일반적으로 Scheffe 검정방법을 사용한다.
3) 사후검정을 통해 통계적으로 의미가 있는 것으로 나타난 <교육>의 집단 간 평균값을 비교해 구체적으로 어느 집단과 어느 집단이 차이가 나는지를 알 수 있다.
4) 대학교 졸업자 집단(평균=35.44)은 중학교 졸업자 집단(평균=52.30)이나 고등학교 졸업자 집단(평균값=56.33)에 비해 TV를 덜 시청하는 것으로 나타났다. 그러나 중학교 졸업자와 고등학교 졸업자 사이에는 TV 시청량에 차이가 없는 것으로 나타났다.

5. 동일집단군

시청량(분)

Scheffe[a,b,c]

교육	N	집단군	
		1	2
대졸	9	35.4444	
고졸	10		52.3000
중졸	6		56.3333
유의확률		1.000	.805

동일 집단군에 있는 집단에 대한 평균이 표시됩니다.

관측평균을 기준으로 합니다.

오류 조건은 평균 제곱(오류)=147.621입니다.

a. 조화평균 표본 크기 7.941을(를) 사용합니다.

b. 집단 크기가 동일하지 않습니다. 집단 크기의 조화평균이 사용됩니다. I 유형 오차수준은 보장되지 않습니다.

c. 유의수준=.05.

– 사후검정으로 Scheffe 검정을 통해 <교육>요인별 집단이 얼마나 동일한가를 검정한 결과가 요약된다. Scheffe 검정결과의 유의확률이 모두 0.05보다 큰 값으로 부적합하다고 할 수 있다.

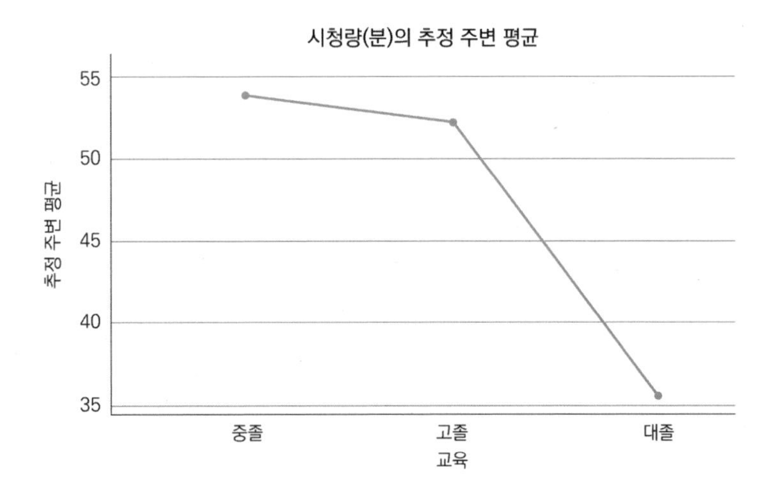

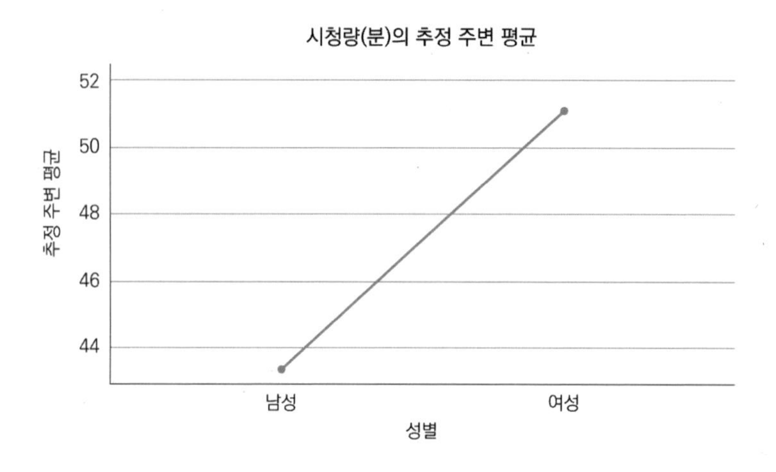
시청량(분)의 추정 주변 평균
추정 주변 평균
52
50
48
46
44
남성
여성
성별

제 14 장

공분산분석 (Analysis of Covariance: ANCOVA)

제1절 공분산분석의 기본원리

1. 질적인 독립변수와 양적인 공변인(매개/잡음/혼동변수)이 양적인 종속변수에 미치는 효과를 검정

- 양적인 공변인이 종속변수에 미치는 효과를 통제한 후, 독립변수가 종속변수에 대해 갖는 순수한 효과를 파악하기 위한 것이다.

예 2가지 교수법이 어휘력에 미치는 순수한 효과를 파악하기 위해 어휘력에 영향을 주는 지능이나 사전능력 등 공변인의 효과를 통제한다.

2. 기저선 또는 사전검사의 차이에 의한 오염을 통제

- 집단별 차이가 없도록 무선배치하는 것이 원칙이나
- 무선배치가 어려운 경우, 사전검사－실험처치－사후검사를 실시하여 사전검사를 공변인으로, 실험/통제집단을 독립변수로, 사후검사를 종속변수로 한다.

3. 회귀선 기울기의 동일성

- 전체평균을 기준으로 사전검사의 집단별 평균을 맞춘 결과가 일관성 있게 나오려면 두 회귀선의 기울기가 동일해야 한다.
- SPSS분석에서 “집단과 사전검사의 상호작용 효과”가 유의하지 않으면, 회귀선 기울기가 동일하다고 판단한다.

제2절 기본가정 및 분석

1. 사전검사의 집단 간 차이 확인

① 분석; 평균비교; 독립표본 t - 검정

- 통계적으로 집단 간 차이가 유의미하여야 공분산분석의 필요성이 제기된다(사전검사 차이가 없으면, 굳이 사전검사를 공변인으로 놓을 필요가 없다).

2. 회귀선 기울기의 동일성 검정

① 분석; 일반선형모형; 일변량

② 종속변수 = 사후검사, 모수요인 = 집단, 공변인 = 사전검사 항목이동

③ <모형>: 사용자 정의, 집단 · 사전검사(상호작용), 집단(주효과), 사전검사(주효과)

3. 공분산분석

① 분석; 일반선형모형; 일반형

② 종속변수 = 사후검사, 모수요인 = 집단, 공변인 = 사점검사 항목이동

③ <모형> 완전요인모형

④ <옵션> 기술통계량, 동질성 검정, 효과크기 추정값, 모수 추정값 선택

제3절 독립표본 *T*-검정 사례

1. 최초급여 집단 간 차이 확인

① 분석; 평균비교; 독립표본 t − 검정

– 통계적으로 집단 간 차이가 유의미하여야 공분산분석의 필요성이 제기된다(사전검사 차이가 없으면, 굳이 사전검사를 공변인으로 놓을 필요가 없다).

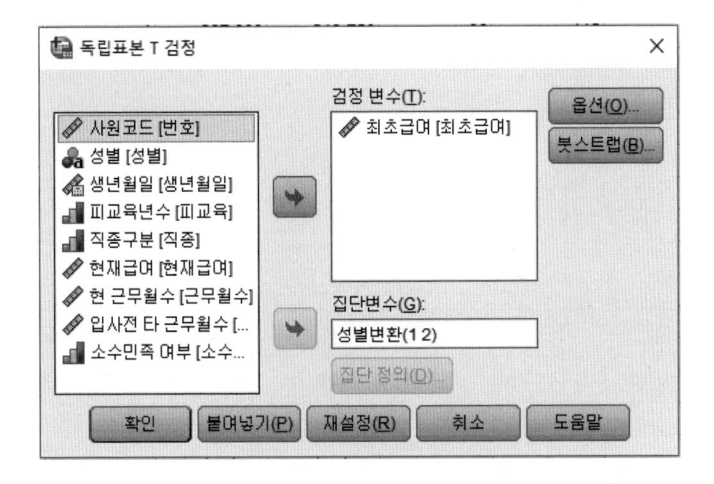

집단통계량

	성별변환	N	평균	표준화 편차	표준오차 평균
최초급여	1	258	$20,301.40	$9,111.781	$567.275
	2	216	$13,091.97	$2,935.599	$199.742

독립표본 검정

		Levene의 등분산 검정		,평균의 동일성에 대한 *T*-검정						
		F	유의확률	t	자유도	유의확률 (양측)	평균차이	표준오차 차이	차이의 95% 신뢰구간	
									하한	상한
최초급여	등분산을 가정함	105.969	.000	11.152	472	.000	$7,209.428	$646.447	$5,939.158	$8,479.698
	등분산을 가정하지 않음			11.987	318.818	.000	$7,209.428	$601.413	$6,026.188	$8,392.667

– Levene의 등분산 검정이 가정되며, 최초급여 차이가 통계적으로 유의미한 차이를 보이므로(t=11.987, p=0.000), 공분산분석의 필요성이 제기된다고 할 수 있다.

2. 현재급여 집단 간 차이 검정

집단통계량

	성별2	N	평균	표준화 편차	표준오차 평균
현재급여	남성	258	$41,441.78	$19,499.214	$1,213.968
	여성	216	$26,031.92	$7,558.021	$514.258
최초급여	남성	258	$20,301.40	$9,111.781	$567.275
	여성	216	$13,091.97	$2,935.599	$199.742

독립표본 검정

		Levene의 등분산 검정		평균의 동일성에 대한 T검정						
		F	유의확률	t	자유도	유의확률(양측)	평균차이	표준오차차이	차이의 95% 신뢰구간	
									하한	상한
현재급여	등분산을 가정함	119.669	.000	10.945	472	.000	$15,409.862	$1,407.906	$12,643.322	$18,176.401
	등분산을 가정하지 않음			11.688	344.262	.000	$15,409.862	$1,318.400	$12,816.728	$18,002.996
최초급여	등분산을 가정함	105.969	.000	11.152	472	.000	$7,209.428	$646.447	$5,939.158	$8,479.698
	등분산을 가정하지 않음			11.987	318.818	.000	$7,209.428	$601.413	$6,026.188	$8,392.667

제4절 일변량분석 사례

1. 회귀선 기울기의 동일성 검정

① 분석; 일반선형모형; 일변량

② 종속변수=현재급여, 모수요인(독립변수)=성별, 공변인=최초급여 항목으로 이동

③ <모형>: 사용자 정의, 집단=최초급여(상호작용), 성별(주효과), 최초급여(주효과)

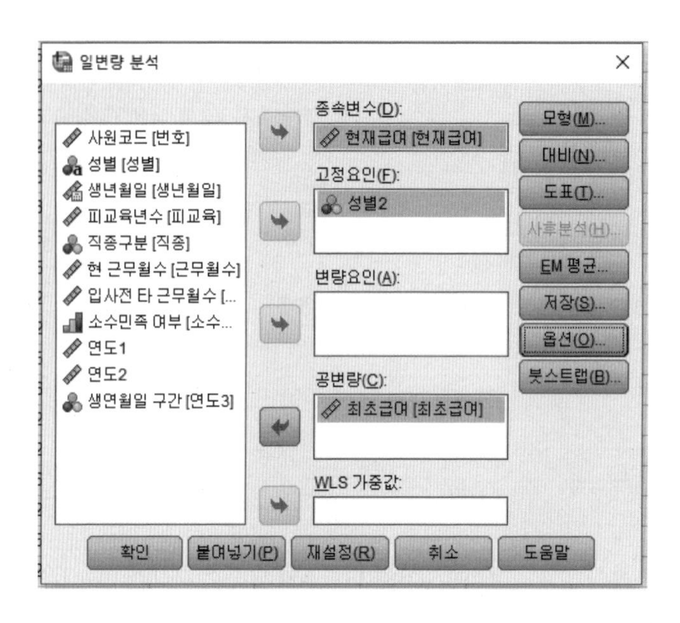

2. 공분산분석

① 분석; 일반선형모형; 일변량

② 종속변수=현재급여, 모수요인=성별, 공변인=최초급여, 항목으로 이동

③ <옵션> 기술통계량, 동질성 검정, 효과크기 추정값, 모수 추정값 선택

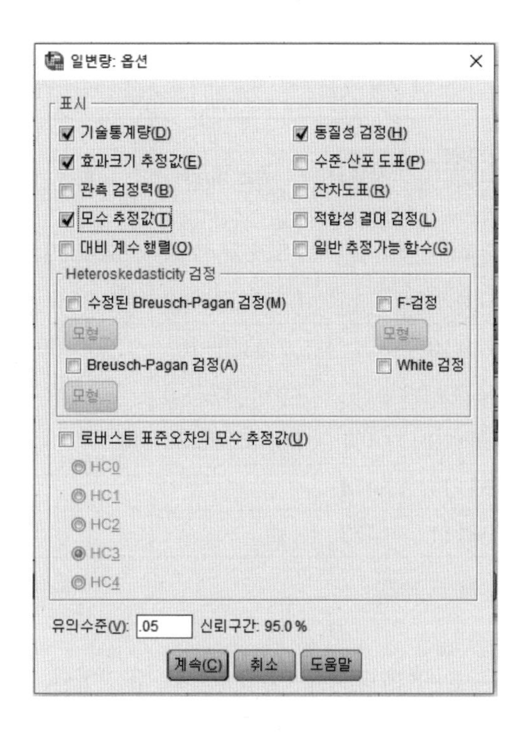

오차 분산의 동일성에 대한 Levene의 검정[a]

종속변수: 현재급여

F	자유도1	자유도2	유의확률
33.010	1	472	.000

여러 집단에서 종속변수의 오차 분산이 동일한 영가설을 검정합니다.

a. Design: 절편 + 최초급여 + 성별변환

– F값이 통계적으로 유의하므로(F=33.010, p=0.000) 오차 분산은 확보되지 않았다.

개체 간 효과 검정

종속변수: 현재급여

소스	제Ⅲ유형 제곱합	자유도	평균제곱	F	유의확률	부분 에타 제곱
수정된 모형	1.072E+11[a]	2	5.362E+10	823.009	.000	.778
절편	577567183.6	1	577567183.6	8.866	.003	.018
최초급여	7.931E+10	1	7.931E+10	1217.469	.000	.721
성별변환	401404773.0	1	401404773.0	6.162	.013	.013
오차	3.068E+10	471	65146585.80			
전체	6.995E+11	474				
수정된 합계	1.379E+11	473				

a. R 제곱=.778(수정된 R 제곱=.777)

- <모형>은 F=823.009, p=0.000으로 유의하다.
- 최초급여(공변인)의 효과는 예상대로 유의하다(F=1217.469, p=0.000)
- 성별(독립변수)의 효과도 유의하다(F=6.162, p=0.013)
- 따라서 현재급여(종속변수)에 대한 최초급여의 효과를 통제한 후에도 성별의 효과가 유의하므로 성별 급여의 차이는 조직운영에 효과적이라고 결론지을 수 있다.

모수 추정값

종속변수: 현재급여

모수	B	표준오차	t	유의확률	95% 신뢰구간		부분 에타 제곱
					하한	상한	
절편	1820.065	884.933	2.057	.040	81.159	3558.970	.009
최초급여	1.849	.053	34.892	.000	1.745	1.954	.721
[성별변환=1]	2076.982	836.734	2.482	.013	432.789	3721.175	.013
[성별변환=2]	0[a]	-	-	-	-	-	-

a. 현재 모수는 중복되므로 0으로 설정됩니다.

– 실험집단과 통제집단의 현재급여 평균은 최초급여에 의해 조정된 후에도 2076.982의 차이를 나타내고 있다.

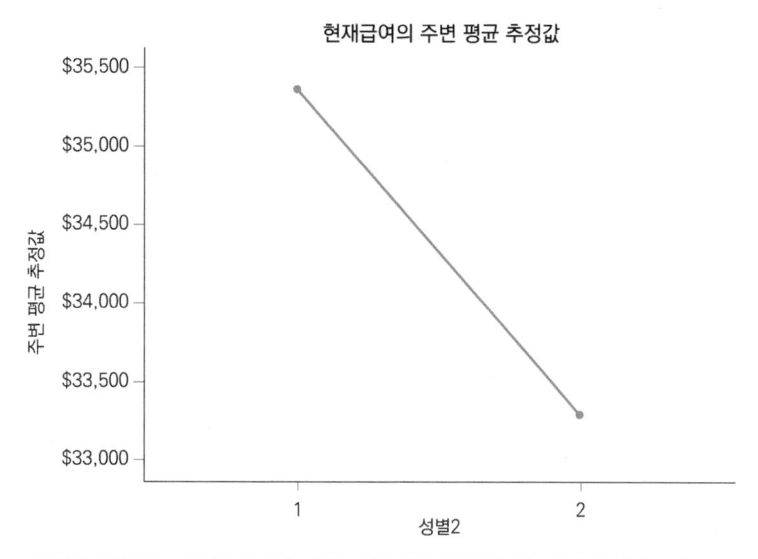

제5절 직종구분 사례

1. 회귀선 기울기의 동일성 검정

① 분석; 일반선형모형; 일변량

② 종속변수=현재급여, 모수요인(독립변수)=직종, 공변인=최초급여 항목이동

③ <모형>: 사용자 정의, 집단=최초급여(상호작용), 직종(주효과), 최초급여(주효과)

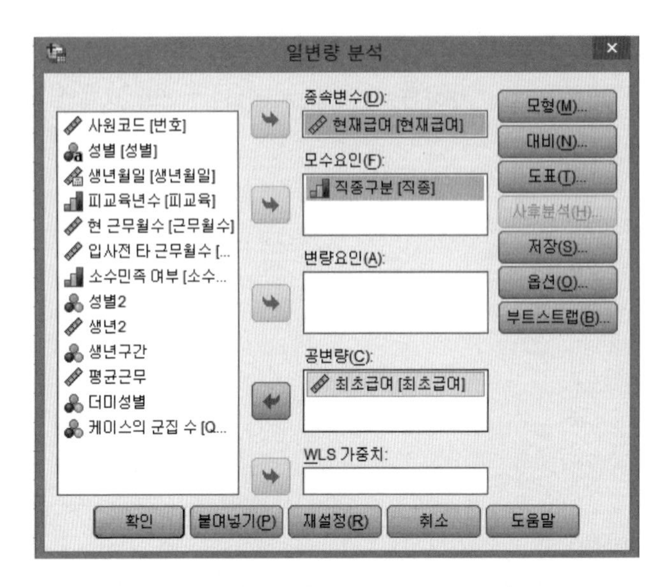

2. 공분산분석

① 분석; 일반선형모형; 일변량

② 종속변수=현재급여, 모수요인=직종, 공변인=최초급여, 항목이동

③ <옵션> 기술통계량, 동질성 검정, 효과크기 추정값, 모수 추정값 선택

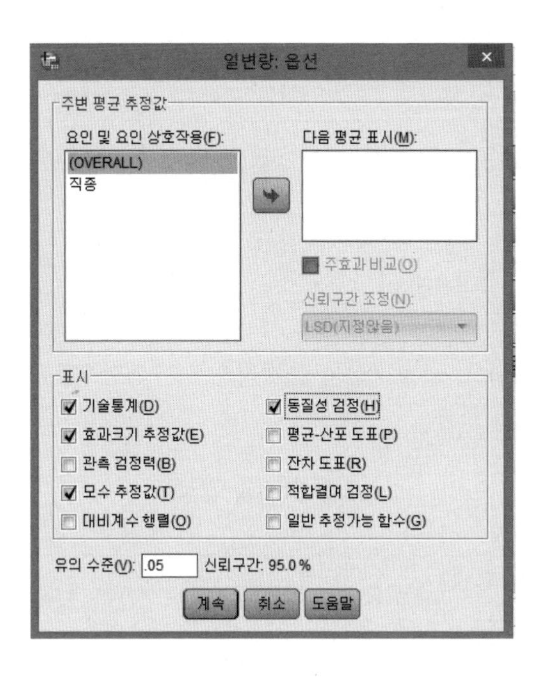

④ 분산의 일변량 분석결과

오브젝트 간 요인

		변수값 레이블	N
직종구분	1	사무직	363
	2	관리직	27
	3	경영직	84

기술통계

종속변수: 현재급여

직종구분	평균	표준편차	N
사무직	$27,838.54	$7,567.995	363
관리직	$30,938.89	$2,114.616	27
경영직	$63,977.80	$18,244.776	84
총계	$34,419.57	$17,075.661	474

Levene의 오차 분산 등식 검정[a]

종속변수: 현재급여

F	df1	df2	유의수준
57.421	2	471	.000

그룹 간에 종속 변수의 오차 분산이 동일한 귀무가설을 검정합니다.

a. 디자인: 절편 + 직종 + 최초급여

– F값(F=57.421, p=0.000)이 통계적으로 유의함으로 오차 분산은 확보되지 않았다.

개체 간 효과 검정

종속변수: 현재급여

소스	제Ⅲ유형 제곱합	자유도	평균제곱	F	유의확률	부분 에타 제곱
수정된 모형	1.117E+11[a]	3	3.723E+10	667.467	.000	.810
절편	4333220659	1	4333220659	77.681	.000	.142
직종	4867716626	2	2433858313	43.631	.000	.157
최초급여	2.226E+10	1	2.226E+10	399.056	.000	.459
오차	2.622E+10	470	55782404.38			
전체	6.995E+11	474				
수정된 합계	1.379E+11	473				

a. R 제곱=.810(수정된 R 제곱=.809)

– 최초급여(공변인)의 효과는 예상대로 유의하며(0.000), 직종(독립변수)의 효과도 유의하다(F=43.631, p=0.000). 따라서 현재급여(종속변수)에 대한 최초급여의 효과를 통제한 후에도 직종의 효과가 유의하므로 직종과 급여의 차이는 조직운영에 효과적이라고 결론지을 수 있다.

모수 추정값

종속변수: 현재급여

모수	B	표준오차	t	유의확률	95% 신뢰구간		부분 에타 제곱
					하한	상한	
절편	21650.464	2270.173	9.537	.000	17189.520	26111.408	.162
[직종=1]	-13530.706	1448.667	-9.340	.000	-16377.372	-10684.039	.157
[직종=2]	-11803.688	1964.713	-6.008	.000	-15664.396	-7942.980	.071
[직종=3]	0[a]	-	-	-	-	-	-
최초급여	1.399	.070	19.976	.000	1.261	1.536	.459

a. 현재 모수는 중복되므로 0으로 설정됩니다.

– 실험집단과 통제집단의 현재급여 평균은 최초급여에 의해 조정된 후에도 -13530.706의 차이를 나타내고 있다.

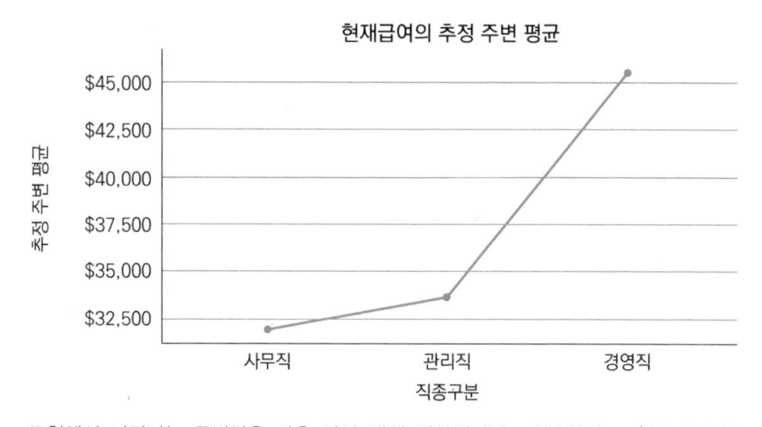

모형에서 나타나는 공변량은 다음 값에 대해 계산됩니다.: 최초급여 = $17,016.09

제 15 장

다변량 분산분석 (Multivariate Analysis of Variance: MANOVA)

다변량 분산분석은 종속변수가 하나의 변수가 아니라 두 개 이상의 변수로 합성되어 있을 때 집단 간의 차이가 있는지를 검증하는 분산분석방법이다. 두 개 이상의 변수가 합성되어 하나의 특성을 설명하되, 변수로서 합성된 변수들이 관계가 있을 때 독립변수의 영향에 의해 집단 간의 차이가 있는지를 검증한다.

예를 들어, 3가지 교수법에 따라 어휘발달에 차이가 있는지를 검증할 때, 다변량 분산분석을 사용할 수 있다. 이때 종속변수인 유아의 어휘발달이 단일 변수가 아니라 문제해독 능력, 말하는 빈도수, 어휘수준 등이 합쳐져서 유아의 어휘발달을 설명한다면 유아 어휘발달은 최소한 세 변수 이상이 합성된 것이다. 그리고 이 세 변수 간에 관계가 있으므로 이런 경우 다변량 분산분석을 실시한다. 만약 한 특성을 나타내는 여러 변수 사이에 관계가 전혀 없다면, 각 변수별로 분산분석을 실시하여도 다변량 분산분석을 한 것과 같은 결과를 얻는다. 어떤 특성을 설명하기 위해서 두 개 이상의 변수가 합성되었을 때 이 변수들 간에 관계가 있는지는 연구자의 이론적 혹은 경험적 배경에 의하여 판단한다. 사전연구를 통하여 변수들 간의 관계가 있는지의 여부를 검증할 수 있다.

다변량 분산분석의 경우 종속변수가 합성된 변수에 의하여 설명되는 것이 분산분석과 다를 뿐 설계방법은 독립변수의 수에 의한 분산분석과 동일하다. 인간의 속성은 단일변수로 설명되기보다는 많은 변수에 의해 설명되는 경우가 많으므로 다변량 분산분석의 방법의 사용이 증가되고 있는 추세이다.

제1절 다변량 분산분석이란

다변량 분산분석은 종속변수의 수가 2개 이상인 경우에서 여러 모집단이 평균 벡터를 동시에 비교하는 분석기법이며, 집단 간의 평균차이를 검증하는 방법이다.

		종속변수의 수	
		1개	2개 이상
독립변수의 수	2개 집단	T 검정	Hotelling T 제곱
	2개 이상 집단	ANOVA	MANOVA

예를 들어, ① 어느 동물의 암컷과 수컷에서 몸무게, 길이, 가슴너비를 각각 젠 후 두 모집단의 크기에 차이가 있는지 여부를 연구하는 경우, ② 세 종류의 산업에 속한 여러 회사들의 경영 실태를 분석하기 위해서 유동성비율, 부채비율, 자본수익률 등 자료로 하여 비교하고자 할 때 사용한다.

MANOVA에서는 종속변수의 조합에 대한 효과의 동시검정을 중요시 한다. 왜냐하면 대부분의 경우에 종속변수들은 서로 독립적이 아니고 또한 이 변수들은 동일한 객체에서 채택되어서 상관관계가 있기 때문이다. 또한 MANOVA는 여러 모집단을 비교분석할 때 사용할 뿐만 아니라, 모집단에 대하여 여러 상황을 놓고 여러 개의 변수를 동시에 반복적으로 관찰하는 경우에도 유용하다.

ANOVA와 차이점은 실험개체를 대상으로 놓고 변수가 단수인가 혹은 복수인가에 달려 있다.

다변량 분산분석 설계의 특징은 종속변수가 벡터변수이고, 이 종속변수는 각 모집단에 대하여 공분산 행렬을 가지며 다변량 정규분포를 이룬다고 가정한다. 공분산행렬이 같다는 것은 ANOVA에서 분산이 같다는 가정을 MANOVA로 연장시킨 것이라 할 수 있다.

MANOVA의 연구 초점은 모집단의 중심, 즉 평균벡터 사이에 차이가 있는지 여부에 대한 것이며, 모집단들의 종속변수(벡터)에 의해 구성된 공간에서 중심(평균)이 같은지 여부를 조사하고자 하는 것이다.

제2절 다변량 분산분석 절차

1. 분석절차

다변량 분산분석에서 귀무가설은 여러 모집단의 평균벡터가 같다는 것을 서술한다.

① 종속변수 사이에서 상관관계가 있는지 여부를 조사하고, 만일 상관관계가 없다면 변수들을 개별적으로 ANOVA검정을 한다. 반대로 상관관계가 있으면 MANOVA를 준비한다.

② 변수들의 기본 가정인 다변량 정규분포성과 등공분산성 등을 조사한다.

③ 모든 요인 수준의 평균 벡터들이 같은가를 검정한다.

④ 만일에 모든 평균 벡터들이 같다는 귀무가설이 채택되면 검정은 여기서 끝난다. 그러나 귀무가설이 기각되어 모든 평균 벡터들이 반드시 같지 않다면, 변수들을 개별적으로 조사하여 어떤 변수가 얼마나 다른가를 조사하며, 그리고 그 차이가 의미하는 것은 무엇인가를 규명한다.

2. 예제

A광고사는 고객유형(과거고객, 현재고객)과 제품(제품1, 제품2)에 따른 고객의 반응(관심, 구매의도)에 대하여 관심을 갖고 있다. 이 광고사는 고객에 따라서 고객의 평가 정도가 다를 것이라는 기본가정을 하고 있다. 제품과 고객유형에 따른 관심도, 구매의도가 차이가 있는지 분석해 보고자 한다.

		고객 반응			
		관심	구매의도	관심	구매의도
		제품1(A)		제품2(B)	
고객유형	과거고객 (C1)	1	3	3	4
		2	1	4	3
		2	3	4	5
		3	2	5	5
	현재고객 (C2)	4	7	6	7
		5	6	7	8
		5	7	7	7
		6	7	8	6

출처: 가치창출을 위한 R 빅데이터 분석(김계수).

3. 다변량 분산분석 정의

MANOVA란 Multivariate Analysis of Variance 또는 Multivariate ANOVA의 약자이다. ANOVA와 같이 독립변수에 의한 종속변수의 영향을 보는 것인데, 종속변수가 2개 이상이라는 것이 다른 점이다. MANOVA의 고정요인(fixed factor)은 범주형 변수(categorical variable)이어야 한다. 고정요인의 각 수준(level)인 값들의 수준은 종속변수에 선형적인 관계로 영향을 미칠 수가 있다. 상호작용(Interaction)의 영향도 고려해야 할 때가 있는데 이는 두 개의 요인이 종속변수에 서로 다른 영향을 미칠 때 이들 두 개 요인의 곱을 고려하게 된다.

예를 들면, 현재급여와 최초급여에 대한 직종구분과 성별의 비교·검토를 살펴보면 아래와 같다:

종속변수로 사용할 최초급여와 현재급여가 상관관계가 있는지 확인하고, 변수보기를 통해 독립변수로 사용할 직종과 성별의 명목척도로 되어 있는지 확인하고, 종속변수로 사용할 현재급여와 최초급여가 변량변수로 되어 있는지 확인한다.

4. 다변량 분산분석(MANOVA) 수행하기

1) 최초급여, 현재급여 자료 사용

(1) 실행방법

① <일반선형모형>; <다변량>

② 종속변수는 현재급여 및 최초급여, 독립변수는 직종과 성별2

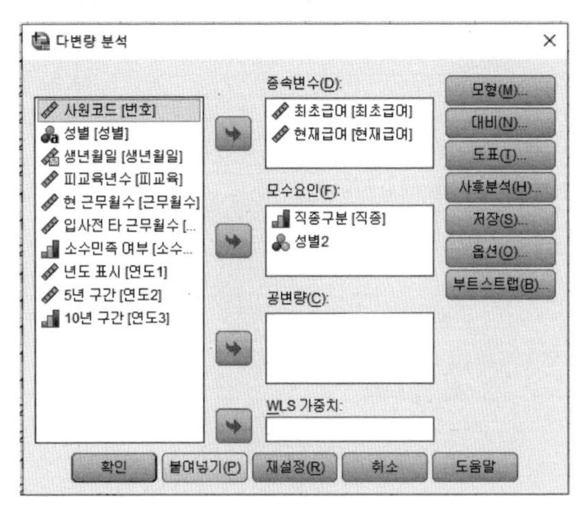

③ <모형>; <다변량 모형>

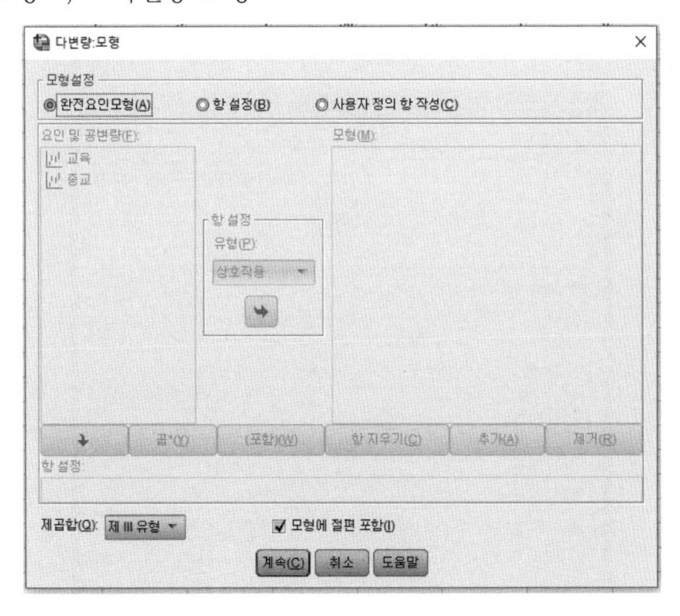

④ <도표>; <다변량 프로파일 도표>

– 수평축 변수: 직종, 성별2

⑤ <사후분석>; <다변량: 관측평균의 사후분석 다중 비교>

– <사후검정변수>에서 직종 선택

– <등분산 가정함>에서 Scheffe 선택

⑥ <옵션>; 기술통계, 효과크기 추정값, 동질성 검정, 평균–산포 도표 선택

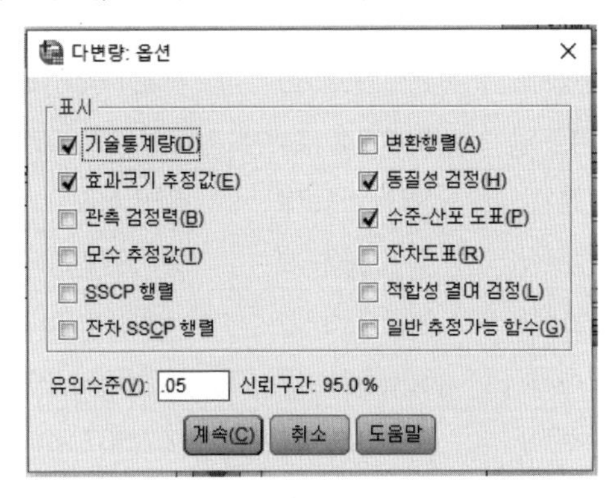

2) 현재급여, 최초급여 자료 사용 결과(다변량 분산분석 결과)

(1) 개체 간 요인

– 개체 간 요인에서는 직종과 성별에 대한 사례 수를 나타내고 있다.

		값 레이블	N
성별2	1	남성	258
	2	여성	216
직종구분	1	사무직	363
	2	관리직	27
	3	경영직	84

(2) 기술통계량 표에서는 독립변수에 따른 종속변수의 평균과 표준편차, 사례수를 제시하고 있다.

	성별2	직종구분	평균	표준편차	N
현재급여	남성	사무직	$31,558.15	$7,997.978	157
		관리직	$30,938.89	$2,114.616	27
		경영직	$66,243.24	$18,051.570	74
		전체	$41,441.78	$19,499.214	258
	여성	사무직	$25,003.69	$5,812.838	206
		경영직	$47,213.50	$8,501.253	10
		전체	$26,031.92	$7,558.021	216
	전체	사무직	$27,838.54	$7,567.995	363
		관리직	$30,938.89	$2,114.616	27
		경영직	$63,977.80	$18,244.776	84
		전체	$34,419.57	$17,075.661	474
최초급여	남성	사무직	$15,861.21	$2,564.694	157
		관리직	$15,077.78	$1,341.235	27
		경영직	$31,627.70	$9,749.813	74
		전체	$20,301.40	$9,111.781	258
	여성	사무직	$12,750.75	$2,391.056	206
		경영직	$20,121.00	$4,252.342	10
		전체	$13,091.97	$2,935.599	216
	전체	사무직	$14,096.05	$2,907.474	363
		관리직	$15,077.78	$1,341.235	27
		경영직	$30,257.86	$9,980.979	84
		전체	$17,016.09	$7,870.638	474

(3) 공분산 행렬에 대한 Box의 동일성 검정

– 동일성 검정표에서 세 집단과 공분산 행렬이 동일하다는 가정에 대한 검증결과를 제시하고 있으며, 유의확률이 0.000으로 귀무가설(공분산 행렬이 동일하다)을 기각하여 공분산 행렬의 동일성 가정에 문제가 있다고 결론지

을 수 있다.

Box의 M	607.575
F	48.995
자유도1	12
자유도2	10172.591
유의확률	.000

여러 집단에서 종속변수의 관측 공분산 행렬이 동일한 영가설을 검정합니다.
a. Design: 절편 + 성별2 + 직종 + 성별2 × 직종

(4) 다변량 검정

다변량 검정[a]

효과		값	F	가설 자유도	오차 자유도	유의 확률	부분 에타 제곱
절편	Pillai의 트레이스	.840	1231.678[b]	2.000	468.000	.000	.840
	Wilks의 람다	.160	1231.678[b]	2.000	468.000	.000	.840
	Hotelling의 트레이스	5.264	1231.678[b]	2.000	468.000	.000	.840
	Roy의 최대근	5.264	1231.678[b]	2.000	468.000	.000	.840
성별2	Pillai의 트레이스	.164	46.029[b]	2.000	468.000	.000	.164
	Wilks의 람다	.836	46.029[b]	2.000	468.000	.000	.164
	Hotelling의 트레이스	.197	46.029[b]	2.000	468.000	.000	.164
	Roy의 최대근	.197	46.029[b]	2.000	468.000	.000	.164
직종	Pillai의 트레이스	.472	72.412	4.000	938.000	.000	.236
	Wilks의 람다	.531	87.220[b]	4.000	936.000	.000	.272
	Hotelling의 트레이스	.880	102.694	4.000	934.000	.000	.305
	Roy의 최대근	.874	204.980[c]	2.000	469.000	.000	.466

성별2*직종	Pillai의 트레이스	.058	14.324[b]	2.000	468.000	.000	.058
	Wilks의 람다	.942	14.324[b]	2.000	468.000	.000	.058
	Hotelling의 트레이스	.061	14.324[b]	2.000	468.000	.000	.058
	Roy의 최대근	.061	14.324[b]	2.000	468.000	.000	.058

a. Design: 절편 + 성별2 + 직종 + 성별2 × 직종

b. 정확한 통계량

c. 해당 유의수준에서 하한값을 발생하는 통계량은 F에서 상한값입니다.

– 다변량 검정표에서 직종과 성별2에 대한 다변량 검정결과가 제시되어 있습니다. 유의확률에 의하면 직종, 성별2, 직종×성별2 등에서 유의하며 귀무가설을 기각할 수 있습니다.

(5) 오차 분석의 동일성에 대한 Levene의 검정

		Levene 통계량	자유도1	자유도2	유의확률
현재급여	평균을 기준으로 합니다.	33.383	4	469	.000
	중위수를 기준으로 합니다.	30.319	4	469	.000
	자유도를 수정한 상태에서 중위수를 기준으로 합니다.	30.319	4	218.439	.000
	절삭평균을 기준으로 합니다.	31.727	4	469	.000
최초급여	평균을 기준으로 합니다.	38.694	4	469	.000
	중위수를 기준으로 합니다.	34.527	4	469	.000
	자유도를 수정한 상태에서 중위수를 기준으로 합니다.	34.527	4	130.311	.000
	절삭평균을 기준으로 합니다.	36.578	4	469	.000

여러 집단에서 종속변수의 오차 분산이 동일한 영가설을 검정합니다.

a. Design: 절편 + 성별2 + 직종 + 성별2 × 직종

– 검정표에서는 종속변수들의 분산의 동질성 가정에 대한 검정결과 현재급여와 최초급여의 귀무가설이 기각되고 집단의 등분산 가정에는 문제가 있다고 결론지을 수 있다.

(6) 개체 간 효과 검정

소스	종속변수	제Ⅲ유형 제곱합	자유도	평균제곱	F	유의확률	부분 에타 제곱
수정된 모형	현재급여	9.646E+10[a]	4	2.411E+10	272.780	.000	.699
	최초급여	1.995E+10[b]	4	4988491430	250.307	.000	.681
절편	현재급여	1.773E+11	1	1.773E+11	2005.313	.000	.810
	최초급여	3.964E+10	1	3.964E+10	1989.067	.000	.809
성별2	현재급여	5247440732	1	5247440732	59.359	.000	.112
	최초급여	1712890726	1	1712890726	85.947	.000	.155
직종	현재급여	3.232E+10	2	1.616E+10	182.782	.000	.438
	최초급여	5820309653	2	2910154826	146.022	.000	.384
성별2 ×직종	현재급여	1247682867	1	1247682867	14.114	.000	.029
	최초급여	565163137.8	1	565163137.8	28.358	.000	.057
오차	현재급여	4.146E+10	469	88401147.44			
	최초급여	9346939245	469	19929507.98			
전체	현재급여	6.995E+11	474				
	최초급여	1.665E+11	474				
수정된 합계	현재급여	1.379E+11	473				
	최초급여	2.930E+10	473				

a. R 제곱=.699 (수정된 R 제곱=.697)

b. R 제곱=.681 (수정된 R 제곱=.678)

– 모형의 F값은 각각 현재급여(평균제곱의 수정된 모형/오차) 272.780, 유의확률 0.000이며 최초급여는 250.307, 유의확률 0.000으로 유의한 것으로 나타났다. 직종, 성별2, 직종×성별2는 현재급여과 최초급여에 영향을 주는 것으로 나타났다.

(7) 주변 평균 추정값(?)

총평균

종속변수	평균	표준 오류	95%신뢰구간	
			하한	상한
현재급여	40191.495[a]	756.334	38705.272	41677.718
최초급여	19087.689[a]	359.115	18382.016	19793.361

a. 수정된 모집단 주변 평균을 기준으로 합니다.

(8) 사후검정(직종)

다중비교

Scheffe

종속변수	(I) 직종구분	(J) 직종구분	평균차이 (I-J)	표준오차	유의확률	95% 신뢰구간	
						하한	상한
현재급여	사무직	관리직	-$3,100.35	$1,875.539	.256	-$7,705.89	$1,505.20
		경영직	-$36,139.26*	$1,138.387	.000	-$38,934.66	-$33,343.85
	관리직	사무직	$3,100.35	$1,875.539	.256	-$1,505.20	$7,705.89
		경영직	-$33,038.91*	$2,080.027	.000	-$38,146.59	-$27,931.23
	경영직	사무직	$36,139.26*	$1,138.387	.000	$33,343.85	$38,934.66
		관리직	$33,038.91*	$2,080.027	.000	$27,931.23	$38,146.59
최초급여	사무직	관리직	-$981.73	$890.524	.545	-$3,168.49	$1,205.03
		경영직	-$16,161.81*	$540.517	.000	-$17,489.10	-$14,834.53
	관리직	사무직	$981.73	$890.524	.545	-$1,205.03	$3,168.49
		경영직	-$15,180.08*	$987.616	.000	-$17,605.26	-$12,754.90
	경영직	사무직	$16,161.81*	$540.517	.000	$14,834.53	$17,489.10
		관리직	$15,180.08*	$987.616	.000	$12,754.90	$17,605.26

관측평균을 기준으로 합니다.

오차항은 평균제곱(오차)=19929507.984입니다.

* 평균차이는 .05 수준에서 유의합니다.

– 현재급여의 경우 사무직과 경영직, 관리직과 경영직 관련성이 있는 것으로 나타났다.

– 최초급여의 경우 사무직과 경영직, 관리직과 경영직 관련성이 있는 것으로 나타났다.

(9) 동일서브세트

현재급여

Scheffe[a,b,c]

직종구분	N	부분집합	
		1	2
사무직	363	$27,838.54	
관리직	27	$30,938.89	
경영직	84		$63,977.80
유의확률		.208	1.000

동질적 부분집합에 있는 집단에 대한 평균이 표시됩니다.
관측평균을 기준으로 합니다.
오차항은 평균제곱(오차)=88401147.444입니다.
a. 조화평균 표본크기 58.031을(를) 사용합니다.
b. 집단 크기가 동일하지 않습니다. 집단 크기의 조화평균이 사용됩니다. I 유형 오차 수준은 보장되지 않습니다.
c. 유의수준=.05.

최초급여

Scheffe[a,b,c]

직종구분	N	부분집합	
		1	2
사무직	363	$14,096.05	
관리직	27	$15,077.78	
경영직	84		$30,257.86
유의확률		.496	1.000

동질적 부분집합에 있는 집단에 대한 평균이 표시됩니다.
관측평균을 기준으로 합니다.
오차항은 평균제곱(오차)=19929507.984입니다.
a. 조화평균 표본크기 58.031을(를) 사용합니다.
b. 집단 크기가 동일하지 않습니다. 집단 크기의 조화평균이 사용됩니다. I 유형 오차 수준은 보장되지 않습니다.
c. 유의수준=.05.

– 직종의 경우 다중비교인 Scheffe 값을 통해 전반적으로 유의성이 없는 것으로 나타났다

※ 수준 - 산포 도표

표준편차 - 평균

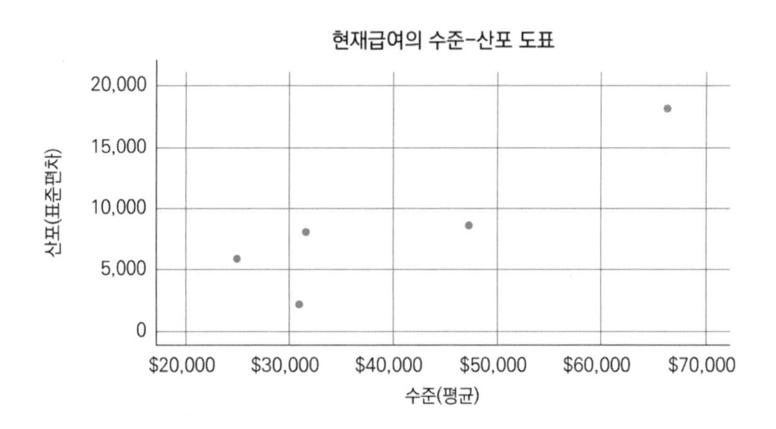

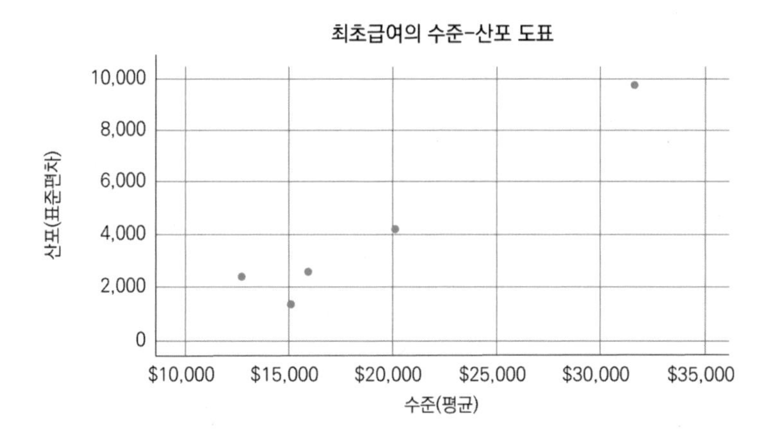

분산 - 평균

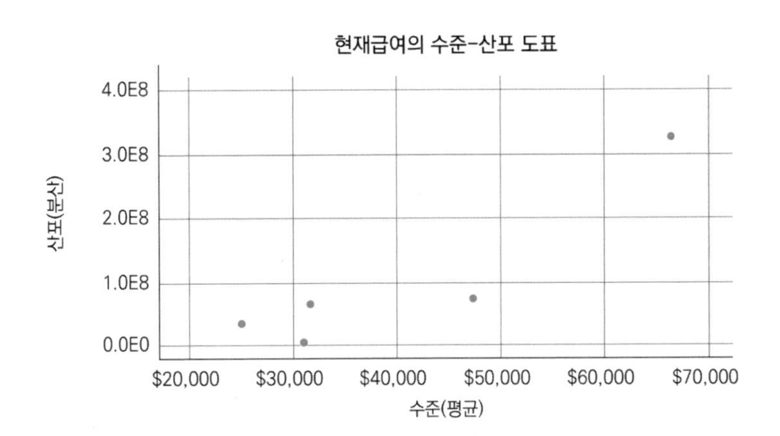

현재급여의 수준-산포 도표
4.0E8
3.0E8
2.0E8
1.0E8
0.0E0
산포(분산)
$20,000
$30,000
$40,000
$50,000
$60,000
$70,000
수준(평균)

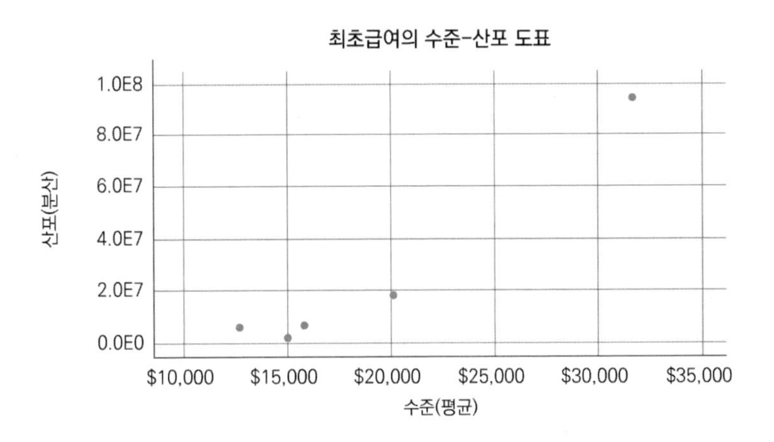

최초급여의 수준-산포 도표
1.0E8
8.0E7
6.0E7
4.0E7
2.0E7
0.0E0
산포(분산)
$10,000
$15,000
$20,000
$25,000
$30,000
$35,000
수준(평균)

※ 프로파일 도표

현재급여

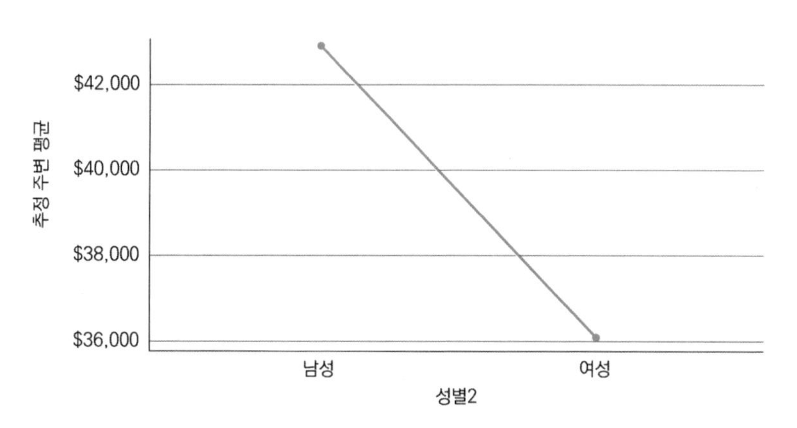

현재급여의 추정 주변 평균
추정 주변 평균
$42,000
$40,000
$38,000
$36,000
남성
여성
성별2

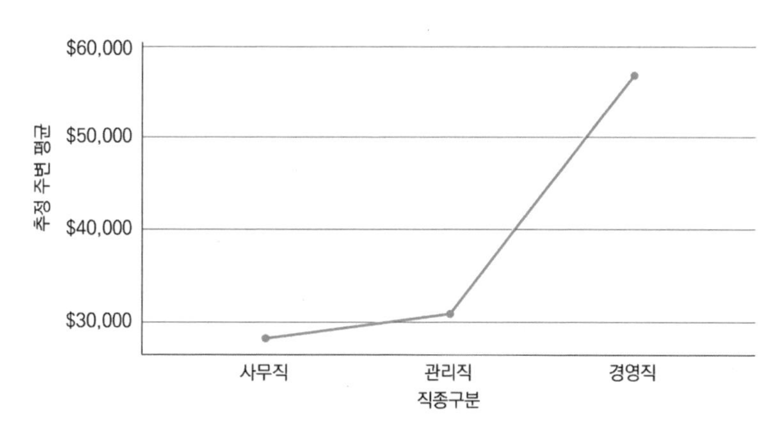

현재급여의 추정 주변 평균
추정 주변 평균
$60,000
$50,000
$40,000
$30,000
사무직
관리직
경영직
직종구분

최초급여

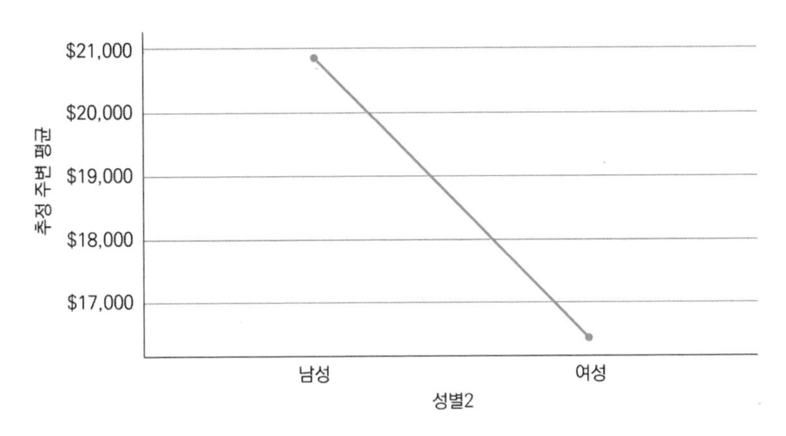
최초급여의 추정 주변 평균
추정 주변 평균
$21,000
$20,000
$19,000
$18,000
$17,000
남성
여성
성별2

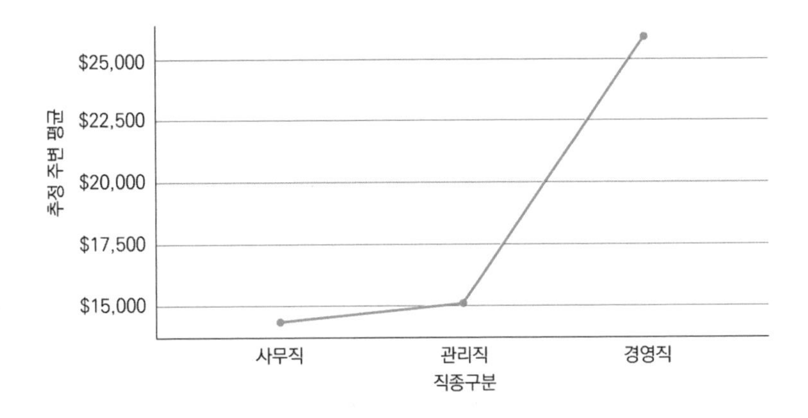
최초급여의 추정 주변 평균
추정 주변 평균
$25,000
$22,500
$20,000
$17,500
$15,000
사무직
관리직
경영직
직종구분

		종속변수의 수			
		1 개		2 개 이상	
		독립변수의 수		독립변수의 수	
		1개	2개 이상	1개	2개 이상
공변량	무	일원분산분석 One-way ANOVA	다원분산분석 Multi Way ANOVA	일원 다변량분산분석 MANOVA	다원 다변량분산분석 Multi Way MANOVA
	유	일원 공분산분석 One-way ANCOVA	다원 공분산분석 Multi Way ANCOVA	일원 다변량 공분산분석 One-way MANCOVA	다원 다변량 공분산분석 Multi Way MANCOVA

제 16 장

상관관계분석
(Correlation Analysis)

제1절 상관관계분석의 의의

1. 의미

등간척도(또는 비율척도)[1]로 측정한 두 개 이상 여러 개 변인들 간의 상관관계를 분석하는 방법으로 변인들 간의 인과관계를 분석하지 않기 때문에 독립변인과 종속변인의 구분이 없다.

2. 연구절차

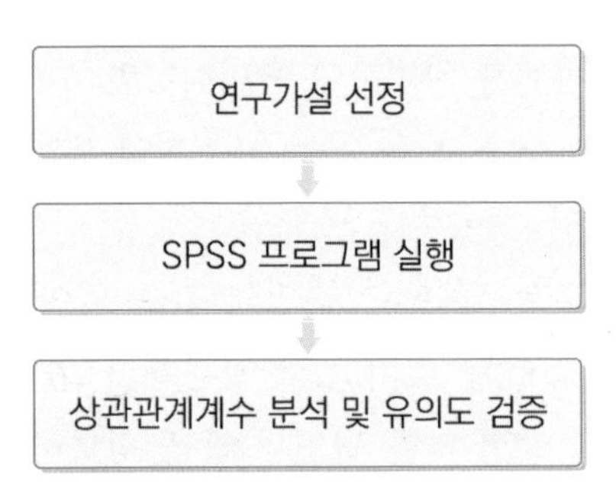

1) 연구가설 설정

(1) 아래 변인들 간에 상호관계가 있을 것이라는 연구가설을 검증하고자 한다.
(2) 변인들 간의 독립변인과 종속변인의 구분이 없다는 점을 유의한다.

기술통계량

	평균	표준화 편차	N
현재급여	$34,419.57	$17,075.661	474
최초급여	$17,016.09	$7,870.638	474
현 근무월수	81.11	10.061	474
피교육년수	13.49	2.885	474

1) 피어슨 상관관계분석은 변수가 등간척도, 비율척도와 스피어만의 상관관계분석은 서열척도인 경우

2) 이변량 상관관계분석

(1) 변인들 간의 상호 밀접성의 정도를 보여주는 상관관계를 분석한다.

(2) 상관관계계수(Correlation Coefficient)

① 한 변인과 다른 변인 간의 상호관계 정도를 보여주는 계수이다.

② 한 변인의 값이 증가할 때마다 다른 변인의 값도 일정하게 증가한다면 정적인(+) 상관관계가 있다.

③ 한 변인의 값이 일정하게 변화(증가 또는 감소)하는데 다른 변인의 값이 불규칙하게 변화한다면 상관관계가 없다고 말한다.

④ 한 변인의 값이 증가할 때마다 다른 변인의 값이 감소한다면 부적인(−) 상관관계 변인들은 반비례관계에 있다.

⑤ 변인들 간의 상관관계가 완벽하게 반비례하면, 1차 방정식 그래프가 된다.

- 상관계수는 '−1'에서 '0'을 거쳐 '+1'까지 변화한다. '+'와 '−' 부호는 관계의 방향성만 보여준다.
- 상관관계가 없다는 말은 한 변인의 값을 알아도 다른 변인의 값을 전혀 예측할 수 없다는 것이고, 상관관계가 완벽하게 일치한다는 말은 한 변인의 값을 알면 다른 변인의 값을 정확하게 예측할 수 있다는 것이다.

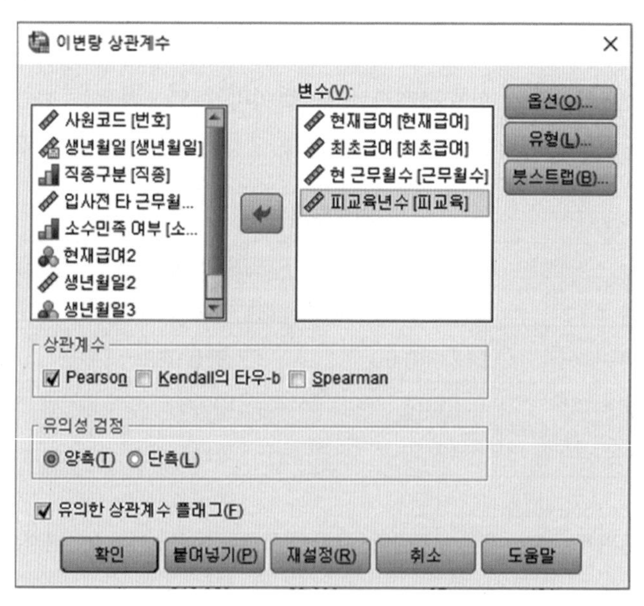

(3) $-1 \leq r \leq +1$[2)]

① $0.1 \leq r < 0.3$: 변인들 간의 관계가 약간 있다.

② $0.3 \leq r < 0.5$: 변인들 간의 관계가 상당히 있다.

③ $0.5 \leq r < 0.8$: 변인들 간의 관계가 매우 깊다.

④ $0.8 \leq r < 1.0$: 변인들 간의 관계가 거의 일치한다.

상관관계

		현재급여	최초급여	현 근무월수	피교육년수
현재 급여	Pearson 상관	1	.880**	.084	.661**
	유의확률(양측)		.000	.067	.000
	제곱합 및 교차곱	1.379E+11	5.595E+10	6833347.489	15391215.77
	공분산	291578214.5	118284577.3	14446.823	32539.568
	N	474	474	474	474
최초 급여	Pearson 상관	.880**	1	-.020	.633**
	유의확률(양측)	.000		.668	.000
	제곱합 및 교차곱	5.595E+10	2.930E+10	-739866.498	6800356.846
	공분산	118284577.3	61946944.96	-1564.200	14377.076
	N	474	474	474	474
현 근무 월수	Pearson 상관	.084	-.020	1	.047
	유의확률(양측)	.067	.668		.303
	제곱합 및 교차곱	6833347.489	-739866.498	47878.295	650.439
	공분산	14446.823	-1564.200	101.223	1.375
	N	474	474	474	474
피교육 년수	Pearson 상관	.661**	.633**	.047	1
	유의확률(양측)	.000	.000	.303	
	제곱합 및 교차곱	15391215.77	6800356.846	650.439	3936.466
	공분산	32539.568	14377.076	1.375	8.322
	N	474	474	474	474

** 상관관계가 0.01 수준에서 유의합니다(양측).

2) 일반적으로 사회과학 연구자료에서는 0.4를 기준으로 하며, 상관이 0.4이면 두 변수의 겹치는 부분이 16%($0.4 \times 0.4 = 0.16$) 정도임을 의미한다.

3) 유의도 검증

(1) 위의 표는 상관관계계수 행렬표(Correlation Coefficient Matrix)이다.
Pearson Correlation Coefficient, or Zero-order Correlation Coefficient

(2) 유의도 수준은 "0.05 수준보다 크면 변인들 간의 관계가 없다"라는 귀무가설을 받아들이고, "0.05 수준보다 작으면 변인들 간의 관계가 있다"라는 대립가설을 받아들이면 된다.

(3) <피교육년수>와 <현재급여>간의 상관관계계수는 0.661이고 유의도 수준은 0.05보다 작은 0.000이기 때문에 대립가설을 받아들인다. 즉, <피교육년수>와 <현재급여>간의 관계는 매우 깊다는 결론을 내릴 수 있다.

(4) <피교육년수>와 <현 근무월수>간의 상관관계계수는 0.047이고 유의도 수준은 0.303으로, 대립가설을 받아들이지 않는다. 즉 두 변인 간의 상호관계는 유의미하지 않다는 결론을 내릴 수 있다.

4) 예제: 연령, TV 시청량, 신문구독량

기술통계량

	평균	표준화 편차	N
만 나이	28.76	6.766	25
시청량(분)	47.20	14.793	25
구독시간(분)	34.40	18.046	25

상관관계

		만 나이	시청량(분)	구독시간(분)
만 나이	Pearson 상관	1	.449*	.424*
	유의확률(양측)		.024	.035
	제곱합 및 교차곱	1098.560	1079.200	1241.400
	공분산	45.773	44.967	51.725
	N	25	25	25

시청량(분)	Pearson 상관	.449*	1	-.346
	유의확률(양측)	.024		.090
	제곱합 및 교차곱	1079.200	5252.000	-2217.000
	공분산	44.967	218.833	-92.375
	N	25	25	25
구독시간(분)	Pearson 상관	.424*	-.346	1
	유의확률(양측)	.035	.090	
	제곱합 및 교차곱	1241.400	-2217.000	7816.000
	공분산	51.725	-92.375	325.667
	N	25	25	25

* 상관관계가 0.05 수준에서 유의합니다(양측).

(1) <연령>과 <TV 시청량> [반대로 <TV 시청량>과 <연령>] 간의 상관계수는 0.449이고, 유의도 수준은 0.05보다 작은 0.024이기 때문에 대립가설을 받아들인다. 즉 <연령>과 <TV 시청량>간의 상호관계는 있다고 결론을 내릴 수 있다.

(2) <TV 시청량>과 <신문구독시간>간의 상관관계계수는 −0.346이고, 유의도 수준은 0.05보다 큰 0.090이기 때문에 <TV 시청량>과 <신문구독시간>간에는 관계가 없다는 귀무가설을 받아들인다.

5) 편상관관계 분석

급여와 교육 정도가 어느 정도 상관성을 가지고 있는지를 확인하기 위하여 편상관분석을 실시하였다. 즉, 편상관관계 분석결과에 따라 급여를 조정하기 위하여 교육 정도를 통해 대책을 마련할 수 있다.

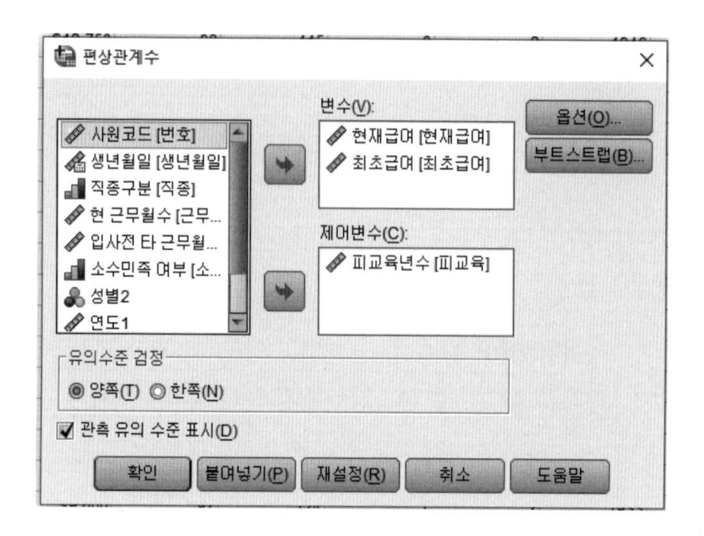
편상관계수
변수(V):
현재급여 [현재급여]
최초급여 [최초급여]
제어변수(C):
피교육년수 [피교육]
사원코드 [번호]
생년월일 [생년월일]
직종구분 [직종]
현 근무월수 [근무...
입사전 타 근무월...
소수민족 여부 [소...
성별2
연도1
옵션(O)...
부트스트랩(B)...
유의수준 검정
양쪽(T)
한쪽(N)
관측 유의 수준 표시(D)
확인
붙여넣기(P)
재설정(R)
취소
도움말

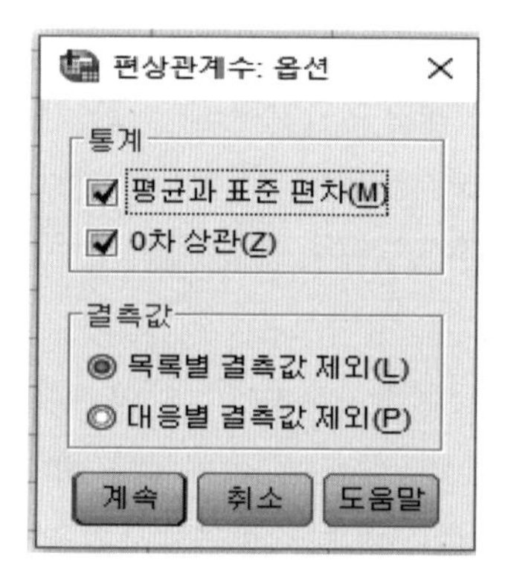
편상관계수: 옵션
통계
평균과 표준 편차(M)
0차 상관(Z)
결측값
목록별 결측값 제외(L)
대응별 결측값 제외(P)
계속
취소
도움말

※ 부분상관

기술통계

	평균	표준화 편차	N
현재급여	34419.57	17075.661	474
최초급여	17016.09	7870.638	474
피교육년수	13.49	2.885	474

상관

제어변수			현재급여	최초급여	피교육년수
없음[a]	현재급여	상관	1.000	.880	.661
		유의수준(양쪽)	-	.000	.000
		df	0	472	472
	최초급여	상관	.880	1.000	.633
		유의수준(양쪽)	.000	-	.000
		df	472	0	472
	피교육년수	상관	.661	.633	1.000
		유의수준(양쪽)	.000	.000	-
		df	472	472	0
피교육년수	현재급여	상관	1.000	.795	
		유의수준(양쪽)	-	.000	
		df	0	471	
	최초급여	상관	.795	1.000	
		유의수준(양쪽)	.000	-	
		df	471	0	

a. 0차(Pearson) 상관이 있는 셀입니다.

– 편상관계수를 확인한 결과, 현재급여와 최초급여 간 상관계수 0.880, 현재급여와 피교육년수의 상관계수 0.661이며 두 가지 경우 $p < 0.05$ 수준에서 유의한 상관성을 가지고 있음을 알 수 있다. 그러나 연구목적에 맞게 피교육년수를 통제변수로 하여 편상관관계의 변화를 확인해 보면 피교육년수와 현재급여 및 최초급여는 0.795로 직접적인 상관관계를 알 수 있다.

– 결과적으로 현재급여와 최초급여의 상관계수는 0.880이며, 피교육년수를

통제변수로 한 후의 상관계수는 0.795로 감소한 것을 알 수 있다. 이것은 교육년수와 급여 간에는 양(+)의 상관관계가 있기 때문이다. 즉, 급여는 교육년수의 영향을 받는다고 할 수 있다.

제2절 상관관계분석 논문작성법

1. 연구절차

1) 상관관계분석에 적합한 대립가설을 만든다.

연구가설	변인	측정
변인들 간에는 관계가 있다	피교육년수	
	현재급여	응답자의 실제 수입 측정
	최초급여	응답자의 최초 수입 측정
	현 근무 월수	
	입사 전 근무월수	

2) 유의도 수준을 $p<0.05$ (95%), 또는 $p<0.01$ (99%) 중 하나를 결정한다.
3) 표본을 선정하여, 데이터를 수집한 후 컴퓨터에 입력한다.
4) 상관관계분석을 실행한다.

2. 연구결과 제시 및 해석방법

1) 상관관계계수 행렬표를 제시한다.
2) 상관관계계수 행렬표를 해석한다.

제3절 변인 간의 상관관계

① +1의 상관관계계수

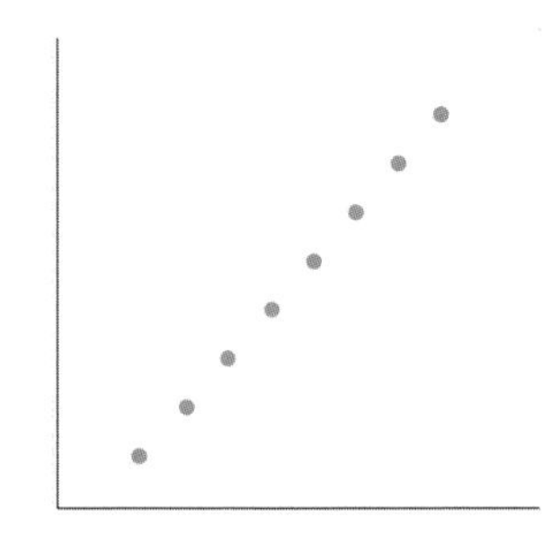

② +의 상관관계계수

③ 0의 상관관계계수

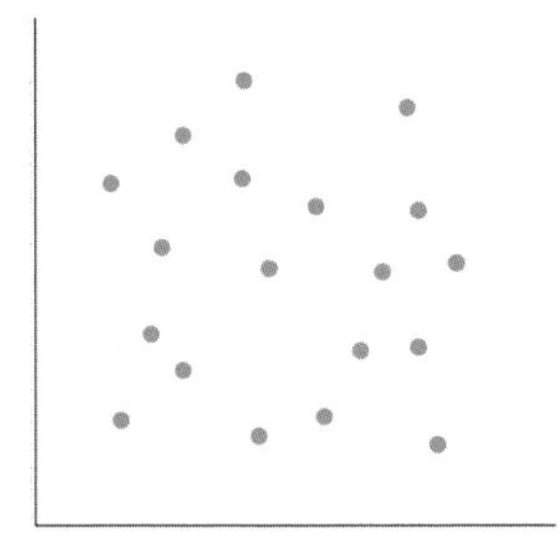

④ −의 상관관계계수

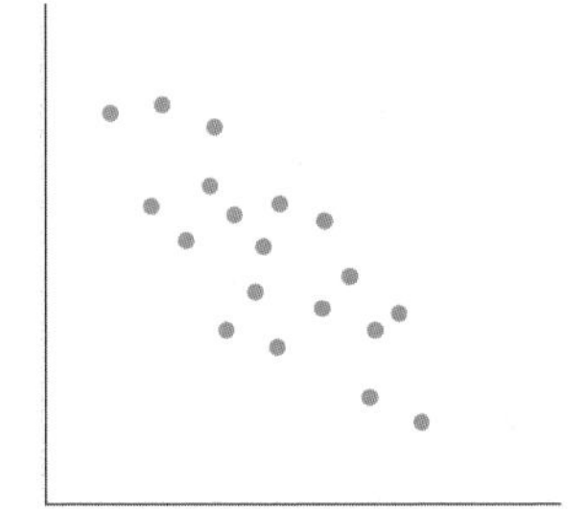

⑤ −1의 상관관계계수

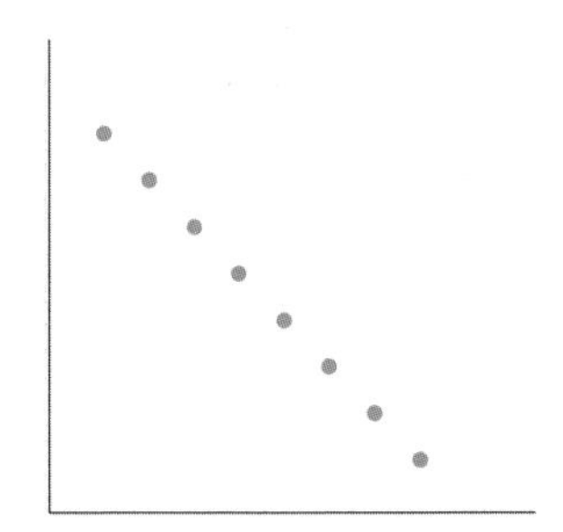

제 **17** 장

단순 회귀분석 (Bivariate Regression Analysis)

제1절 단순 회귀분석의 의의

1. 의미

등간척도(또는 비율척도)로 측정한 한 개의 독립변인이 등간척도(또는 비율척도)로 측정한 한 개의 종속변인에게 미치는 영향력을 분석하는 방법이다.

회귀분석방법의 종류 및 조건

	독립변인	종속변인
단순 회귀분석	(1) 수: 한 개 (2) 측정: 등간척도 또는 비율척도 (명목척도: 가변인 사용)	(1) 수: 한 개 (2) 측정: 등간척도 또는 비율척도
다변인 회귀분석	(1) 수: 두 개 이상 여러 개 (2) 측정: 등간척도 또는 비율척도 (명목척도: 가변인 사용)	(1) 수: 한 개 (2) 측정: 등간척도 또는 비율척도

2. 회귀분석방법 목적

1) 독립변인이 종속변인에 미치는 영향력을 보여주는 값인 회귀계수를 구한 후 신뢰구간(Confidence Interval)을 통해 모수치(Parameter)를 추정하는 것이다.
2) 회귀계수의 유의도를 검증하는 것이다.

회귀계수(Regression Coefficient)의 종류와 의미

종류	의미
비표준 회귀계수 (Unstandardized)	연구목적이 독립변인의 원 점수(Original Score)를 가지고 종속변인의 원 점수를 예측하고자 하는 경우 사용한다.
표준 회귀계수 (Standardized)	연구목적이 개별 독립변인이 종속변인에 미치는 영향력 크기를 분석하거나, 독립변인들 간의 영향력의 크기를 상호 비교하고자 하는 경우 사용한다.

※ 표준회귀계수는 일반적으로 베타(β)라고 부른다.

3. 장 · 단점 비교

1) 비표준 회귀계수는 독립변인과 종속변인의 원 점수를 이용하여 계산한 값이다. 독립변인의 비표준 회귀계수를 이용하여 만든 회귀방정식은 종속변인의 원 점수를 예측하는데 유용하다.

예 독립변인 〈교육〉과 〈연령〉에 따른 종속변인 〈텔레비전 시청량〉의 점수를 예측하기 위해서는 비표준 회귀계수 사용하여야 한다. 〈교육〉과 〈연령〉의 측정단위는 다르기 때문에 독립변인이 종속변인에 미치는 상호 비교할 수 있는 영향력의 크기는 알 수 없는 단점이 있다.

2) 표준 회귀계수

독립변인과 종속변인의 원 점수를 표준점수(Z−score)로 환산하여 계산한 값이다. 독립변인의 표준 회귀계수를 이용하여 만든 회귀방정식을 통해 종속변인의 점수를 예측할 수 없는 단점이 있다.

4. 단순 회귀분석방법 절차

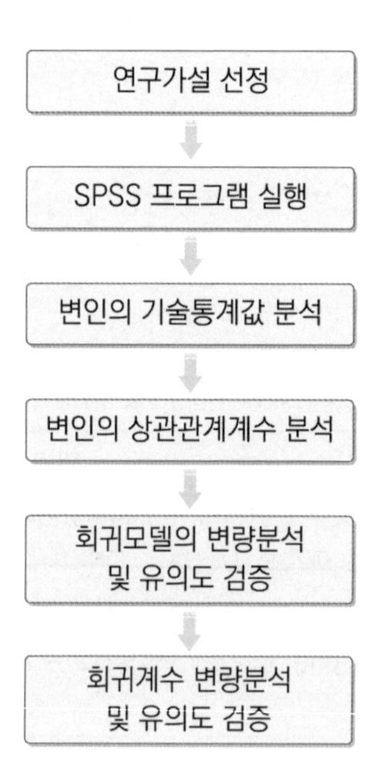

1) 연구가설

(1) 연구자는 ＜생활의 흥미도＞가 ＜행복도＞에 영향을 미치는지를 분석하고자 한다. 따라서 연구자는 ＜생활의 흥미도가 행복도에 영향을 줄 것이다＞라는 연구가설을 세워 이를 검증하려고 한다. 여기서 독립변인은 ＜생활의 흥미도＞로 응답자의 생활의 흥미도 정도를 3점 척도로(1=흥미, 2=단조, 지루=3) 측정한다. 종속변인은 ＜행복도＞로 3점 척도로(1=매우 행복, 2=행복한편, 3=지루) 측정한다.

(2) 단순 회귀모델의 방정식

① 원 회귀방정식: 종속변인의 원 점수를 계산하는 방정식

$$Y = \underbrace{A + B_1X_1}_{\text{예측 가능 부분}} + \underbrace{E}_{\text{예측 불가능 부분}}$$

여기서, Y: 종속변인 원 점수(행복도)
X_1: 독립변인 원 점수(생활의 흥미도)
B_1: 비표준 회귀계수
A: 상수 (절편)
E: 오차(독립변인의 원 점수로 종속변인의 원 점수를 예측하지 못한 부분)

② 예측 회귀방정식: 종속변인의 예측 점수를 계산하는 방정식

$Y' = A + B_1X_1$ (비표준 회귀계수일 경우)

여기서, Y': 종속변인 예측 점수(행복도)
X_1: 독립변인 점수(생활의 흥미도)
B_1: 회귀계수 (비표준 회귀계수)
A: 상수(절편)

$Y' = B_1X_1$ (표준 회귀계수일 경우)

여기서, X_1: 독립변인 (생활의 흥미도)의 표준점수
A가 없는 이유: 종속변인의 원 점수 대신 표준점수를 사용해서 회귀계수를 구했기 때문

(3) 단순 회귀모델

독립변인에서 종속변인으로 영향력이 가는 것을 의미한다.

생활(흥미도) → 행복도

2) SPSS 메뉴판 실행방법(직업명성 행복도)

<회귀분석> → <선형>

<종속변수>: 행복도, <독립변수>: 흥미도

<통계량>: <회귀계수>; <추정값>, <신뢰구간>, <모형적합>

<R제곱 변화량> <기술통계>

<잔차>; <Durbin－Watson>

<도표>[3]: X: ZPRED, Y: ZRESID; <표준화 잔차> 히스토그램,

<편회귀잔차 도표 모두 출력>

<확인>

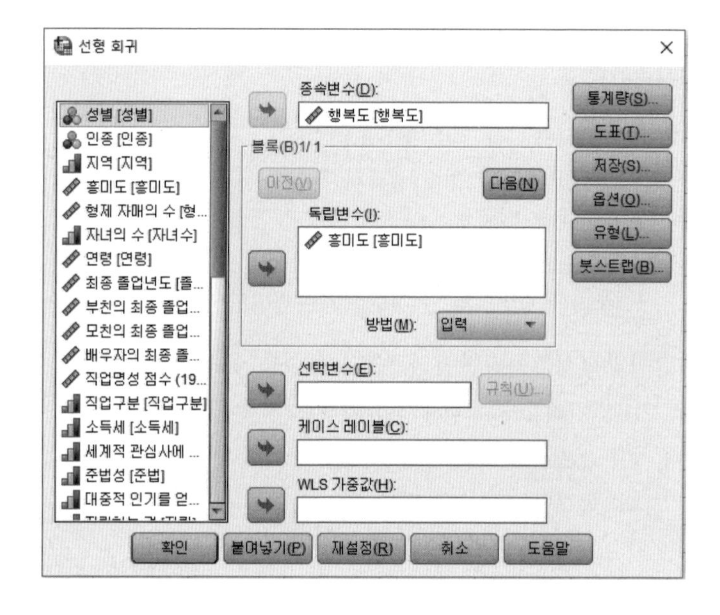

3) ZPRED(표준화된 예측값), ZRESID(표준화된 잔차)

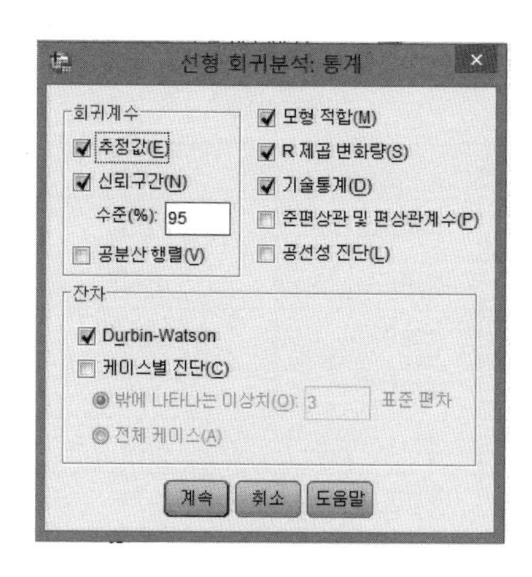

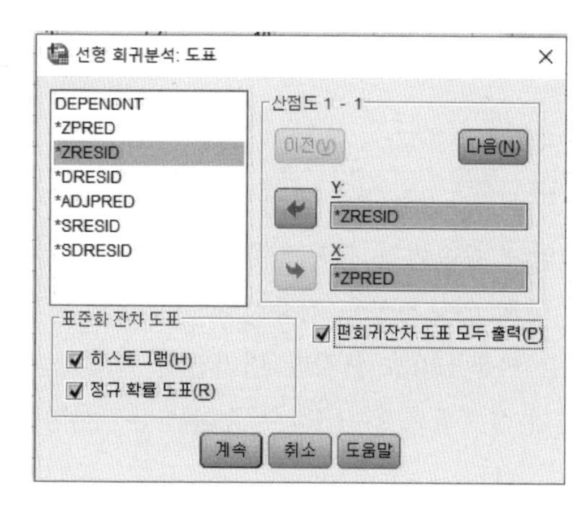

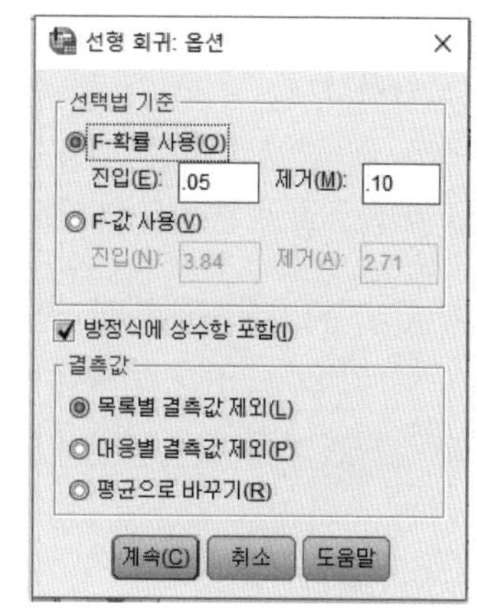

3) 기술통계

• 기술통계값을 통해 변인의 기본적인 특징을 분석한다.

기술통계량

	평균	표준화 편차	N
행복도	1.81	.615	971
흥미도	1.59	.569	971

4) 상관관계계수

(1) 독립변인 <생활 흥미도>와 종속변인 <행복도> 간의 관계를 보여주

는 상관관계계수를 구한다.

상관계수

		행복도	흥미도
Pearson 상관	행복도	1.000	.360
	흥미도	.360	1.000
유의확률(단측)	행복도	.	.000
	흥미도	.000	.
N	행복도	971	971
	흥미도	971	971

(2) 단순 상관관계계수는 0.360으로 두 변인의 밀접성 정도는 낮은 것으로 나타났다.

5) 회귀모델의 변량분석 및 유의도 검증

(1) 단순 회귀분석방법은 독립변인과 종속변인 간의 상관관계계수를 구한 후 이 값을 이용한 변량분석을 통해 연구가설을 검증한다.

(2) 상관관계계수는 등간척도(또는 비율척도)로 측정한 변인간의 관계의 정도를 나타내는 값으로, 두 변인의 상관관계계수(r)를 자승하면 (r^2) 설명변량이 된다.

(3) 설명변량의 값은 결정계수(Coefficient of Determination)라고도 부른다.

(4) 반대로, 설명변량을 제곱근($\sqrt{\ }$)하면 두 변인의 상관관계계수가 된다.

(5) 설명변량 분석

① 상관관계계수 0.360의 절대값인 0.360은 Multiple R로 표시된다.
설명변량인 R 제곱(또는 R Square)은 0.129이다.
<생활의 흥미도>의 설명변량: 0.129, 오차변량(=1.000−0.129): 0.871

② 유의도 검증

입력/제거된 변수[a]

모형	입력된 변수	제거된 변수	방법
1	흥미도[b]	-	입력

a. 종속변수: 행복도

b. 요청된 모든 변수가 입력되었습니다.

모형요약[b]

모형	R	R 제곱	조정된 R 제곱	표준 추정값 오류	통계 변경					Durbin-Watson
					R 제곱 변화량	F 변화량	df1	df2	유의수준 F 변화량	
1	.360[a]	.129	.128	.574	.129	143.985	1	969	.000	1.945

a. 예측변수: (상수), 생활이 흥미로운지 지루한지?

b. 종속변수: 행복도

잔차의 독립성 가정을 만족하는지 파악하기 위해 잔차의 자기상관을 검증하는 방법인 Durbin－Watson 결과를 살펴보면, 잔차가 다른 잔차에 영향을 미치는지를 알 수 있다. Durbin－Watson은 0～4의 값을 가지며 2에 가까울수록 자기상관이 없고 독립성이 있다고 정의하고 있다. 또한 0에 가까우면 양의 자기상관이 존재하며, 4에 가까우면 음의 자기상관이 존재한다. 위의 값이 1.945로 2에 가까운 값이므로 독립성의 가정을 만족함을 알 수 있다.

ANOVA[a]

모형		제곱합	자유도	평균제곱	F	유의확률
1	회귀	47.476	1	47.476	143.985	.000[b]
	잔차	319.510	969	.330		
	전체	366.987	970			

a. 종속변수: 행복도

b. 예측자: (상수), 흥미도

가. 선형회귀분석은 설명변량을 의미하고, 잔차는 설명할 수 없는 변량(오차변량)을 의미한다.

나. 평균제곱은 자승의 합을 자유도로 나눈 값이다.

다. F값은 설명변량 47.476을 설명할 수 없는 변량 0.330으로 나눈 143.985이다. 자유도 1과 969에서 F값 143.985의 유의도는 0.000으로 대립가설을 받아들이며, 회귀식이 통계적으로 유의미하다는 것을 의미한다. 즉 ＜생활 홍미도＞는 ＜행복도＞에 영향력이 있는 것으로 나타났다. 유의도의 검증은 변인들 간의 관계가 있는지 없는지를 판단해 주기 때문에 변인들 간의 관계가 얼마나 큰지를 알 수 없다. 개별 독립변인이 종속변인에게 미치는 영향력의 크기를 알기 위해서는 회귀계수의 유의도를 검증해야 한다.

6) 회귀계수의 변량분석 및 유의도 검증

(1) 회귀계수 구하는 방식

① $Y = A + B_1X_1 + E$(원 방정식)

② $Y' = A + B_1X_1$(비표준 회귀계수 예측 방정식)

③ $Y - Y' = E$(오차)

④ $\sum E^2 = \sum(Y - Y')^2$(최소 자승의 방법)

(2) 비표준 회귀계수를 찾는 방법

① 원 회귀방정식: 독립변인의 원 점수를 이용하여 종속변인의 원 점수를 구하는 1원 1차 방정식

② 예측 회귀방정식: 독립변인의 원 점수를 이용하여 종속변인의 원 점수를 구하는 1원 1차 방정식

③ 원 회귀방정식과 예측 회귀방정식으로부터 계산한 점수간의 차이는 항상 존재하는데, 원 점수에서 예측 점수를 뺀 값($Y - Y'$)을 오차(E)라고 한다.

④ 단순 회귀분석방법은 이 오차를 자승한 값의 합($\sum E2 = \sum(Y - Y')^2$)이 가장 최소인 선을 예측 회귀방정식으로 찾는다. ← 최소 자승(least square)의 방법

⑤ 최소 자승의 방법을 사용하여 얻은 예측 회귀방정식을 통해 상수(절편)와 비표준 회귀계수를 구한다. 상수 A는 독립변인 X_1의 값이 0일 때 종속변인 Y'의 예측점수를 말하며, B는 비표준화된 회귀계수로서 독립변인 X_1

이 특정 점수를 가질 때 예측할 수 있는 종속변인의 점수이다.

계수[a]

모형		비표준화 계수		표준화 계수	t	유의확률
		B	표준화 오류	베타		
1	(상수)	1.188	.055		21.656	.000
	흥미도	.389	.032	.360	11.999	.000

a. 종속변수: 행복도

(3) 표준회귀계수

독립변인과 종속변인의 원 점수를 표준점수(Z－score, 평균값 '0'과 표준편차 '1'의 분포로 바꾼 점수)로 바꾸어 구한 계수이다.

① 표준회귀계수＝비표준 회귀계수×Sx/Sy

Sx: 독립변인의 표준편차, Sy: 종속변인의 표준편차

예 비표준 회귀계수: 0.389이고, 상수: 1.188

$Y'=1.188+0.389X_1$ (비표준 회귀방정식)

$Y'=0.360X_1$ (표준회귀방정식)

② 통계적 유의미하기 때문에 <생활 흥미도>는 <행복도>에 정적인 영향력(0.360)을 준다는 가설을 받아들인다. 즉 생활 흥미도가 높은 사람은 낮은 사람에 비해 행복도가 높다.

잔차 통계량[a]

	최소값	최대값	평균	표준화 편차	N
예측값	1.58	2.35	1.81	.221	971
잔차	-1.354	1.424	.000	.574	971
표준화 예측값	-1.044	2.470	.000	1.000	971
표준화 잔차	-2.358	2.479	.000	.999	971

a. 종속변수: 행복도

※ 히스토그램

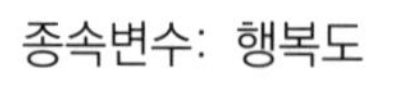

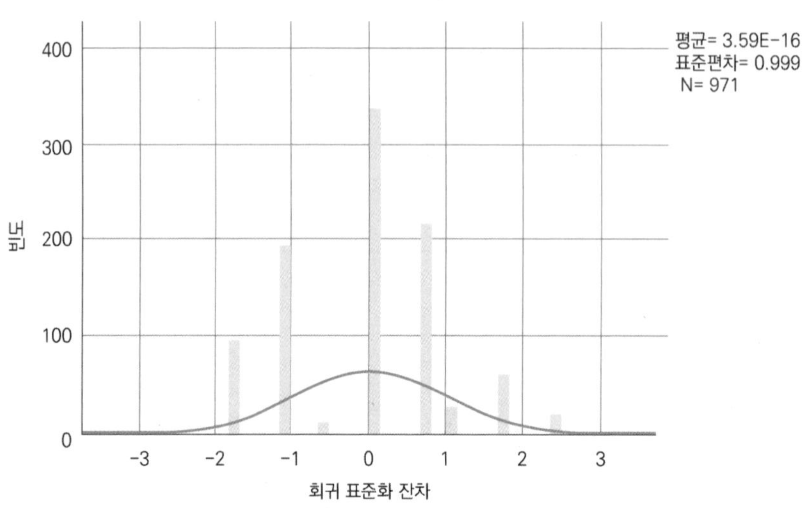

※ 회귀 표준화 잔차의 정규 P-P 도표

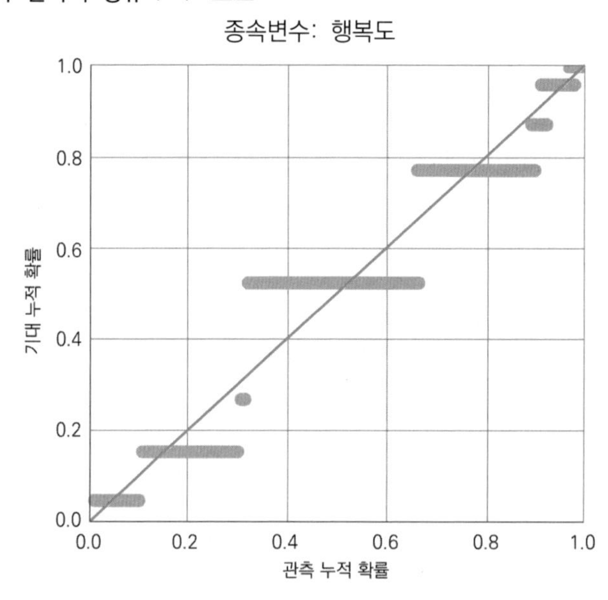

※ 산점도

종속변수: 행복도

회귀 표준화 잔차

회귀 표준화 예측값

5. 예제: 교육, TV 시청량

1) [회귀분석] [선형]
2) [종속변수]: <TV 시청량>, [독립변수]: <교육>, [방법]: 단계선택[4]
3) [통계량]: [회귀계수]: 추정값, 신뢰구간; 모형적합, R 제곱 변화량, 기술통계, 부분상관 및 편상관계수
4) [도표]: X(ZPRED), Y(ZRESID), 히스토그램
5) [확인]

기술통계량

	평균	표준화 편차	N
시청량(분)	47.20	14.793	25
교육	2.12	.781	25

– 사례 수는 25명이고, <교육>의 평균값은 2.12로 이 표본의 평균 교육수준은 고등학교 졸업보다 약간 높다는 것을 알 수 있다.

4) 방법: 독립변수의 수가 1개인 단순회귀분석의 경우, 입력과 단계적 의미 존재하지 않음.

6) 상관관계계수(Correlation Coefficient)

상관계수

		시청량(분)	교육
Pearson 상관	시청량(분)	1.000	-.579
	교육	-.579	1.000
유의확률(단측)	시청량(분)	-	.001
	교육	.001	-
N	시청량(분)	25	25
	교육	25	25

(1) 두 변수의 단순 상관관계계수는 −0.579로서 두 변인의 밀접성의 정도는 상당히 높은 반면 그 영향력은 역방향으로 나타났다. 이 결과는 교육수준이 높을수록 TV 시청량은 적다는 것을 의미한다.

7) 단순회귀모델을 요약한 결과

(1) 설명변량 분석

독립변인 <교육>과 종속변인 <TV 시청량>간의 상관관계계수 −0.579의 절대값인 0.579는 Multiple R이라고 표시한다. R^2인 0.335(33.5%)는 설명변량. 설명할 수 없는 변량은 1.000(총변량)−0.335=0.665(66.5%) Adjusted R^2는 표본의 사례 수가 적을 때에 해석한다.

모형요약[b]

모형	R	R 제곱	조정된 R 제곱	표준 추정값 오류	통계 변경					Durbin-Watson
					R 제곱 변화량	F 변화량	df1	df2	유의 수준 F 변화량	
1	.579[a]	.335	.307	12.319	.335	11.610	1	23	.002	1.641

a. 예측변수: (상수), 교육

b. 종속변수: 시청량(분)

Durbin－Watson 값이 1.641로 2에 가까운 값이므로 독립성의 가정을 만족함을 알 수 있다.

ANOVA[a]

모형		제곱합	자유도	평균제곱	F	유의확률
1	회귀	1761.773	1	1761.773	11.610	.002[b]
	잔차	3490.227	23	151.749		
	전체	5252.000	24			

a. 종속변수: 시청량(분)
b. 예측자: (상수), 교육

(2) 〈교육〉과 〈TV 시청량〉의 변량분석의 결과

① 유의도 검증

가. 단순 회귀분석방법은 변량분석을 통해 유의도를 검증한다.

나. 단순 회귀분석방법과 일원변량분석방법을 비교하면

- 공통점: 변량분석을 통해 대립가설을 검증한다.
- 차이점: 단순 회귀분석방법에서는 독립변인이 등간척도(또는 비율척도)로 측정되고 일원변량분석방법: 독립변인이 명목척도로 측정된다.

다. 단순 회귀분석방법은 변인 간의 상관관계계수를 이용하여 변량분석을 하고, 일원변량분석방법은 평균값 차이를 이용하여 변량분석을 한다.

② 선형회귀분석은 설명변량으로 집단 간 변량을 의미하고, 잔차는 설명할 수 없는 변량으로 집단 내 변량, 또는 오차변량을 말한다.

③ 제곱합은 자승의 합을 뜻하며, 평균제곱은 자승의 합을 자유도로 나눈 평균 자승의 합(mean square)으로 변량을 의미한다.

④ F값은 설명변량 1761.773을 설명할 수 없는 변량 151.749로 나눈 11.610. 이 값의 유의도 검증 결과를 살펴보면, 자유도 1과 23에서 F값 11.610의 유의도는 0.002로 연구가설을 받아들인다. 즉 <교육>은 <TV 시청량>에 영향을 주는 것으로 나타났다. 유의도 검증은 변인 간의 관계가 있는지 없는지 만을 판단해 주기 때문에 변인 간의 관계가 정적인(+) 관계인지, 또는 부적인(−) 관계인지, 얼마나 큰지는 알 수 없다.

⑤ 영향력의 크기를 알기 위해서는 회귀계수의 유의도를 검증해야 한다.

계수[a]

모형		비표준화 계수		표준화 계수	t	유의확률	B에 대한 95.0% 신뢰구간		상관계수		
		B	표준화 오류	베타			하한	상한	0차	편상관	부분상관
1	(상수)	70.456	7.256		9.709	.000	55.445	85.467			
	교육	-10.970	3.220	-.579	-3.407	.002	-17.630	-4.310	-.579	-.579	-.579

a. 종속변수: 시청량(분)

8) 〈교육〉의 회귀계수와 유의도 검증결과, 신뢰구간과 편/부분 상관관계계수도 제시

(1) 비표준회귀방정식: $Y'=70.456-10.970X_1$

이 회귀방정식을 이용하여 독립변인 X_1에 <교육>의 원 점수를 넣으면 종속변인 Y' <TV 시청량>의 예측 점수를 구할 수 있다.

(2) 표준회귀방정식: $Y'=-0.579X_1$

단순 회귀분석방법에서 표준회귀계수는 독립변인과 종속변인 간의 상관관계계수와 동일하다는 것을 알 수 있다. 이 회귀계수의 유의도는 0.002로서 통계적으로 유의미하기 때문에 <교육>은 <TV 시청량>에 부적인 영향력(−0.579)을 준다는 가설을 받아들인다. 즉 학력이 높은 사람은 낮은 사람에 비해 TV를 덜 보는 것으로 나타났다.

잔차 통계량[a]

	최소값	최대값	평균	표준화 편차	N
예측값	37.55	59.49	47.20	8.568	25
잔차	-23.516	21.484	.000	12.059	25
표준화 예측값	-1.127	1.434	.000	1.000	25
표준화 잔차	-1.909	1.744	.000	.979	25

a. 종속변수: 시청량(분)

(3) 모수치(parameter) 추정

① 상수의 비표준 회귀계수의 모수치는 최소값 55.445~최대값 85.467 사이에 있고, 교육의 비표준 회귀계수의 모수치는 최소값 −17.630~최대값 −4.310 사이에 있다.

표본의 수가 클 때(200명 이상일 때) 모수치 추정공식

비표준 회귀계수 -(1.99)×표준오차≤모수치≤비표준 회귀계수+(1.99)×표준오차

표본의 수가 작을 때(200명 미만일 때) 모수치 추정공식

비표준 회귀계수-(t 면적)×표준오차≤모수치≤비표준 회귀계수+(t 면적)×표준오차

② 표본의 수가 작기 때문에:

(상수) 70.456−(2.069)×7.256≤모수치≤70.456+(2.069)×7.256

70.456−15.013=55.443≤모수치≤70.456+15.013=85.469

(교육) −10.970−(2.069)×3.220≤모수치≤−10.970+(2.069)×3.220

③ 선형회귀분석: 오차를 표준화시킨 표준오차(Standardized Residual) 점수 분포

−X축: 표준 예측점수(Standardized Residual, ZRESID)

−Y축: 표준 오차점수(Standardized Predicted Value, ZPRED): 선형성과 변량의 동질성 전제 조건을 검사

※ 히스토그램

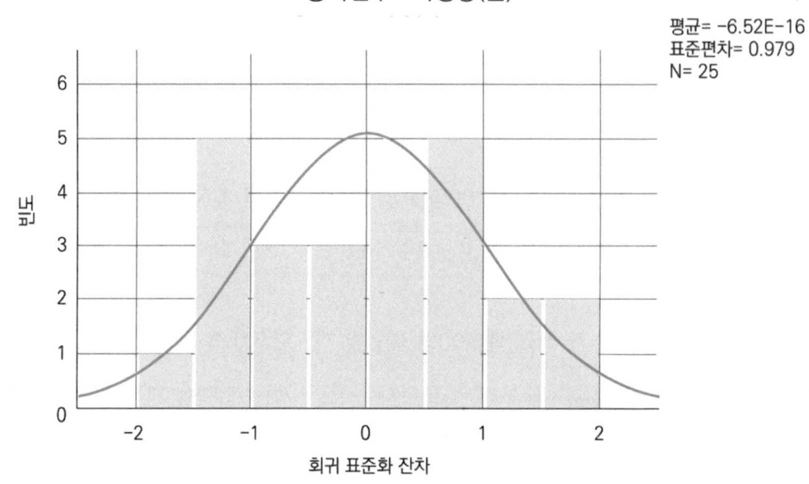

※ 회귀 표준화 잔차의 정규 P-P 도표

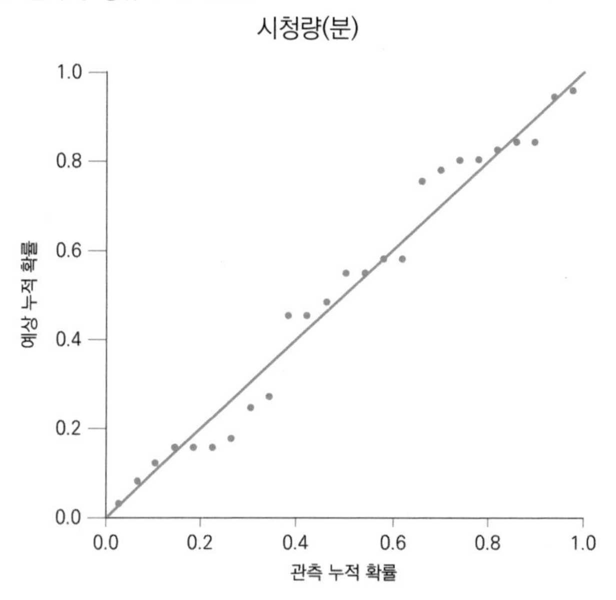

※ 산점도

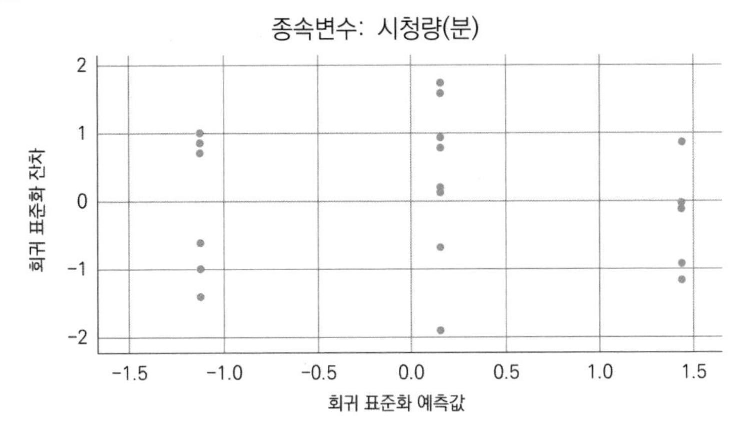

제2절 단순 회귀분석 논문작성법

1. 연구절차

1) 단순 회귀분석에 적합한 연구가설을 만든다.

연구가설의 예	독립변인		종속변인	
	변인	측정	변인	측정
연령은 텔레비전 시청시간에 영향력이 존재한다.	연령	응답자의 실제 나이를 측정	텔레비전 시청시간	실제 시청시간(분)

2) 유의도 수준을 $p<0.05$(95%), $p<0.01$(99%) 중 하나를 결정한다.

3) 표본을 선정하여, 데이터를 수집한 후, 컴퓨터에 입력한다.

4) 프로그램을 실행한다.

2. 연구결과 제시 및 해석방법

1) 단순 회귀분석 연구결과를 표로 제시한다.

연령과 텔레비전 시청시간 간의 상관관계 행렬표

	연령	시청시간
연령	1.0	
시청시간	0.566	1.0

2) 단순 회귀분석표를 해석한다.

(1) 연령은 텔레비전 시청시간에 영향을 주는 것으로 나타났다

$F=7.91$, $df=1198$, $p<0.05$

연령과 텔레비전 시청시간 간의 변량분석 결과

	변량	자유도	F	유의확률	R^2
선형회귀분석	867.7	1198	7.91	0.03	0.320
잔차	109.7				

(2) 상관관계 결과 쓰는 방법

① 연령이 텔레비전 시청시간에 미치는 영향을 분석한 결과, 연령은 텔레비전 시청시간에 상당한 영향을 주는 것으로 나타났다(베타=0.566). 즉 나이가 많은 사람은 나이가 적은 사람보다 텔레비전을 더 많이 시청하는 경향이 있다.

연령과 텔레비전 시청시간 간의 회귀계수 분석결과

	시청시간(베타)	t	유의확률
연령	0.566	3.313	0.03

제 18 장

다변인 회귀분석 (Multiple Regression Analysis)

제1절 다변인 회귀분석이란

1. 의미

등간척도(또는 비율척도)로 측정한 두 개 이상 여러 개의 독립변인들이 등간척도(비율척도)로 측정한 한 개의 종속변인에게 미치는 영향력을 분석하여 연구가설을 검증하는 통계방법이다.

1) 독립변인: 두 개 이상의 여러 개, 등간척도 또는 비율척도(명목척도: 가변인 사용)
2) 종속변인: 한 개, 등간척도 또는 비율척도

2. 다변인 회귀분석방법 절차

1) 연구가설을 선정한다.
2) 프로그램을 실행한다.
3) 상관관계분석을 통해 변인의 기술통계 분석결과인 각 변인의 사례 수와 평균값, 표준편차 분석하고, 독립변인과 종속변인 간의 상관관계계수를 분석한다. 결과적으로 종속변수(1)와 독립변수(3)를 선정한다.
4) 회귀모델의 변량을 분석하고 유의도를 검정한다. 또한 독립변인의 회귀계수를 구하고 유의도를 검정한다.
5) 다중 공선성 문제 확인한다. 비표준 회귀계수의 신뢰구간을 통해 모수치 추정하고 95% 확률 수준에서 신뢰할 만한 모수치의 최대값과 최소값을 살펴본다.
6) 전체 조건을 검증한다. 한 개의 독립변인이 순수하게 종속변인과 얼마나 밀접한 관계를 가지는가를 보여주는 부분상관관계계수(Part Correlation Coefficient)와 편상관관계계수(Partial Correlation Coefficient)를 분석한다.
7) 독립변인 간의 상관관계가 높을 때 발생하는 다중공선성(Multicollinearity)

문제와 해결책을 살펴본다.

8) 다변인 회귀분석방법의 전제 조건이 충족되었는지를 분석한다.

3. 사례1

교육과 연령이 신문 구독시간에 미치는 영향

1) 다변인 회귀분석방법의 방정식

1. 원 회귀방정식

$Y=A+B_1X_1+B_2X_2+B_3X_3+E$

예측 가능 부분 예측 불가능 부분

Y: 종속변인 원 점수(신문 구독시간)
X_1: 독립변인 원 점수(교육)
X_2: 독립변인 원 점수(연령)
X_3: 독립변인 원 점수(수입)
B_1, B_2, B_3: 비표준 회귀계수
A: 상수
E: 오차

2. 예측 회귀방정식[1)]

$Y'=A+B_1X_1+B_2X_2+B_3X_3$ (비표준 회귀계수일 경우)

$Y'=B_1X_1+B_2X_2+B_3X_3$ (표준 회귀계수일 경우)

Y': 종속변인인 예측 점수 (평균 신문 구독시간)

1) 비표준화 회귀계수 B는 X와 Y의 영향을 받으며, 반면에 표준화 회귀계수 β 는 측정단위의 영향을 받지 않으며, 모형의 독립변수 단위가 다를 경우일 때이다.

2) [방법: 단계선택];

[분석]; [회귀분석]; [선형]; [종속변수: 신문 구독시간, 독립변수: 교육, 수입, 만 나이(연령)]
[방법: 단계적]; [통계]
[통계: 추정값, 신뢰구간]
[모형적합, R 제곱 변화량, 기술통계, 준편상관 및 편상관계수] [Durbin Watson]
[도표] [ZRESID; Y] [ZPREDD; X] [히스토그램, 정규확률도표]
[편회귀 잔차도표 모두 출력]
[확인]

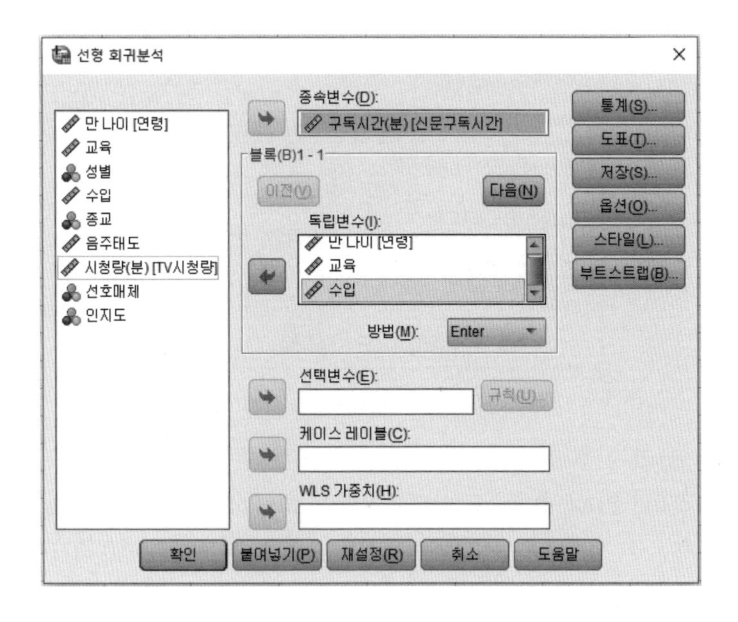

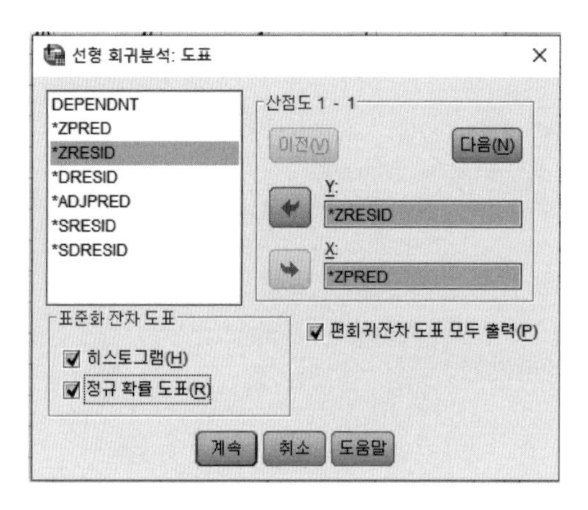

(1) 교육 수준은 평균이 2.12로 고등학교 졸업보다 약간 높고, 수입은 200만원~250만원 사이인 2.72이며, 연령은 28.7세로 젊은 편이다.

기술통계

	평균	표준 편차	N
구독시간(분)	34.40	18.046	25
만 나이	28.76	18.046	25
교육	2.12	.781	25
수입	2.72	1.275	25

(2) <교육> <연령> <수입> <신문 구독시간>간의 상관계수: <신문 구독시간>과 <교육>, <연령>, <수입>은 관련성이 있는 것으로 나타났다.

상관

		구독시간(분)	만 나이	교육	수입
Pearson 상관계수	구독시간(분)	1.000	.424	.685	.554
	만 나이	.424	1.000	.006	.484
	교육	.685	.006	1.000	.412
	수입	.554	.484	.412	1.000
유의수준(한쪽)	구독시간(분)	-	.017	.000	.002
	만 나이	.017	-	.489	.007
	교육	.000	.489	-	.020
	수입	.002	.007	.020	-
N	구독시간(분)	25	25	25	25
	만 나이	25	25	25	25
	교육	25	25	25	25
	수입	25	25	25	25

(3) 진입된 변수 제시, <교육>과 <연령>변수가 단계선택의 방법으로 진입되어 있다.

입력된/제거된 변수[a]

모형	입력된 변수	제거된 변수	방법
1	교육	-	단계적(기준: F-to-enter의 확률 〈= .050, F-to-remove의 확률 〉= .100).
2	만 나이	-	단계적(기준: F-to-enter의 확률 〈= .050, F-to-remove의 확률 〉= .100).

a. 종속변수: 구독시간(분)

(4) 제외된 변수, 공선성 진단, 잔차 통계

제외된 변수[a]

모형		베타 IN	t	유의수준	편상관	공선성 통계		
						허용오차	VIF	최소 허용 오차
1	만 나이	.420[b]	3.308	.003	.576	1.000	1.000	1.000
	수입	.327[b]	2.103	.047	.409	.831	1.204	.831
2	수입	.116[c]	.697	.494	.150	.598	1.672	.598

a. 종속 변수: 구독시간(분)

b. 모형의 예측변수: (상수), 교육

c. 모형의 예측변수: (상수), 교육, 만 나이

공선성 진단[a]

모형	차원	고유값	조건 지수	분산 비율		
				(상수)	교육	만 나이
1	1	1.941	1.000	.03	.03	
	2	.059	5.716	.97	.97	
2	1	2.888	1.000	.00	.01	.01
	2	.089	5.690	.02	.83	.17
	3	.023	11.312	.97	.16	.83

a. 종속변수: 구독시간(분)

잔차통계[a]

	최소값	최대값	평균	표준 편차	N
예측값	4.68	56.39	34.40	14.502	25
잔차	-26.134	23.686	.000	10.741	25
표준 예측값	-2.049	1.516	.000	1.000	25
표준 잔차	-2.330	2.111	.000	.957	25

a. 종속변수: 구독시간(분)

3) 독립변인 간의 상관관계가 존재할 때

모형요약[c]

모형	R	R 제곱	조정된 R 제곱	표준 추정값 오류	통계 변경					Durbin-Watson
					R 제곱 변화량	F 변화량	df1	df2	유의 수준 F 변화량	
1	.685[a]	.470	.447	13.426	.470	20.361	1	23	.000	
2	.804[b]	.646	.614	11.218	.176	10.944	1	22	.003	2.261

a. 예측변수: (상수), 교육

b. 예측변수: (상수), 교육, 만 나이

c. 종속변수: 구독시간(분)

독립변수와 종속변수 간의 상관관계는 0.804로 다소 높은 관계를 보이고, 독립변수인 나이와 교육의 설명력은 $R^2=0.646$(64.6%)이며, Durbin－Watson[2)]은 2.261로 수치가 2에 가깝고 0 또는 4와 가깝지 않으므로 잔차들 간에 상관관계가 없어 회귀모형이 적합하다고 할 수 있다.

Durbin－Watson의 통계량은 잔차에 대한 상관관계(잔차의 독립성)를 알아보기 위한 것이다. Durbin－Watson 통계량의 기준값은 정상분포곡선을 나타내는 2가 되며, 그 의미는 잔차에 대한 상관관계가 없다는 것이다. 또한 그 수치가 0에 가까울수록 양의 상관관계가 있고, 4에 가까울수록 음의 상관관계에 있음을 의미한다. Durbin－Watson의 분석결과가 0 또는 4에 가까울 경우 잔차들 간에 상관관계가 있어 회귀모형이 부적합함을 나타내는 것이다.

(1) 회귀모델의 변량분석

① R^2 ＝교육(r^2)＋연령(r^2) －교육과 연령(r^2)

다변인 회귀분석방법에서 Multiple *R*은 여러 개의 독립변인을 합하여 하나의 독립변인으로 취급하여 종속변인과의 상관관계를 구한 값의 절대값이다. 설명변량(R^2)은 Multiple R을 자승한 값, 반대로 설명변량(R^2)을 제

2) Durbin－Watson(d)값은 0～4의 값을 갖게 되며, 일반적으로 2에 가까울수록 자기상관이 존재하지 않는 것으로 판정하며, 2에 가까울수록 잔차의 독립성 가정을 만족하는 것을 의미한다.

곱근(√)한 값은 Multiple R값이다.

② 독립변인 ＜교육＞, ＜연령＞과 종속변인 ＜신문 구독시간＞에 관한 다변인 회귀분석모델을 요약한 결과가 제시되는데 설명변량(R^2)은 Multiple R(0.804)의 자승한 값(0.646) 또는 64%이다.

(2) 회귀모델의 유의도 검증

① 다변인 회귀모델의 유의도를 검증하기 위해서는 모형2를 설명한다.

② 모형1은 독립변인 ＜교육＞만을 고려한 모델, 모형2는 독립변인으로 ＜교육＞과 ＜만 나이＞를 고려한 것으로의 유의도를 검증한 것이다.

(3) ＜교육＞, ＜연령＞과 ＜TV 시청량＞간의 변량분석의 결과 제시

① F값은 2523.689(설명변량)÷125.846(설명할 수 없는 변량)=20.054

② 자유도 2와 22에서 F값 20.054의 유의도 0.000으로 통계적으로 유의미하기 때문에 연구가설을 받아들인다. 즉 ＜교육＞과 ＜연령＞은 ＜신문 구독량＞에 영향을 주는 것으로 나타났다. 이 유의도 검증은 변인 간의 관계가 있는지 또는 없는지를 판단해 주기 때문에 변인 간의 관계가 정적인(+) 관계인지, 또는 부적인(−) 관계인지, 얼마나 밀접한 관계인지는 알 수 없다. 이를 알기 위해서는 개별 회귀계수의 유의도를 검증해야 한다.

분산 분석[a]

모형		제곱합	df	평균 제곱	F	유의수준
1	회귀분석	3670.167	1	3670.167	20.361	.000[b]
	잔차	4145.833	23	180.254		
	총계	7816.000	24			
2	회귀분석	5047.378	2	2523.689	20.054	.000[c]
	잔차	2768.622	22	125.846		
	총계	7816.000	24			

a. 종속변수: 구독시간(분)

b. 예측변수: (상수), 교육

c. 예측변수: (상수), 교육, 만 나이

4) 회귀계수의 유의도 검정 및 〈교육〉의 회귀계수 결과 제시

계수[a]

모형		비표준 계수		표준계수	t	유의수준	B의 95.0% 신뢰구간		상관			공선성 통계	
		B	표준오차	베타			하한	상한	0차	편	준편상관	허용오차	VIF
1	(상수)	.833	7.909		.105	.917	-15.527	17.194					
	교육	15.833	3.509	.685	4.512	.000	8.575	23.092	.685	.685	.685	1.000	1.000
2	(상수)	-31.252	11.736		-2.663	.014	-55.591	-6.913					
	교육	15.778	2.932	.683	5.381	.000	9.698	21.859	.685	.754	.683	1.000	1.000
	만 나이	1.120	.338	.420	3.308	.003	.418	1.822	.424	.576	.420	1.000	1.000

a. 종속변수: 구독시간(분)

(1) 모형2에서 비표준 회귀계수의 경우, 교육(15.778), 연령(1.120), 상수(−31.252)이기 때문에 $Y' = -31.252 + 15.778X_1 + 1.120X_2$. 표준 회귀계수의 경우, 교육(0.683), 연령(0.420)으로 $Y' = 0.683X_1 + 0.420X_2$ 이다.

(2) 다변인 회귀분석방법에서 구한 회귀계수를 해석할 때 주의해야 할 점은 개별 독립변인의 회귀계수는 나머지 독립변인을 통제(Control)한 상태에서 구한 값 변인을 통제한다는 의미; 한 변인의 값을 고정시킨 후에 회귀계수 값을 구한다.

(3) 독립변인 A의 회귀계수는 A와 다른 독립변인 B와의 겹친 부분을 제외한 후 A가 홀로 종속변인에 미친 영향력의 값이다.

(4) 모수치 추정

① 신뢰구간: 표본연구에서 얻은 비표준 회귀계수로부터 95% 확률을 가진 모수치의 최소값과 최대값

② 상수의 비표준화 회귀계수의 모수치 −55.591∼−6.913, 교육은 9.698∼21.859, 만 나이는 0.418∼1.822

(5) 부분 상관관계계수(Part Correlation Coefficient)

① <교육>의 부분 상관관계계수: 독립변인 <교육>과 <연령> 겹친 부분을 제외한 후 <교육>의 남는 부분과 종속변인 <신문 구독량>과의 단순한 상관관계계수이다.

② <교육>의 부분 상관관계계수를 자승한 수치는 다른 독립변인 <연령>의 설명변량을 총 설명변량에서 제외한 값으로서 독립변인 <교육>의 설명변량 수치이다.

예 〈교육〉과 〈연령〉의 총 설명변량(R^2)이 0.646(64.6%), 〈교육〉의 설명변량(R^2)이 0.470(47.0%)이라면 〈연령〉의 설명변량은 0.176(17.6%) 이 변량을 제곱근($\sqrt{\ }$)한 값 0.420이 〈연령〉의 부분 상관관계계수이다.

(6) 편 상관관계계수(Partial Correlation Coefficient)

① 독립변인 <교육>의 편 상관관계계수는 종속변인 <신문 구독량>과 독립변인 <연령>과의 겹친 부분을 제외하고 종속변인 <신문 구독량>의 남은 부분과 독립변인 <교육>과 다른 독립변인 <연령>과의 겹친 부분을 제외한 후 독립변인 <교육>의 남은 부분과의 단순 상관관계계수이다.

② <교육>의 편 상관관계계수를 자승한 수치는 설명변량에서 다른 독립변인 <연령>의 설명변량을 제외한 독립변인 <교육>의 설명변량이 총변량에서 독립변인 <연령>의 설명변량을 제외한 오차변량에서 차지하는 비율을 말한다.

예 〈교육〉의 설명변량은 0.470(47.0%), 오차변량은 총변량(1.00 또는 100%)에서 독립변인 〈연령〉의 설명변량(0.176)을 뺀 변량으로 0.824이다. 오차변량(0.824)에서 〈교육〉의 설명변량(0.470)이 차지하는 비율은 0.571(0.470/0.824)이다. 이 변량을 제곱근($\sqrt{\ }$)한 값 0.754이 〈교육〉의 편 상관관계계수이다.

(7) 단순 회귀분석방법에서 세 상관관계계수의 관계

① 독립변인 <교육>과 종속변인 <신문 구독량>의 단순상관관계계수 0.685

② <교육>의 부분 상관관계계수, 단순회귀분석방법에서는 독립변인이 하나이기 때문에 설명변량(단순 상관관계계수를 자승한 값 $(0.685)^2 = 0.470$, 47%)에서 뺀 다른 독립변인의 변량은 존재하지 않는다.

③ <교육>의 부분 상관관계계수는 <교육>의 설명변량 0.470를 제곱근 한 값 0.685

④ <교육>의 편 상관관계계수는 총변량에서 뺄 다른 독립변인의 변량이 존재하지 않기 때문에 총변량(1.00 or 100%)은 오차변량(1.00 or 100%)이 된다.

⑤ 오차변량 속에서 <교육>의 설명변량이 차지하는 비율은 0.470(0.470/1.00), 또는 47.0%. 이 변량을 제곱근(√)한 값 0.685가 <교육>의 편 상관관계계수이다.

⑥ 단순 회귀분석방법: 한 개의 독립변인과 한 개의 종속변인 간의 단순 상관관계계수와 부분 상관관계계수, 그리고 편 상관관계계수는 동일하다.

※ 히스토그램

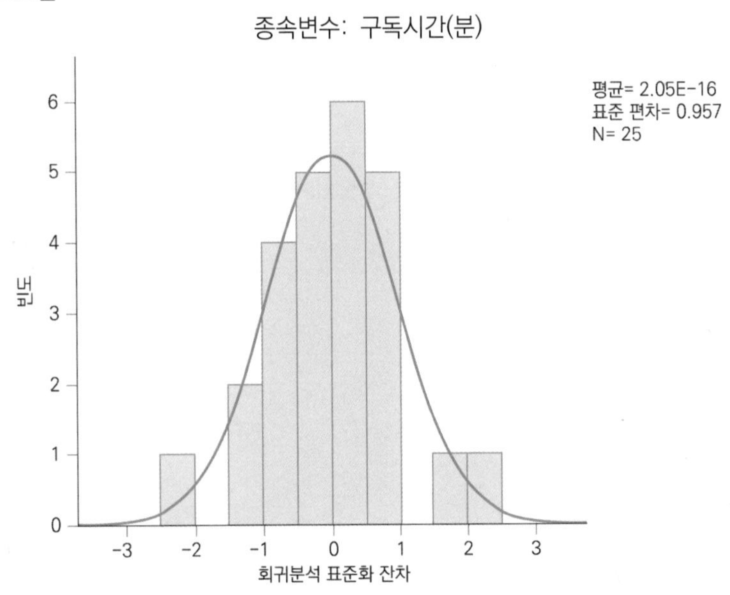

※ 회귀분석 표준화 잔차의 정규 P-P 도표

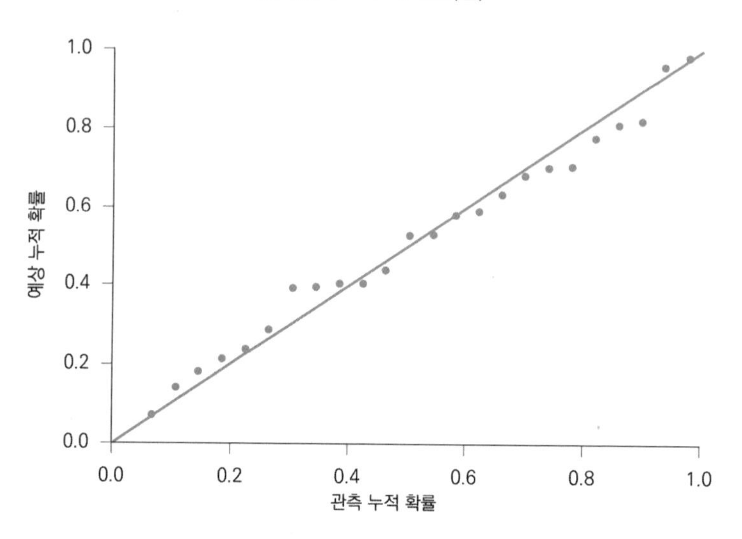

※ 편회귀분석 도표

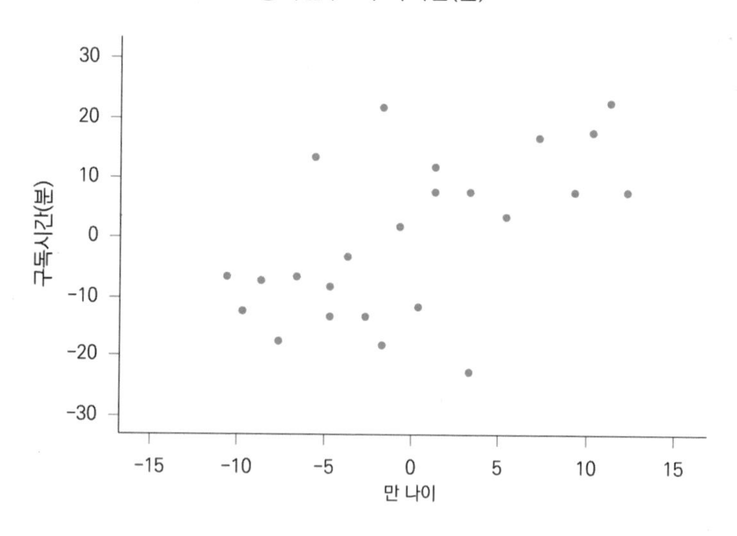

※ 편회귀분석 도표

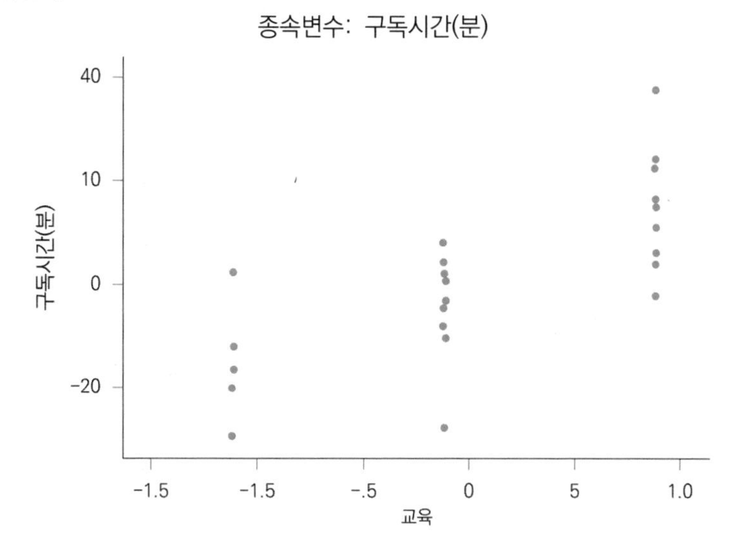
종속변수: 구독시간(분)
40
10
0
-20
구독시간(분)
-1.5
-1.5
-.5
0
5
1.0
교육

※ 산점도

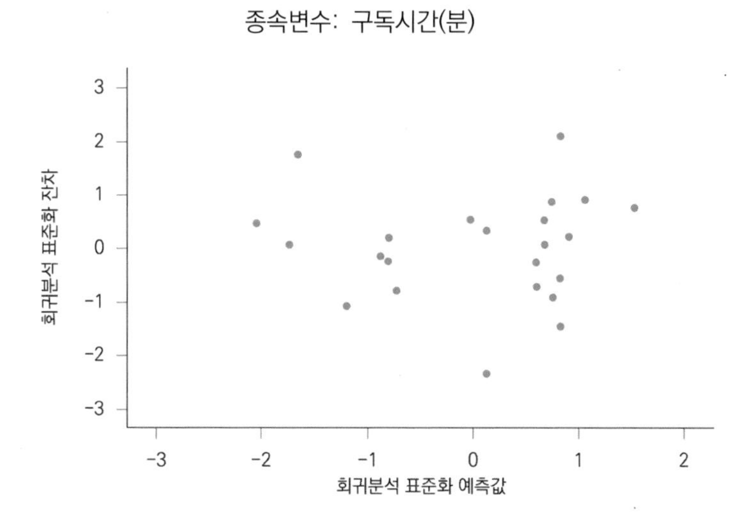
종속변수: 구독시간(분)
3
2
1
0
-1
-2
-3
회귀분석 표준화 잔차
-3
-2
-1
0
1
2
회귀분석 표준화 예측값

부록 AMOS 통한 신문 구독시간과 교육, 연령 분석결과

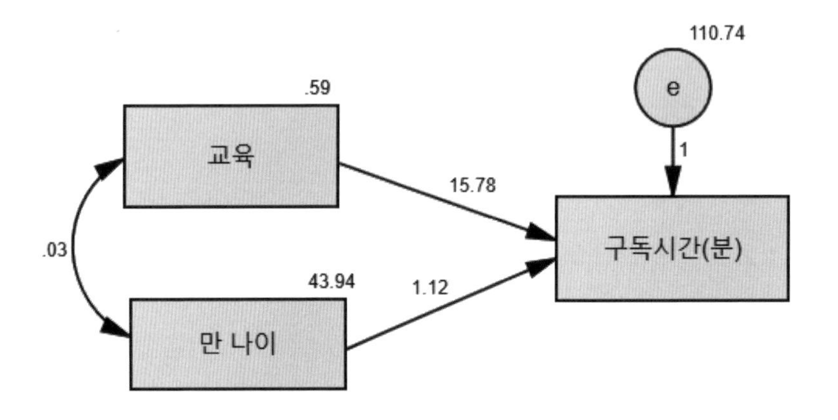

① Regression Weights: 추정치(Estimate)에 따른 결과

– 인과계수(비표준 회귀계수): $b_1 = 15.78$, $b_2 = 1.12$

[File]–[Data Files]–[File Name]

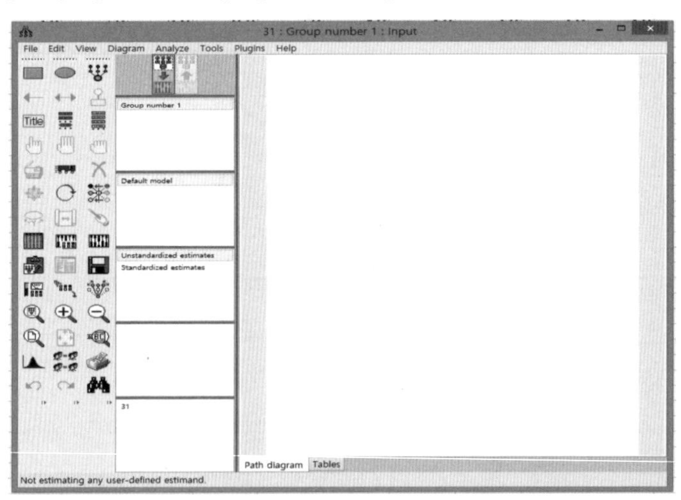

– Data File 결정; OK

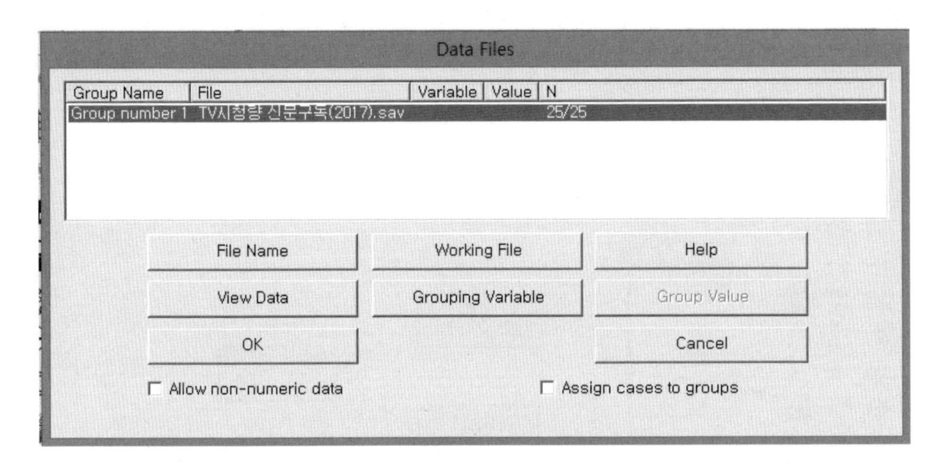

– 분석하고자 하는 변수(종속변수와 독립변수)의 관계 기본 도식화

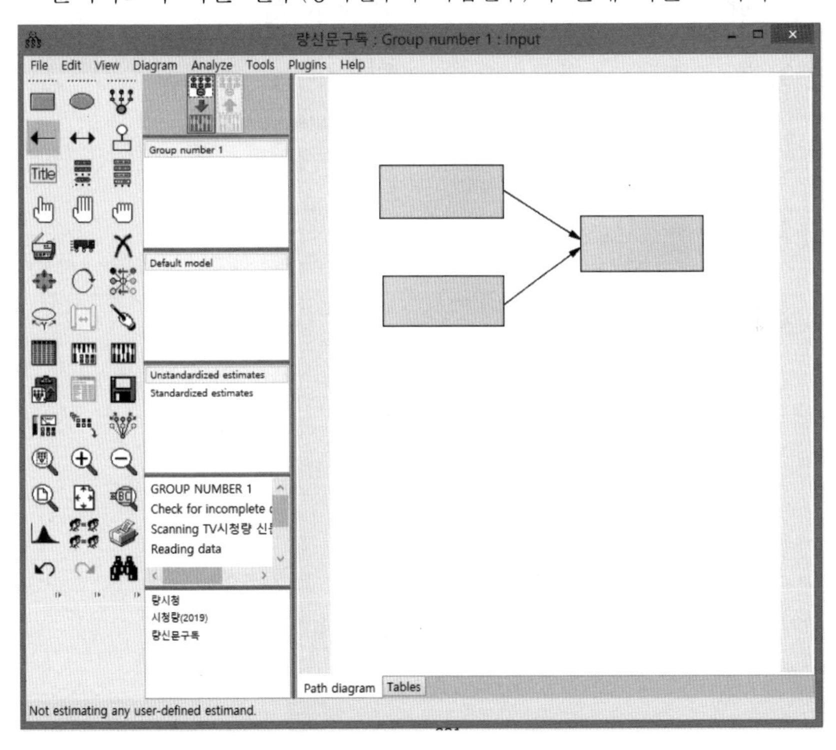

View; Variables in Dataset

– List Variables in Data Set를 통한 선정된 변수 삽입(마우스로 Box로 변수 이동)

– Save As

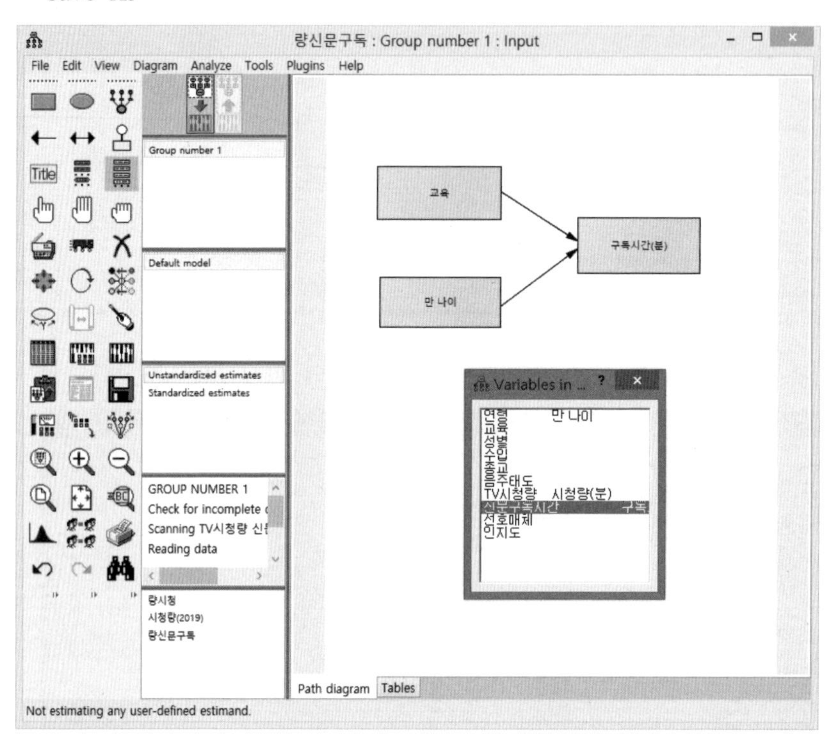

Calculate Estimate

– 1차 검정결과 Error 메시지 포함되어 다음 단계로 진행

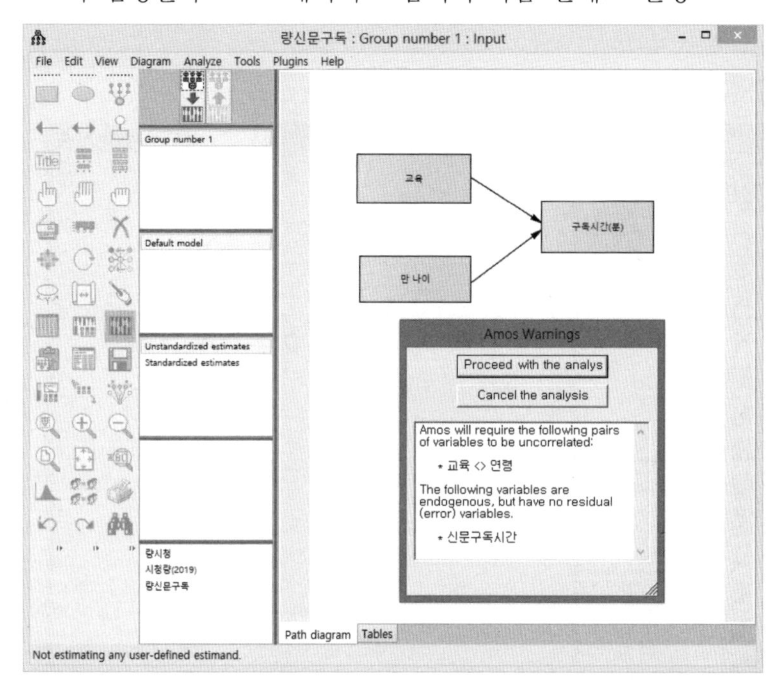

– 2차 분석과정 진행(양측 화살표)

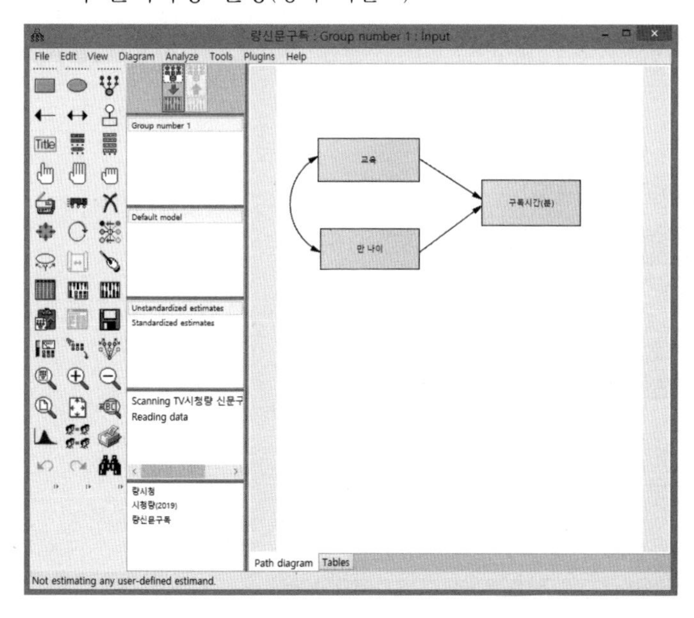

Diagram:

– 3차 분석 진행

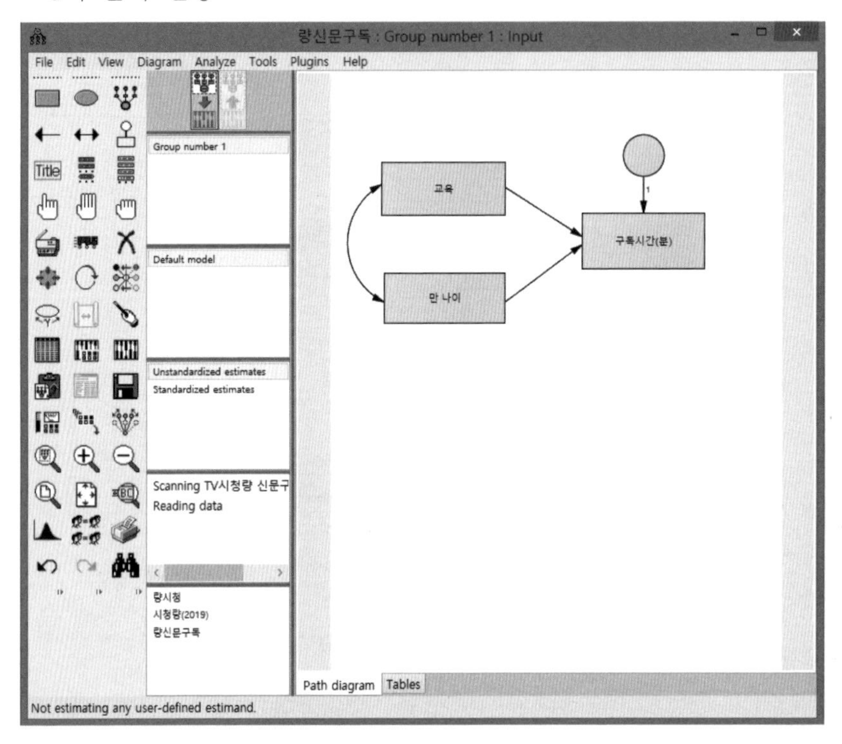

View:

– Object Properties 통한 점검 및 진행; e 설정

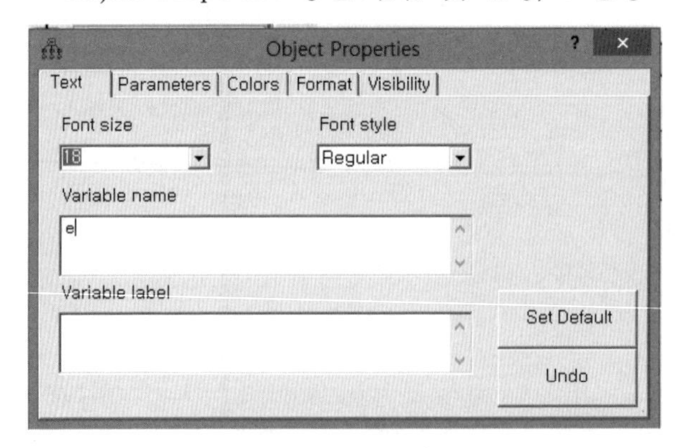

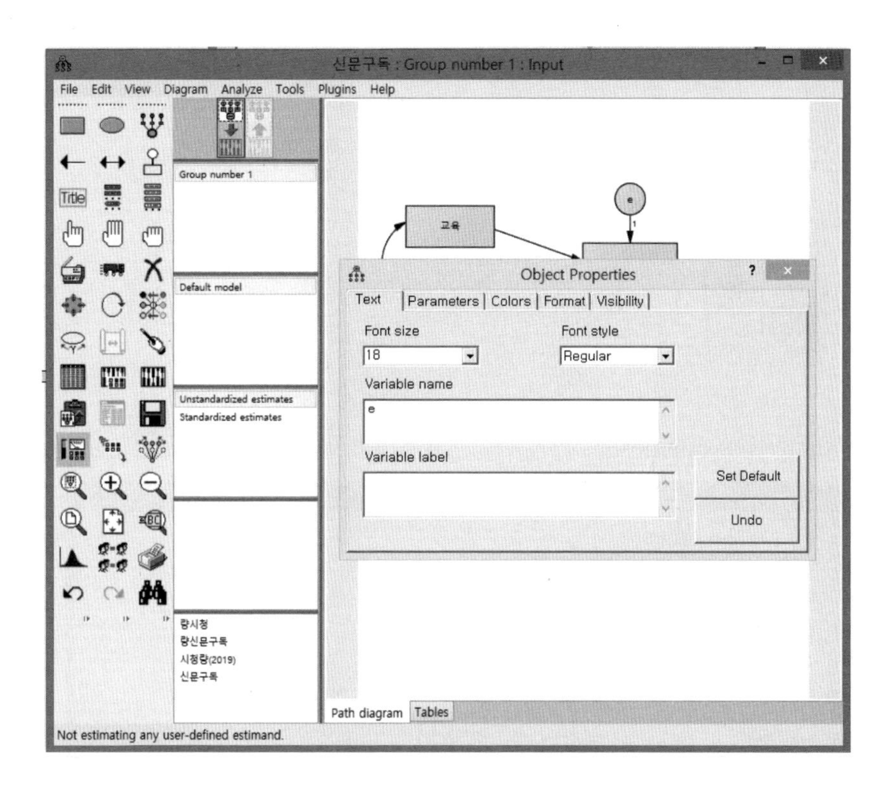

신문구독 : Group number 1 : Input
File Edit View Diagram Analyze Tools Plugins Help
Title
Group number 1
Default model
Unstandardized estimates
Standardized estimates
랑시청
랑신문구독
시청량(2019)
신문구독
교육
e
1
Object Properties
Text
Parameters
Colors
Format
Visibility
Font size
18
Font style
Regular
Variable name
e
Variable label
Set Default
Undo
Path diagram
Tables
Not estimating any user-defined estimand.

– Set Default

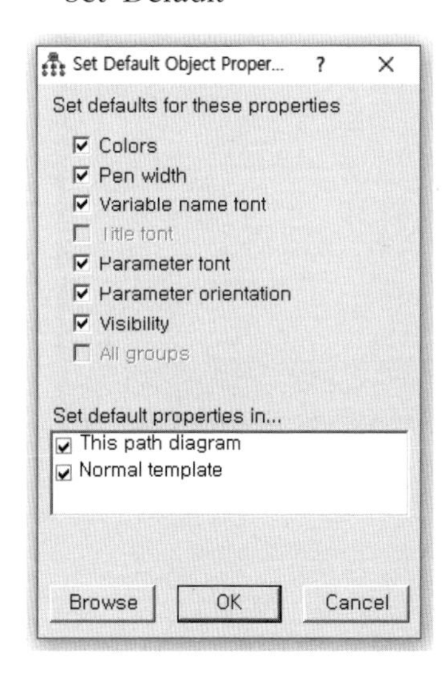

Set Default Object Proper...
Set defaults for these properties
Colors
Pen width
Variable name font
Title font
Parameter font
Parameter orientation
Visibility
All groups
Set default properties in...
This path diagram
Normal template
Browse
OK
Cancel

– Calculate estimate

– Analysis Properties

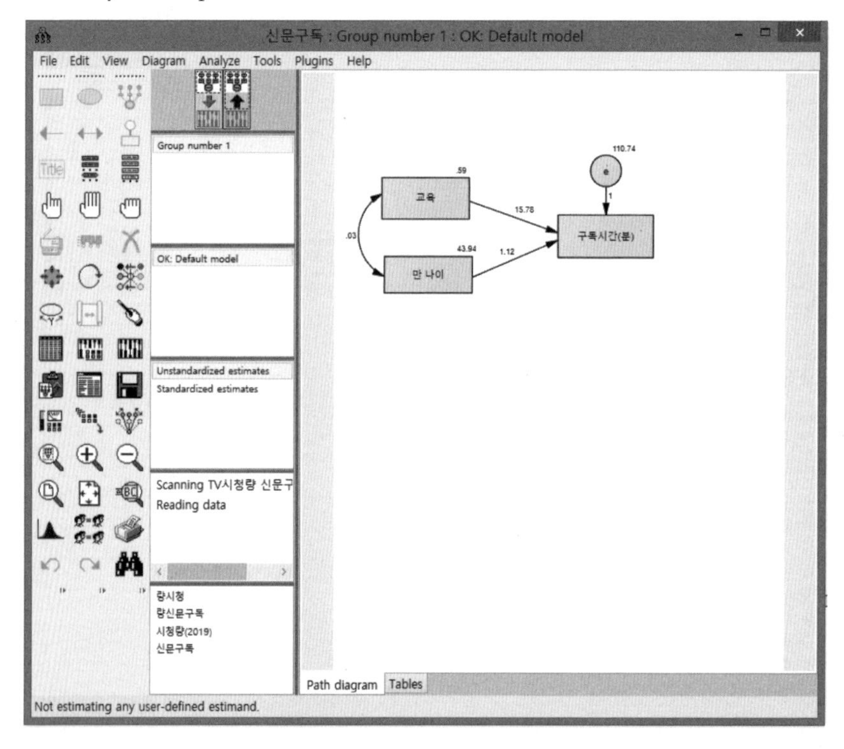

View; Text Output; Estimate

– View Text에서 Estimate 클릭 결과

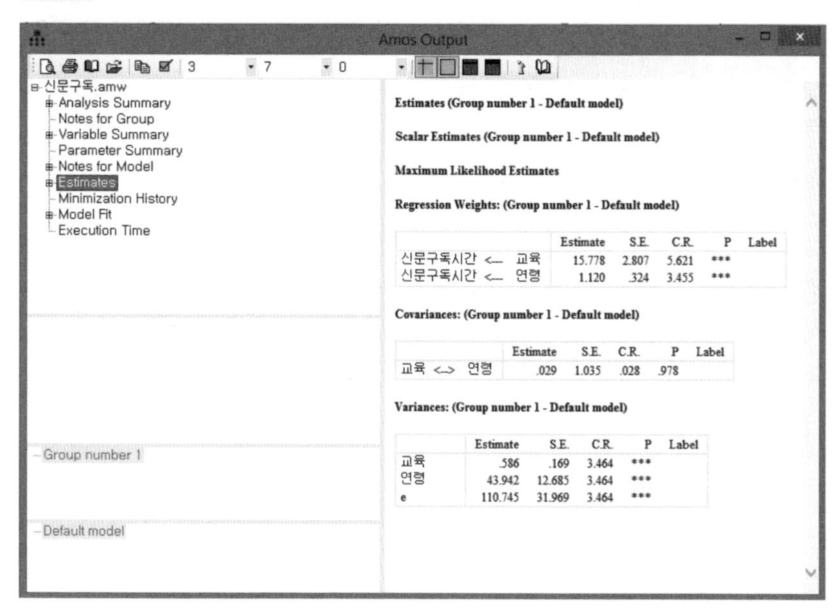

Amos Output

신문구독.amw
Analysis Summary
Notes for Group
Variable Summary
Parameter Summary
Notes for Model
Estimates
Minimization History
Model Fit
Execution Time

Group number 1

Default model

Estimates (Group number 1 - Default model)

Scalar Estimates (Group number 1 - Default model)

Maximum Likelihood Estimates

Regression Weights: (Group number 1 - Default model)

			Estimate	S.E.	C.R.	P	Label
신문구독시간	<---	교육	15.778	2.807	5.621	***	
신문구독시간	<---	연령	1.120	.324	3.455	***	

Covariances: (Group number 1 - Default model)

			Estimate	S.E.	C.R.	P	Label
교육	<-->	연령	.029	1.035	.028	.978	

Variances: (Group number 1 - Default model)

	Estimate	S.E.	C.R.	P	Label
교육	.586	.169	3.464	***	
연령	43.942	12.685	3.464	***	
e	110.745	31.969	3.464	***	

– 교육: 15.778/2.807=5.621≥1.96 : 귀무가설 기각, 구독시간과 교육은 의미 있는 또는 영향력이 있는 관계 존재, 즉 대립가설을 수락한다.

연령: 1.120/0.324=3.457≥1.96

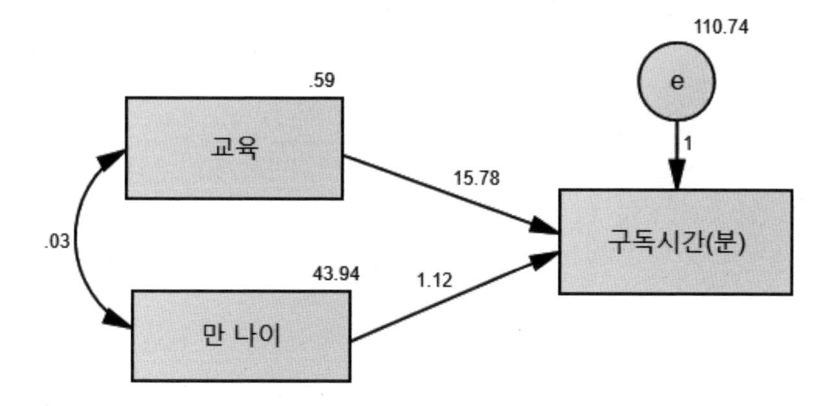

제외된 변수[a]

모형		베타 IN	t	유의수준	편상관	공선성 통계		
						허용오차	VIF	최소 허용오차
1	만 나이	.420[b]	3.308	.003	.576	1.000	1.000	1.000

a. 종속 변수: 구독시간(분)

b. 모형의 예측변수: (상수), 교육

계수 상관[a]

모형			교육	만 나이
1	상관	교육	1.000	
	공분산	교육	12.312	
2	상관	교육	1.000	-.006
		만 나이	-.006	1.000
	공분산	교육	8.596	-.006
		만 나이	-.006	.115

a. 종속변수: 구독시간(분)

계수[a]

모형		비표준 계수		표준계수	t	유의수준	B의 95.0% 신뢰구간		상관			공선성 통계	
		B	표준오차	베타			하한	상한	0차	편	준편상관	허용오차	VIF
1	(상수)	-31.252	11.736		-2.663	.014	-55.591	-6.913					
	교육	15.778	2.932	.683	5.381	.000	9.698	21.859	.685	.754	.683	1.000	1.000
	만 나이	1.120	.338	.420	3.308	.003	.418	1.822	.424	.576	.420	1.000	1.000

a. 종속변수: 구독시간(분)

제2절 다중 공선성(Multicollinearity) 문제

다중 공선성이란 여러 독립변인 간의 상관관계가 높을 때 발생하는 문제로서, 일반적으로 독립변인의 상관관계계수가 0.5 이상(0.8?)이면 다중 공선성 문제가 있다고 본다.

공선성 진단[a]

모형	차원	고유값	조건 지수	분산 비율		
				(상수)	교육	만 나이
1	1	1.941	1.000	.03	.03	
	2	.059	5.716	.97	.97	
2	1	2.888	1.000	.00	.01	.01
	2	.089	5.690	.02	.83	.17
	3	.023	11.312	.97	.16	.83

a. 종속변수: 구독시간(분)

1. 다중 공선성 문제의 해결책

① 상관관계가 높은 독립변인을 합하여 한 변인으로 만들어 사용한다.

② 상관관계가 높은 독립변인 중 연구자가 가장 적합하다고 생각하는 하나의 변인만을 선택하여 사용한다.

③ 연구자의 이론에 따라 독립변인간의 인과관계를 설정하는 통로분석 모델을 만들어 해결한다.

제3절 전제 조건 검사

1. 선형성(Linearity)과 변량의 동질성(Homogeneity of Variance) 검사
   1) 표본이 무작위로 표집(Random Sampling)
   2) 변인이 정상적으로 분포(Normal Distribution)
   3) 독립변인과 종속변인 간의 관계는 선형적
   4) 변량이 동질적

위의 4가지 전제 조건 중 표본의 크기(약 200명 이상)가 크면 ①과 ②의 전제 조건을 어느 정도 위반하여도 큰 문제가 되지 않는다.

회귀분석방법을 제대로 하기 위해서는 ③과 ④ 조건은 반드시 충족되어야 한다.

회귀분석방법은 이 두 가지 전제 조건의 위반 여부를 오차(residual)를 통해 살펴본다.

(1) 오차: 종속변인의 원 점수(Y)와 예측 점수(Y') 간의 차이 값

(2) 선형 회귀분석: 도표 <= 오차를 표준화시킨 표준오차(Standardized Residual)점수 분포

① X축: 표준 예측점수(Standardized Predicted Value, ZPRED)

② Y축: 표준 잔차점수(Standardized Residual Value, ZPRED)

→ 선형성과 변량의 동질성 전제 조건을 검사

③ 제외된 변인의 결과 제시

잔차통계[a]

	최소값	최대값	평균	표준 편차	N
예측값	4.68	56.39	34.40	14.502	25
잔차	-26.134	23.686	.000	10.741	25
표준 예측값	-2.049	1.516	.000	1.000	25
표준 잔차	-2.330	2.111	.000	.957	25

a. 종속변수: 구독시간(분)

※ 히스토그램

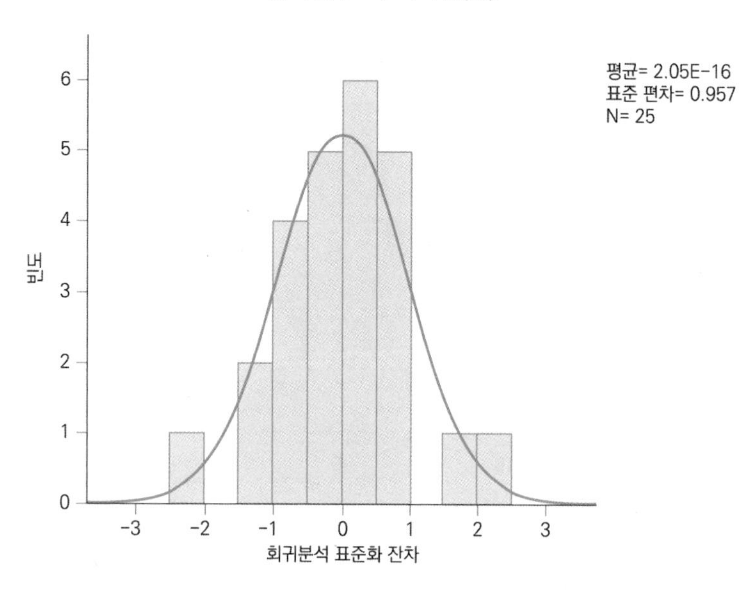
종속변수: 구독시간(분)
평균= 2.05E-16
표준 편차= 0.957
N= 25
빈도
6
5
4
3
2
1
0
-3
-2
-1
0
1
2
3
회귀분석 표준화 잔차

※ 산점도

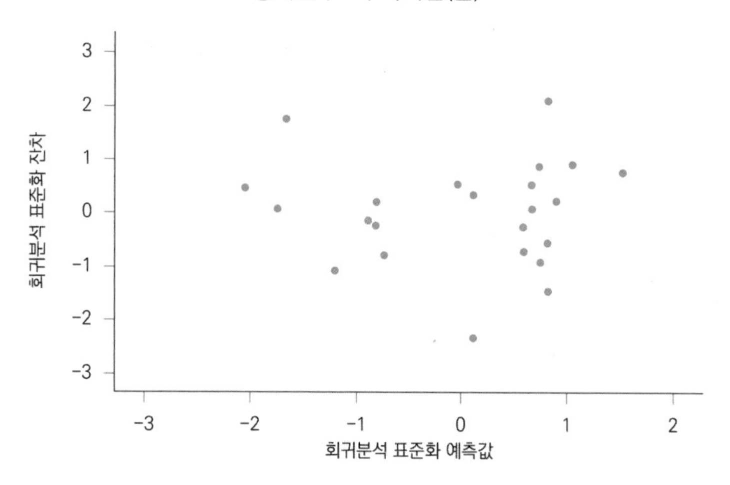
종속변수: 구독시간(분)
회귀분석 표준화 잔차
3
2
1
0
-1
-2
-3
-3
-2
-1
0
1
2
회귀분석 표준화 예측값

※ 편회귀분석 도표

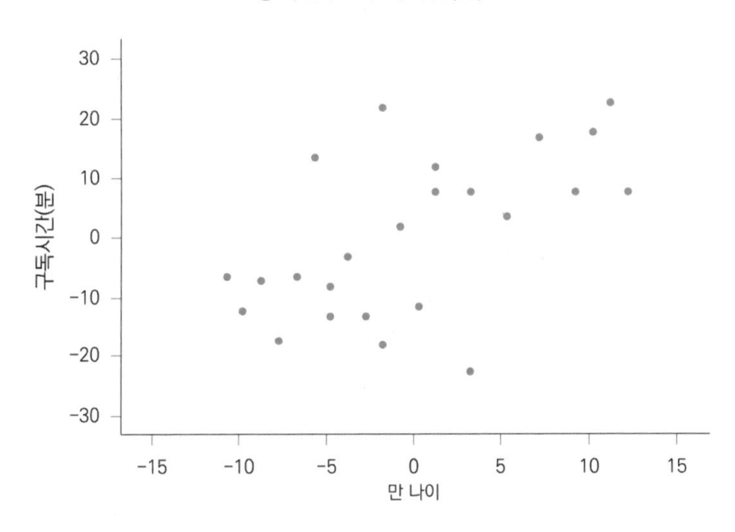

제4절 다변인 회귀분석 예제

1. 스포츠 음료 사용방법 [입력, 통계량: 케이스 진단(밖)] : <응답자의 연령, 취업상태, 연간 총수입, 운동년수가 스포츠 음료 사용방법에 영향을 줄 것이다>라는 연구가설을 검증하고자 한다.

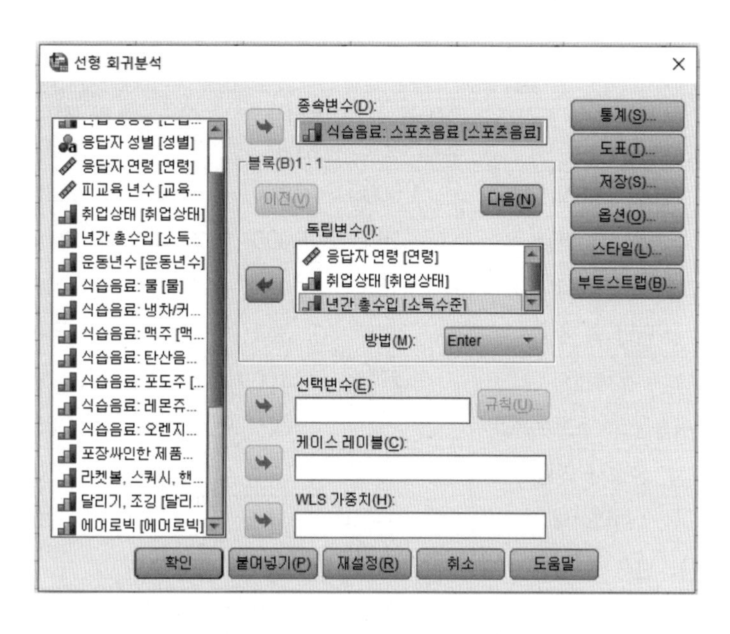

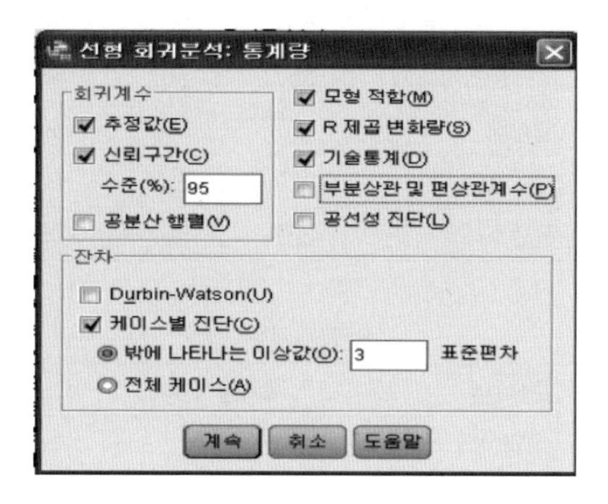

기술통계량

	평균	표준편차	N
식습음료: 스포츠음료	1.79	1.329	567
응답자 연령	29.01	5.747	567
취업상태	1.62	.740	567
년간 총수입	4.03	2.412	567
운동년수	2.55	1.167	567

상관계수

		식습음료: 스포츠음료	응답자 연령	취업상태	연간 총수입	운동년수
Pearson 상관	식습음료: 스포츠음료	1.000	.260	-.169	.225	.203
	응답자 연령	.260	1.000	-.094	.344	.400
	취업상태	-.169	-.094	1.000	.246	-.088
	년간 총 수입	.225	.344	.246	1.000	.179
	운동년수	.203	.400	-.088	.179	1.000
유의확률 (단축)	식습음료: 스포츠음료		.000	.000	.000	.000
	응답자 연령	.000		.013	.000	.000
	취업상태	.000	.013		.000	.018
	년간 총 수입	.000	.000	.000		.000
	운동년수	.000	.000	.018	.000	
N	식습음료: 스포츠음료	567	567	567	567	567
	응답자 연령	567	567	567	567	567
	취업상태	567	567	567	567	567
	년간 총 수입	567	567	567	567	567
	운동년수	567	567	567	567	567

진입/제거된 변수[b]

모형	진입된 변수	제거된 변수	방법
1	운동년수, 취업상태, 연간 총수입, 응답자 연령		입력

a. 요청된 모든 변수가 입력되었습니다.

b. 종속변수: 식습음료: 스포츠음료

모형 요약[b]

모형	R	R제곱	수정된 R제곱	추정값의 표준오차	통계량 변화량				
					R제곱 변화량	F 변화량	df1	df2	유의확률 F변화량
1	.367[a]	.135	.129	1.240	.135	21.933	4	562	.000

a. 예측값: (상수), 운동년수, 취업상태, 연간 총수입, 응답자 연령

b. 종속변수: 식습음료: 스포츠음료

분산분석[b]

모형		제곱합	자유도	평균 제곱	F	유의확률
1	회귀모형	134.916	4	33.729	21.933	.000[a]
	잔차	864.262	562	1.538		
	합계	999.178	566			

a. 예측값: (상수), 운동년수, 취업상태, 연간 총수입, 응답자 연령

b. 종속변수: 식습음료: 스포츠음료

계수[a]

모형		비표준화 계수		표준화 계수	t	유의확률	B에 대한 95.0% 신뢰구간	
		B	표준오차	베타			하한값	상한값
1	(상수)	.752	.307		2.452	.015	.150	1.354
	응답자 연령	.030	.011	.130	2.860	.004	.009	.051
	취업상태	−.362	.074	−.201	−4.865	.000	−.507	−.216
	년간 총수입	.117	.024	.213	4.853	.000	.070	.165
	운동년수	.108	.049	.095	2.203	.028	.012	.204

a. 종속변수: 식습음료: 스포츠음료

케이스별 진단[a]

케이스번호	표준화 잔차	식습음료: 스포츠음료	예측값	잔차
511	3.056	5	1.21	3.790
523	3.110	5	1.14	3.857
742	3.088	5	1.17	3.830

a. 종속변수: 식습음료: 스포츠음료

잔차통계량[a]

	최소값	최대값	평균	표준편차	N
예측값	94	3.35	1.79	.488	567
잔차	−2.173	3.857	.000	1.236	567
표준 오차 예측값	−1.729	3.210	.000	1.000	567
표준화 잔차	−1.753	3.110	.000	.996	567

a. 종속변수: 식습음료: 스포츠음료

2. 고객만족도(주예상고객, 비예상고객)[3]

1) (회귀분석), 방법(입력), 통계량[회귀계수: 추정값, 신뢰구간. 모형적합: R^2, 기술통계], 케이스 진단(밖에 나타나는 이상값)

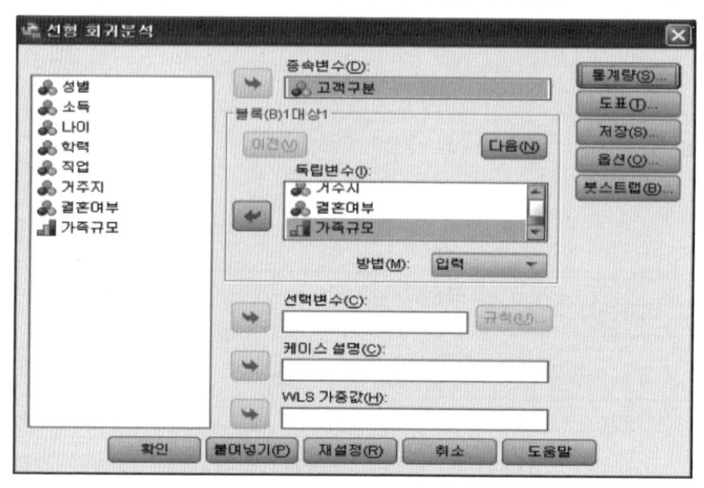

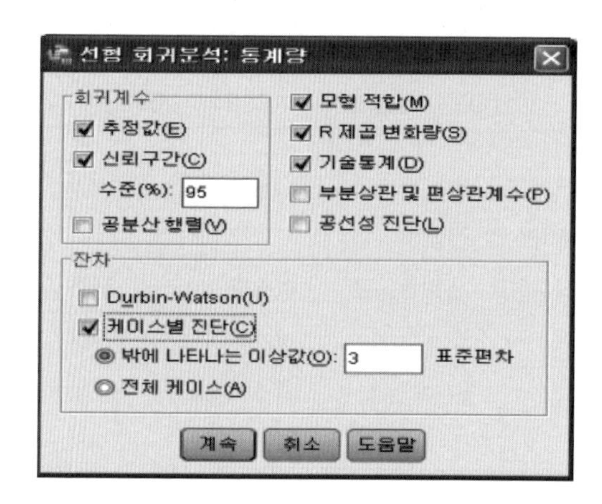

3) 종속변수(고객구분), 독립변수(소득, 나이, 학력, 직업, 거주지, 결혼여부, 가족규모)

2) <소득, 나이, 학력, 직업, 거주지, 결혼여부, 가족규모가 고객을 구분[4]하는데 영향을 줄 것이다>라는 연구가설을 검증하고자 한다.

기술통계량

	평균	표준편차	N
고객구분	1.42	.493	1000
소득	2.97	1.269	1000
나이	2.12	.799	1000
학력	2.55	.958	1000
직업	2.50	.925	1000
거주지	2.48	.970	1000
결혼여부	1.18	.380	1000
가족규모	2.94	1.039	1000

3) <나이, 결혼여부, 가족규모>는 유의성이 있으나, 세 변인과 <고객구분> 변인 간의 밀집성 정도는 낮은 것으로 나타났다.

상관계수

		고객구분	소득	나이	학력	직업	거주지	결혼여부	가족규모
Pearson 상관	고객구분	1.000	.014	.146	.009	-.003	-.010	.145	-.278
	소득	.014	1.000	-.010	.049	-.008	-.036	.042	.015
	나이	.146	-.010	1.000	-.052	.002	-.018	-.568	.652
	학력	.009	.049	-.052	1.000	-.019	.002	.068	-.036
	직업	-.003	-.008	.002	-.019	1.000	-.015	.063	-.038
	거주지	-.010	-.036	-.018	.002	-.015	1.000	-.015	-.005
	결혼여부	.145	.042	-.568	.068	.063	-.015	1.000	-.557
	가족규모	-.278	.015	.652	-.036	-.038	-.005	-.557	1.000

4) 종속변수: 고객구분, 독립변수: 소득, 나이, 학력, 직업, 거주지, 결혼여부, 가족규모

유의확률 (단축)	고객구분		.333	.000	.387	.466	.376	.000	.000
	소득	.333		.381	.062	.400	.130	.094	.316
	나이	.000	.381		.051	.472	.281	.000	.000
	학력	.387	.062	.051		.270	.476	.016	.127
	직업	.466	.400	.472	.270		.312	.024	.116
	거주지	.376	.130	.281	.476	.312		.313	.440
	결혼여부	.000	.094	.000	.016	.024	.313		.000
	가족규모	.000	.316	.000	.127	.116	.440	.000	
N	고객구분	1000	1000	1000	1000	1000	1000	1000	1000
	소득	1000	1000	1000	1000	1000	1000	1000	1000
	나이	1000	1000	1000	1000	1000	1000	1000	1000
	학력	1000	1000	1000	1000	1000	1000	1000	1000
	직업	1000	1000	1000	1000	1000	1000	1000	1000
	거주지	1000	1000	1000	1000	1000	1000	1000	1000
	결혼여부	1000	1000	1000	1000	1000	1000	1000	1000
	가족규모	1000	1000	1000	1000	1000	1000	1000	1000

진입/제거된 변수[b]

모형	진입된 변수	제거된 변수	방법
1	가족규모, 거주지, 학력, 직업, 소득, 결혼여부, 나이		입력

a. 요청된 모든 변수가 입력되었습니다.

b. 종속변수: 고객구분

모형 요약[b]

모형	R	R제곱	수정된 R제곱	추정값의 표준오차	통계량 변화량				
					R제곱 변화량	F 변화량	df1	df2	유의확률 F변화량
1	.533[b]	.284	.279	.419	.284	56.206	7	992	.000

a. 예측값: (상수), 가족규모, 거주지, 학력, 직업, 소득, 결혼여부, 나이

b. 종속변수: 고객구분

4) 독립변인들과 종속변인인 <고객구분> 간의 상관관계계수인 Multiple R의 값은 0.533이기 때문에 설명변량인 R^2값은 Multiple R(0.533)의 자승한 값 0.284(또는 28.4%)임을 알 수 있다. 전체 설명변량 0.279는 독립변인들 간의 겹친 부분을 제외한 후 계산한 값이다. 반대로 설명변량 R^2값인 0.279를 제곱하면 Multiple R값인 0.533이 된다. 설명할 수 없는 변량은 총변량 1에서 설명변량 0.279를 뺀 0.721(또는 72.1%)이다. Adjusted R^2는 표본의 사례 수가 적을 때에 해석된다.

분산분석[b]

모형		제곱합	자유도	평균 제곱	F	유의확률
1	회귀모형	68.992	7	9.856	56.206	.000[a]
	잔차	173.952	992	.175		
	합계	242.944	999			

a. 예측값: (상수), 가족규모, 거주지, 학력, 직업, 소득, 결혼여부, 나이

b. 종속변수: 고객구분

5) 회귀모델의 유의도 검증: 독립변인 7개를 동시에 고려하여 계산한 것이다. F값은 설명변량 9.856을 설명할 수 없는 변량 0.175로 나눈 56.206이다. 자유도 7과 992에서 F값 56.206의 유의도는 0.000으로 통계적으로 유의미하기 때문에 연구가설을 받아들인다. 즉 7가지 독립변인들은 <고객구분>에 영향을 주는 것으로 나타났다. 이 유의도 검증은 변인들 간의 관계가 있는지 없는지를 판단해 주기 때문에 변인들 간의 관계가 얼마나 밀접한 관계인지는 알 수가 없다. 이를 알기 위해서는 개별 회귀계수의 유의도를 검증해야 한다.

계수[a]

모형		비표준화 계수		표준화 계수	t	유의확률	B에 대한 95.0% 신뢰구간	
		B	표준오차	베타			하한값	상한값
1	(상수)	1.166	.114		10.239	.000	.943	1.390
	소득	.008	.010	.021	.777	.438	-.012	.029
	나이	.391	.023	.634	16.881	.000	.346	.437
	학력	.003	.014	.007	.251	.802	-.024	.031
	직업	-.020	.014	-.037	-1.383	.167	-.048	.008
	거주지	.001	.014	.002	.062	.950	-.026	.028
	결혼여부	.226	.045	.175	5.076	.000	.139	.314
	가족규모	-.283	.018	-.596	-16.029	.000	-.318	-.248

a. 종속변수: 고객구분

6) 비표준 회귀계수의 경우, <나이>는 0.391, <결혼여부>는 0.226, 상수는 1.166이기 때문에 비표준 회귀방정식은

$$Y' = 1.166 + 0.008X_1 + 0.391X_2 + 0.003X_3 - 0.020X_4 + 0.001X_5 + 0.226X_6 - 0.283X_7$$

이 식을 사용하여 <고객구분>의 예측점수를 구할 수 있다.

7) 표준 회귀계수는 상호비교가 가능하기 때문에 <나이>는 <소득>보다 <고객구분>에 더 큰 영향력을 준다는 것을 알 수 있다.

8) 개별 독립변인의 회귀계수는 나머지 다른 독립변인을 통제한 상태에서 구한 값이다. 변인을 통제한다는 것은 한 변인의 값을 고정시킨 후에 회귀계수 값을 구한다는 것이다. 독립변인 A의 회계계수는 A와 다른 독립변인 B와의 겹친 부분을 제외한 후 A가 홀로 종속변인에 미친 영향력의 값이다.

잔차통계량[a]

	최소값	최대값	평균	표준편차	N
예측값	.98	1.76	1.42	.263	1000
잔차	-.758	1.019	.000	.417	1000
표준 오차 예측값	-1.656	1.314	.000	1.000	1000
표준화 잔차	-1.810	2.434	.000	.996	1000

a. 종속변수: 고객구분

부록 AMOS 예제: 음식량

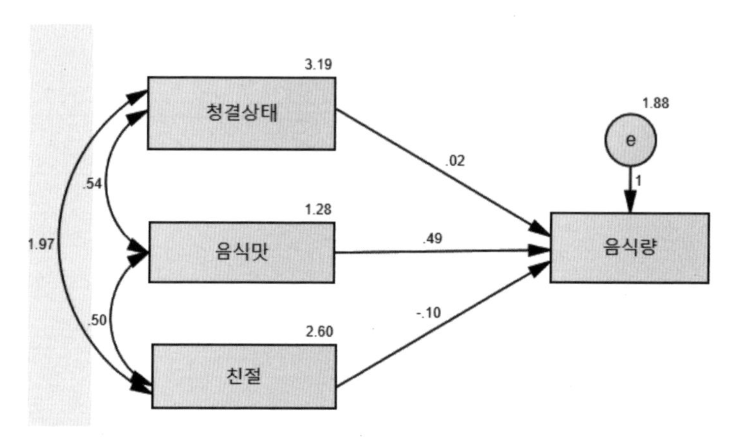

– 비표준계수(B): 0.02, 0.49, –0.10

(분석); (IBM SPSS AMOS);

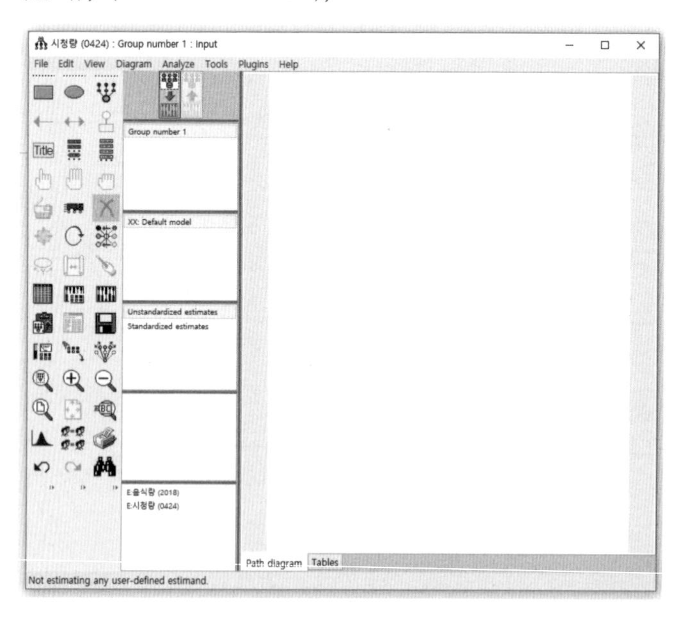

– 전체 변수 파악 및 변수 설정

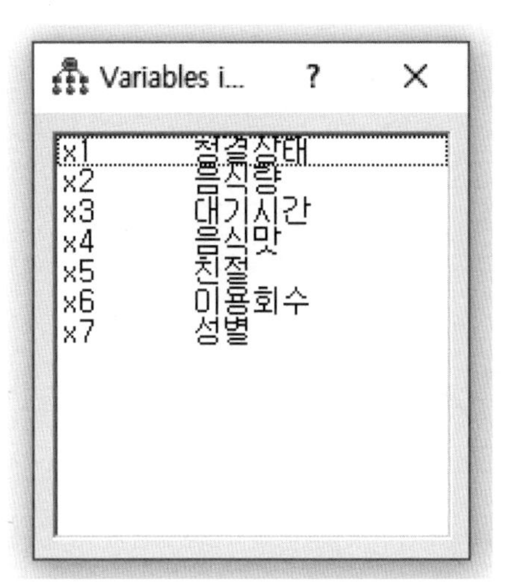

– 1차 도식화 및 변수 설정

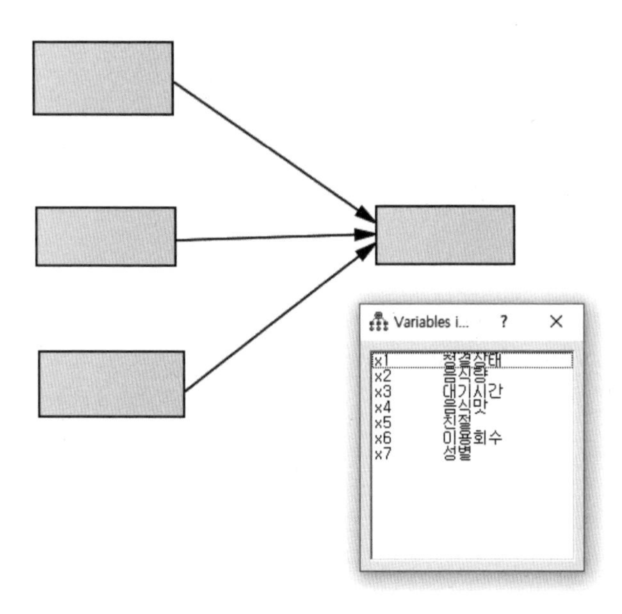

– 변수 결정

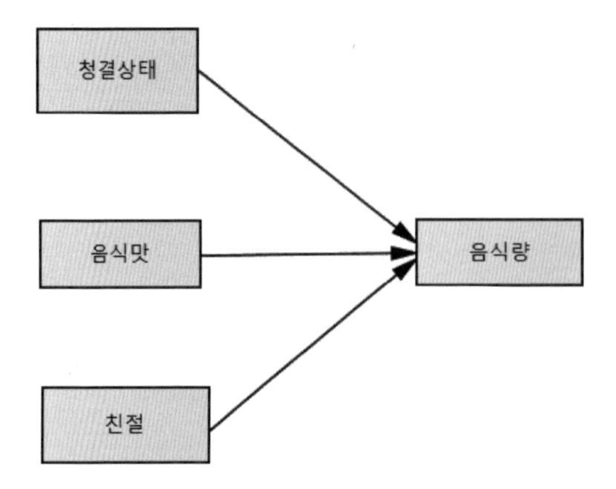

– Save As

– List Varibales in Data Set

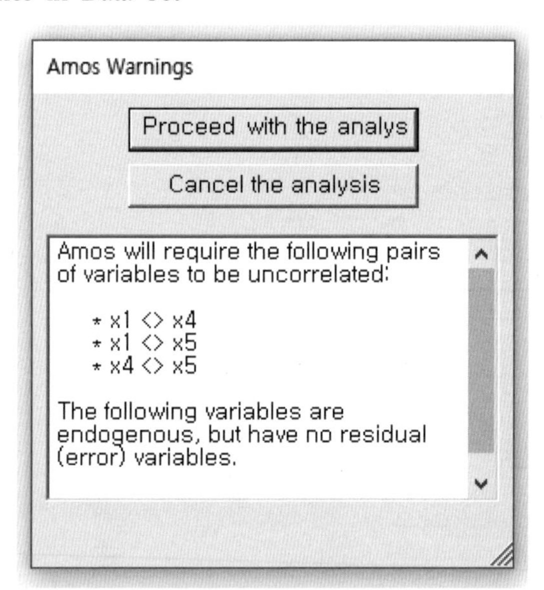

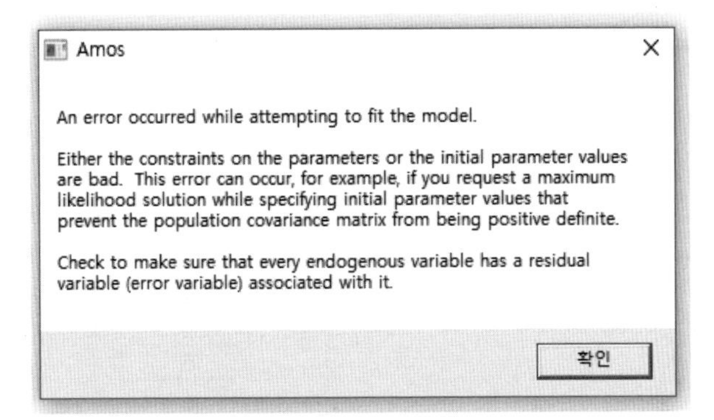
Amos
An error occurred while attempting to fit the model.
Either the constraints on the parameters or the initial parameter values are bad. This error can occur, for example, if you request a maximum likelihood solution while specifying initial parameter values that prevent the population covariance matrix from being positive definite.
Check to make sure that every endogenous variable has a residual variable (error variable) associated with it.
확인

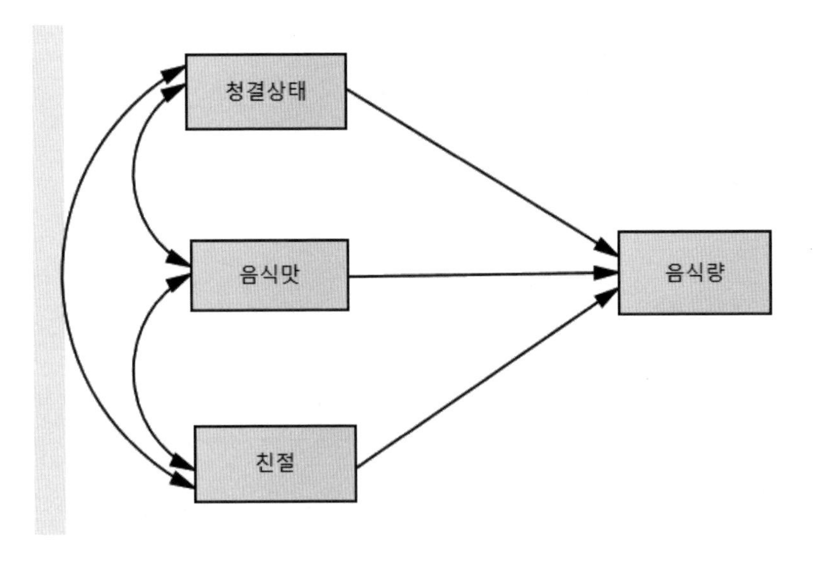
청결상태
음식맛
친절
음식량

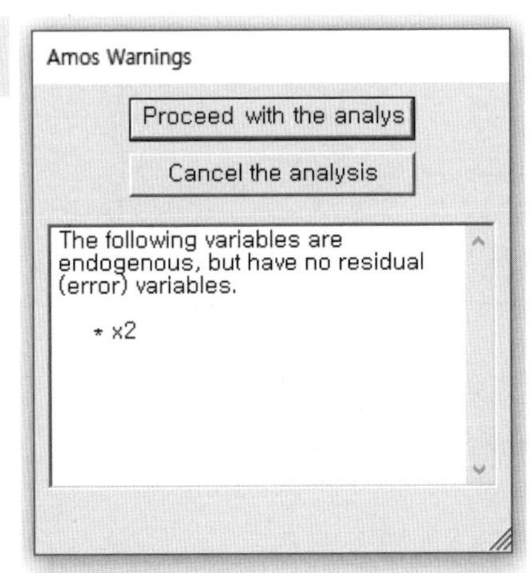
Amos Warnings
Proceed with the analys
Cancel the analysis
The following variables are endogenous, but have no residual (error) variables.
* x2

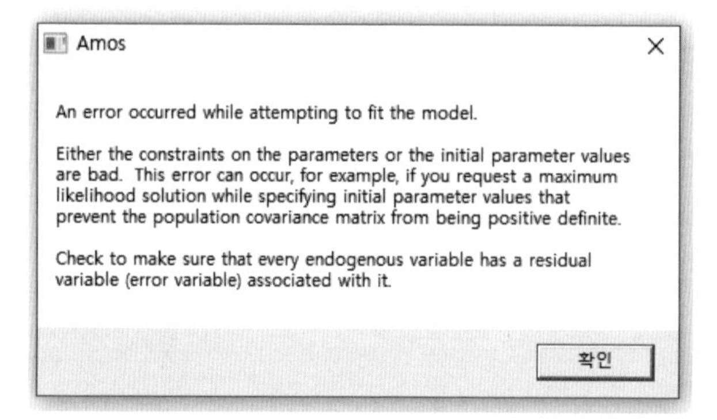
Amos
An error occurred while attempting to fit the model.
Either the constraints on the parameters or the initial parameter values are bad. This error can occur, for example, if you request a maximum likelihood solution while specifying initial parameter values that prevent the population covariance matrix from being positive definite.
Check to make sure that every endogenous variable has a residual variable (error variable) associated with it.
확인

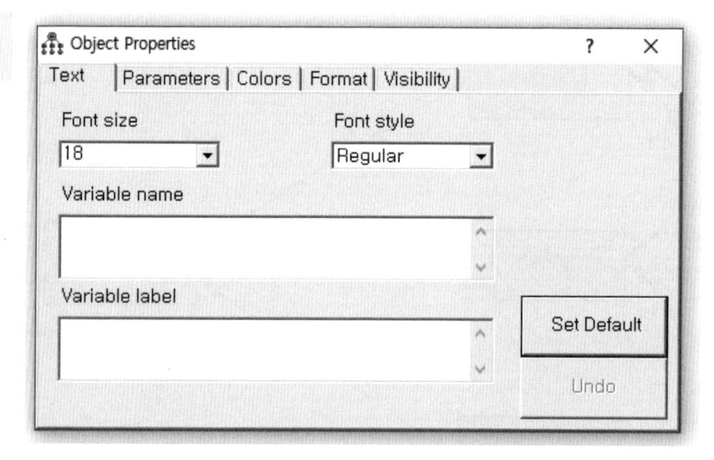
Object Properties
Text
Parameters
Colors
Format
Visibility
Font size
18
Font style
Regular
Variable name
Variable label
Set Default
Undo

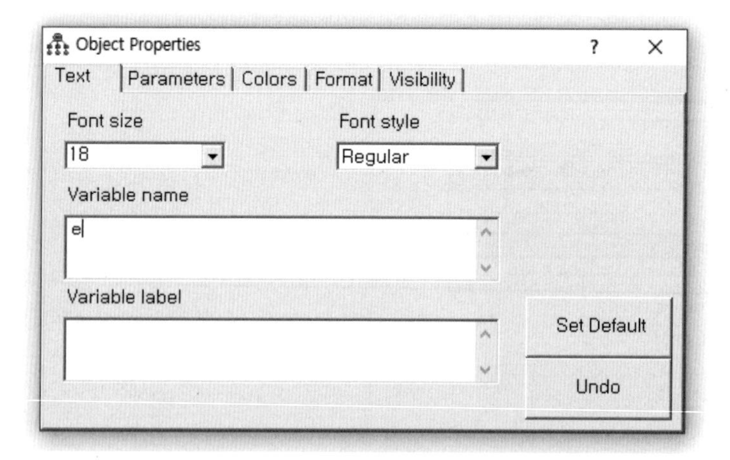
Object Properties
Text
Parameters
Colors
Format
Visibility
Font size
18
Font style
Regular
Variable name
e
Variable label
Set Default
Undo

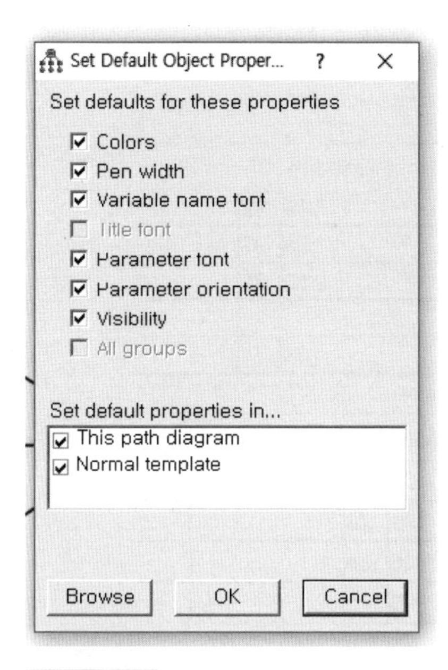
Set Default Object Proper...
Set defaults for these properties
Colors
Pen width
Variable name font
Title font
Parameter font
Parameter orientation
Visibility
All groups
Set default properties in...
This path diagram
Normal template
Browse
OK
Cancel

Analyze

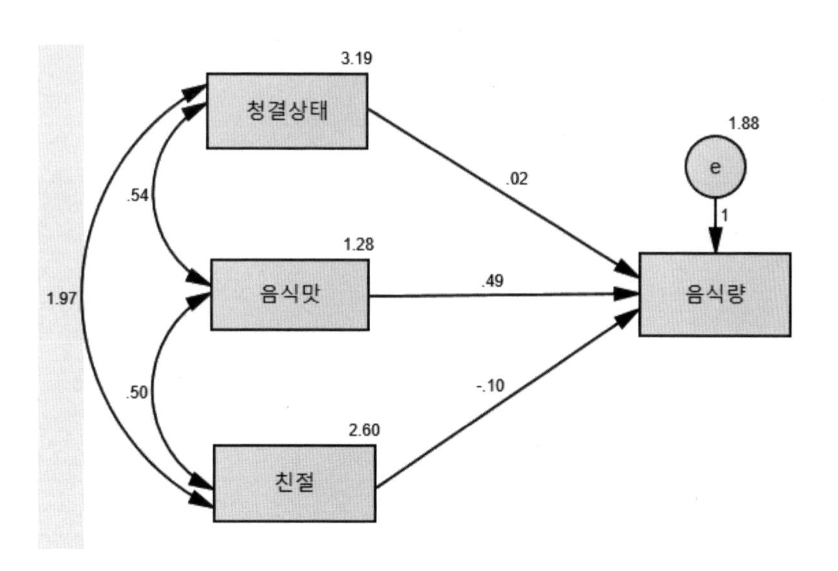
3.19
청결상태
1.88
e
.02
.54
1
1.28
.49
음식맛
음식량
1.97
.50
-.10
2.60
친절

View Text; Estimate

Variables

Name	Label	Observed	Variance Estimate	SE
x1	청결상태	☑	3.19	.92
x4	음식맛	☑	1.28	.37
x5	친절	☑	2.60	.75
x2	음식량	☑		
e		☐	1.88	.54

Regression weights

Dependent	Independent	Estimate	SE	Standardized
x2	x1	.02	.22	
x2	x4	.49	.26	
x2	x5	-.10	.24	
x2	e	1.00		

Covariances

Variable 1	Variable 2	Estimate	SE	Correlation
x4	x5	.50	.39	
x1	x4	.54	.43	
x1	x5	1.97	.71	

※ 회귀분석 결과

계수[a]

모형		비표준 계수		표준계수	t	유의수준	B의 95.0% 신뢰구간		상관			공선성 통계	
		B	표준오차	베타			하한	상한	0차	편	준편상관	허용오차	VIF
1	(상수)	2.661	1.292		2.059	.052	-.026	5.348					
	청결상태	.023	.231	.028	.099	.922	-.458	.504	.050	.022	.020	.523	1.912
	음식맛	.493	.276	.379	1.784	.089	-.082	1.068	.355	.363	.362	.914	1.094
	친절	-.103	.257	-.113	-.403	.691	-.638	.431	.009	-.088	-.082	.521	1.919

a. 종속변수: 음식량

－비표준계수(B): 2.661, 0.023, 0.493, －0.103

AMOS 분석(음식량)

(예비 분석) 상관관계 분석

기술통계

	평균	표준 편차	N
청결상태	4.36	1.823	25
음식량	4.52	1.503	25
대기시간	4.04	1.695	25
음식맛	4.40	1.155	25
친절	3.96	1.645	25
이용회수	3.68	1.435	25

상관

		청결상태	음식량	대기시간	음식맛	친절	이용회수
청결상태	Pearson 상관계수	1	.050	.629**	.265	.686**	.460*
	유의수준(양쪽)		.811	.001	.200	.000	.021
	N	25	25	25	25	25	25
음식량	Pearson 상관계수	.050	1	.220	.355	.009	.602**
	유의수준(양쪽)	.811		.290	.081	.967	.001
	N	25	25	25	25	25	25
대기시간	Pearson 상관계수	.629**	.220	1	.183	.509**	.211
	유의수준(양쪽)	.001	.290		.381	.009	.311
	N	25	25	25	25	25	25
음식맛	Pearson 상관계수	.265	.355	.183	1	.272	.734**
	유의수준(양쪽)	.200	.081	.381		.188	.000
	N	25	25	25	25	25	25
친절	Pearson 상관계수	.686**	.009	.509**	.272	1	.312
	유의수준(양쪽)	.000	.967	.009	.188		.129
	N	25	25	25	25	25	25

이용회수	Pearson 상관계수	.460*	.602**	.211	.734**	.312	1
	유의수준(양쪽)	.021	.001	.311	.000	.129	
	N	25	25	25	25	25	25

* 상관이 0.05 수준에서 유의합니다(양쪽).

** 상관이 0.01 수준에서 유의합니다(양쪽).

– 위의 상관관계분석을 통해 종속변수인 음식량, 독립변수인 청결상태, 음식맛, 친절 등의 관계를 1차적으로 파악한다.

1. 분석: IBM SPSS AMOS
2. File: Data Files; File Name; OK
    분석 대상 자료 선정
3. Diagram: 1차 사각형 Box 사용 도식화
4. Analyze: Calculate Estimates
5. Variables are unnamed(변수 선정)
   View: Variables in Dataset; 변수 Box에 지정

※ Save As

6. Calculate Estimates: Proceed with the Analysis
7. 2차 포물선(관계) 도식화: Calculate
8. 추가 기능: View; e 추가; Set Default(colors, pen width, variable name font, Object Properties

Harameter font, Harameter orientation, Visibility), Set default properties in (2개 항목 선택). OK

9. Calculate: 도식화로 분석결과 제시

10. View Text: Estimates 선택: 분석결과 제시(AMOS Output)

AMOS 사례

1. AMOS 통한 TV 시청량 ⇒ 신문 구독시간 ⇒ 만나이, 교육, 수입 등 분석결과

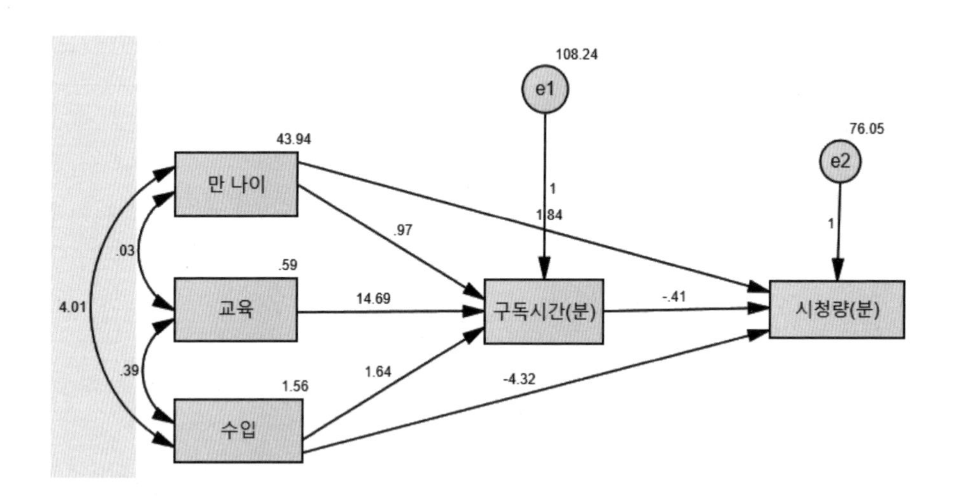

① [File]−[Data File]−[File Name]

② Data File 결정

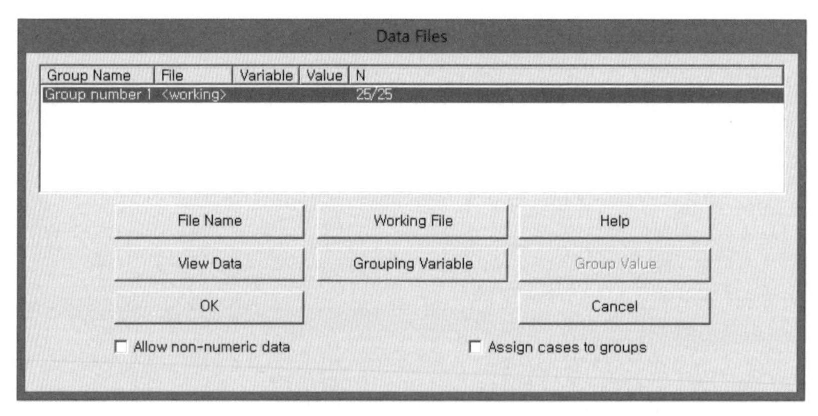

③ 분석하고자 하는 변수(종속변수, 독립변수)의 관계 기본 도식화

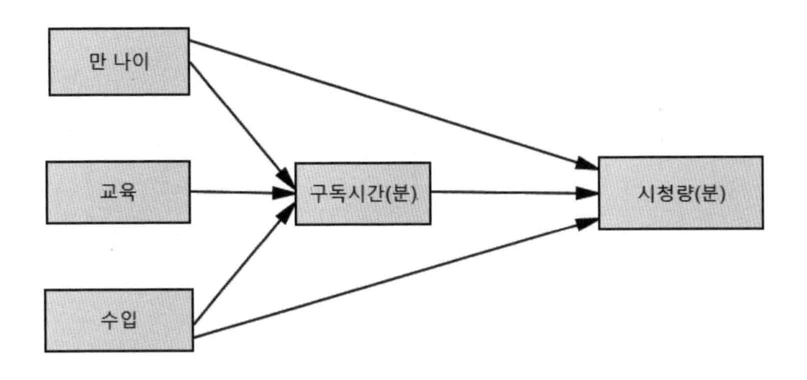

– Save As:

– Calculate Estimates

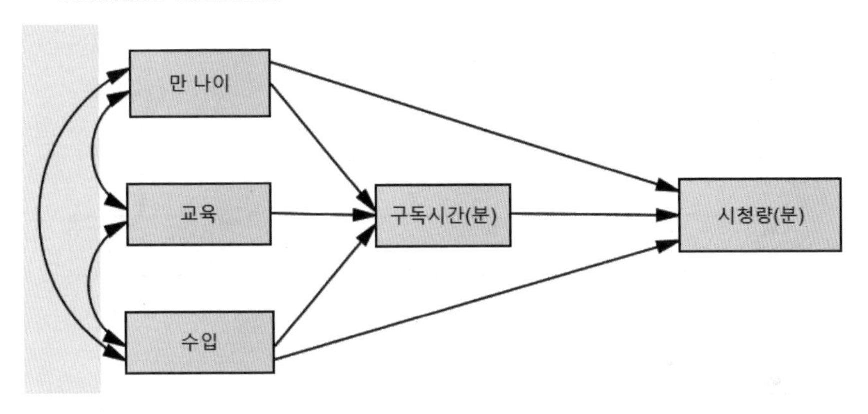

– Calculate Estimates

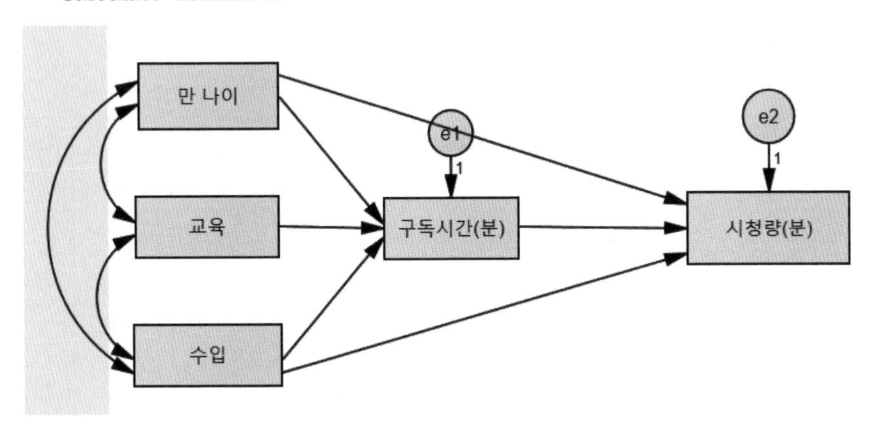

– Calculate Estimates

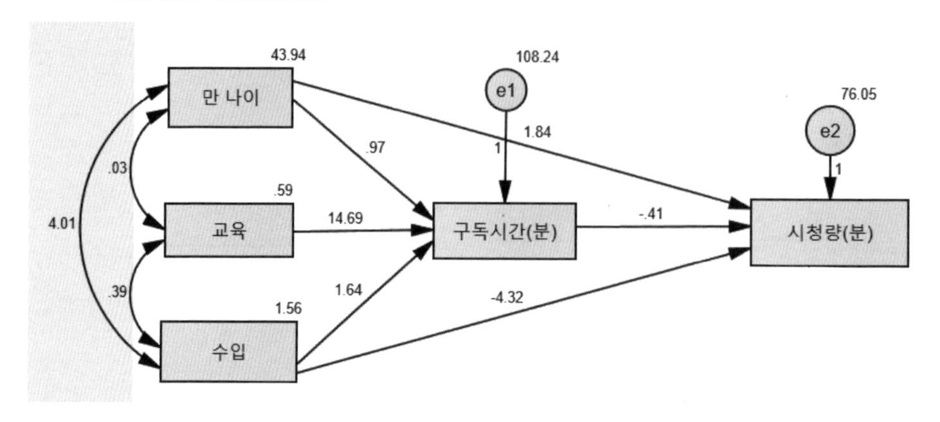

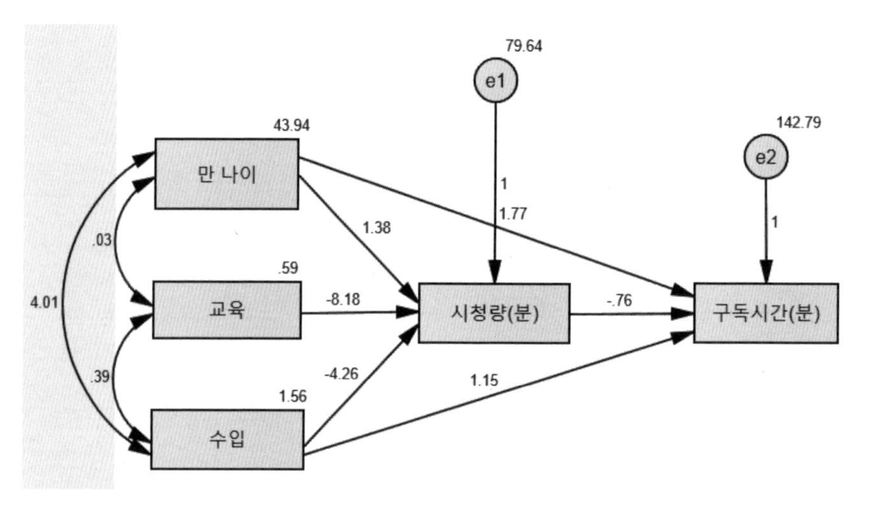

– View: Text Output: Estimate

Regression Weights: (Group number 1 – Default model)

			Estimate	S.E.	C.R.	P	Label
신문구독시간	←	연령	.971	.378	2.572	.010	
신문구독시간	←	교육	14.686	3.139	4.678	***	
신문구독시간	←	수입	1.636	2.197	.745	.456	
TV시청량	←	신문구독시간	-.406	.124	-3.284	.001	
TV시청량	←	수입	-4.316	1.813	-2.381	.017	
TV시청량	←	연령	1.836	.314	5.842	***	

Covariances: (Group number 1 - Default model)

	Estimate	S.E.	C.R.	P	Label
교육 ↔ 수입	.394	.211	1.865	.062	
연령 ↔ 교육	.029	1.035	.028	.978	
연령 ↔ 수입	4.013	1.879	2.136	.033	

Variances: (Group number 1 - Default model)

	Estimate	S.E.	C.R.	P	Label
연령	43.942	12.685	3.464	***	
교육	.586	.169	3.464	***	
수입	1.562	.451	3.464	***	
e1	108.243	31.247	3.464	***	
e2	76.053	21.955	3.464	***	

- 신문구독시간: 연령(2.572), 교육(4.678) ≥ 1.96

  TV 시청량: 연령(5.842) ≥ 1.96

AMOS 사례: TV 시청량, 신문구독

(TV 시청량)

상관계수

		시청량(분)	만 나이	교육
Pearson 상관	시청량(분)	1.000	.449	-.579
	만 나이	.449	1.000	.006
	교육	-.579	.006	1.000
유의확률(단측)	시청량(분)	-	.012	.001
	만 나이	.012	-	.489
	교육	.001	.489	-
N	시청량(분)	25	25	25
	만 나이	25	25	25
	교육	25	25	25

모형요약[b]

모형	R	R 제곱	수정된 R 제곱	추정값의 표준 오차	통계량 변화량					Durbin-Watson
					R 제곱 변화량	F 변화량	자유도1	자유도2	유의확률 F 변화량	
1	.735[a]	.540	.498	10.476	.540	12.928	2	22	.000	2.256

a. 예측자: (상수), 교육, 만 나이

b. 종속변수: 시청량(분)

ANOVA[a]

모형		제곱합	자유도	평균제곱	F	유의확률
1	회귀	2837.564	2	1418.782	12.928	.000[b]
	잔차	2414.436	22	109.747		
	전체	5252.000	24			

a. 종속변수: 시청량(분)

b. 예측자: (상수), 교육, 만 나이

계수[a]

모형		비표준화 계수		표준화 계수	t	유의확률	B에 대한 95.0% 신뢰구간		상관계수			공선성 통계량	
		B	표준화 오류	베타			하한	상한	0차	편상관	부분상관	공차	VIF
1	(상수)	42.099	10.960		3.841	.001	19.369	64.828					
	만 나이	.990	.316	.453	3.131	.005	.334	1.645	.449	.555	.453	1.000	1.000
	교육	-11.019	2.738	-.582	-4.024	.001	-16.697	-5.340	-.579	-.651	-.582	1.000	1.000

a. 종속변수: 시청량(분)

공선성 진단[a]

모형	차원	고유값	상태지수	분산비율		
				(상수)	만 나이	교육
1	1	2.888	1.000	.00	.01	.01
	2	.089	5.690	.02	.17	.83
	3	.023	11.312	.97	.83	.16

a. 종속변수: 시청량(분)

잔차 통계량[a]

	최소값	최대값	평균	표준화 편차	N
예측값	32.79	64.73	47.20	10.873	25
잔차	-24.749	14.217	.000	10.030	25
표준화 예측값	-1.325	1.612	.000	1.000	25
표준화 잔차	-2.362	1.357	.000	.957	25

a. 종속변수: 시청량(분)

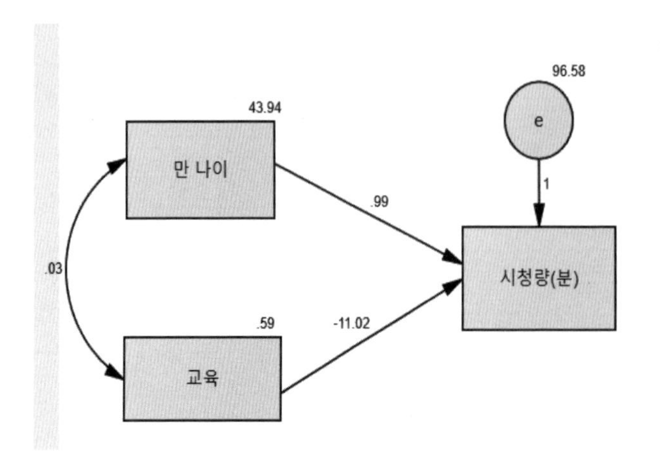

	Estimate	S.E.	C.R.	P	Label
TV시청량 ← 연령	.990	.303	3.270	.001	
TV시청량 ← 교육	-11.019	2.621	-4.203	***	

Covariances: (Group number 1 - Default model)

	Estimate	S.E.	C.R.	P	Label
연령 ↔ 교육	.029	1.035	.028	.978	

Variances: (Group number 1 - Default model)

	Estimate	S.E.	C.R.	P	Label
연령	43.942	12.685	3.464	***	
교육	.586	.169	3.464	***	
e	96.577	27.879	3.464	***	

※ 신문 구독시간

상관계수

		구독시간(분)	만 나이	교육
Pearson 상관	구독시간(분)	1.000	.424	.685
	만 나이	.424	1.000	.006
	교육	.685	.006	1.000
유의확률(단측)	구독시간(분)	.	.017	.000
	만 나이	.017	.	.489
	교육	.000	.489	.
N	구독시간(분)	25	25	25
	만 나이	25	25	25
	교육	25	25	25

모형요약[b]

모형	R	R 제곱	수정된 R 제곱	추정값의 표준 오차	통계량 변화량					Durbin-Watson
					R 제곱 변화량	F 변화량	자유도 1	자유도 2	유의확률 F 변화량	
1	.804[a]	.646	.614	11.218	.646	20.054	2	22	.000	2.261

a. 예측자: (상수), 교육, 만 나이

b. 종속변수: 구독시간(분)

ANOVA[a]

모형		제곱합	자유도	평균제곱	F	유의확률
1	회귀	5047.378	2	2523.689	20.054	.000[b]
	잔차	2768.622	22	125.846		
	전체	7816.000	24			

a. 종속변수: 구독시간(분)

b. 예측자: (상수), 교육, 만 나이

계수[a]

모형		비표준화 계수		표준화 계수	t	유의확률	B에 대한 95.0% 신뢰구간		상관계수			공선성 통계량	
		B	표준화 오류	베타			하한	상한	0차	편상관	부분상관	공차	VIF
1	(상수)	-31.252	11.736		-2.663	.014	-55.591	-6.913					
	만 나이	1.120	.338	.420	3.308	.003	.418	1.822	.424	.576	.420	1.000	1.000
	교육	15.778	2.932	.683	5.381	.000	9.698	21.859	.685	.754	.683	1.000	1.000

a. 종속변수: 구독시간(분)

공선성 진단[a]

모형	차원	고유값	상태지수	분산비율		
				(상수)	만 나이	교육
1	1	2.888	1.000	.00	.01	.01
	2	.089	5.690	.02	.17	.83
	3	.023	11.312	.97	.83	.16

a. 종속변수: 구독시간(분)

잔차 통계량[a]

	최소값	최대값	평균	표준화 편차	N
예측값	4.68	56.39	34.40	14.502	25
잔차	-26.134	23.686	.000	10.741	25
표준화 예측값	-2.049	1.516	.000	1.000	25
표준화 잔차	-2.330	2.111	.000	.957	25

a. 종속변수: 구독시간(분)

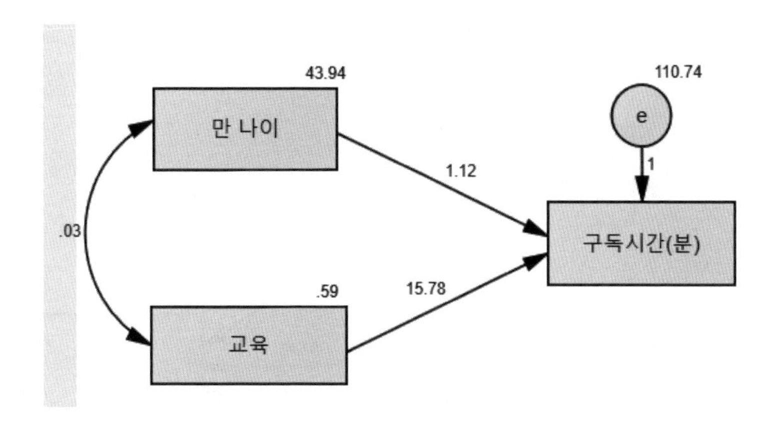

	Estimate	S.E.	C.R.	P	Label
신문구독시간 ← 연령	1.120	.324	3.455	***	
신문구독시간 ← 교육	15.778	2.807	5.621	***	

Covariances: (Group number 1 - Default model)

	Estimate	S.E.	C.R.	P	Label
연령 ↔ 교육	.029	1.035	.028	.978	

Variances: (Group number 1 - Default model)

	Estimate	S.E.	C.R.	P	Label
연령	43.942	12.685	3.464	***	
교육	.586	.169	3.464	***	
e	110.745	31.969	3.464	***	

예 employee 자료를 이용한 AMOS 검토

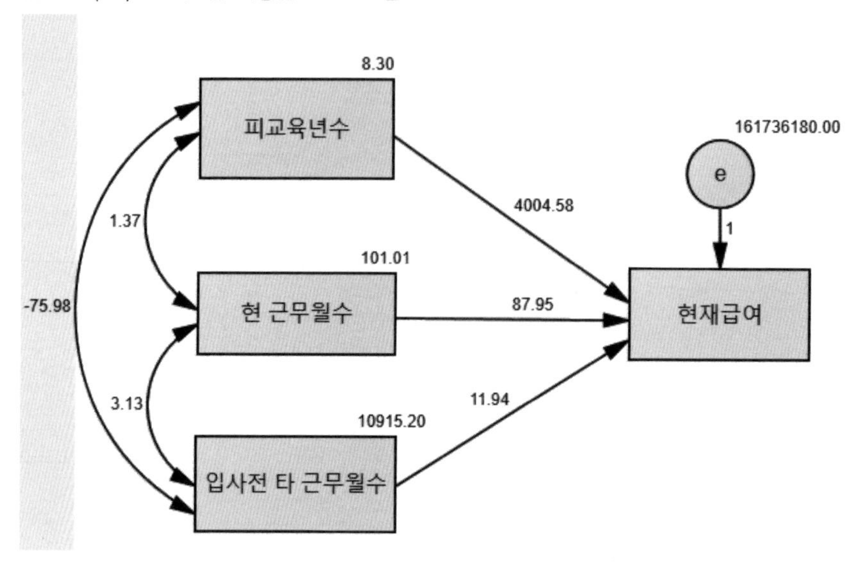

Regression Weights: (Group number 1 - Default model)

	Estimate	S.E.	C.R.	P	Label
현재급여 ← 피교육	4004.576	209.959	19.073	***	
현재급여 ← 근무월수	87.951	58.255	1.510	.131	
현재급여 ← 경력	11.936	5.785	2.063	.039	

Covariances: (Group number 1 - Default model)

	Estimate	S.E.	C.R.	P	Label
근무월수 ↔ 경력	3.127	48.280	.065	.948	
피교육 ↔ 근무월수	1.372	1.333	1.029	.303	
피교육 ↔ 경력	-75.978	14.278	-5.321	***	

Variances: (Group number 1 - Default model)

	Estimate	S.E.	C.R.	P	Label
피교육	8.305	.540	15.379	***	
근무월수	101.009	6.568	15.379	***	
경력	10915.198	709.767	15.379	***	
e	161736176.306	10516993.342	15.379	***	

AMOS 사례(현재급여 및 최초급여)

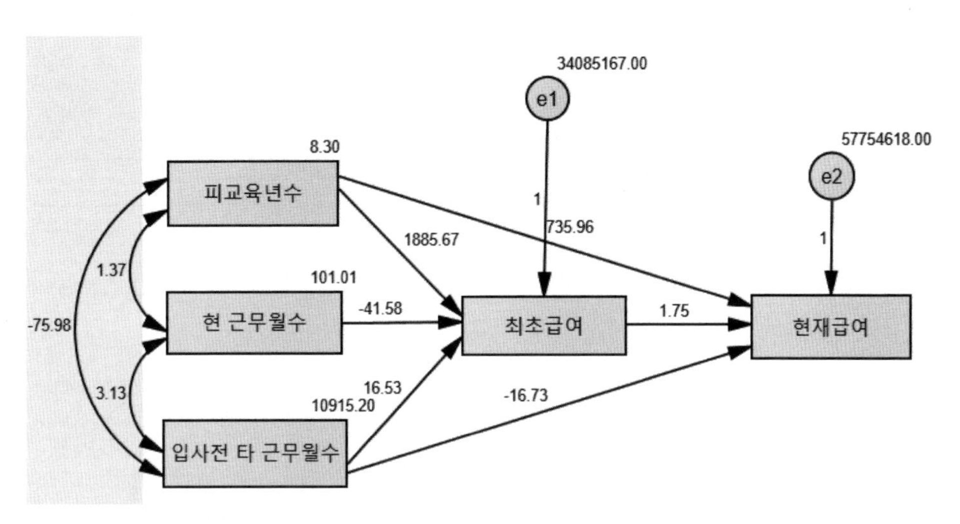

Regression Weights: (Group number 1 – Default model)

	Estimate	S.E.	C.R.	P	Label
최초급여 ← 피교육	1885.666	96.386	19.564	***	
최초급여 ← 근무월수	−41.582	26.743	−1.555	.120	
최초급여 ← 경력	16.534	2.656	6.226	***	
현재급여 ← 최초급여	1.749	.060	29.291	***	
현재급여 ← 피교육	735.956	168.153	4.377	***	
현재급여 ← 경력	−16.730	3.594	−4.656	***	

Covariances: (Group number 1 – Default model)

	Estimate	S.E.	C.R.	P	Label
근무월수 ↔ 경력	3.127	48.280	.065	.948	
피교육 ↔ 근무월수	1.372	1.333	1.029	.303	
피교육 ↔ 경력	−75.978	14.278	−5.321	***	

Variances: (Group number 1 - Default model)

	Estimate	S.E.	C.R.	P	Label
피교육	8.305	.540	15.379	***	
근무월수	101.009	6.568	15.379	***	
경력	10915.204	709.768	15.379	***	
e1	34085166.570	2216408.710	15.379	***	
e2	57754618.453	3755529.230	15.379	***	

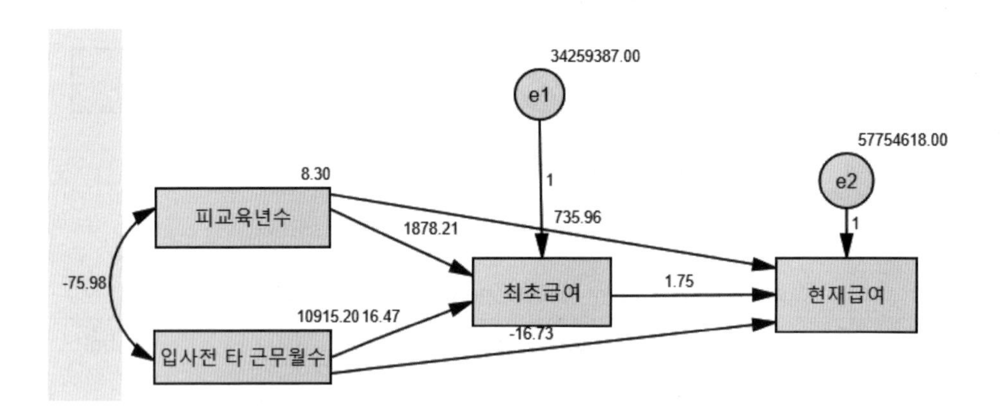

Regression Weights: (Group number 1 - Default model)

			Estimate	S.E.	C.R.	P	Label
최초급여	←	피교육	1878.211	96.512	19.461	***	
최초급여	←	경력	16.470	2.662	6.187	***	
현재급여	←	최초급여	1.749	.060	29.291	***	
현재급여		경력	-16.730	3.594	-4.656	***	
현재급여		피교육	735.956	168.153	4.377	***	

Covariances: (Group number 1 - Default model)

			Estimate	S.E.	C.R.	P	Label
피교육	↔	경력	-75.978	14.278	-5.321	***	

Variances: (Group number 1 - Default model)

	Estimate	S.E.	C.R.	P	Label
피교육	8.305	.540	15.379	***	
경력	10915.204	709.768	15.379	***	
e1	34259386.572	2227737.472	15.379	***	
e2	57754618.453	3755529.230	15.379	***	

AMOS(TV 시청량)

계수[a]

모형		비표준화 계수 B	비표준화 계수 표준오차	표준화 계수 베타	t	유의확률	B에 대한 95.0% 신뢰구간 하한값	B에 대한 95.0% 신뢰구간 상한값	상관계수 0차	상관계수 편상관	상관계수 부분상관
1	(상수)	36.523	10.522		3.471	.002	14.640	58.406			
	만 나이	1.377	.346	.630	3.977	.001	.657	2.097	.449	.655	.534
	교육	-8.175	2.878	-.432	-2.840	.010	-14.161	-2.189	-.579	-.527	-.382
	수입	-4.259	2.015	-.367	-2.114	.047	-8.449	-.069	-.240	-.419	-.284

a. 종속변수: 시청량(분)

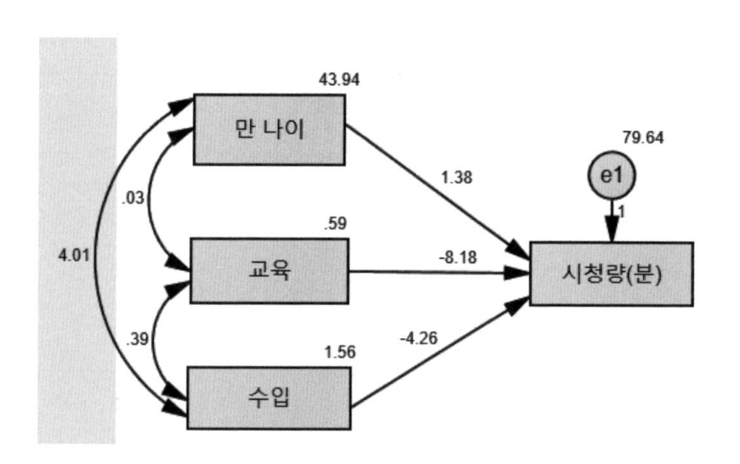

			Estimate	S.E.	C.R.	P	Label
TV시청량	←	연령	1.377	.324	4.251	***	
TV시청량	←	교육	-8.175	2.693	-3.036	.002	
TV시청량	←	수입	-4.259	1.885	-2.260	.024	

Covariances: (Group number 1 - Default model)

	Estimate	S.E.	C.R.	P	Label
연령 ↔ 교육	.029	1.035	.028	.978	
교육 ↔ 수입	.394	.211	1.865	.062	
연령 ↔ 수입	4.013	1.879	2.136	.033	

Variances: (Group number 1 - Default model)

	Estimate	S.E.	C.R.	P	Label
연령	43.942	12.685	3.464	***	
교육	.586	.169	3.464	***	
수입	1.562	.451	3.464	***	
e1	79.636	22.989	3.464	***	

AMOS(수입에서 TV 시청량)

계수[a]

모형		비표준화 계수		표준화 계수	t	유의확률	B에 대한 95.0% 신뢰구간		상관계수		
		B	표준오차	베타			하한값	상한값	0차	편상관	부분 상관
1	(상수)	36.523	10.522		3.471	.002	14.640	58.406			
	만 나이	1.377	.346	.630	3.977	.001	.657	2.097	.449	.655	.534
	교육	-8.175	2.878	-.432	-2.840	.010	-14.161	-2.189	-.579	-.527	-.382
	수입	-4.259	2.015	-.367	-2.114	.047	-8.449	-.069	-.240	-.419	-.284

a. 종속변수: 시청량(분)

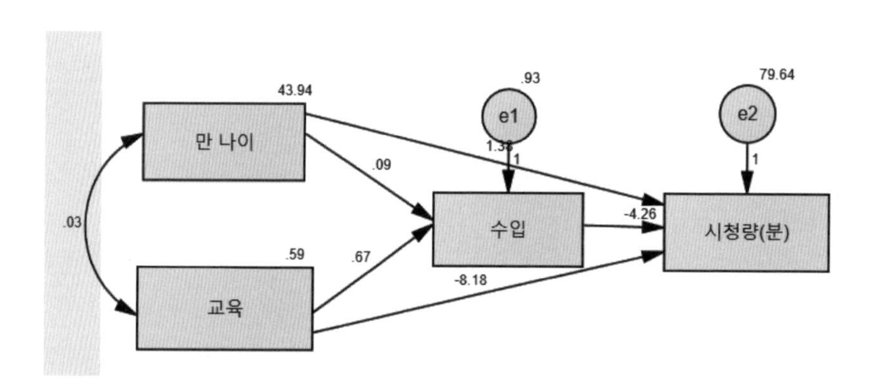

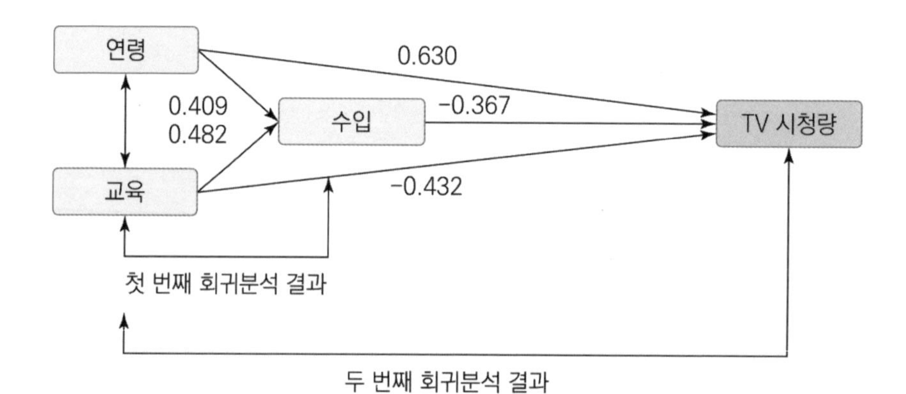

AMOS(신문구독시간, TV 시청량)

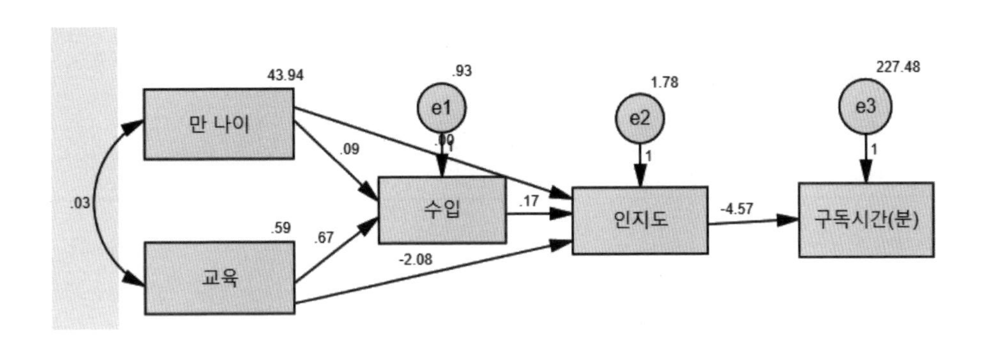

Regression Weights: (Group number 1 - Default model)

			Estimate	S.E.	C.R.	P	Label
수입	←	연령	.091	.030	3.054	.002	
수입	←	교육	.668	.258	2.590	.010	
인지도	←	연령	.001	.048	.024	.981	
인지도	←	교육	-2.080	.402	-5.174	***	
인지도	←	수입	.168	.281	.596	.551	
신문구독시간	←	인지도	-4.569	1.524	-2.997	.003	

Covariances: (Group number 1 - Default model)

	Estimate	S.E.	C.R.	P	Label
연령 ↔ 교육	.029	1.035	.028	.978	

Variances: (Group number 1 - Default model)

	Estimate	S.E.	C.R.	P	Label
연령	43.942	12.685	3.464	***	
교육	.586	.169	3.464	***	
e1	.934	.270	3.464	***	
e2	1.776	.513	3.464	***	
e3	227.481	65.668	3.464	***	

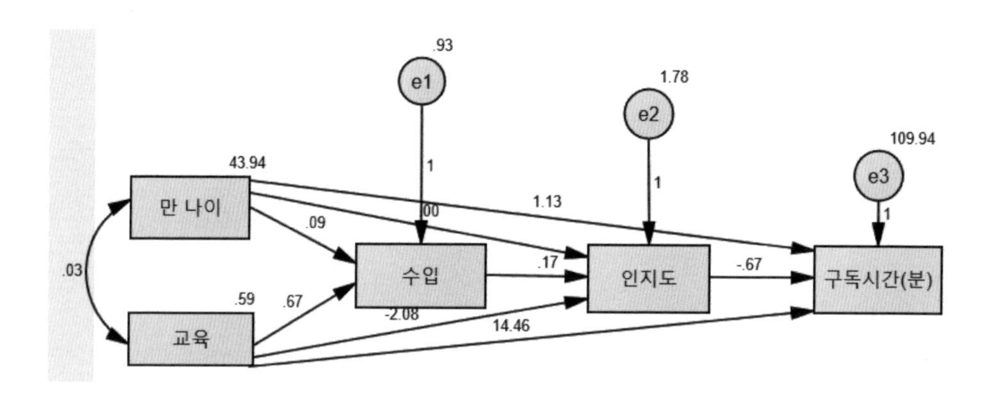

Regression Weights: (Group number 1 - Default model)

			Estimate	S.E.	C.R.	P	Label
수입	←	연령	.091	.030	3.054	.002	
수입	←	교육	.668	.258	2.590	.010	
인지도	←	연령	.001	.048	.024	.981	
인지도	←	교육	-2.080	.402	-5.174	***	
인지도	←	수입	.168	.281	.596	.551	
신문구독시간	←	인지도	-.670	1.594	-.420	.674	
신문구독시간	←	연령	1.131	.324	3.490	***	
신문구독시간	←	교육	14.460	4.203	3.440	***	

Covariances: (Group number 1 - Default model)

	Estimate	S.E.	C.R.	P	Label
연령 ↔ 교육	.029	1.035	.028	.978	

Variances: (Group number 1 - Default model)

	Estimate	S.E.	C.R.	P	Label
연령	43.942	12.685	3.464	***	
교육	.586	.169	3.464	***	
e1	.934	.270	3.464	***	
e2	1.776	.513	3.464	***	
e3	109.937	31.736	3.464	***	

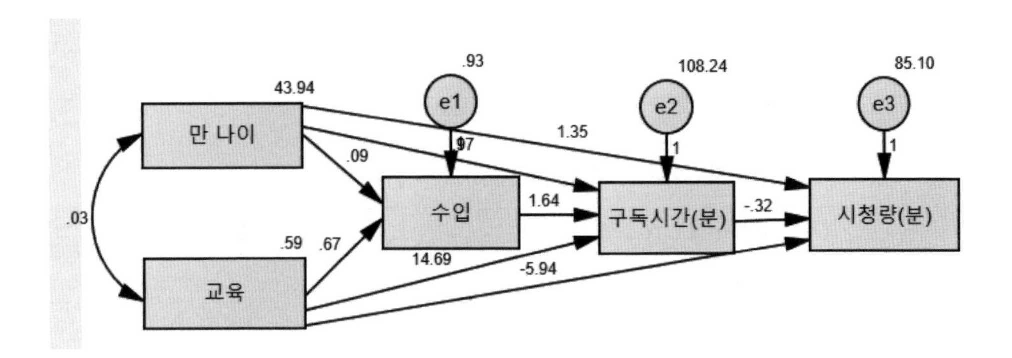

Computation of degrees of freedom (Default model)

Number of distinct sample moments: 15
Number of distinct parameters to be estimated: 14
Degrees of freedom (15 - 14): 1

Result (Default model)

Minimum was achieved
Chi-square = 4.082
Degrees of freedom = 1
Probability level = .043

Regression Weights: (Group number 1 - Default model)

			Estimate	S.E.	C.R.	P	Label
수입	←	연령	.091	.030	3.054	.002	
수입	←	교육	.668	.258	2.590	.010	
신문구독시간	←	수입	1.636	2.197	.745	.456	
신문구독시간	←	연령	.971	.378	2.572	.010	
신문구독시간	←	교육	14.686	3.139	4.678	***	
TV 시청량	←	교육	-5.939	3.745	-1.586	.113	
TV 시청량	←	연령	1.350	.348	3.884	***	
TV 시청량	←	신문구독시간	-.322	.179	-1.799	.072	

Covariances: (Group number 1 - Default model)

	Estimate	S.E.	C.R.	P	Label
연령 ↔ 교육	.029	1.035	.028	.978	

Variances: (Group number 1 - Default model)

	Estimate	S.E.	C.R.	P	Label
연령	43.942	12.685	3.464	***	
교육	.586	.169	3.464	***	
e1	.934	.270	3.464	***	
e2	108.243	31.247	3.464	***	
e3	85.098	24.566	3.464	***	

제 19 장

가변인(Dummy Variable) 회귀분석(1)

제1절 가변인 회귀분석의 의의

1. 가변인 회귀분석

명목척도로 측정한 한 개의 독립변인과 등간척도(비율척도)로 측정된 한 개의 종속변인 간의 관계를 회귀분석방법으로 분석하는 통계방법으로, 명목척도로 측정한 독립변인을 가변인(Dummy Variable)으로 바꾸어 등간척도로 만들면 회귀분석방법을 사용할 수 있다. 명목척도로 측정한 변인이 하나일 때 가변인 회귀분석방법의 결과는 일원변량분석방법(One-way ANOVA)의 결과와 동일하다.

2. 가변인 회귀분석방법의 조건

1) 독립변인
   ① 수: 한 개
   ② 측정: 명목척도를 가변인으로 변환
2) 종속변인
   ① 수: 한 개
   ② 측정: 등간척도 또는 비율척도

3. 연구절차

1) 연구가설을 선정한다.
2) 프로그램을 실행한다.
3) 회귀모델의 변량분석 및 유의도 검증을 한다.
4) 비표준 회귀계수를 이용한 집단 평균값 분석을 한다.

4. 연구가설 선정

1) 일원변량분석방법[1]과 가변인 회귀분석방법의 결과가 동일하다는 것을 보여주기 위해 일원변량분석방법에서 제시한 연구가설을 사용한다.

2) 연구자는 종교가 음주에 대한 태도에 영향력을 미치는지 분석하고 싶어 한다고 가정하면, 연구가설은 <종교가 음주에 대한 태도에 영향을 줄 것이다> 검증하고자 할 때 독립변인은 명목척도로 측정된 <종교> 하나이고, 3가지 유목으로 측정된다. 종속변인은 <음주에 대한 태도>로 5점 척도로 측정된다.

명목변인으로 측정된 독립변인을 가변인으로 만들어 → 회귀분석방법 사용 분석

예 연구자는 〈거주지역에 따라 준법성에 차이가 있을 것이다〉라는 연구가설을 검증하고자 한다. 연구자는 〈거주지역〉을 ① 북동부, ② 남동부, ③ 서부 세 개의 유목으로 측정하였고, 〈준법성〉은 5점 척도(1=매우 중요, 2=2번째 중요, 3=3번째 중요, 4=4번째 중요, 5=가장 덜 중요)로 측정하였다. 이 연구가 가설을 검증할 수 있는 적합한 통계방법은 일원변량분석방법이지만, 여기서는 명목변인으로 측정된 독립변인을 가변인으로 만들어 회귀분석방법을 사용하여 분석한다.

3) 가변인의 코딩방법과 수

(1) 명목척도의 세 가지 코딩방법: 명목척도를 등간척도로 코딩해야 한다.

① 가변인 코딩방법(dummy coding): 응답자가 특정 유목에 속해 있느냐 여부에 따라 특정 유목에 속하면 '1'을, 속하지 않으면 '0'을 부여하는 방법

예 응답자 1과 2는 동부 지역거주자이기 때문에 가변인〈D1〉에서 '1'을 부여하고, 동부 지역거주자가 아닌 다른 응답자에게는 '0'을 부여한다. 응답자 3은 동부지역 거주자가 아니기 때문에 '0'을 부여한다.

② 효과코딩(effect coding): 응답자가 특정 유목에 속해 있느냐의 여부에 따라 E(0, 1, −1) 세 수치를 부여하는 방법이다. 가변인 코딩과 유사한 방식으로 값을 부여하는데, 차이점은 마지막 집단인 서부 지역거주자에게는 '0' 대신에 '−1'을 부여하는 방법이다.

③ 독립코딩(orthogonal coding): <O1>에서는 동부와 서부의 평균값을 비교하는 방식으로 <O2>에서는 동부집단과 동부와 서부 두 집단의 평균값

---

1) 명목척도로 측정한 독립변인의 수가 한 개이고, 등간척도(비율척도)로 측정한 종속변인의 수가 하나인 연구가설을 검증하는 통계방법(p. 46).

과 남부집단의 평균값을 비교하는 방식으로 (0, 1, −1, −2) 네 값을 부여하는 방법이다.

(예제) employee자료에서 성별의 경우 남성을 1로, 나머지는 0으로 처리한다.

변환−다른 변수로 코딩 변경

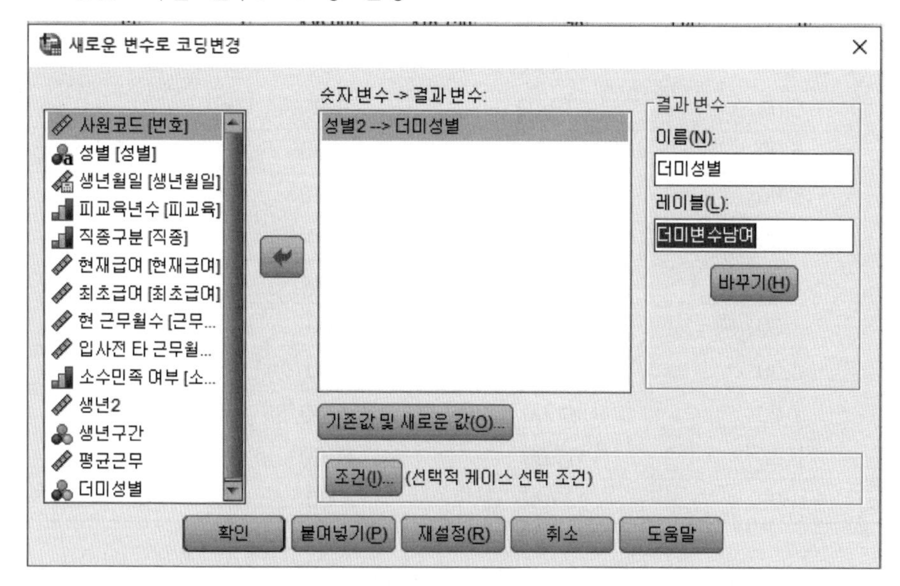

다른 변수로 코딩변경: 기존값 및 새로운 값
기존값
값(V):
시스템 결측값(S)
시스템 또는 사용자 결측값(U)
범위(N):
에서(T)
최저값에서 다음 값까지 범위(G):
다음 값에서 최고값까지 범위(E):
기타 모든 값(O)
새로운 값
값(L):
시스템 결측값(Y)
기존값 복사(P)
기존값 --> 새로운 값(D):
1 --> 1
ELSE --> 0
추가(A)
변경(C)
제거(M)
출력변수가 문자열임(B) 너비(W): 8
숫자형 문자를 숫자로 변환('5'->5)(M)
계속(C) 취소 도움말

– 남성은 1에서 1로 처리, 나머지는 기타 모든 값을 통해 처리
– 결과적으로 더미변수 창출

생년구간	평균근무	더미성별	변수
4.00	121.00	1.00	
5.00	67.00	1.00	
1.00	239.50	.00	
4.00	144.00	.00	
5.00	118.00	1.00	
5.00	82.50	1.00	
5.00	106.00	1.00	
7.00	49.00	.00	
3.00	106.50	.00	
3.00	171.00	.00	
4.00	120.50	.00	
7.00	62.00	1.00	
6.00	66.00	1.00	
4.00	117.50	.00	

입력된/제거된 변수[a]

모형	입력된 변수	제거된 변수	방법
1	더미성별[b]	–	Enter

a. 종속 변수: 현재급여

b. 모든 요청된 변수가 입력되었습니다.

상관

		현재급여	성별더미
Pearson 상관계수	현재급여	1.000	.450
	성별더미	.450	1.000
유의수준 (한쪽)	현재급여	–	.000
	성별더미	.000	0
N	현재급여	474	474
	성별더미	474	474

모형요약[b]

모형	R	R 제곱	조정된 R 제곱	표준 추정값 오류	통계 변경					Durbin-Watson
					R 제곱 변화량	F 변화량	df1	df2	유의수준 F 변화량	
1	.450[a]	.202	.201	$15,265.862	.202	119.798	1	472	.000	1.950

a. 예측변수: (상수), 성별더미
b. 종속변수: 현재급여

– 독립변수와 종속변수의 상관관계는 (R=0.450)이며, 독립변수가 종속변수를 설명하는 비율은 20.2%로 설명력이 낮은 편이다.

분산 분석[a]

모형		제곱합	df	평균 제곱	F	유의수준
1	회귀분석	2.792E+10	1	2.792E+10	119.798	.000[b]
	잔차	1.100E+11	472	233046530.5		
	총계	1.379E+11	473			

a. 종속변수: 현재급여
b. 예측변수: (상수), 성별더미

– F값이 119.798, 유의확률 0.000($p<0.05$)으로 통계적 유의수준 이하이며, 회귀선 모델에 적합하다고 할 수 있다.

계수[a]

모형		비표준 계수		표준 계수	t	유의 수준	B의 95.0% 신뢰구간	
		B	표준 오차	베타			하한	상한
1	(상수)	26031.921	1038.710		25.062	.000	23990.853	28072.990
	성별더미	15409.862	1407.906	.450	10.945	.000	12643.322	18176.401

a. 종속변수: 현재급여

– 독립변수인 성별더미변수가 종속변수인 현재급여에 통계적 유의수준 이하에서 유의한 영향을 미치고 있는 것으로 나타났으며(t=10.945), 결과적으로 '남자'라는 요인은 현재급여에 26031.921+15409.862(1)=41441.783 만큼 영향을 미치고, '여자'라는 요인은 현재급여에 26031.921+15409.862(0) =26031.921 만큼 영향을 미치는 것으로 나타났습니다.

제20장

가변인 회귀분석(2)

-명목변인이 2개 이상인 경우-

제1절 가변인 회귀분석(2)

1. 가변인 회귀분석방법

명목척도로 측정한 두 개 이상의 독립변인들과 등간척도(또는 비율척도)로 측정한 한 개의 종속변인 간의 관계를 회귀분석방법으로 분석하는 통계방법이 가변인 회귀분석방법이며, 가변인 회귀분석방법의 결과는 다원변량분석방법(n-way ANOVA)의 결과와 동일하다.

2. 가변인 회귀분석방법의 조건

1) 독립변인
수: 두 개 이상의 여러 개,
측정: 명목척도를 가변인으로 변환
2) 종속변인
수: 한 개,
측정: 등간척도 또는 비율척도

3. 연구절차

1) 연구가설 선정한다.
2) 프로그램 실행한다.
3) 회귀모델의 변량을 분석하고 유의도를 검증한다.
4) 비표준 회귀계수를 이용한 집단 평균값을 분석한다.

4. 연구가설 선정

1) 연구자가 성별과 거주지역이 음주에 대한 태도에 영향력을 미치는지 분석하고자 가정할 때, 연구자는 <종교와 성별이 음주에 대한 태도에 영향

을 줄 것이다>라는 연구가설을 세워 검증하고자 한다.

2) 독립변인은 <종교>와 <성별>

<종교>는 ① 기독교, ② 천주교, ③ 불교 세 개의 유목으로 측정하고,

<성별>은 ① 남성, ② 여성으로 측정하였다.

종속변인은 <음주에 대한 태도> 하나이고, 음주에 대한 태도를 부정·긍정 측면에서 5점 척도로 측정하였다.

→ 이 연구가설을 검증할 수 있는 적합한 통계방법은 다원변량분석방법이지만, 명목변인으로 측정된 독립변인을 가변인으로 만들어 가변인 회귀분석 방법을 사용 분석한다.

제21장

가변인 회귀분석(3)
-명목척도와 등간척도(비율척도)로 측정한 변인들이 독립변인에 동시에 있는 경우-

제1절 가변인 회귀분석(3)

1. 가변인 회귀분석방법

명목척도로 측정된 한 개 이상 여러 개의 독립변인과 등간척도(또는 비율척도)로 측정된 한 개 이상 여러 개의 독립변인과 등간척도(비율척도)로 측정된 한 개의 종속변인과의 인과관계를 분석하는 통계방법이다.

가변인 회귀분석방법의 조건

독립변인	
수	두 개 이상 여러 개
측정	명목척도, 등간척도(또는 비율척도)
명칭	명목척도로 측정된 변인을 요인(factor) 등간척도(비율척도)로 측정된 공변인(covariate)
종속변인	
수	한 개
측정	등간척도 또는 비율척도

1) 독립변인의 주효과만이 존재한다고 가정한 회귀모델

연구자가 명목척도로 측정된 독립변인과 등간척도(비율척도)로 측정된 독립변인이 등간척도(비율척도)로 측정된 종속변인에게 미치는 개별적 영향력만 존재한다고 전제할 경우에는 독립변인의 주 효과만 검증하고, 상호작용 효과는 분석하지 않는다.

2) 독립변인의 주효과와 상호작용 효과가 존재한다고 가정한 회귀모델

연구자가 명목척도로 측정된 독립변인과 등간척도(비율척도)로 측정된 독립변인이 등간척도(비율척도)로 측정된 종속변인에게 미치는 개별적 영향뿐 아니라 상호작용 효과도 존재한다고 전제할 경우에는 먼저 상호작용 효과를 분석한다. 만일 상호작용 효과가 통계적으로 유의미하면 분석을 마치지만, 상호작용 효과가 통계적으로 의미가 없으면 주효과를 분석한다.

2. 연구절차

1) 가변인 회귀분석방법에 적합한 문제를 만든다.

(1) 독립변인과 종속변인의 수[1]와 측정[2] 조건에 맞는 변인을 선정한다.

① 독립변인의 주효과만 있다고 가정한 회귀모델

② 주 효과와 상호작용 효과가 함께 존재한다고 가정한 회귀모델

2) 프로그램의 가변인 회귀분석방법을 실행하여 분석에 필요한 결과를 얻는다.

3) 설명변량을 살펴보고, 변량분석표를 통해 독립변인의 전체의 유의도, 상호작용 효과와 주효과의 유의도 검증하고, 베타계수 분석을 통해 개별 변인의 영향력을 분석한다.

4) 독립변인의 비표준 회귀계수를 이용하여 집단 간 평균값을 분석한다.

3. 연구가설 선정

예 연구자가 성별과 연령이 음주에 대한 태도에 영향력을 미치는지 분석하고 싶어 한다고 가정하자. 연구자는 〈성별과 연령이 음주에 대한 태도에 영향을 줄 것이다〉라는 연구가설을 세워 검증하고자 한다. 독립변인은 〈성별〉과 〈연령〉이고, 〈성별〉은 ① 남성, ② 여성으로 측정하였고, 〈연령〉은 실제 나이로 측정하였다. 종속변인은 〈음주에 대한 태도〉 한 개이고 부정-긍정 차원에서 5점 척도로 측정하였다.

1) 독립변인의 주 효과만이 존재한다고 가정한 회귀모델

(1) 독립변인이 종속변인에게 미치는 영향력만이 존재한다고 전제하는 회귀모델

이 경우, 독립변인의 상호작용 효과를 분석하지 않는다.

$Y' = A + B_1D_1$(비표준 회귀계수일 때)

$Y' = B_1X_1 + B_2D_2$(표준 회귀계수일 때)

여기서, Y': 종속변인 예측 점수(음주에 대한 태도)

X_1: 공변인 1(연령)

D_1: 가변인 1(남성)

B_1, B_2: 회귀계수(주효과)

A: 상수

---

1) 독립변인은 두 개 이상 여러 개, 종속변인은 반드시 한 개

2) 독립변인은 명목척도와 등간척도(또는 비율척도), 종속변인은 등간척도(또는 비율척도)

여성 집단 회귀방정식: $Y' = A + B_1X_1$(D1이 0이기 때문에)

남성 집단 회귀방정식: $Y' = (A + B_2) + B_1X_1$(D1이 1이기 때문에)

제 22 장

경로분석 (Path Analysis)

제1절 경로분석이란

등간척도(또는 비율척도)로 측정한 두 개 이상 여러 개의 외부변인들(Exogenous Variables)이 등간척도(또는 비율척도)로 측정한 특정 내부변인(Endogenous Variable)에 미치는 영향력과 특정 내부변인이 다른 내부변인에게 미치는 영향력을 분석하는 방법이다.

1. 경로분석방법의 조건

1) 외부변인: 독립변인처럼 원인으로 선정된 변인
내부변인: 종속변인처럼 결과로 여겨지는 변인

2) 경로분석방법의 조건

(1) 외부변인:
수: 한 개 또는 여러 개,
측정: 등간척도 또는 비율척도(명목척도: 가변인)

(2) 내부변인
수: 각 분석단계별 한 개,
측정: 등간척도, 또는 비율척도
명목척도로 측정한 변인은 내부변인으로 사용할 수 없다.

여러 변인들 간의 인과관계를 여러 단계로 나누어 분석하는 특성상 특정 변인이 독립변인이 되기도 하고, 종속변인이 되기도 하기 때문에 혼란을 피하기 위해서 외부변인, 내부변인으로 구분하여 용어를 사용한다.

3) 경로모델에서 자주 사용하는 기호

(1) 실선 화살표(→): 한 변인이 다른 변인에게 영향을 준다는 것을 나타낸다.
예 외부변인에서 내부변인으로, 내부변인에서 내부변인으로 가는 영향력 표시

(2) 점선 화살표(⇢)는 한 변인이 다른 변인에게 영향력을 미치지 못한다는 것을 의미한다.

예 A ⇢ B: A변인이 B변인에게 영향을 주지 못한다는 의미
통계검증결과 변인들 간의 인과관계가 없다는 표시로 사용

(3) 양방향 화살표가 있는 포물선(↶↷)은 변인 간의 상관관계는 존재하지만 인과관계가 불분명해서 경로모델 내에서는 분석할 수 없다는 것을 나타낸다. 주로 외부변인과 외부변인 간의 관계를 표시할 때 사용한다.

예 A ↶↷ B는 A변인과 B변인 간의 상관관계가 존재하지만 인과관계가 분명하지 않아 분석할 수 없다는 의미

(4) 화살표 표시가 없는 포물선(⌒)은 변인 간의 상관관계가 경로모델에서 포함하지 않은 다른 변인 때문에 생긴 의사상관관계(Spurious Correlation)이거나 인과관계에 의한 것이 아니기 때문에 분석할 필요가 없다는 것을 나타낸다. 이 기호는 주로 외부변인과 외부변인 간의 관계, 또는 내부변인과 내부변인 간의 관계를 표시할 때 사용한다.

예 A ⌒ B: A변인과 B변인의 상관관계는 의사상관관계이거나, 인과관계에 의한 것이 아니기 때문에 분석할 필요가 없다는 의미이다.

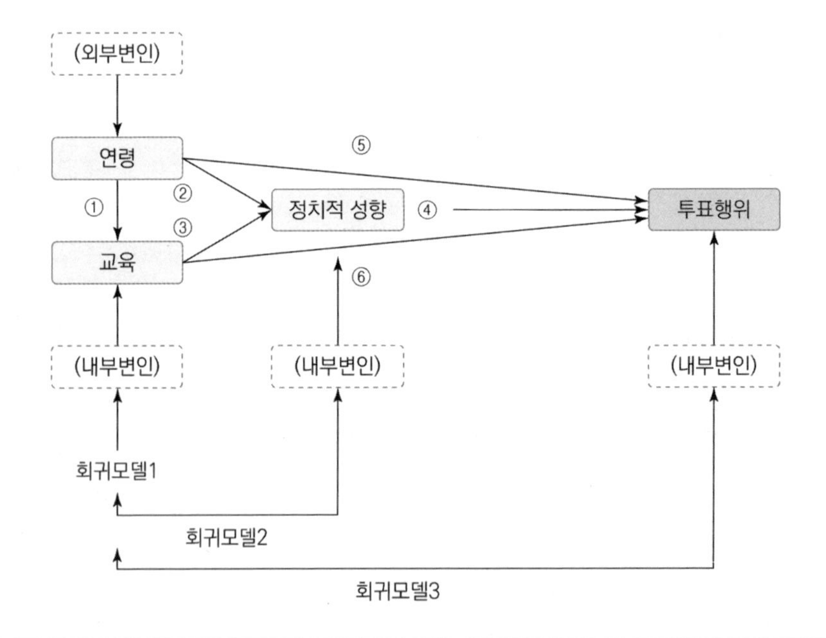

〈그림 22-1〉 경로모델

① 연령이 교육에 미치는 영향력을 분석하는 단순회귀모델, ② 연령과 교육이 정치적 성향에 미치는 영향력을 분석하는 다변인 회귀모델, ③ 연령과 교육, 정치적 성향이 투표행위에 미치는 영향력을 분석하는 다변인 회귀모델

〈연령〉: ①②③ 회귀모델에서 항상 독립변인 역할→ 외부변인
〈교육〉: ① 종속변인, ②③ 독립변인 → 내부변인
〈정치적 성향〉: ② 종속변인, ③ 독립변인 → 내부변인
〈투표행위〉: ③ 종속변인 역할 → 내부변인

4) 경로모델에서 독립변인으로만 존재하는 변인은 외부변인이고 각 분석단계에서 종속변인이 되는 변인은 내부변인이다. 위 모델은 한 개의 외부변인과 세 개의 내부변인 간의 인과관계를 설정한 경로모델이다.

5) SPSS에는 경로모델을 분석할 수 있는 별도의 통계프로그램은 없다. 경로분석을 하기 위해서는 여러 번의 회귀분석방법을 통하여 변인들 간의 인과관계를 분석하면 된다. 경로분석방법에서는 내부변인의 수만큼 회귀분석이 필요하다.

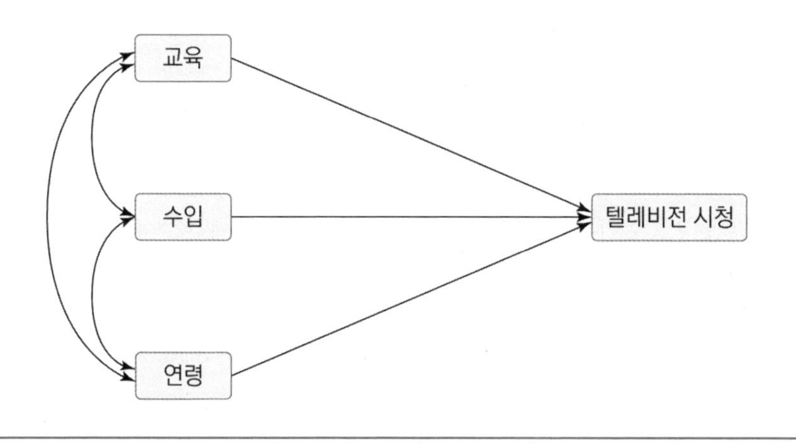

〈그림 22-2〉 회귀모델

6) 세 개의 독립변인 교육, 수입, 연령이 종속변인 텔레비전 시청에 미치는 영향력을 분석하기 위한 것이 <그림 22-2>이다.

7) 독립변인 간에 인과관계를 설정하지 않고, 세 개의 독립변인이 종속변인에 미치는 영향력을 동시에 분석한다.

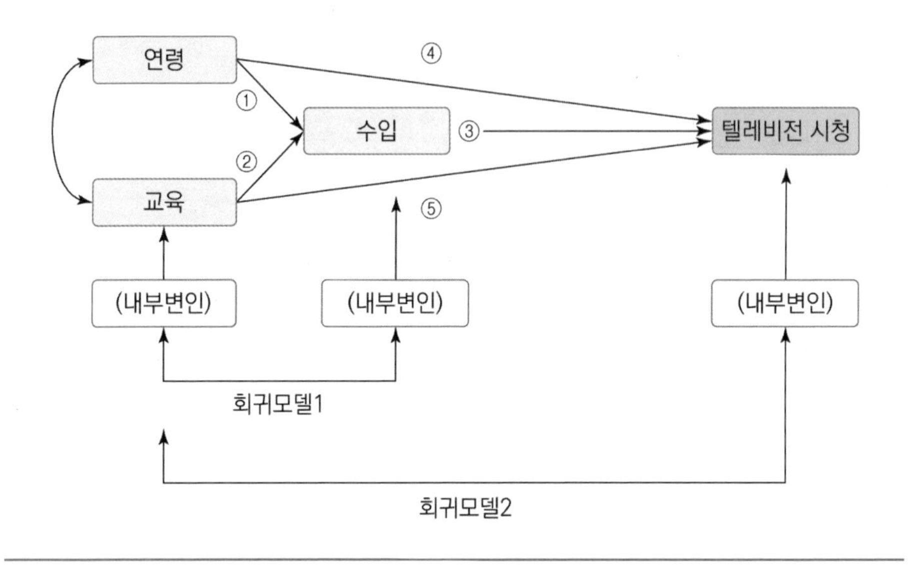

〈그림 22-3〉 경로모델

8) 네 변인을 이용하여 회귀모델과는 다른 연구모델을 만들 수 있는데, 그 중 하나가 통로모델이다. 교육과 연령 두 변인이 수입에 영향을 주고, 교육과 연령, 수입 세 변인이 <텔레비전시청량>에 영향을 준다는 경로모델을 만들었다.

(1) 교육과 연령 두 개의 외부변인이 내부변인인 수입에 미치는 영향력(①, ②)을 분석하는 다변인 회귀모델이다.

(2) 교육과 연령 두 개의 외부변인과 내부변인 수입이 다른 내부변인 <텔레비전시청량>에 미치는 영향력(③, ④와 ⑤)을 분석하는 다변인 회귀모델이다.

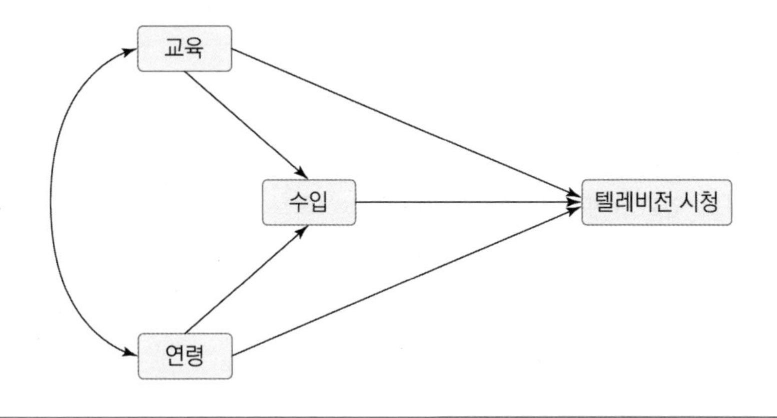

〈그림 22-4〉 적합한 경로모델(역방향)

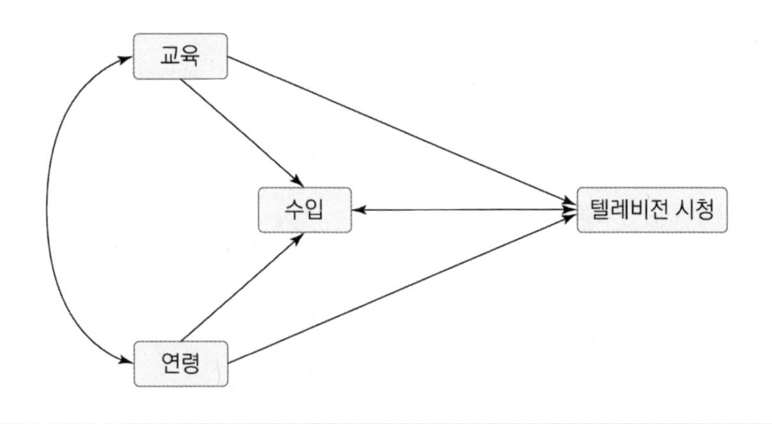

〈그림 22-5〉 부적합한 경로모델(Ⅰ)(상호인과모델)

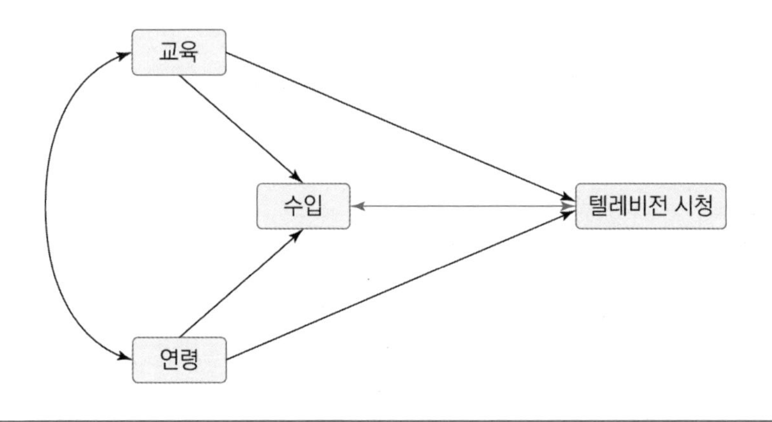

〈그림 22-6〉 부적합한 경로모델(Ⅱ)

2. 경로모델의 조건

1) 경로모델에서 설정된 변인들 간의 인과관계는 반드시 이론에 기초를 두어야 한다.
2) 변인의 인과관계는 한쪽 방향(Recursive)으로 설정되어야 한다. 외부변인에서 내부변인으로, 내부변인에서 내부변인으로 가는 영향력(화살표로 표시됨)의 방향이 한쪽 방향(일반적으로 왼쪽에서 오른쪽으로)으로만 가야 한다. <그림 22－4>
3) 경로모델에서 변인 간의 인과관계는 전부 설정되어야 한다.
4) 분석단계별 내부변인의 수가 1개이어야 한다.

<그림 22－4>: just－identified 모델, 경로계수를 정확하게 계산 가능

<그림 22－5>내부변인인 <텔레비전시청량>에서 내부변인인 <수입>으로의 경로는 역방향

<그림 22－6> 내부변인 <수입>에서 다른 내부변인 <텔레비전시청량>으로 가는 경로와 <텔레비전시청량>에서 <수입>으로 가는 경로가 동시에 존재하는 상호인과모델이기 때문에 적합한 경로모델이 아니다.

<그림 22－5>와 <그림 22－6>은 LISREL을 사용하여 분석할 수 있다.

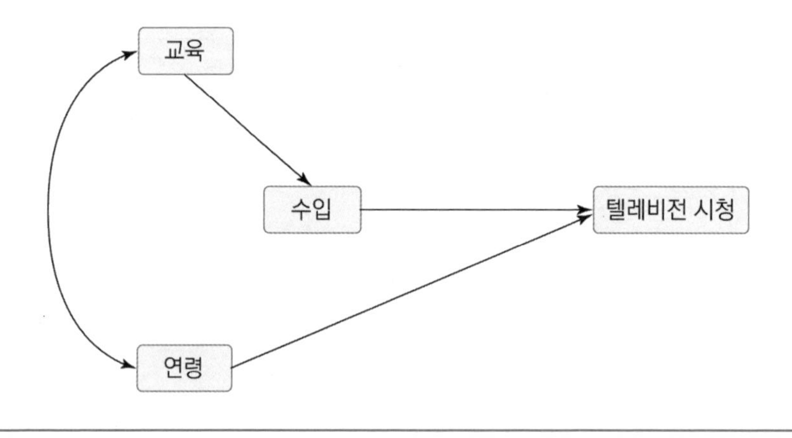

〈그림 22-7〉 부적합한 경로모델(Over-Identified Model)

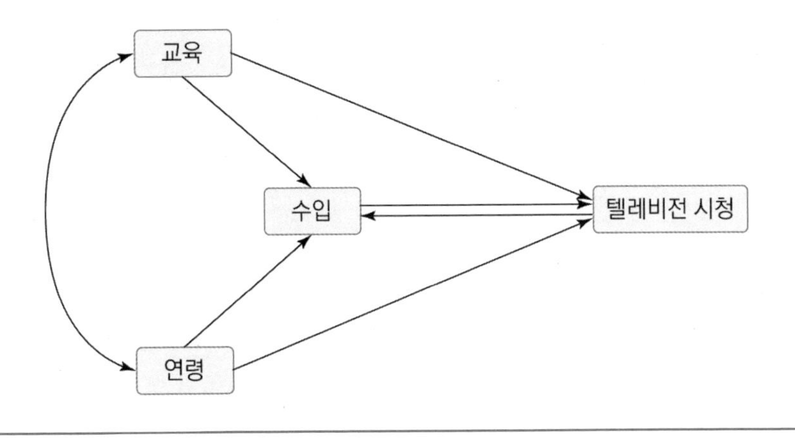

〈그림 22-8〉 부적합한 경로모델(Under-Identified Model)

5) 변인들 간의 인과관계가 전부 설정되어야 한다.

(1) 경로분석방법에 적합한 경로모델이 되기 위해서는, 변인들 간의 경로가 전부 연결되어야 한다. → 경로계수(베타계수) 계산하여 한 변인 다른 변인에 미치는 영향력 측정

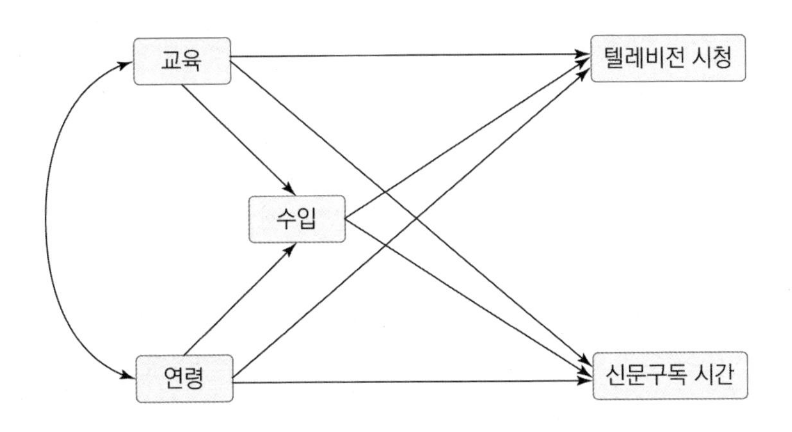

〈그림 22-9〉 부적합한 경로모델: 종속변인이 2개

6) 분석단계별 내부변인의 수는 1개이어야 한다.

(1) 첫째 회귀분석단계에서는 내부변인 <수입> 1개이기 때문에 적합

(2) 두 번째 회귀분석단계에서는 내부변인 <텔레비전 시청량>과 <신문구독시간> 2개이기 때문에 부적합한 경로모델이다.

제2절 연구절차

1. 통로분석방법에 적합한 연구가설을 만든다.
2. SPSS의 다변인 회귀분석방법을 여러 번 실행하여 분석에 필요한 결과를 얻는다.
3. 외부변인과 내부변인의 기술통계값을 살펴본다.
4. 외부변인과 내부변인 간의 상관관계계수를 분석한다.
5. 각 분석 단계별 설명변량을 살펴보고, 변량분석을 통해 각 단계의 통로모델의 유의도를 검증한다.
6. 개별 경로계수를 분석하고, 유의도를 검증한다.
7. 효과계수(Effect Coefficient)를 계산하여 분석한다.

예제 연구자는 교육과 연령, 수입과 텔레비전 시청량 간의 인과관계를 분석하고 싶어 한다.[1] 연구자는 이들 4개의 변인 관계를 분석하기 위해 외부변인 <교육>과 <연령>이 내부변인 <수입>에 영향을 주고, <교육>과 <연령>, <수입>이 다른 내부변인인 <텔레비전 시청량>에 영향을 준다는 경로모델 <그림 22-4>. 이 연구가설을 검증하기 위해, <교육>은 응답자의 학력을 ① 중학교 졸업, ② 고등학교 졸업, ③ 대학교 졸업 등 3점 척도로 측정하고, <연령>은 응답자의 실제 나이로, <수입>은 응답자의 월 평균수입을 ① 200만원 미만, ② 200만원 이상 250만원 미만, ③ 250만원 이상 300만원 미만, ④ 300만원 이상 350만원 미만, ⑤ 350만원 이상으로 측정하였다.

---

1) 분석자료는 USB 교재자료를 사용하여 분석하였다.

1. 경로분석방법

변인들의 인과관계를 검증할 수 있는 적합한 통계방법은 경로분석방법이다. 경로모델의 회귀방정식에서는 표준 회귀계수를 나타내는 베타(β) 대신 경로계수를 나타내는 'P'를 사용한다.

1) 외부변인 <교육>과 <연령>이 한 개의 내부변인 <수입> 미치는 영향력: 2원 1차 방정식

$$Y' = P_1X_1 + P_2X_2$$

Y': 내부변인 예측 점수(수입)

X_1: 외부변인 점수(교육)

X_2: 외부변인 점수(연령)

P_1, P_2: 경로계수(베타계수)

2) 외부변인 <교육>과 <연령>과 한 개의 내부변인 <수입>이 다른 내부변인 <텔레비전 시청량>에게 미치는 영향력을 분석하기 때문에 3원 1차 방정식

$$Y' = P_1X_1 + P_2X_2 + P_3X_3$$

Y': 내부변인 예측 점수(텔레비전 시청량>

X_1: 외부변인 점수(교육)

X_2: 외부변인 점수(연령)

X_3: 외부변인 점수(수입)

P_1, P_2, P_3: 경로계수(베타계수)

2. 분석, 회귀분석, 선형

[분석] [회귀분석] [선형] → 종속변수: 수입, 독립변수: 연령, 교육, 방법: 입력, 통계량: 회귀계수: 추정값, 신뢰구간, 모형적합, R제곱 변화량, 기술통계, 부분상관 및 편상관계수 [계속]
[도표] → Y: ZRESID, X: ZPRED, [표준화 잔차도표]: 히스토그램, 정규확률도표, 편회귀잔차도표 모두 출력 [계속]
[확인]

1) 교육, 연령, 수입 관계(1차 회귀분석)

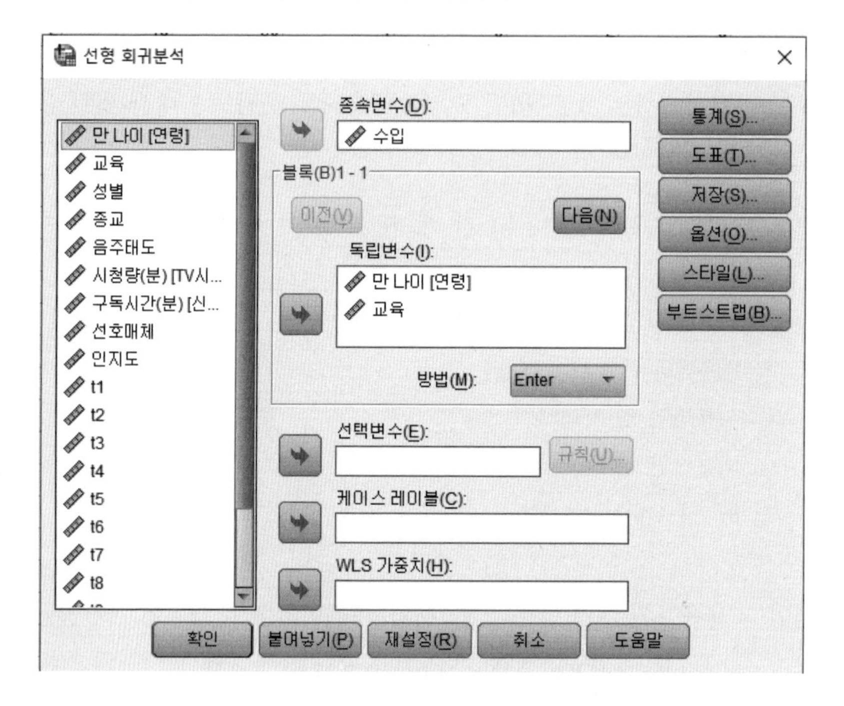

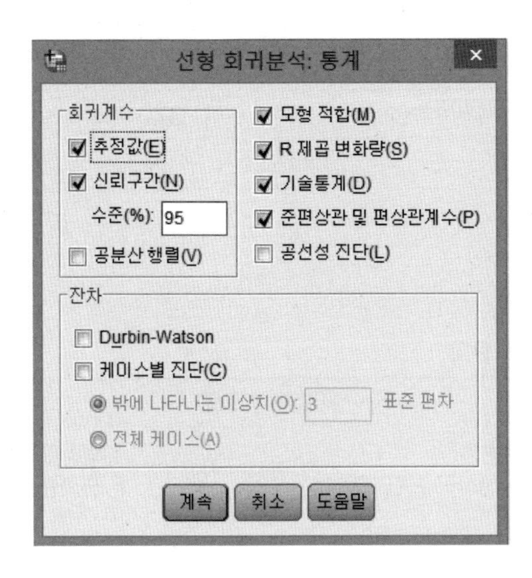

기술통계량

	평균	표준편차	N
수입	2.7200	1.27541	25
만 나이	28.76	6.766	25
교육	2.1200	.78102	25

(1) <수입>과 <연령>의 상관관계계수는 0.484이고, <수입>과 <교육>의 상관관계계수는 0.412

상관계수

		수입	만 나이	교육
Pearson 상관	수입	1.000	.484	.412
	만 나이	.484	1.000	.006
	교육	.412	.006	1.000
유의확률 (단측)	수입	-	.007	.020
	만 나이	.007	-	.489
	교육	.020	.489	-
N	수입	25	25	25
	만 나이	25	25	25
	교육	25	25	25

진입/제거된 변수[b]

모형	진입된 변수	제거된 변수	방법
1	만 나이, 교육[a]	–	입력

a. 요청된 모든 변수가 입력되었습니다.

b. 종속변수: 수입

모형 요약[b]

모형	R	R제곱	수정된 R제곱	추정값의 표준오차	통계량 변화량				
					R제곱 변화량	F 변화량	자유도1	자유도2	유의확률 F 변화량
1	.634[a]	.402	.347	1.03029	.402	7.389	2	22	.004

a. 예측값: (상수), 만 나이, 교육

b. 종속변수: 수입

(2) 첫 번째 경로모델인 외부변인 <교육>, <연령>과 내부변인 <수입> 간의 Multiple R의 값은 0.634, 설명변량인 R^2값은 0.402.

오차 상관관계계수: 첫 번째 경로모델에서 설명변량은 0.402이기 때문에 오차변량은 1−0.402한 값인 0.598이 된다. 오차상관관계계수는 $\sqrt{0.598} = 0.77$

분산분석(ANOVA)[b]

모형		제곱합	자유도	평균제곱	F	유의확률
1	선형회귀분석	15.687	2	7.844	7.389	.004[a]
	잔차	23.353	22	1.061	–	–
	합계	39.040	24	–	–	–

a. 예측값: (상수), 만 나이, 교육

b. 종속변수: 수입

(3) 첫 번째 경로모델에서 외부변인과 내부변인 간 인과관계에 대한 전체적 유의도 검증은 F값 분석으로 이루어진다. 자유도 2와 22에서 F값은 7.389이고 유의도는 0.004로 유의미하기 때문에 연구가설을 받아들인다.

즉 전체적으로 볼 때 교육과 연령이 수입에 영향을 준다는 것을 알 수 있다.

계수[a]

모형		비표준화 계수		표준화 계수	t	유의확률	B에 대한 95.0% 신뢰구간		상관계수		
		B	표준오차	베타			하한값	상한값	0차	편상관	부분상관
1	(상수)	-1.309	1.078	-	-1.215	.237	-3.545	.926	-	-	-
	만 나이	.091	.031	.482	2.924	.008	.026	.155	.484	.529	.482
	교육	.668	.269	.409	2.479	.021	.109	1.226	.412	.467	.409

a. 종속변수: 수입

(4) <교육>의 베타계수 0.409, <연령> 0.482이다. 즉 외부변인 <교육>이 0.409, <연령>은 0.482 만큼의 영향력을 내부변인(1차 회귀분석 결과) <수입>에게 준다는 것을 알 수 있다. 변인 간의 회귀방정식은 Y' 수입 $= 0.409X_{교육} + 0.482X_{연령}$ 이다.

잔차통계량[a]

	최소값	최대값	평균	표준편차	N
예측값	.9943	3.9655	2.7200	.80847	25
잔차	-1.96583	1.85241	.00000	.98643	25
표준화 예측값	-2.134	1.5411.798	.000	1.000	25
표준화 잔차	-1.908	-	.000	.957	25

a. 종속변수: 수입

※ 히스토그램

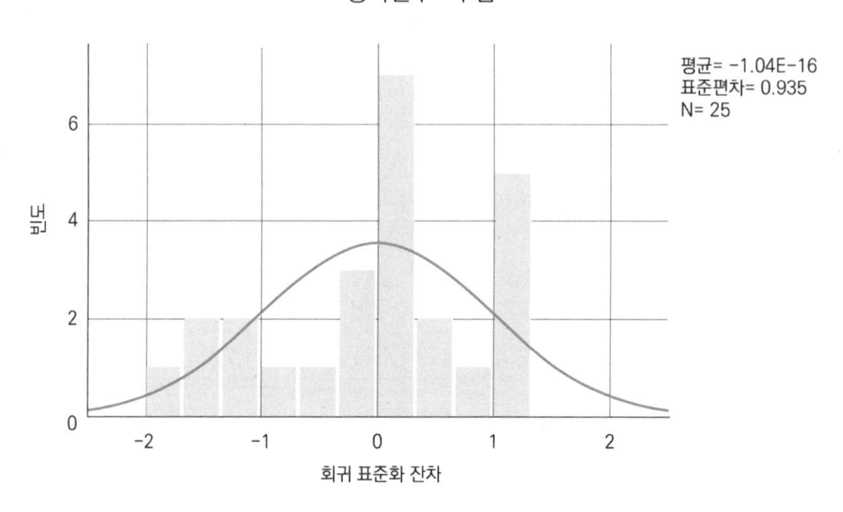

※ 회귀 표준화 잔차의 정규 P-P 도표

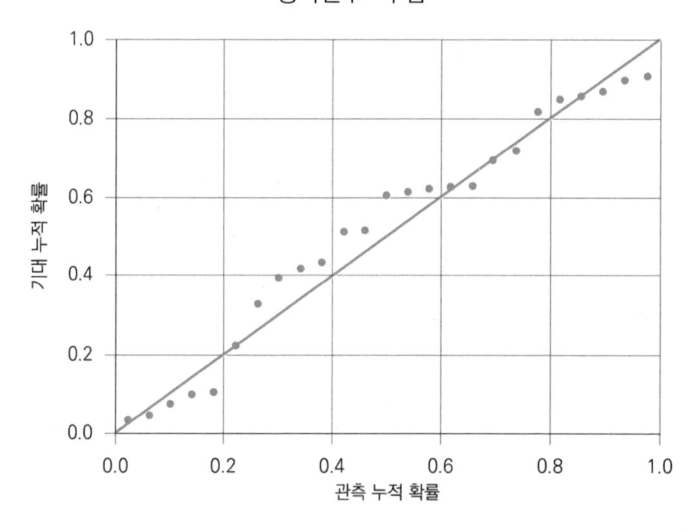

※ 산점도

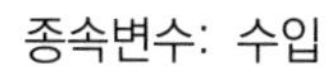

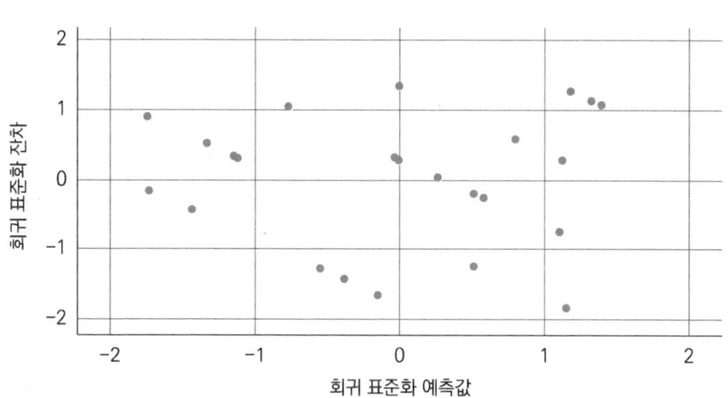

※ 편회귀 도표

종속변수: 수입

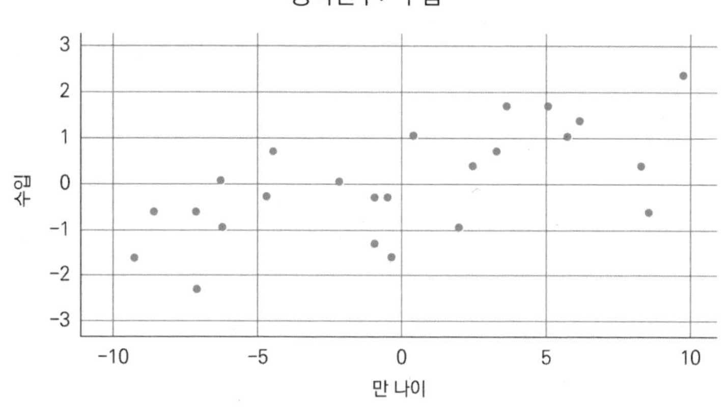

※ 편회귀 도표

종속변수: 수입

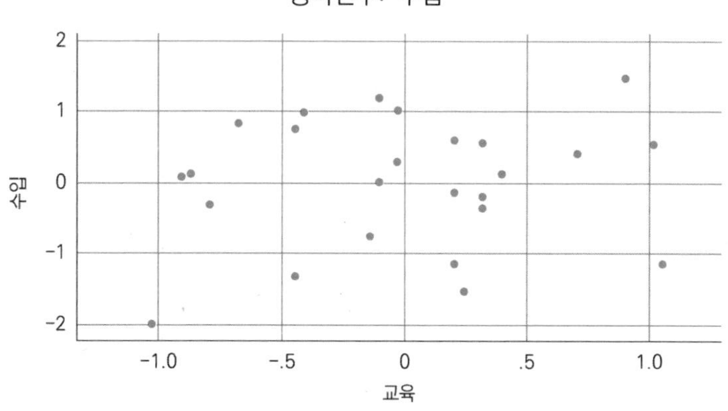

※ 편회귀 도표

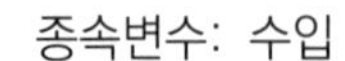

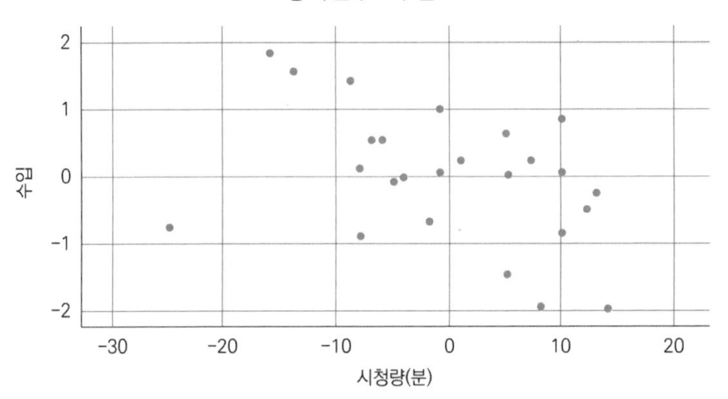

2) 교육, 연령, 수입, 텔레비전 시청량(2차 분석결과)

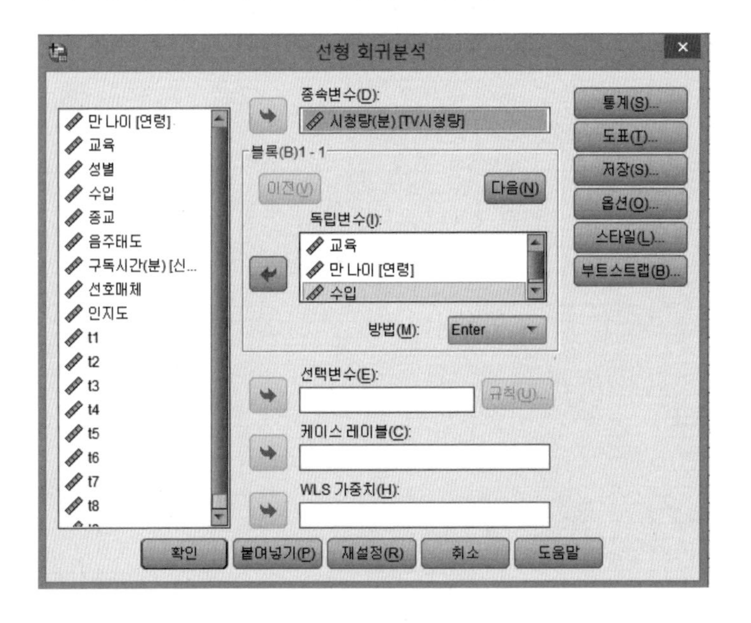

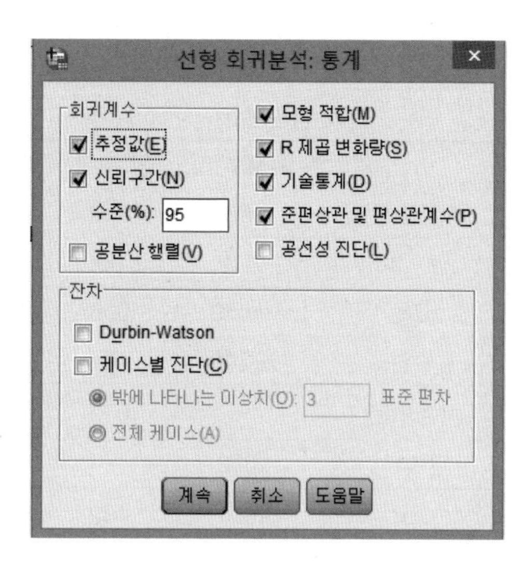

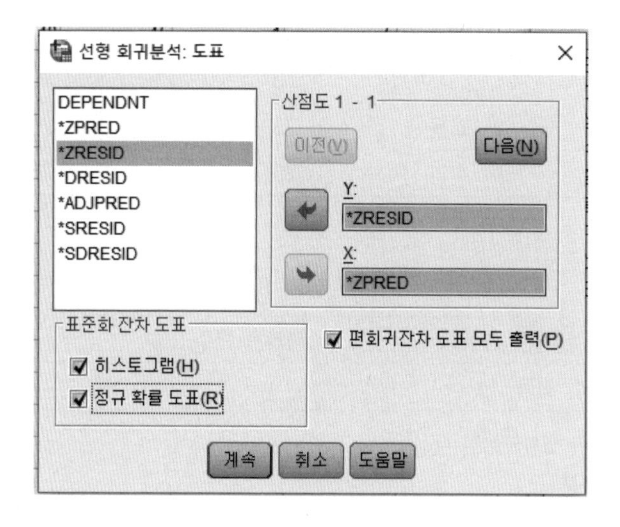

기술통계량

	평균	표준편차	N
시청량(분)	47.2000	14.79302	25
수입	2.7200	1.27541	25
만 나이	28.76	6.766	25
교육	2.1200	.78102	25

(1) <텔레비전시청량>과 <교육>의 상관관계계수는 -0.579이다.

상관계수

		시청량(분)	만 나이	교육	수입
Pearson 상관	시청량(분)	1.000	.449	-.579	-.240
	만 나이	.449	1.000	.006	.484
	교육	-.579	.006	1.000	.412
	수입	-.240	.484	.412	1.000
유의확률 (단축)	시청량(분)	-	.012	.001	.124
	만 나이	.012	-	.489	.007
	교육	.001	.489	-	.020
	수입	.124	.007	.020	-
N	시청량(분)	25	25	25	25
	만 나이	25	25	25	25
	교육	25	25	25	25
	수입	25	25	25	25

진입/제거된 변수[b]

모형	진입된 변수	제거된 변수	방법
1	수입, 교육, 만 나이	-	입력

a. 요청된 모든 변수가 입력되었습니다.

b. 종속변수: 시청량(분)

모형 요약[b]

모형	R	R제곱	수정된 R제곱	추정값의 표준오차	통계량 변화량				
					R제곱 변화량	F 변화량	df1	df2	유의확률 F변화량
1	.788[a]	.621	.567	9.73676	.621	11.466	3	21	.000

a. 예측값:(상수), 수입, 교육, 만 나이

b. 종속변수: 시청량(분)

(2) 외부변인 교육, 연령과 내부변인 수입이 내부변인 <텔레비전 시청량> 간의 Multiple R의 값이 0.788이기 때문에 설명변량인 R^2값은 0.621이다.

분산분석(ANOVA)[b]

모형		제곱합	자유도	평균 제곱	F	유의확률
1	회귀모형	3261.107	3	1087.036	11.466	.000[a]
	잔차	1990.893	21	94.804	-	-
	합계	5252.000	24	-	-	-

a. 예측값: (상수), 수입, 교육, 만 나이

b. 종속변수: 시청량(분)

(3) 외부변인, 내부변인과 내부변인 간의 인과관계에 대한 전체적 유의도 검증은 F값 분석으로 이루어진다. 자유도 3과 21의 F값은 11.466이고 유의도는 0.000으로 통계적으로 유의미하다. 따라서 교육, 연령, 수입이 전체적으로 볼 때 <텔레비전 시청량>에 영향을 준다는 것을 알 수 있다.

계수[a]

모형		비표준화 계수		표준화 계수	t	유의확률	B에 대한 95.0% 신뢰구간		상관계수		
		B	표준오차	베타			하한값	상한값	0차	편상관	부분상관
1	(상수)	36.523	10.522	-	3.471	.002	14.640	58.406	-	-	-
	만 나이	1.377	.346	.630	3.977	.001	.657	2.097	.449	.655	.534
	교육	-8.175	2.878	-.432	-2.840	.010	-14.161	-2.189	-.579	-.527	-.382
	수입	-4.259	2.015	-.367	-2.114	.047	-8.449	-.069	-.240	-.419	-.284

a. 종속변수: 시청량(분)

(4) <교육>의 베타계수는 −0.432, <연령>은 0.63, 내부변인 <수입>은 -0.367 즉 외부변인 <교육>이 −0.432, <연령>은 0.63, 내부변인 <수입>은 −0.367 만큼의 영향력(2차 회귀분석)을 내부변인 <텔레비전 시청량>에 미친다는 것을 알 수 있다. 변인 간의 회귀방정식은

$Y'(\text{텔레비전시청량}) = -0.432X_{\text{교육}} + 0.630X_{\text{연령}} + (-0.367)X_{\text{수입}}$

잔차통계량[a]

	최소값	최대값	평균	표준편차	N
예측값	27.8730	70.8948	47.2000	11.65673	25
잔차	-27.95433	13.86824	.00000	9.10790	25
표준화 예측값	-1.658	2.033	.000	1.000	25
표준화 잔차	-2.871	1.424	.000	.935	25

a. 종속변수: 시청량(분)

※ 히스토그램

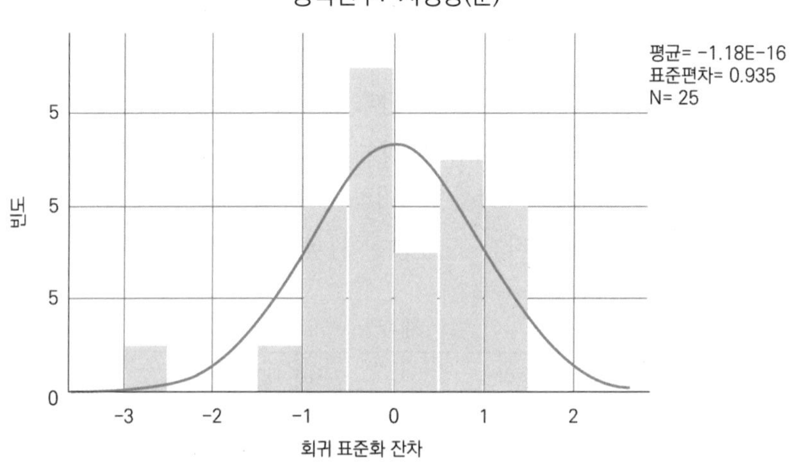

※ 회귀분석 표준화 잔차의 정규 P-P 도표

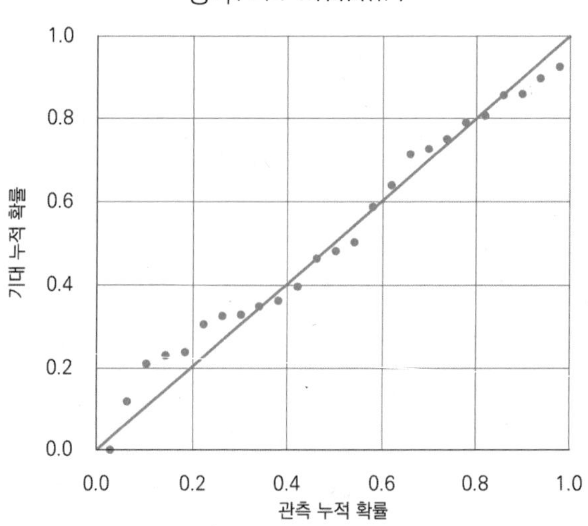

※ 산점도

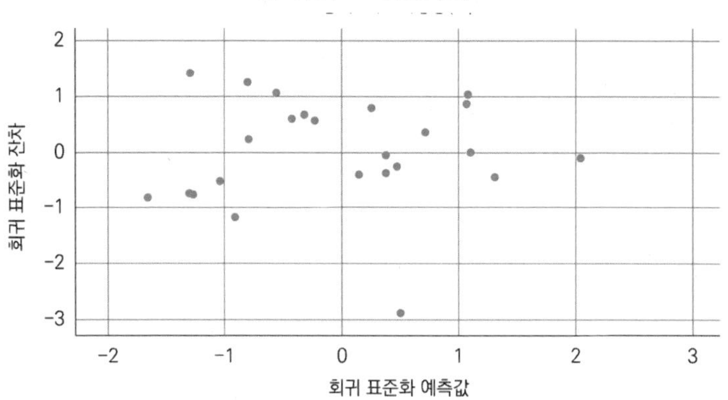

※ 편회귀 도표

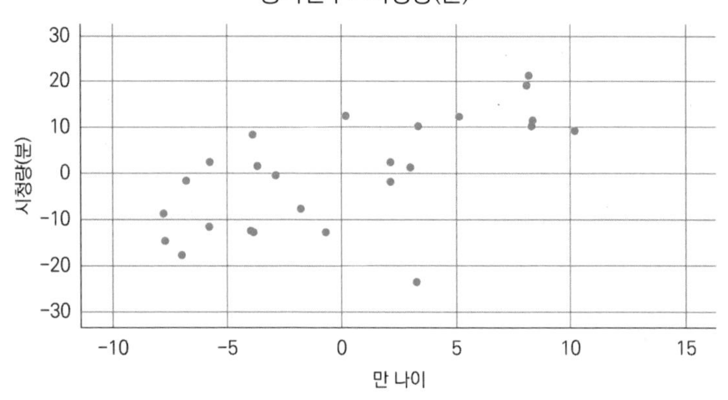

※ 편회귀 도표

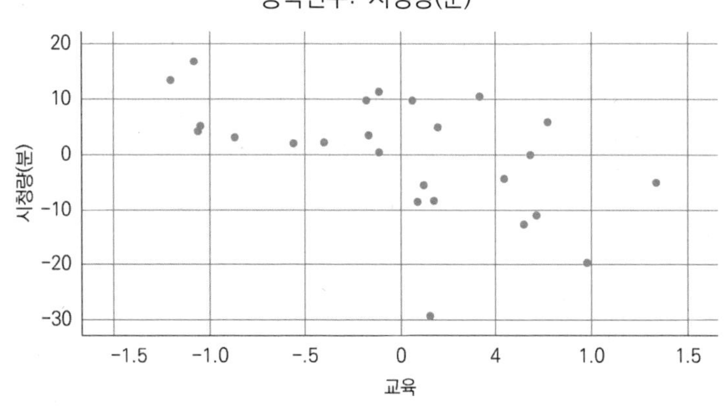

※ 편회귀 도표

종속변수: 시청량(분)

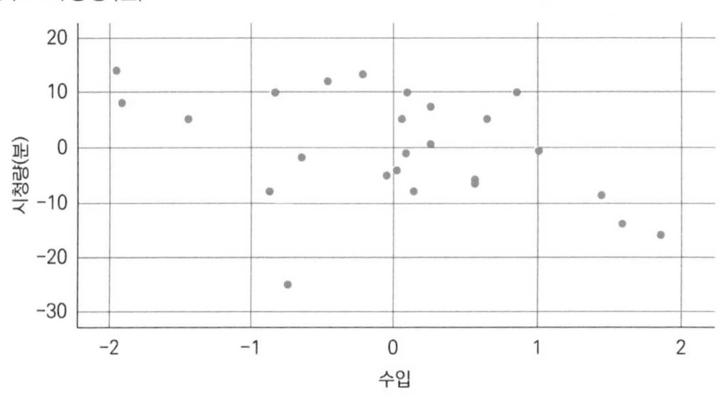

3) 변인 간의 경로계수

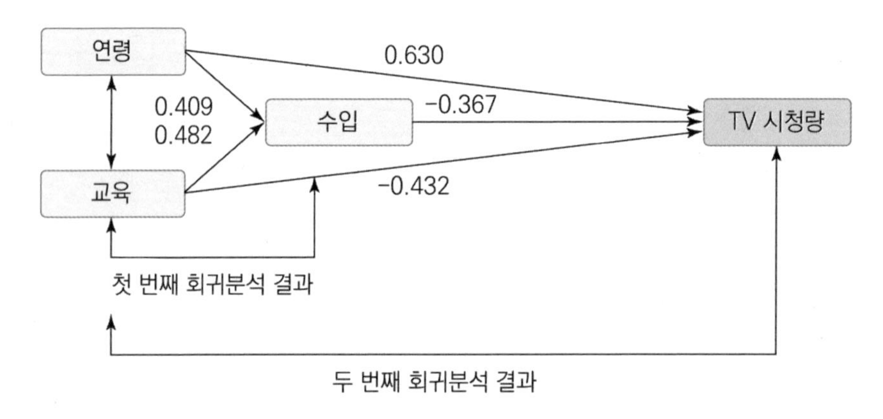

4) 효과계수(Effect Coefficient)

(1) 경로분석방법: 한 변인이 다른 변인에게 미치는 영향력을 직접 영향력(Direct Effect)과 간접 영향력(Indirect Effect), 그리고 두 영향력을 합한 영향력 세 가지로 살펴본다. 효과계수=직접효과+간접효과

(2) 회귀분석방법: 독립변인이 종속변인에 미치는 직접효과만을 분석한다.

(3) 경로분석방법: 한 변인이 다른 변인에게 미치는 직접효과+간접효과와 효과계수를 통해 전체 영향력을 살펴본다.

(4) 직접효과: 외부변인이 내부변인에게, 또 한 내부변인이 다른 내부변인에게 직접적으로 주는 영향력(변인 간의 경로계수)을 의미한다.

(5) 간접효과: 외부변인이 한 내부변인에게, 이 내부변인이 다른 내부변인에게 순차적으로 미치는 영향력을 말한다. 외부변인이 중간단계로 한 내부변인을 거쳐 다른 내부변인에게 영향을 주기 때문에 간접효과라 한다.

효과계수(표준화계수, β)

	교육	연령	수입
수입	0.409	0.482	-
텔레비전 시청	-0.432	0.630	-0.367

5) 간접효과

(1) <교육> 사례

① <교육> → <수입> → <텔레비전시청량>

② <교육> → <연령> → <수입> → <텔레비전시청량>

③ <교육> → <연령> → <텔레비전시청량>

※ 양방향 포물선 연결, 분석할 수 없다 (② & ③) → 간접효과 계산할 수 없다.

<교육> → <수입> → <텔레비전시청량>

0.409 −0.367

(0.409) × (−0.367) = −0.150

∴ 효과계수 = 간접효과계수 + 직접효과계수

= (−0.432) + (−0.150) = −0.582

④ 교육수준이 높은 사람은 교육 수준이 낮은 사람보다 수입이 더 많은 것으로 보인다(베타 = 0.409).

(2) <연령> → <수입> → <텔레비전시청량>

0.482 −0.367

(0.482) × (−0.367) = −0.177

∴ 효과계수 = 간접효과계수 + 직접효과계수

= (−0.177) + (0.630) = 0.453

① 연령의 경우, 연령이 높으면 높을수록 수입이 증가하는 경향이 있다(베타 = 0.482).

② <교육>과 <연령>이 <수입>에 미치는 영향력의 크기를 비교해 보면, 사회불안감과 내외향성향 두 변인 모두 수입에 상당한 영향을 주고 있는데, 연령이 교육보다 수입에 좀더 큰 영향을 미치는 것으로 나타났다.

③ <교육>과 <연령>, <수입>은 <텔레비전시청량>에 영향을 미치는 것으로 나타났다. 교육의 경우, 교육 정도가 낮은 사람은 교육 정도가 높은 사람들보다 텔레비전을 더 많이 시청하는 것으로 보인다(베타=−0.432). 교육은 수입을 통해 텔레비전시청량에 간접적 영향을 주는 것으로 나타났다. 즉 교육 정도가 높은 사람은 수입이 더 많고, 수입이 많을수록 텔레비전시청량이 적었다. 연령의 경우, 나이가 많으면 많을수록 텔레비전시청량이 늘어나는 경향이 있다(베타=0.630). 연령은 수입을 통해 텔레비전시청량에 간접적 영향을 주는 것으로 나타났다. 즉 나이가 많은 사람은 수입이 더 많고, 수입이 많을수록 텔레비전시청량이 적었다.

④ 수입의 경우, 수입이 많을수록 텔레비전시청량이 적어지는 경향이 있다(베타=−0.367). 위의 <효과계수>표에서 볼 수 있듯이, 교육이 텔레비전시청량에 가장 큰 영향을 주고있고(효과계수=−0.582), 다음으로 연령이 영향을 주고 있다(효과계수=0.453). 수입의 영향력은 세 변인 중 가장 적은 것으로 나타났다(효과계수=−0.367).

제 23 장

요인분석 (Factor Analysis)

요인분석은 일련의 관측된 변수에 근거하여 직접 관측할 수 없지만, 변수 속에 내재하고 있는 공통적인 요인을 찾아내어 여러 변수를 몇 개의 개념 또는 요인으로 묶어 변수의 수를 줄이고자 하는 통계기법이다. 또한 요인분석이란 측정하고자 하는 개념을 얼마나 정확히 측정하였는가를 파악하는 것이며, 이것은 측정도의 타당성을 판정하는 것이기 때문에 논문에서는 이를 타당성 검정(validation)[1]이라고도 한다. 요인분석은 변수를 독립변수와 종속변수로 구분하지 않고 등간척도(또는 비율척도)로 측정한 두 개 이상 여러 개의 변인들의 밑바탕에 깔려있는 공통요인(Common Factor)을 찾아내는 분석방법이다.

제1절 정의(Definition)

1. 상관관계(correlation)가 깊은 여러 변인들 간의 밑바탕에 깔려있는 공통요인(common factor)을 발견하는데 사용하는 통계방법이다.
2. 변인들 간의 인과관계(cause－effect relationship)를 분석하는 것이 아니라 공통요인을 찾아내는 방법으로 → 독립변인(Independent Variable)과 종속변인(Dependent Variable)의 구분이 없다.
3. 특정 대상들(사람이나 조직, 사물 등)에 대해 사람들이 가지는 다양한 생각이나 태도, 가치관 등을 몇 개의 공통요인으로 축약하는 방법이다.[2]

예 정치학의 예

- 유권자가 국회의원 후보자를 판단할 때 어떤 차원에서 평가하는지를 연구한다고 가정할 때: 유권자들은 국회의원 후보자들을 다양한 측면에서 평가할 것이다.
  일 처리능력과 창의성, 계획성, 근면함, 겸손함, 성실함, 이타심, 도덕성 등
  : 이런 모든 측면을 통해 평가하는 것은 비현실적, 이들 평가 항목 간에는 유사한 것들이 있기 때문에 모든 항목들을 일일이 고려하여 후보자를 평가하는 것은 불필요하다. 상호 비슷한 항목들을 찾아내어 몇 개의 공통요인(예: 능력 차원과 도덕성 차원 등)으로 묶을 수 있다면 후보자를 평가하는데 유용하게 사용할 수 있다. 이럴 때 활용하는 방법이 요

---

1) 검사와 타당성 검증(verification and validation)
2) 요인분석은 수많은 변수들을 상관관계가 높은 것끼리 묶어줌으로써 그 내용을 단순화 시킨다(변수의 축소).

인분석이다.

예 언론학의 경우

- 시청자가 텔레비전을 왜 시청하는지, 즉 시청동기가 무엇인지를 연구하는 경우: 시청자들은 생활에 필요한 정보를 얻기 위해서, 일상에서 벗어나기 위해서, 재미있어서, 다른 사람의 생각을 알기 위해, 다른 사람들과의 대화 주제를 얻기 위해 등 다양한 동기가 있을 수 있다. 이 경우 유사한 항목들을 묶어 몇 개의 공통요인(예: 정보동기, 오락동기 등)으로 축약하는 것이 용이하다.

4. 요인분석방법: 대상들에 대해 사람들이 가지는 다양한 생각이나 태도, 가치관 등을 유사한 항목들로 묶어서 몇 개의 차원을 찾아내는 방법, 방대한 데이터를 축약하는 데 유용하게 사용된다.

요인분석방법의 조건

수	2개 이상 여러 개
측정	등간척도 또는 비율척도

5. 요인분석을 위한 기본 가정

① 최소한의 표본의 크기는 50개 이상, (검정하고자 하는 변수의 수) × (4 ~5배) 정도

② 결측값이나 이상치(outlier)에 대한 사전 점검

③ 변수의 상관행렬이 요인분석의 가능성을 가지고 있는지 확인, 변수의 절반 이상이 상관계수 0.30을 초과해야 한다.

④ 변수들이 선형관계를 가지고 있는지 또는 지나친 다중공선성의 문제를 야기하지 않는지를 확인하여야 한다.

⑤ 변수들은 등간 또는 비율척도로 구성되어야 한다.

제2절 종류

연구목적에 따라 크게 탐색적 요인분석방법(exploratory factor analysis)과 확인적 요인분석방법(confirmatory factor analysis)으로 두 가지로 나눈다. 두 방법의 공통점은 많은 수의 측정변수(혹은 문항)의 관계를 일으키는 공통의 차원(common underlying construct)으로 변수의 관계를 설명하는 통계기법이라는 것이다. 요인분석은 각 변수들이 공통요인에 의해 받는 영향의 정도를 분석함으로써, 한 요인에 의해서 많은 영향을 받는 측정변수(혹은 문항)의 특성을 규명한다.

1. 요인분석방법의 공통점

1) 변수를 축소한다. 여러 관련 변수를 하나의 요인으로 묶어서, 많은 변수를 적은 수의 요인으로 설명할 수 있다.
2) 불필요한 변수를 제거한다. 요인에 의해 설명되지 않거나(영향도가 0), 영향도가 낮은 변수를 찾을 수 있으므로, 불필요한 변수를 제거할 수 있다.
3) 변수의 특성을 파악한다. 관련 변수를 묶어 요인을 구성하므로, 측정변수의 내용적(contests) 공통점의 추정을 통하여 요인의 특성을 유추할 수 있다.
4) 측정항목의 타당도(validity)를 평가할 수 있다. 변수들은 요인으로 묶이므로, 묶이지 않는 변수는 다른 특성을 가진다고 판단할 수 있다. 이를 통하여 측정항목의 타당도를 평가할 수 있다.

2. 탐색적(Exploratory) 요인분석과 확인적(Confirmatory) 요인분석의 차이점

탐색적 요인분석은 자료 내에 어떤 요인이 들어 있을 것이라는 생각으로, 요인 모형에 대한 가정 없이 몇 개의 요인으로 개략화(approximation)할 수 있는가에 대한 답을 얻는 통계기법이다. 즉, 탐색적 요인분석은 다수의 변수에 대한 자료를 소수의 요인에 대한 자료로 변환시키는 과정에서 사전에 어떤 변수들끼리 집단화되어야 한다는 전제를 두지 않는다.

확인적 요인분석은 요인모형에 대한 가정이나 기존 연구들이 지지하는 요인

모형을 자료와 비교하여 검증하는 통계기법이다. 확인적 요인분석은 몇 개의 요인들을 측정하기 위한 항목으로 집단화되는지 조사하는 것이다.

3. 탐사적 요인분석방법

① 상관관계가 깊은 변인들의 밑바탕에 깔려있는 공통요인을 찾아내는 방법이다.

② 설문지를 통해 실제 측정한 여러 변인들 중 상관관계가 높은 변인들을 유사한 것으로 간주하여 공통요인을 찾아내는 방법이다.

③ 연구자가 사람들이 다른 사람들을 몇 개의 차원으로 평가하는지를 알아보고자 할 때 사용하는 방법이다. 우리가 일반적으로 요인분석방법이라고 하는 것은 탐사적 요인분석방법이다.

1) 추정방법의 선택

– 가급적 최대우도법(Maximum Likelihood)을 활용하고, 최대우도법으로 결과가 도출되지 않거나, 또는 자료가 정규분포 조건(왜도 2 이하, 첨도 4 이하)에서 벗어나는 경우에는 주축요인 추출법을 사용하는 것이 좋다.

2) 요인 수의 결정

(1) 카이저 규칙(Kaiser Rule)

– 요인의 아이겐 값이 1을 넘어야 한다는 기준

– 현재 가장 많이 사용되고 있으나 또한 가장 흔히 오용되고 있기도 한 기준

– 아이겐 값이 1이 넘는다고 해서 무조건 요인으로 보거나 1이 넘지 않는다고 해서 무조건 요인으로 인정하지 않는 것은 오용

– 아이겐 값은 하나의 참고사항으로 볼 것이다(연구자의 판단이 중요함).

(2) 스크리 검사법(Scree Test)

– 누적분산비율: 각 요인들이 누적적으로 전체 공통분산의 75% 이상 설명하는 것이 바람직하며, 누적분산의 비율이 보통 75~80%가 되면 더 이상의 요인은 추가하지 않는다.

(3) 해석 가능성

– 1개의 요인(잠재변수)을 추출할 때, 적어도 3개 이상의 변수(측정변수)를 기초로 해야 의미 있는 해석이 가능하다.

3) 카이제곱 검증과 적합도 지수

(1) 최대우도법으로 카이제곱 검증하기

① 카이제곱 값을 이용한 유의성 검증: 요인의 수에 대한 가설 검증
귀무가설: 현재 추출된 요인이 측정변수 사이의 관계를 정확히 설명(차이가 없다)
대립가설: 현재 추출된 요인보다 많은 요인이 필요(차이가 있다)

② 귀무가설이 기각되면 안됨(유의도 수준 p-value 확인)
검정결과가 유의미하면(귀무가설이 기각되면), 평가하고자 하는 요인모형이 분석자료를 잘 설명하지 못한다는 것을 의미한다.

③ 검증의 문제점: 표본크기에 영향, 귀무가설이 너무 엄격하여 쉽게 기각됨

④ 요인분석에 카이검증은 무의미한 분석, 따라서 적합도 지수 도입

⑤ 카이제곱 검증은 최대우도법을 사용할 경우에만 활용

⑥ 카이제곱 검증은 표본 수에 매우 민감한 문제점: 표본의 크기가 클수록 귀무가설을 기각할 가능성이 커져서 좋은 요인모형도 기각할 가능성이 높아진다.

(2) 적합도 지수

① RMSEA

– 표본크기에 덜 민감하고 모형의 간명성을 고려할 수 있는 RMSEA(Root Me an Square Error of Approximation)와 같은 적합도 지수(goodness of fit)가 개발

– SPSS의 탐색적 요인분석에서 최대우도법 선택; Output에 카이제곱 값과 자유도 값을 활용

– RMSEA 해석방법
RMSEA < 0.05: 좋은 적합도
RMSEA < 0.08: 괜찮은 적합도

RMSEA < 0.10: 보통 적합도

RMSEA > 0.10: 나쁜 적합도

② Hu & Bentler(1999)의 최신기준

CFI, TLI > 0.95

RMSEA < 0.06

③ 적합도 지수를 고르는 기준

- 표본크기에 영향을 덜 받아야 함
- 모형의 간명성도 고려하여야 함
- 해석기준이 있어야 함

4) 요인의 회전

- 요인 적재치가 큰 값은 더욱 크게 하여 명확히 드러나게 하고, 요인 적재치가 작은 값은 확실하게 줄여 요인 행렬의 해석을 쉽게 하기 위함
- 요인을 회전시켜도 모형의 적합도, 공분산 등의 값은 변하지 않음(회전 전, 후의 요인 행렬은 수학적으로 동일한 구조)

(1) 직각회전(Orthogonal Rotation)

- 회전축이 직각을 유지함
- 요인들이 서로 독립적이라는 전제 조건(비현실적 가정)
- 요인행렬의 두 축이 직각을 유지한 채 회전하므로 요인 간의 상관관계는 0(zero)

(2) 사각회전(Oblique Rotation)

- 추출된 요인 간에 상관이 있다고 가정(내재된 요인들이 완전히 독립적이지 않다고 가정)
- 실제로 서로 독립적이라면 사각회전을 사용하더라도 직각회전의 결과를 얻을 수 있지만 그 반대는 성립하지 않음(요인 간 상관이 없는 경우에도 사각회전을 사용해도 무방)
- 특별한 사유가 없는 한 사각회전을 사용해야 함

5) 탐색적 요인분석에서 주의할 점

(1) 요인분석을 목적으로 주성분 분석하지 말 것

– 요인분석: 변수사이의 관련성을 설명하는 이론구조 개발

– 주성분: 자료 축소

(2) 요인 수 결정시 기계적으로 아이겐 값, 1.0의 기준을 따르지 말 것(연구자의 판단 중요)

(3) 요인 사이에 관련성이 있음에도 근거 없이 직각회전을 하지 말 것

(4) 요인 수 결정시 통계적 기준뿐만 아니라 요인의 해석 가능성도 고려할 것

(6) 일반적으로 요인분석방법은 탐사적 요인분석방법을 의미

제3절 통계학적 전제

1. 변인들 간의 상관관계는 공통요인 때문에 나온 것이라고 전제한다(postulate of factorial causation).
2. 공통요인의 수를 결정하는 최소의 원칙(postulate of parsimony)
3. 요인 적재치를 구하기 위한 회전의 원칙[3](postulate of rotation)
4. 변인들 간의 상관관계는 공통요인 때문에 나온 것이다.

   1) 전제: 변인들 간의 상관관계계수는 변인들 간의 인과관계 때문에 나온 것이 아니라 공통요인의 영향 때문이다.

   2) 요인분석방법: 여러 변인들 간의 상관관계계수를 분석하여 공통요인을 찾아낸다.

   3) 변인들 간의 상관관계계수의 원인

      (1) 변인들 간의 인과관계 때문에 생긴 것일 수 있다. 즉, 변인들 간의 상

3) 요인분석에서 요인 적재치는 변수들의 중요도 정도를 나타내는 것으로 그 수치가 낮을수록 중요도가 낮다는 것을 의미한다. 일반적으로 요인 적재치가 0.4이하일 때 해당 변수를 제거하는 것이 적절한다(변수의 제거).

관관계계수는 독립변인 A와 종속변인 B의 인과관계 때문에 생긴 것이다.

(2) 공통요인의 영향 때문에 생긴 것일 수 있다. 즉, 변인 A와 B, C간의 상관관계계수는 변인들의 바탕에 깔려있는 보이지 않는 공통요인의 영향 때문에 생긴 것이다.

4) 변인들의 상관계수가 있을 때: 연구자는 상관계수가 인과관계 때문에 나온 것인지 혹은 공통요인 때문에 나온 것인지를 알 수 없다. 즉, 연구자는 변인들 간의 상관관계를 변인들 간의 인과관계로 생각할 수 있고, 공통요인에 의해 나온 것이라고도 생각할 수 있다.

(1) 연구자가 측정된 변인들 간의 상관관계가 인과관계 때문에 나온 것이라고 전제한다. 인과관계를 분석하는 통계방법인 회귀분자방법이나 경로분석방법을 사용하여 상관관계계수를 분석한다.

(2) 연구자가 측정한 변인들 간의 상관관계계수가 변인들을 연결짓는 보이지 않는 공통요인 때문에 나온 것이라면 요인분석방법을 사용하여 공통요인을 찾는다.

변인들 간의 상관관계계수 행렬표

	X1	X2	X3
X1	1.00		
X2	0.64	1.00	
X3	0.48	0.48	1.00

5. 인과모델과 요인모델

1) 인과모델(경로분석모델)

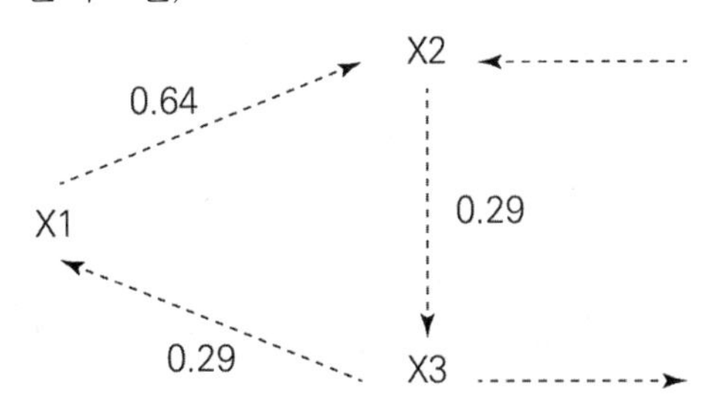

2) 요인모델(요인분석모델)

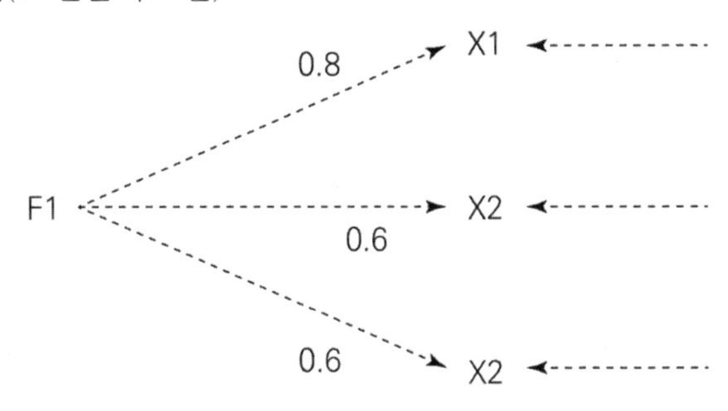

Data: Joe-On Kim & Mueller, C. H. (1978)
Introduction to Factor Analysis: What it is and how to do it, Sage, p.42

6. 최소의 원칙: 공통요인의 수 결정

1) 요인분석방법의 전제

(1) 변인들 간의 상관관계계수는 공통요인 때문에 나온 것이다

(2) 최소의 원칙을 고려한다.

변인들 간의 상관관계계수로부터 공통요인의 수를 결정하기 위해 전제할 경우

→ 몇 개의 공통요인이 가장 적절한 것인가 결정한다.

공통요인의 수가 다를 경우: 가장 적은 수의 공통요인 선택한다.

(최소 1개~변인들의 수)

아이겐 값(eigen value)이 1.0 이상인 요인만 공통요인으로 결정한다.

7. 회전의 문제: 요인 적재치 결정

1) 각 변인과 각 공통요인 간의 밀접성의 정도

2) 요인 적재치(factor loading): 각 변인이 어느 공통요인에 속해 있는가?

(1) 사각회전(oblique): 공통요인들 간에 상관관계가 있다($r \neq 0$)

(2) 직각회전(varimax): 공통요인들 간의 상관관계가 없다($r = 0$)

8. 요인분석방법을 정확하게 사용하기 위한 3가지 통계적 전제

1) 변인들 간의 상관관계는 공통요인 때문에 나온 것이다.

2) 공통요인의 수는 최소의 것을 정답으로 간주한다.

3) 공통요인들 간의 상관관계에 따라 회전방법이 달라지고, 이에 따라 다른 요인 적재치를 구할 수 있다.

제4절 연구절차

① 요인분석방법에 적합한 연구문제를 만든다.
변인의 수와 측정조건에 맞는 변인을 선정한다.
② SPSS 프로그램의 요인분석방법을 실행하여 분석에 필요한 결과표를 얻는다.
③ 변인들의 상관관계계수를 살펴본다.
④ 아이겐 값과 공통성 값을 통해 공통요인의 수를 찾고 분석한다.
⑤ 공통요인을 회전시킨 후 요인 적재치를 분석한다.
⑥ 연구자가 원할 경우 요인점수(factor score coefficient)를 분석한다.

1. 분석, 자원 축소, 요인분석

음식점에 영향을 주는 요인에 관련된 자료를 이용하여 분석하였다.

1) [요인분석] 창이 나타나면, 분석에 이용할 변수를 선정한다(5개 변수 선택).

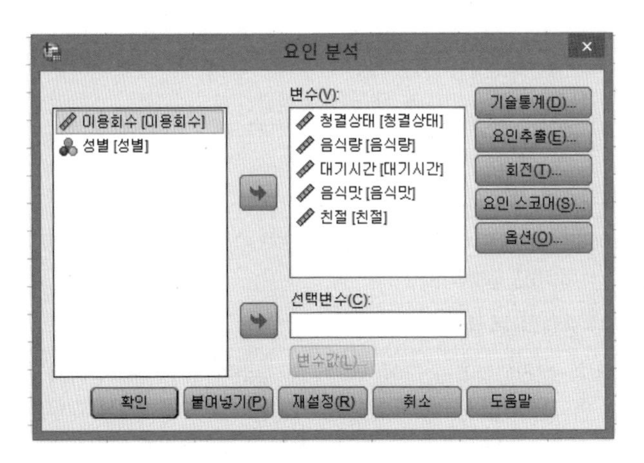

• 요인분석을 하기 위해 변수를 청결상태, 음식량, 대기시간, 음식 맛, 친절을 선정하였다.

2) 요인분석에서 [기술통계]를 선정하였다.

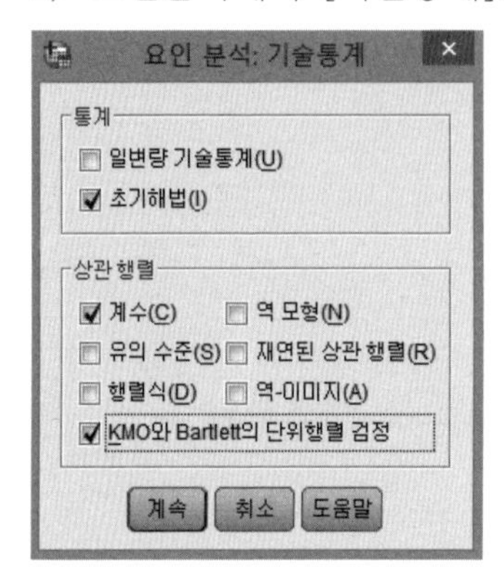

• 통계량에서 초기해법, 상관행렬에서 상관계수를 선택하였다.

3) 요인분석: 기술통계

선택 키워드	내용 설명
통계량	기술통계량에 대해 처리할 내용을 지정
일변량 기술통계	각 변수의 유효 관측값 수, 평균, 표준편차 등 표시
초기해법	초기 공통성, 고유값, 설명된 분산의 퍼센트 등 표시
상관행렬	
계수	요인분석 시 지정된 변수에 대한 상관행렬
역 모형	상관계수의 역행렬
유의수준	상관행렬에서 계수의 한쪽 유의수준
재연된 상관행렬	요인 해법으로부터 추정한 상관행렬, 잔차(추정된 상관계수와 기대된 상관계수 간 차이)도 함께 표시
행렬식	상관계수행렬의 행렬식
역-이미지	역-이미지 상관행렬에는 편상관계수 중 음수가 있고, 역-이미지 공분산행렬에는 편공분산 값 중 음수가 있다. 적합한 요인모형에서는 대부분 비대각요소가 작다. 변수에 대한 표본추출 적합도 측도는 역-이미지 상관행렬의 대각에 표시된다.
KMO와 Bartlett의 구형성 검정	표본 적합도에 대한 Kaiser-Meyer-Olkin 측도는 변수 간 편상관계수가 작은지 여부를 검정한다. Bartlett의 구형성 검정은 해당 상관행렬이 요인모형이 부적절함을 나타내는 단위행렬에 해당하는지 여부를 검정한다.

4) 요인분석에서 [요인추출]을 선정하였다.

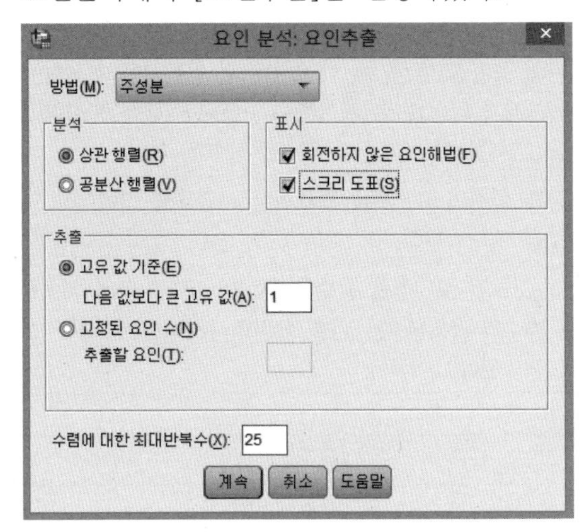

• 방법에서 주성분, 분석에서 상관행렬, 출력에서 회전하지 않은 요인해법, 스크리 도표, 추출에서 고유값 기준을 선택하였다.

요인분석: 요인추출 방법

선택 키워드	내용 설명
방법	요인추출 방법
주성분	관측된 변수의 상관되지 않은 선형 조합을 형성하는데 사용되는 요인추출 방법. 처음 성분이 최대 분산을 가지게 된다. 성분이 연속될수록 점진적으로 더 작아지는 분산을 나타내며 각 성분은 서로 상관되지 않는다. 주성분분석으로 초기 요인 해법을 구할 수 있으며, 상관행렬이 단순할 때 사용된다.
가중되지 않은 최소 제곱법	대각선을 무시하는 관측 상관행렬과 재연된 상관행렬 간의 차이 제곱합을 최소화하는 요인추출 방법.
일반화된 최소 제곱법	관측된 상관행렬과 재연된 상관행렬 간의 차이 제곱합을 최소화하는 요인추출 방법. 상관계수는 특정 요인분산의 역으로 가중되므로 고유값이 높은 변수는 낮은 변수보다 가중값이 적다.
최대우도	표본이 다변량 정규분포에서 비롯된 경우 관측된 상관행렬을 작성하는 모수 추정값을 생성하는 요인추출 방법. 상관계수는 변수 고유값의 역으로 가중되고 반복 계산 알고리즘이 적용된다.

주축요인 추출	공통성의 초기 추정값으로서 대각으로 배치된 제곱 다중 상관계수를 사용하여 원래의 상관행렬로부터 요인을 추출하는 방법, 이러한 요인 적재값은 대각으로 위치하는 기존의 공통성 추정값을 대신하는 새 공통성을 추정하는데 사용된다. 한 반복 계산에서 다음 반복 계산까지 공통성에 대한 변화량이 추출에 대한 수렴 기준을 만족할 때까지 반복 계산은 반복된다.
알파요인 추출	분석할 변수를 잠재 변수의 표본으로 간주하는 요인추출 방법. 이 항목은 요인의 알파 신뢰도를 최대화한다.
이미지요인 추출	Guttman에 의해 개발된 요인추출 방법으로서 이미지 이론에 기초한다. 편이지라고 하는 변수의 공통부분은 가설 요인의 함수보다는 남아 있는 변수에서 선형회귀로 정의된다.

선택 키워드	내용 설명
방법	요인추출 방법
분석	
상관행렬	상관행렬을 분석한다. 이 항목은 분석시 변수가 다른 척도에 대해 측정되는 경우 유용하다.
공분산행렬	공분산행렬 분석
표시	
회전하지 않은 요인해법	요인 해법에 대한 회전되지 않은 요인 적재값(요인 패턴 행렬), 공통성, 고유값 등을 표시한다.
스크리 도표	각 요인과 관련된 분산 도표로 그대로 유지할 요인의 수를 결정하는데 사용된다. 일반적으로 도표는 큰 요인들의 가파른 기울기와 나머지 요인들의 점진적 꼬리부분 (스크리) 간의 뚜렷한 구분을 보여 준다.
추출	
고유값 기준	디폴트로, 고유값이 1보다 크거나 (상관행렬 분석시) 평균 항 분산(공분산행렬 분석시)보다 큰 요인이 추출된다. 요인 추출용 분리점으로 다른 고유값을 사용하려면 분석시 0에서 전체 변수의 수까지의 수를 하나 입력한다.
고정된 요인 수	사용자 지정 요인 수를 고유값에 관계없이 추출한다. 양수를 입력한다.
수렴에 대한 최대반복 계수: 25	초기 지정값으로 요인 추출에 대해 25회의 최대반복 계산을 수행한다. 최대값을 다르게 지정하려면 양의 정수를 입력한다.

5) 요인분석에서 [요인회전]

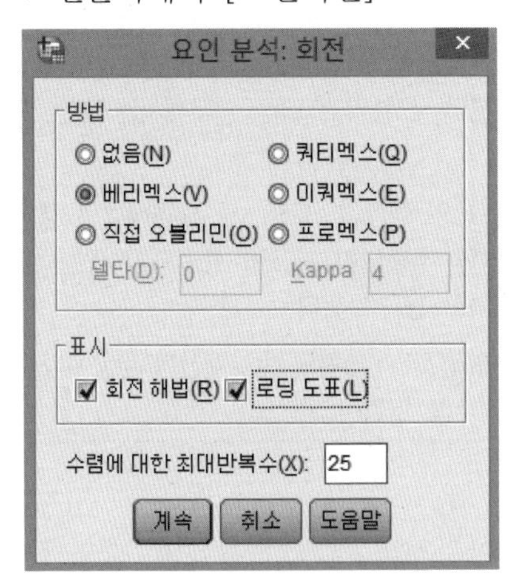

※ 방법에서 베리멕스, 출력에서 회전해법, 로딩 도표 선택

요인분석: 회전 방법 및 출력의 내용

선택 키워드	내용 설명
방법	요인 추출 방법
지정 않음	요인이 회전되지 않음(초기 지정값)
베리멕스	각 요인의 적재값이 높은 변수의 수를 최소화하는 직교 회전방법, 이 방법은 요인 해석을 단순화한다.
직접 오블리민	사각(oblique, 직교가 아닌) 회전방법. 델타가 0일 때(디폴트 값) 해법은 가장 기울어지는 형태를 나타낸다. 델타의 음수성이 강해질수록 요인은 덜 기울어진다. 디톨트 델타 값 0을 바꾸려면 0.8 이하의 수를 입력한다.
쿼티멕스	각 변수를 설명하는데 필요한 요인 수를 최소화하는 회전방법. 관측된 변수의 해석을 단순화한다.
이퀘멕스	요인을 단순화한 베리멕스 방법과 변수를 단순화한 쿼티멕스 방법을 조합한 회전방법. 요인에 읽어 들인 변수의 수와 변수 설명에 사용할 요인 수는 최소화된다.
프로멕스	요인이 상관되도록 하는 오블리크 회전. 이 회전은 직접 오블리민 회전보다 좀더 빨리 계산될 수 있으므로 큰 데이터 집합에 유용하다.

표시	
회전 해법	회전방법을 선택하여 회전해법을 구할 수 있다. 직교 회전에 대해 회전 패턴 행렬과 요인변환 행렬이 표시된다. 오블리크 회전에 대해서는 패턴, 구조, 요인 상관행렬이 표시
적재값 도표	처음 세 요인의 도표를 3차원 요인 적재값, 도표, 두 요인해법의 경우 2차원 도표가 표시된다. 요인이 하나만 추출되면 도표가 표시되지 않는다. 회전을 요청하면 도표에서 회전된 해법을 볼 수 있다.
수렴에 대한 최대반복 계수	초기 지정값으로 요인회전에 대해 최대 25번의 반복계산이 수행된다. 다른 최대 횟수를 지정하려면 양의 정수를 입력한다.

6) 요인분석에서 [요인점수] (또는 아무것도 체크하지 않고 계속 진행)

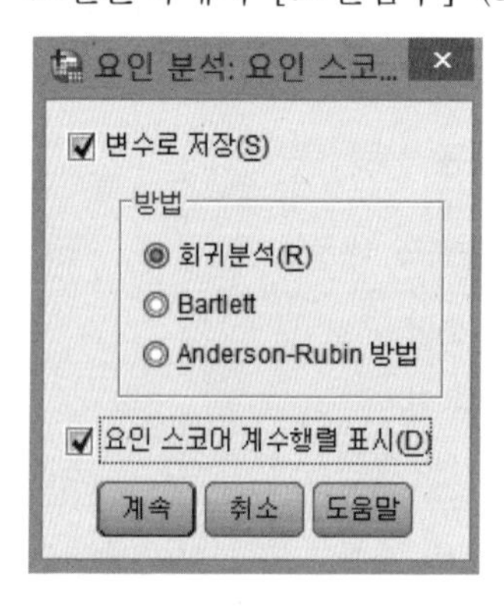

※ 요인점수에서 요인점수 계수행렬 출력 선택

요인분석: 요인점수

선택 키워드	내용 설명
변수로 저장	요인점수를 변수로 저장한다. 해법에서 각 요인에 대한 변수가 하나씩 작성된다. 출력 결과의 표에는 새 변수명과 요인점수를 계산할 때 사용되는 방법을 나타내는 변수설명이 나타난다.
방법	
회귀분석	요인점수 계수를 추정하는 방법. 생성된 점수는 평균 0을 가지며 추정된 요인점수와 요인 값 간의 제곱 다중 상관계수와 동일한 분산을 가진다. 점수는 요인이 직교될 경우에도 상관될 수 있다.
Bartlett	요인점수 계수의 추정방법. 작성된 점수의 평균은 0이고 변수 범위에서 고유한 요인의 제곱합이 최소화된다.

Anderson-Rubin방법	요인점수 계수를 추정하는 방법. 추정된 요인의 직교성을 확인하는 Bartlett 방법을 수정한 것이다. 생성된 점수들은 평균 0이며 표준편차는 1로 서로 상관되지 않는다.
요인점수 계수행렬 출력	요인점수 계수 행렬을 표시한다. 요인점수 공분산행렬도 표시된다.

7) 요인분석 옵션

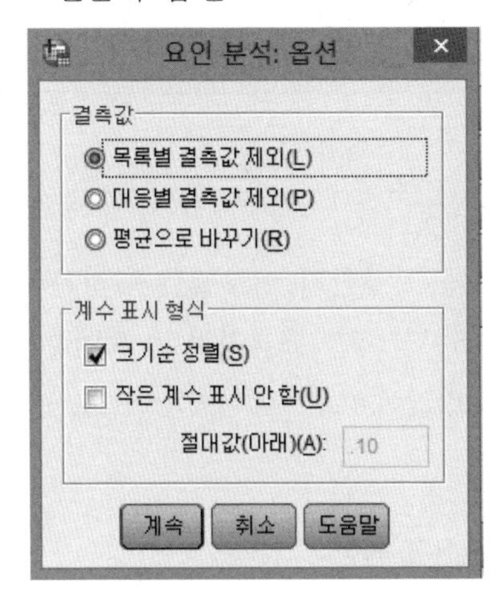

요인분석: 옵션

선택 키워드	내용 설명
결측값	무응답치와 결과에 대한 지정 방법
목록별 결측값 제외	분석시 사용되는 변수에 대한 결측값이 있는 케이스를 제외시킨다.
대응별 결측값 제외	특정 통계량 계산시 대응 변수 중 하나 또는 둘 모두에 대해 결측값이 있는 케이스를 분석에서 제외시킨다.
평균으로 바꾸기	결측값을 변수 평균으로 대처한다.
계수출력형식	
크기순서 정렬	요인 적재값 행렬과 구조 행렬을 정렬하여 동일한 요인에 대해 높은 적재값을 가지는 변수가 함께 나타나게 한다.
작은 계수 표시 안 함	절대값이 지정한 값보다 작은 계수는 출력되지 않는다. 디폴트 값은 0.10이다. 디폴트값을 바꾸려면 0과 1 사이의 수를 입력한다.

2. 분석결과

상관 행렬

		청결상태	음식량	대기시간	음식맛	친절
상관	청결상태	1.000	.050	.629	.265	.686
	음식량	.050	1.000	.220	.355	.009
	대기시간	.629	.220	1.000	.183	.509
	음식맛	.265	.355	.183	1.000	.272
	친절	.686	.009	.509	.272	1.000

1) KMO(Kaiser-Meyer-Olkin, 표본 적합도)[4]와 Bartlett 검정(단위행렬 검정)

① KMO값은 수집된 자료가 요인분석에 적합한지 여부를 판단하는 것이며, 표본 적합도를 나타내는 값으로 0.5이상이면 표본자료는 요인분석에 적합함을 판단할 수 있다. 여기서 KMO값이 0.655로 0.5이상으로 받아들일 수 있는 수치로 판단된다.

KMO 및 Bartlett의 검정

Kaiser-Meyer-Olkin 표본 적합도		.655
Bartlett의 단위행렬 검정	근사 카이제곱	31.519
	df	10
	유의수준	.000

② Bartlett의 구형성 검정은 변수 간의 상관행렬이 단위행렬인지 여부를 판단하는 검정 방법이며, 단위행렬(Identity Matrix)은 대각선이 1이고, 나머지는 0인 행렬을 말한다. 여기서 유의확률이 0.000이면 변수 간 행렬이 단위행렬이라는 귀무가설은 기각되어 요인분석의 사용이 적합하며 공통요인이 존재하면, 차후에 계속 진행할 수 있음을 알 수 있다. 여기서 유의수준이 0.000으로 귀무가설이 기각되어 요인분석의 사용이 적합하며 공통요인이 존재하며 차후에 진행할 수 있음을 나타낸다.

---

4) KMO값 0.90 상이면 상당히 좋음, 0.80~0.89 꽤 좋음, 0.70~0.79 적당한 편, 0.60~0.69 평범한 편, 0.50~0.59 바람직하지 못한 편, 0.50 미만이면 받아들일 수 없는 수치로 판단

2) 공통성(Communality)

변수에 포함된 요인들에 의해서 설명되는 비율, 각 변수의 초기값과 주성분분석법에 의한 각 변수에 대한 추출된 요인에 의해 설명되는 비율이다.

공통성

	초기	추출
청결상태	1.000	.823
음식량	1.000	.772
대기시간	1.000	.649
음식맛	1.000	.615
친절	1.000	.750

추출방법: 프린시펄 구성요소 분석

- 공통성이 낮은 변수는 요인분석에서 제외하는 것이 좋으며, 일반적으로 공통성이 0.4 이하이면 낮다고 판정한다. 여기서는 전반적으로 공통성이 높다고 할 수 있다.

3) 고유값

고유값은 몇 개의 요인이 설명되는 정도, 모든 요인(성분)의 고유값 합계는 요인분석에 사용된 변수의 수와 같다. 여기서는 5이다.

설명된 총 분산

	초기 고유값			추출 제곱합 로딩			회전 제곱합 로딩		
구성요소	총계	분산의 %	누적률 (%)	총계	분산의 %	누적률 (%)	총계	분산의 %	누적률 (%)
1	2.396	47.929	47.929	2.396	47.929	47.929	2.236	44.719	44.719
2	1.213	24.255	72.184	1.213	24.255	72.184	1.373	27.465	72.184
3	.714	14.287	86.471						
4	.395	7.897	94.368						
5	.282	5.632	100.000						

추출방법: 프린시펄 구성요소 분석

(1) 초기 고유값(아이겐 값), 설명된 변량(%분산), 누적변량(누적%)

예 1요인(성분)의 설명력(분산비); 적재값/문항수=2.396/5=0.480, 약 48%
2요인의 설명력; 1.213/5=0.243, 약 24%
누적퍼센트(72.184)로 72% 설명력

(2) 회전 제곱합 적재값

– 1번, 2번 요인의 고유치는 각각 2.236, 1.373으로 고유치 1 이상으로 나타나고, 분산설명률도 요인별로 각각 44.719%, 27.465%의 설명력을 보이고 있다. 전체 누적퍼센트 회전하기 전과 동일한 72.184로 나타난다.

4) 스크리 도표(scree chart)

스크리 도표는 고유값의 변화를 나타낸다. 가로축(요인수), 세로축(고유값) 고유값이 작아지는 점에서 요인(성분)의 개수 결정한다. 따라서 요인의 개수 2개가 적당하고, 고유값이 크게 꺾이는 형태를 보이고 있으므로 이 자료를 이용하여 요인분석을 실시하여도 무방함을 알 수 있다.

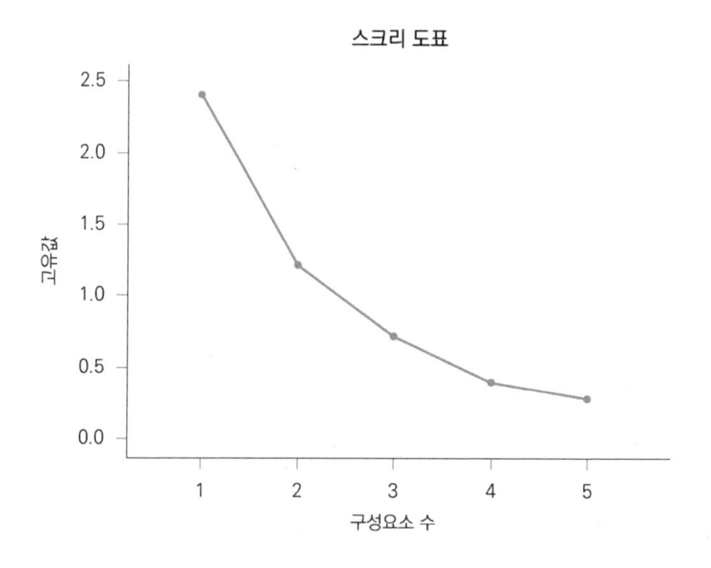

5) 성분행렬

성분행렬[a]

	구성요소	
	1	2
청결상태	.867	-.266
친절	.817	-.287
대기시간	.800	-.097
음식량	.291	.829
음식맛	.503	.602

추출방법: 프린시펄 구성요소 분석
a. 2개의 성분이 추출되었습니다.

(1) 회전되지 않은 인자 적재치가 제시된다.

(2) 성분행렬은 회전시키기 전의 요인 부하량을 보여주고 있다. 요인(성분) 1, 2에 대하여 3개 변수 x1(청결상태), x2(친절), x3(대기시간)의 부하량과 2개 변수 x2(음식량), x4(음식맛)의 부하량은 각각 하나의 공통적인 특성을 가지고 있는 것으로 보인다.

청결상태(x1)의 공통성(communality)은 요인과 변수와의 관계의 제곱합에 의해서 구할 수 있다. 즉, 요인 1에 대한 적재량의 제곱과 청결상태(x1)의 요인 2에 대한 적재량의 제곱인 $(0.867)^2+(-0.266)^2=0.752+0.071=0.823$

예 청결상태에 대한 공통성: $(0.867)^2+(-0.266)^2=0.752+0.071=0.823$

(3) 요인의 회전(rotation) 이유: 변수의 설명축인 요인들을 회전시켜 요인의 해석을 돕는 것이다. 베리멕스가 가장 일반적인 방법, 직각회전방법은 성분점수를 이용하여 회귀분석이나 판별분석 등을 수행할 경우, 요인(성분) 간에 독립성이 있는 것이 요인들의 공선성에 의한 문제점을 발생시키지 않기 때문이다. 이 결과를 가지고 연구자는 변수의 공통점을 발견하여 각 요인(성분)의 이름을 정하게 된다.

회전 성분 행렬[a]

	구성요소	
	1	2
청결상태	.904	.072
친절	.865	.034
대기시간	.779	.204
음식량	-.035	.878
음식맛	.246	.745

추출방법: 프린시펄 구성요소 분석
회전방법: 카이저 정규화를 사용한 베리멕스
a. 3 반복에서 회전이 수렴되었습니다.

– 베리멕스 회전법을 체크한 결과, 3차례 반복계산 후에 얻어진 결과이다. 총 5개의 변수는 2개의 요인으로 묶여졌음을 확인할 수 있다. 청결상태, 대기시간, 친절은 1번 요인, 음식량, 음식맛은 2번 요인으로 묶여져있다. 여기서는 제1요인(성분)을 식당이용 요인, 제2요인(성분)을 음식관련 요인이라고 할 수 있다. x1(청결상태), x3(대기시간), x5(친절)은 제1요인 성분인 식당이용요인, x2(음식량), x4(음식맛)인 음식관련요인이라고 말할 수 있다.

(4) 회전된 적재치가 제시되며, 추출된 두 인자 간의 관계가 제시된다. 성분변환행렬의 요인이 회전된 경우, 변환행렬값이 나타나 있다.

성분 변환행렬

구성요소	1	2
1	.930	.368
2	-.368	.930

추출방법: 프린시펄 구성요소 분석
회전방법: 카이저 정규화를 사용한 베리멕스

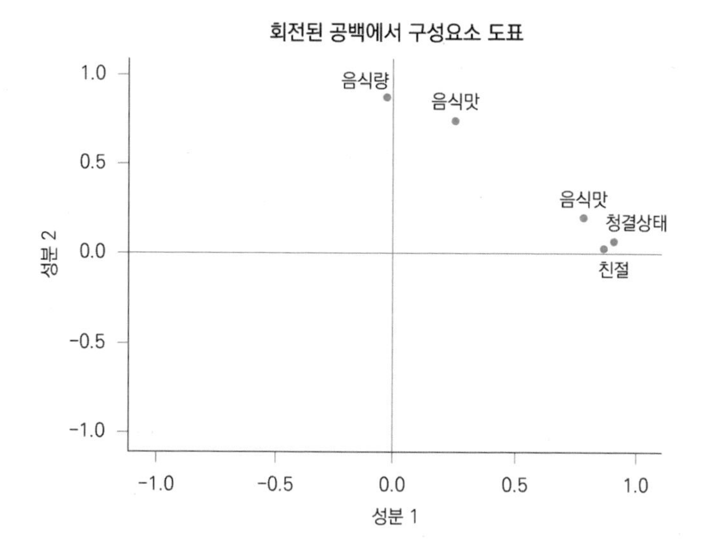

(5) 요인(성분)이 2개로 구성되어 각 5개의 변수들이 공간에 위상을 차지하고 있다. 여기서 x1(청결상태), x3(대기시간), x5(친절)는 요인 1인 식당이용 요인과 x2(음식량), x4(음식맛)의 요인은 2인 음식관련 요인은 서로 다른 위상에 위치하는 것을 볼 수 있다.

성분 스코어 계수행렬

	구성요소	
	1	2
청결상태	.417	-.071
음식량	-.139	.680
대기시간	.340	.048
음식맛	.012	.539
친절	.404	-.095

추출방법: 프린시펄 구성요소 분석
회전방법: 카이저 정규화를 사용한 베리멕스
구성요소 스코어

(6) 요인점수(Factor scores)는 각 표본 대상자의 변수별 응답을 요인들의 선형 결합으로 표현한 값이다. 각 개체들의 요인점수는 다음과 같다.

① 요인(성분)1의 점수

$= (0.417)X_1 + (-0.139)X_2 + (0.340)X_3 + (0.012)X_4 + (0.404)X_5$

② 요인(성분)2의 점수

$= (-0.071)X_1 + (0.680)X_2 + (0.048)X_3 + (0.539)X_{4+}(-0.095)X_5$

(7) 요인점수 계수행렬 출력 결과

각 변수들의 관찰치를 대입하면, 대상자별로 요인점수를 구할 수 있다. 성분점수 공분산행렬이 대각선은 1이고 나머지는 0인 것은 배리맥스 방법에 의한 회전방법을 선택하여 직각 회전의 결과이기 때문에 두 요인 간의 관련성이 0인 단위행렬이기 때문이다. 두 요인은 독립적인 관련성을 갖는다고 해석을 해야 한다.

성분 스코어 공분산행렬

구성요소	1	2
1	1.000	.000
2	.000	1.000

추출방법: 프린시펄 구성요소 분석
회전방법: 카이저 정규화를 사용한 베리멕스
구성요소 스코어

6) 상관관계계수

상관행렬

		청결상태	음식량	대기시간	음식맛	친절
상관	청결상태	1.000	.050	.629	.265	.686
	음식량	.050	1.000	.220	.355	.009
	대기시간	.629	.220	1.000	.183	.509
	음식맛	.265	.355	.183	1.000	.272
	친절	.686	.009	.509	.272	1.000

(1) 변인들 간의 상관관계계수는 공통인자 때문에 나온 것이며, 요인분석방법에서는 상관관계계수를 이용하여 공통인자를 찾는다.

7) 공통인자의 수와 결정기준

(1) 공통인자를 추출하기 위해 일반적으로 사용하는 방법은 주성분 분석(principal component analysis)이다.

(2) 각 오차를 자승해서 더한 값이 최소한이 되는 선을 인자선으로 찾는데, 이 선이 바로 공통인자가 된다.

(3) 아이겐 값

① 주성분 분석을 통해 추출한 공통인자가 분석할(또는 설명할) 만한 가치가 있는 공통인자 인지의 여부는 공통인자의 아이겐 값(eigen)으로 판다.

② eigen value: 인자분석방법에서 추출한 각 공통인자의 설명력을 보여주는 수치. 공통인자의 아이겐 값은 '1' 이상 되는 것을 분석할 만한 공통인자로 간주하여 해석, 아이겐 값이 크면 클수록 추출한 공통인자의 설명력이 높다.

회전되지 않은 인자행렬표

	F1		F2	
	인자 적재치	인자 적재치를 자승한 값	인자 적재치	인자 적재치를 자승한 값
청결상태	0.781	0.6100	−0.471	0.2219
음식량	0.487	0.2372	0.635	0.4033
대기시간	0.663	0.4396	−0.437	0.1910
음식 맛	0.681	0.4638	0.459	0.2107
친절	0.698	0.4872	−0.507	0.2571
이용회수	0.802	0.6432	0.485	0.2353
eigen value	2.8810		1.5193	

(4) 계산방법: 합산

① 공통인자의 아이겐 값 2.881은 <청결상태>와 공통인자와의 상관관계계수인 인자 적재치 0.781을 자승한 값(0.6100)과 <음식량> 0.487을 자승한 값(0.2372), <대기시간> 0.663을 자승한 값(0.4396), <음식 맛> 0.681을 자승한 값(0.4638), <친절> 0.698을 자승한 값(0.4872), 그리고

<이용회수> 0.802를 자승한 값(0.6432)을 모두 합한 값이다.

② 두 번째 공통인자 1.5193도 같은 방법으로 계산하면 된다.

(5) 일반적으로 연구자는 아이겐 값이 '1' 이상인 공통인자를 찾는다. 공통인자를 찾는 기준은 아이겐 값을 사용하는 대신에 연구자가 공통인자의 수를 정하여 원하는 수만큼의 공통인자를 찾을 수도 있다.

(6) 연구자가 공통인자의 수를 정하여 공통인자들을 찾는 방법은 특히 연구자가 아이겐 값 '1' 이상인 공통인자들을 찾았다고 하더라도 각 공통인자의 특성을 잘 파악할 수 없을 때 유용하게 사용할 수 있다.

→ 연구자는 아이겐 값 '1'을 기준으로 추출한 공통인자의 수보다 적게 정하여 공동인자를 찾고, 새롭게 추출한 공통인자의 특성을 분석할 수 있다.

(7) 공통성 값(communality: h2)

① 아이겐 값과 더불어 추출한 공통인자들의 설명력을 보여주는 값

② 공통인자들이 각 변인을 얼마나 잘 설명할 수 있는가를 보여주는 값
공통성 값이 크면 클수록 → 추출한 공통인자들의 설명력이 높다
공통성 값은 다변인 회귀분석의 설명변량(R^2)
측정한 각 변인을 종속변인, 추출한 여러 개의 공통인자들을 독립변인으로 놓고 분석하는 다변인 회귀분석 설명변량

회전된 성분행렬표

변인	F1		F2		h^2
	인자 적재치	인자 적재치를 자승한 값	인자 적재치	인자 적재치를 자승한 값	
청결상태	0.897	0.8046	0.166	0.0276	0.8322
음식량	-0.058	0.0034	0.799	0.6384	0.6418
대기시간	0.786	0.6178	0.114	0.0130	0.6308
음식 맛	0.204	0.0417	0.796	0.6337	0.6754
친절	0.858	0.7362	0.085	0.0073	0.7435
이용회수	0.278	0.0773	0.896	0.8029	0.0774
아이겐 값	2.2819		2.1229		

– 아이겐 값(인자 적재치를 자승한 값들의 합)

– h^2 = F1(인자 적재치 자승한 값) + F2(인자 적재치 자승한 값)

인자행렬표와 공통성 값(h2)

변인	F1		F2		h^2
	인자 적재치	인자 적재치를 자승한 값	인자 적재치	인자 적재치를 자승한 값	
청결상태	0.409	0.1673	-0.052	0.0027	0.1700
음식량	-0.151	0.0228	0.425	0.1807	0.2035
대기시간	0.363	0.1318	-0.062	0.0039	0.1357
음식 맛	-0.024	0.0006	0.383	0.1467	0.1473
친절	0.402	0.1616	-0.088	0.0078	0.1694
이용회수	-0.004	0.0001	0.424	0.1798	0.1799
아이겐 값	0.4842		0.5216		

제5절 분석: 차원 감소; 요인분석(1~6 단계)

1. [요인분석]: 변수 선정(5개 변수 선택)

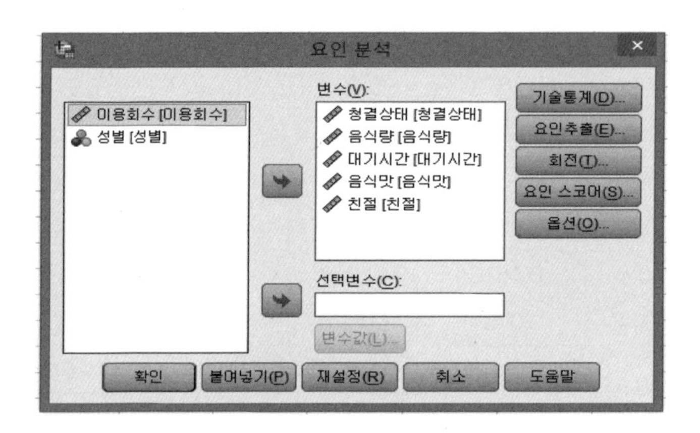

• 요인분석을 하기 위해 변수를 청결상태(x1), 음식량(x2), 대기시간(x3), 음식맛(x4), 친절(x5)로 선정하였다.

2. [기술통계]

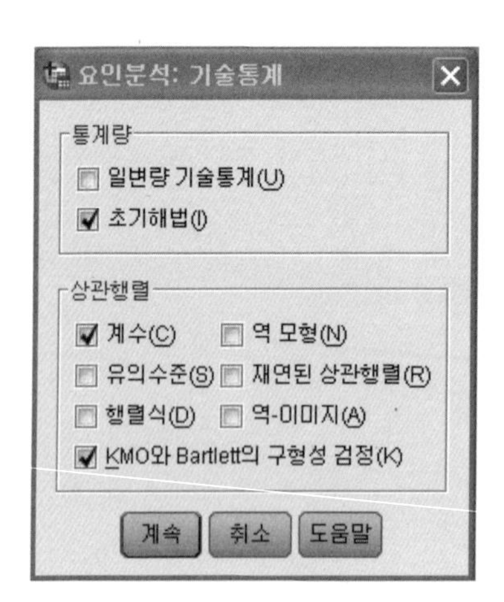

• 통계량에서 초기해법, 상관행렬에서 상관계수와 KMO와 Bartlett의 구형성 검정으로 선택한다.

3. 요인분석: [요인추출]

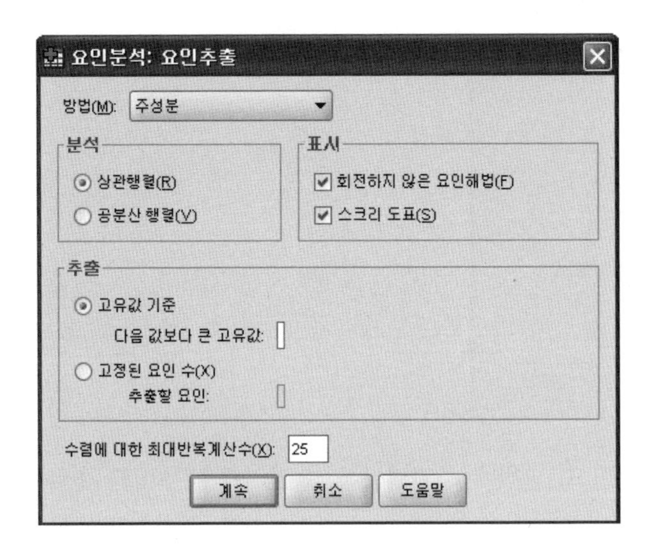

- 방법에서 주성분, 분석: 상관행렬, 출력: 회전하지 않은 요인해법과 스크리 도표, 추출에서 고유값 기준, 수렴에 대한 최대 반복 계산수: 25를 선택한다.

4. 요인분석: [요인회전]

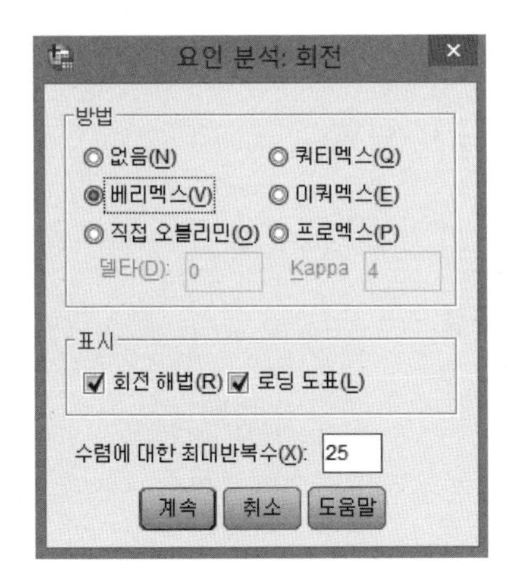

- 방법에서 베리멕스, 표시에서 회전해법, 적재값 도표, 수렴에 대한 최대 반복 계산수 25를 선택한다.

5. 요인분석: [요인점수]

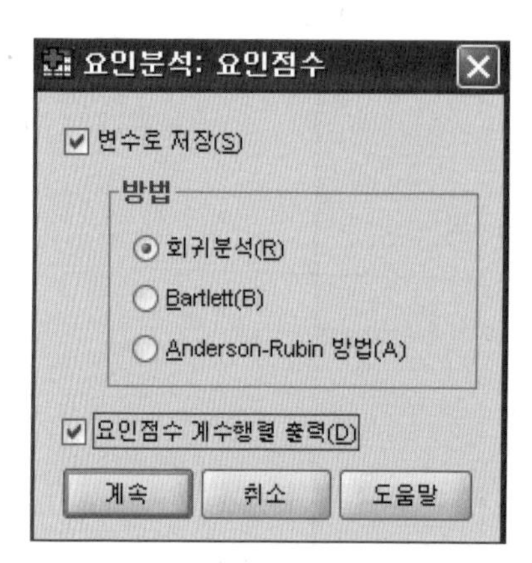

- 변수로 저장을 선택하고, 방법에서 회귀분석, 요인점수 계수행렬 출력을 선택한다.

6. 요인분석: 옵션

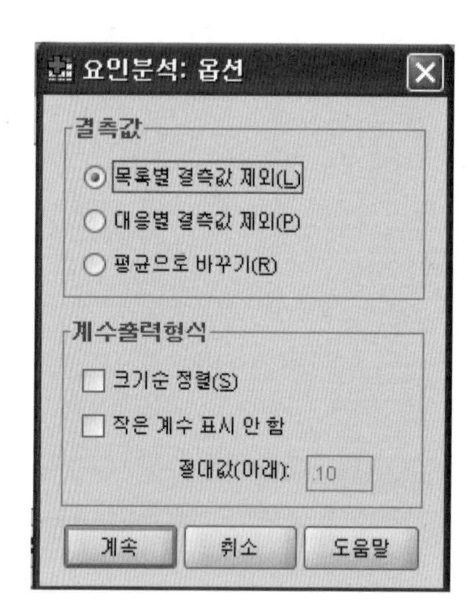

제6절 분석결과

1. 상관행렬

상관행렬

	청결상태	음식량	대기시간	음식맛	친절
청결상태	1.000	0.050	0.629	0.265	0.686
음식량	0.050	1.000	0.220	0.355	0.009
대기시간	0.629	0.220	1.000	0.183	0.509
음식맛	0.265	0.355	0.183	1.000	0.272
친절	0.686	0.009	0.509	0.272	1.000

– 청결상태와 친절의 상관계수(0.686)가 가장 높게 나타나 있다.

2. KMO(Kaiser-Meyer-Olkin)와 Bartlett 검정

KMO와 Bartlett의 검정

표준형성 적절성의 Kaiser-Meyer-Olkin 측도		0.655
Bartlett의 구형성 검증	근사 카이제곱	61.519
	자유도	10
	유의확률	0.000

- 수집된 자료가 요인분석에 적합한지 여부를 판단 KMO값은 표본적합도를 나타내는 값으로 0.5 이상이면 표본자료는 요인분석에 적합하다.

3. Bartlett의 구형성 검정

- 변수 간의 상관행렬이 단위행렬인지 여부를 판단하는 검정방법, 단위행렬(Identity Matrix)은 대각선이 1이고, 나머지는 0인 행렬을 말한다. 위의 표에서 유의확률이 0.000으로 변수 간 행렬이 단위행렬이라는 귀무가설은 기각

되어 차후에 계속 진행할 수 있음을 의미한다.

공통성

	초기	추출
청결상태	1.000	.823
음식량	1.000	.772
대기시간	1.000	.649
음식맛	1.000	.615
친절	1.000	.750

추출방법: 주성분 분석

4. 공통성(Communality)

변수에 포함된 요인들에 의해서 설명되는 비율, 각 변수의 초기값과 주성분 분석법에 의한 각 변수에 추출된 요인에 설명되는 비율이다.

설명된 총분산

성분	초기 고유값			추출 제곱합 적재값			회전 제곱합 적재값		
	합계	% 분산	% 누적	합계	% 분산	% 누적	합계	% 분산	% 누적
1	2.396	47.929	47.929	2.396	47.929	47.928	2.236	44.719	44.719
2	1.213	24.255	72.184	1.213	24.255	72.184	1.373	27.465	72.184
3	.714	14.287	86.471						
4	.395	7.897	94.368						
5	.282	5.632	100.000						

추출방법: 주성분 분석

5. 고유값

몇 개의 요인이 설명되는 정도, 모든 요인(성분)의 고유값 합계는 요인분석에 사용된 변수의 수와 같다(이 사례의 고유값은 5).

예 1요인(성분)의 설명력(분산비)

적재값/문항수=2.396/5=0.480, 48%

2요인(성분)의 설명력(분산비)

1.213/5=0.243, 약 24%

6. 초기 고유값(아이겐 값), 설명된 변량(%분산), 누적변량(누적%)

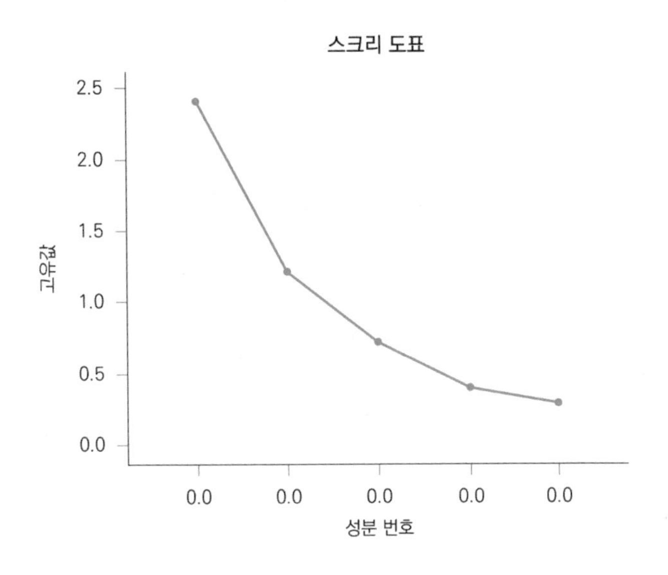

7. 스크리 도표(Scree Chart)

스크리 도표는 고유값의 변화를 나타내며, 가로축은 요인수이고, 세로축은 고유값이다. 고유값이 작아지는 점에서 요인(성분)의 개수를 결정하며, 요인의 개수 2개가 적당하고, 고유값이 크게 꺾이는 형태를 보이고 있으므로 이 자료를 이용하여 요인분석을 실시하여도 된다.

8. 성분행렬

회전되지 않은 인자 적재치가 제시된다.

성분행렬은 회전시키기 전의 부하량을 의미한다. 요인(성분) 1과 2에 대하여 3개 변수 x1(청결상태), x3(대기시간), x5(친절)의 부하량과 2개 변수 x2(음식량), x4(음식맛)의 부하량은 각각 하나의 공통적인 특성을 가지고 있다.

성분행렬[a]

	성분	
	1	2
청결상태	.867	-.266
음식량	.291	.829
대기시간	.800	-.097
음식맛	.503	.602
친절	.817	-.287

요인추출방법: 주성분 분석

a. 추출된 2 성분

9. 회전된 성분행렬

청결상태(x1)의 공통성(communality)은 요인과 변수와의 관계의 제곱합에 의해서 구할 수 있다. 즉, 요인 1에 대한 적재량의 제곱과 청결상태(x1)의 요인 2에 대한 적재량의 제곱인 $(0.867)^2+(-0.266)^2=0.752+0.071=0.823$

예 청결상태에 대한 공통성: $(0.867)^2+(-0.266)^2=$ 0.752+0.071=0.823

회전된 성분행렬[a]

	성분	
	1	2
청결상태	.904	.072
음식량	-.035	.878
대기시간	.779	.204
음식맛	.246	.745
친절	.865	.034

요인추출방법: 주성분 분석

회전방법: Kaiser 정규화가 있는 베리멕스

a. 3 반복계산에서 요인회전이 수렴되었습니다.

10. 요인의 회전(Rotation) 이유

요인의 회전 이유는 변수의 설명축인 요인들을 회전시켜 요인의 해석을 돕는 것으로, 베리멕스가 가장 일반적인 방법이다.

직각회전방법이 쓰이는데 성분점수를 이용하여 회귀분석이나 판별분석 등을 수행할 경우, 요인(성분) 간에 독립성이 있는 것이 요인들의 공선성에 의한 문제점을 발생시키지 않기 때문이다. 이 결과를 가지고 연구자는 변수의 공통점을 발견하여 각 요인(성분)의 이름을 정하게 된다. 여기서는 제1요인을 설비관련 요인, 제2요인은 음식관련 요인으로 명칭을 정하였다. x1(청결상태), x3(대기시간), x5(친절)은 제1요인인 설비관련 요인의 구성요소이고, x2(음식량), x4(음식맛)은 제2요인인 음식관련 요인의 구성요소이다.

11. 적재치 제시

성분 변환행렬

성분	1	2
1	.930	.368
2	-.368	.930

요인추출방법: 주성분 분석
회전방법: Kaiser 정규화가 있는 베리멕스

추출된 두 요소 간의 관계가 제시되고, 성분 변환행렬의 요인이 회전된 경우, 변환 행렬값이 나타나 있다. 요인(성분)이 2개로 구성되어 각 5개의 변수들이 공간에 위상을 차지하고 있다. 여기서 x1(청결상태), x3(대기시간), x5(친절)는 요인1인 설비관련 요인이고 x2(음식량), x4(음식맛)은 요인 2인 음식관련 요인으로 서로 다른 위상에 위치하는 것을 볼 수 있다.

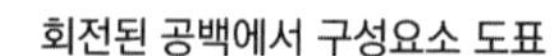

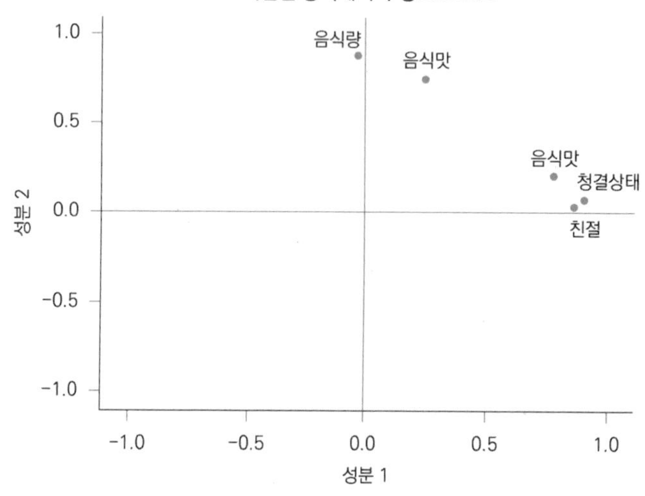

성분점수 계수행렬

	성분	
	1	2
청결상태	.417	-.071
음식량	-.139	.680
대기시간	.340	.048
음식맛	.012	.539
친절	.404	-.095

요인추출방법: 주성분 분석
회전방법: Kaiser 정규화가 있는 베리멕스
요인점수

12. 요인점수(Factor Scores)

각 표본 대상자의 변수별 응답을 요인들의 선형결합으로 표현한 값이다. 각 개체들의 요인점수는 다음과 같다:

요인(성분) 1의 점수

$$= (0.417)X1 + (-0.139)X2 + (0.340)X3 + (0.012)X4 + (0.404)X5$$

요인(성분) 2의 점수

$= (-0.071)X1 + (0.680)X2 + (0.048)X3 + (0.539)X4 + (-0.095)X5$

성분점수 공분산행렬

성분	1	2
1	1.000	.000
2	.000	1.000

요인추출방법: 주성분 분석
회전방법: Kaiser 정규화가 있는 베리멕스
요인 점수

13. 요인점수 계수행렬 출결 결과

각 변수들의 관찰치를 대입하면, 대상자별로 요인점수를 구할 수 있다. 성분점수 공분산행렬이 대각선은 1이고, 나머지는 0인 것은 베리맥스 방법에 의한 회전방법을 선택하여 직각 회전의 결과이기 때문에 두 요인 간의 관련성이 0인 단위행렬이기 때문이다. 두 요인은 독립적인 관련성을 갖는다고 해석을 하여야 한다.

제7절 요인분석을 이용한 회귀분석

• 회귀분석: 선형 회귀분석

종속변수: 이용회수(x6), 독립변수: REGR factor score 1, REGR factor score 2

진입/제거된 변수[b]

모형	진입된 변수	제거된 변수	방법
1	REGR factor score 2 for analysis 1, REGR factor score 1 for analysis 1		입력

a. 요청된 모든 변수가 입력되었습니다.

b. 종속변수: 이용회수

모형요약

모형	R	R 제곱	수정된 R제곱	추정값의 표준오차
1	.816[a]	.666	.636	.866

a. REGR factor score 2 for analysis 1, REGR factor score 1 for analysis

분산분석[b]

모형		제곱합	자유도	평균 제곱	F	유의확률
1	회귀모형	32.929	2	16.465	21.938	.000[a]
	잔차	16.511	22	.750		
	합계	49.440	24			

a. 예측값: (상수), REGR factor score 2 for analysis 1, REGR factor score 1 for analysis
b. 종속변수: 이용회수

제8절 요인분석 결과를 이용한 회귀식

$Y = 3.680 + 0.452f_1 + 1.081f_2$

계수[a]

모형		비표준화 계수		표준화 계수	t	유의확률
		B	표준오차	베타		
1	(상수)	3.680	.173		21.239	.000
2	REGR factor score 2 for analysis 1	.452	.177	.315	2.557	.018
3	REGR factor score 1 for analysis	1.081	.177	.753	6.110	.000

a. 종속변수: 이용회수

1. Y=X6(이용회수)

f_1 = 요인 1(설비관련 요인)

f_2 = 요인 2(음식관련 요인)

2. 이 통계식은 유의하며(유의확률 Sig F=0.000<0.05), $R^2=0.666$으로 총변동의

66%를 설명하고 있다. 1요인(설비관련 요인)은 통계적으로 유의하며(유의확률 Sig F=0.018<0.05), 2요인(음식관련 요인)도 통계적으로 유의한 것으로 밝혀졌다(유의확률 Sig F=0.000<0.05).

2. 회귀분석 결과

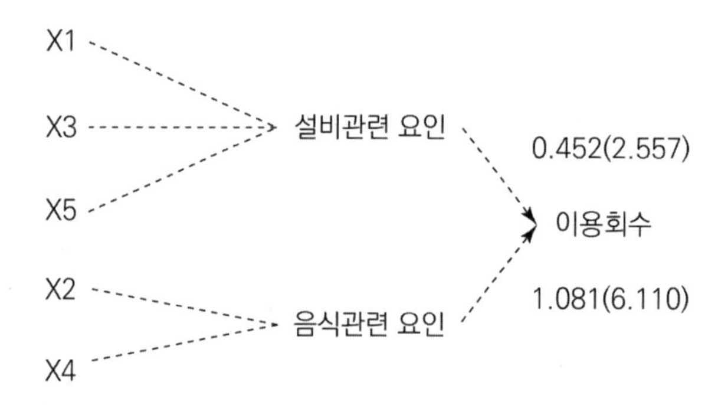

결론적으로 이 음식점은 설비관련 요인과 음식관련 요인 모두를 중요시해야 한다. 또한 음식관련 요인의 회귀계수가 설비관련 요인보다 더 크므로, 음식점의 음식관련 요인에 더 관심을 가져야 한다.

AMOS 통한 분석(설비와 음식에 따른 이용회수)

(1) 설비 관련

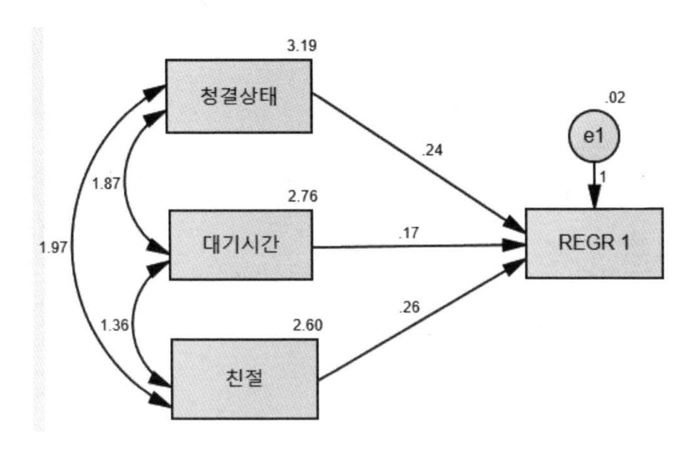

(2) 음식 관련(이용회수 포함하지 않은 경우)

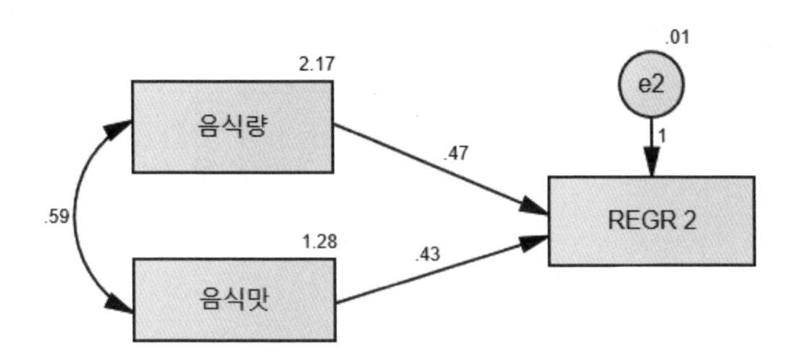

(3) 설비 및 음식 관련 이용회수

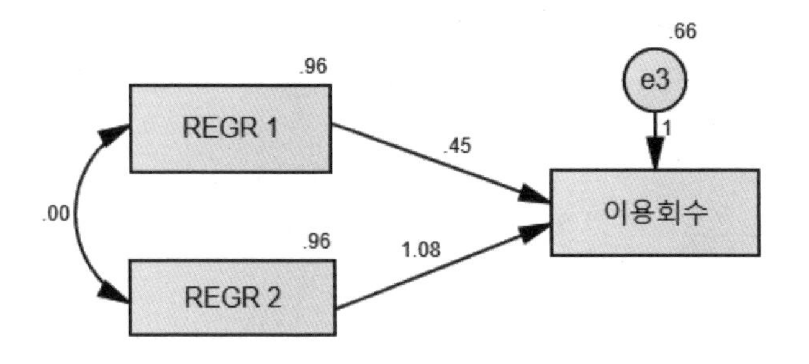

※ 음식 관련 영역에 이용회수 포함한 사례

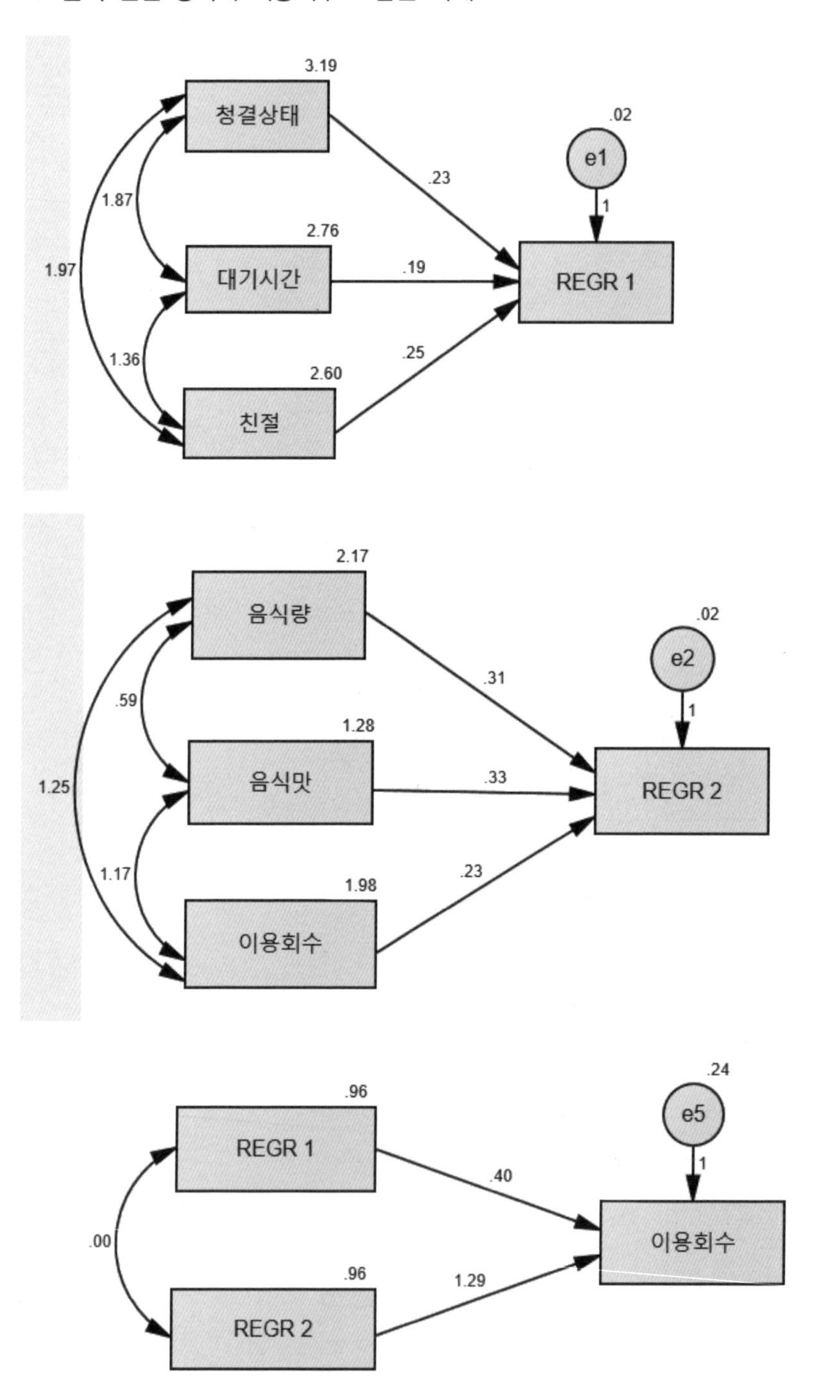

※ 현재급여 수준 결정에 영향을 미치는 요인

– 현재급여에 영향을 주는 요인(근무수준, 급여수준)에 관련된 자료를 이용한 분석

(A) 요인분석 단계

1. [요인분석] 창이 나타나면, 분석에 이용할 변수를 선정한다(5개 변수 선택).

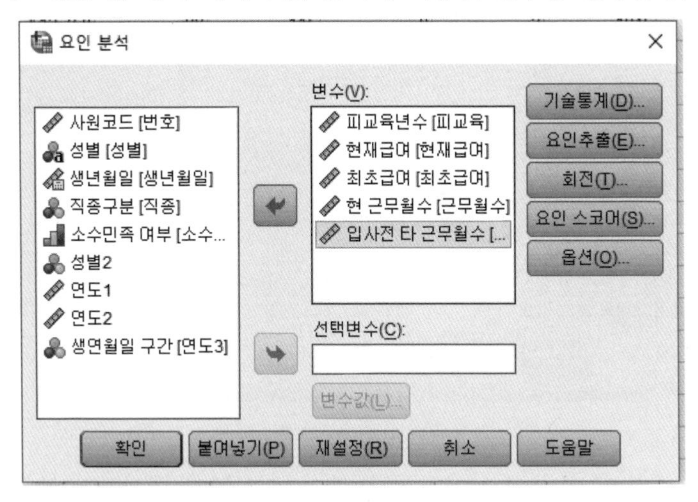

– 요인분석을 하기 위해 변수를 피교육년수, 현재급여, 최초급여, 현 근무월수, 입사전 타 근무월수를 선정

2. 요인분석에서 [기술통계]를 선정

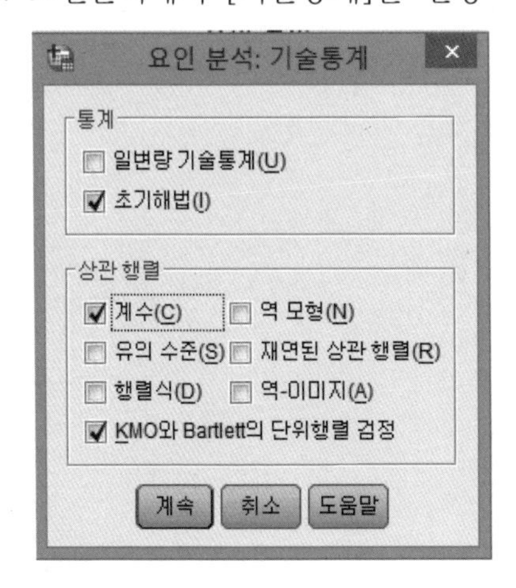

– 통계량에서 초기해법, 상관행렬에서 계수, 단위행렬 검정 선택

3. 요인분석에서 [요인추출] 선정

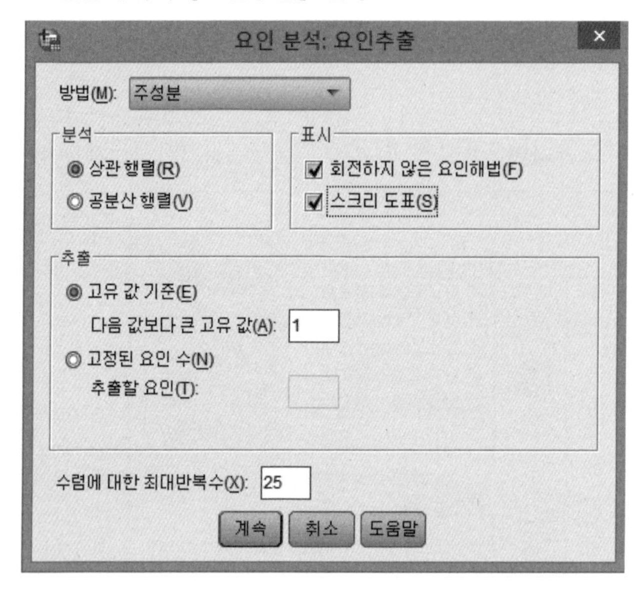

– 방법에서 주성분, 분석에서 상관행렬, 표시(출력)에서 회전하지 않은 요인 해법, 스크리 도표, 그리고 추출에서 고유값 기준 선택

4. 요인분석 [회전]

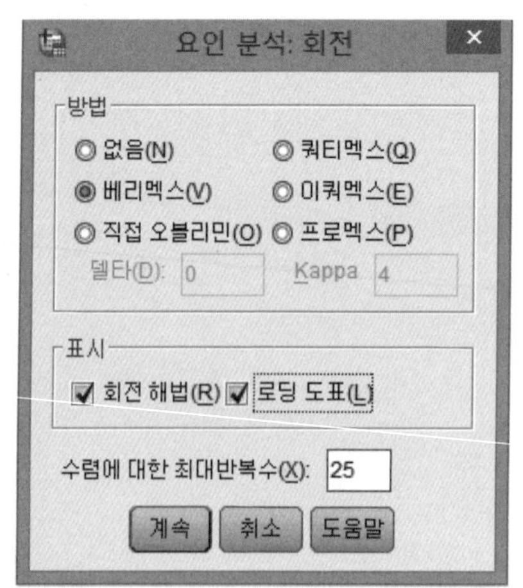

– 방법에서 베리멕스, 표시(출력)에서 회전해법, 로딩 도표 선택

5. 요인분석에서 [요인 스코어(요인점수)]

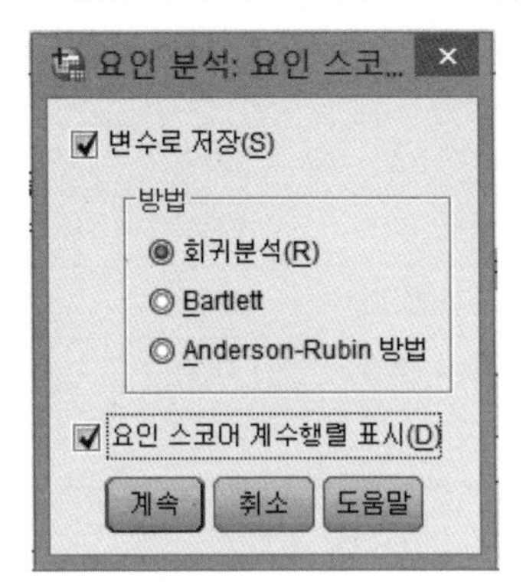

– 요인 스코어에서 변수로 저장의 방법(회귀분석), 요인점수 계수행렬 출력 선택

6. 요인분석 [옵션]

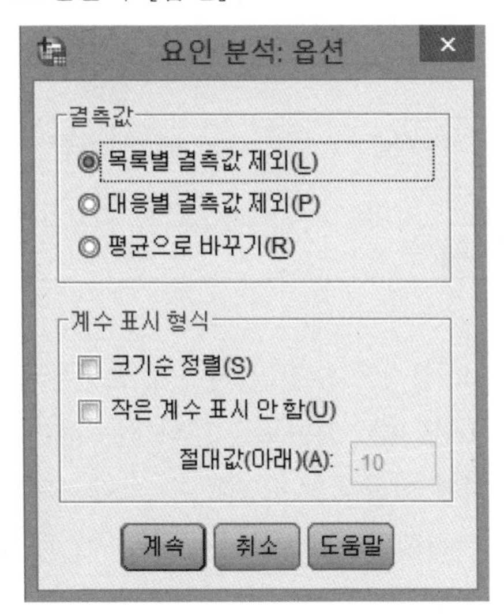

(B) 요인분석 결과

상관행렬

		피교육년수	현재급여	최초급여	현 근무월수	입사전 타 근무월수
상관	피교육년수	1.000	.661	.633	.047	-.252
	현재급여	.661	1.000	.880	.084	-.097
	최초급여	.633	.880	1.000	-.020	.045
	현 근무월수	.047	.084	-.020	1.000	.003
	입사전 타 근무월수	-.252	-.097	.045	.003	1.000

– 피교육년수의 경우, 현재급여 변수의 상관관계(0.661), 최초급여 변수의 상관관계(0.633)이며, 현재급여의 경우, 피교육년수의 상관관계(0.661), 최초급여의 상관관계(0.880)으로 높은 편이며, 반면에 현 근무월수(0.047), 입사전 타 근무월수(–0.252)로 낮은 편이다.

KMO 및 Bartlett의 검정

Kaiser-Meyer-Olkin 표본 적합도.		.606
Bartlett의 단위행렬 검정	근사 카이제곱	1094.808
	df	10
	유의수준	.000

KMO(Kaiser–Meyer–Olkin)와 Bartlett 검정은 수집된 자료가 요인분석에 적합한지 여부를 판단하는 것이다. KMO값은 표본 적합도를 나타내는 값은 0.606으로 0.5 이상이면 표본자료는 요인분석에 적합함을 판단할 수 있다. Bartlett의 구형성 검정은 변수 간의 상관행렬이 단위행렬인지 여부를 판단하는 검정방법이다. 여기서 단위행렬(Identity Matrix)은 대각선이 1이고, 나머지는 0인 행렬을 의미한다. 유의확률이 0.000이면 변수 간 행렬이 단위행렬이라는 귀무가설은 기각되어 차후에 계속 진행할 수 있음을 알 수 있다.

공통성

	초기	추출
피교육년수	1.000	.754
현재급여	1.000	.896
최초급여	1.000	.916
현 근무월수	1.000	.999
입사전 타 근무월수	1.000	.968

추출방법: 프린시펄 구성요소 분석

공통성(Communality)은 변수에 포함된 요인들에 의해서 설명되는 비율, 각 변수의 초기값과 주성분분석법에 의한 각 변수에 대한 추출된 요인에 의해 설명되는 비율을 나타낸다.

설명된 총 분산

	초기 고유값			추출 제곱합 로딩			회전 제곱합 로딩		
구성요소	총계	분산의 %	누적률 (%)	총계	분산의 %	누적률 (%)	총계	분산의 %	누적률 (%)
1	2.477	49.541	49.541	2.477	49.541	49.541	2.448	48.967	48.967
2	1.052	21.046	70.587	1.052	21.046	70.587	1.078	21.554	70.521
3	1.003	20.070	90.656	1.003	20.070	90.656	1.007	20.135	90.656
4	.365	7.299	97.955						
5	.102	2.045	100.000						

추출방법: 프린시펄 구성요소 분석

고유값은 몇 개의 요인이 설명되는 정도, 모든 요인(성분)의 고유값 합계는 요인분석에 사용된 변수의 수와 같다. 여기서는 5이다.

예 1요인(성분)의 설명력(분산비)

적재값/문항수=2.477/5=0.496, 약 50%

2요인(성분)의 설명력(분산비)

1.052/5=0.211, 약 21%

– 초기 고유값(아이겐 값), 설명된 변량(%분산), 누적변량(누적%)

• 스크리 도표(Scree Chart): 고유값의 변화를 나타냄
 - 가로축(요인수), 세로축(고유값)
 - 고유값이 작아지는 점에서 요인(성분)이 개수 결정함
 - 요인의 개수 2개가 적당하고, 고유값이 크게 꺾이는 형태를 보이고 있으므로 이 자료를 이용하여 요인분석을 실시하여도 무방함을 알 수 있다.

성분 행렬[a]

	구성요소		
	1	2	3
피교육년수	.846	-.194	-.014
현재급여	.940	.104	.029
최초급여	.917	.264	-.077
현 근무월수	.068	-.052	.996
입사전 타 근무월수	-.178	.965	.069

추출방법: 프린시펄 구성요소 분석
a. 3개의 성분이 추출되었습니다.

 - 회전하지 않은 인자 적재치가 제시된다.

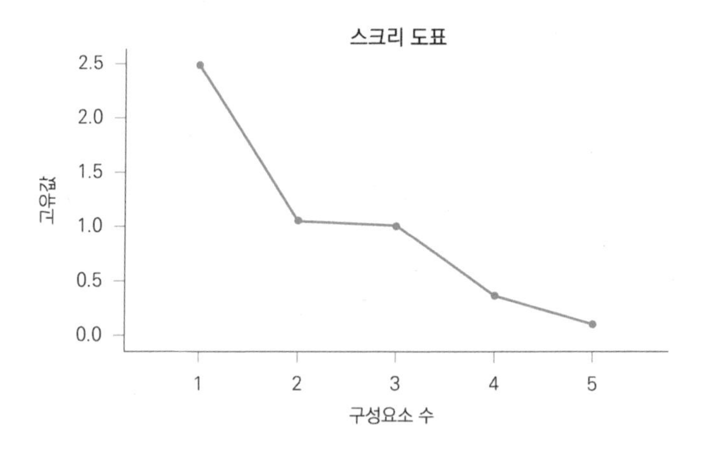

 - 이 성분행렬은 회전시키기 전의 요인 부하량을 보여주고 있다. 요인(성분) 1, 2, 3에 대하여 5변수 피교육년수, 현재급여, 최초급여, 현 근무월수, 입

사전 타 근무월수의 부하량은 각각 하나의 공통적인 특성을 가지고 있는 것으로 보인다.

피교육년수의 공통성은 요인과 변수와의 관계의 제곱합에 의해서 구할 수 있다.

요인 1에 대한 적재량의 제곱과 피교육년수의 요인 2에 대한 적재량의 제곱인

$(0.846)^2+(-0.194)^2+(-0.014)^2=0.716+0.038+0.001=0.755$

회전 성분 행렬[a]

	구성요소		
	1	2	3
피교육년수	.812	-.306	.036
현재급여	.944	-.021	.066
최초급여	.946	.133	-.050
현 근무월수	.023	.003	.999
입사전 타 근무월수	-.047	.983	.004

추출방법: 프린시펄 구성요소 분석
회전방법: 카이저 정규화를 사용한 베리멕스
a. 4 반복에서 회전이 수렴되었습니다.

요인의 회전(Rotation) 이유: 변수의 설명축인 요인들은 회전시켜 요인의 해석을 돕는 것이다. 베리멕스가 가장 일반적인 방법, 직각회전방법은 성분점수를 이용하여 회구분석이나 판별분석 등을 수행할 경우, 요인(성분) 간에 독립성이 있는 것이 요인들의 공선성에 의한 문제점을 발생시키지 않기 때문이다. 이 결과를 가지고 연구자는 변수의 공통점을 발견하여 각 요인(성분)의 이름을 정하게 된다. 여기서는 제1요인(성분)을 급여수준 결정에 관련된 요인, 제2요인과 제3요인은 근무수준 관련 요인이라 할 수 있다. 피교육년수, 현재급여, 최초급여는 제1요인 성분, 입사전 타 근무월수는 제2요인 성분, 현근무월수는 제3요인 성분이라고 할 수 있다.

성분 변환행렬

구성요소	1	2	3
1	.990	−.134	.046
2	.137	.989	−.058
3	−.038	.064	.997

추출 방법: 프린시펄 구성요소 분석

회전 방법: 카이저 정규화를 사용한 베리멕스

– 추출된 두 인자 간의 관계가 제시된다.

– 성분 변환행렬의 요인이 회전된 경우, 변환행렬값이 나타나 있다.

회전된 공백에서 구성요소 도표

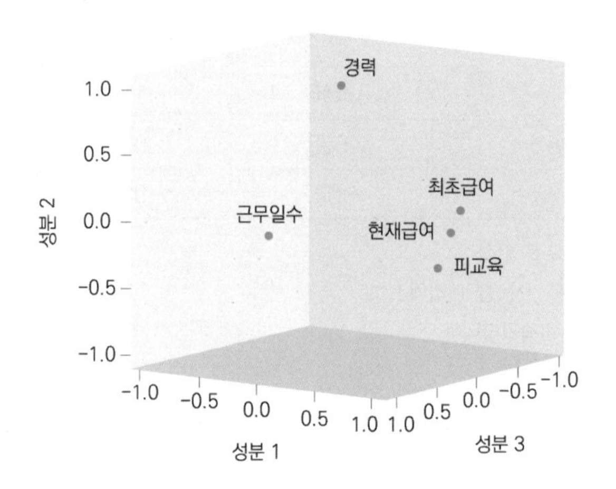

– 요인(성분)이 3개로 각 5개의 변수들이 공간에 위상을 차지하고 있다. 여기서 최초급여, 현재급여, 피교육, 경력은 요인 1인 급여수준과 근무월수는 요인 2와 3인 근무수준관련 요인으로 서로 다른 위상에 위치하고 있음을 알 수 있다.

성분 스코어 계수 행렬

	구성요소		
	1	2	3
피교육년수	.314	-.229	.013
현재급여	.388	.049	.040
최초급여	.403	.193	-.074
현 근무월수	-.017	.011	.994
입사전 타 근무월수	.051	.921	.012

추출방법: 프린시펄 구성요소 분석
회전방법: 카이저 정규화를 사용한 베리멕스
구성요소 스코어

- 요인점수(Factor Scores)는 각 표본 대상자의 변수별 응답을 요인들의 선형 결합으로 표현한 값이다. 각 개체들의 요인점수는 다음과 같다.
- 요인(성분)1의 점수
  $= (0.314)X_1 + (0.388)X_2 + (0.403)X_3 + (-0.017)X_4 + (0.051)X_5$
- 요인(성분)2의 점수
  $= (-0.229)X_1 + (0.049)X_2 + (0.193)X_3 + (0.011)X_4 + (0.921)X_5$
- 요인(성분)3의 점수
  $= (0.013)X_1 + (0.040)X_2 + (-0.074)X_3 + (0.994)X_4 + (0.012)X_5$

성분 스코어 공분산 행렬

구성요소	1	2	3
1	1.000	.000	.000
2	.000	1.000	.000
3	.000	.000	1.000

추출방법: 프린시펄 구성요소 분석
회전방법: 카이저 정규화를 사용한 베리멕스
구성요소 스코어

– 요인점수 계수행렬 출력 결과:

각 변수들의 관찰치를 대입하면, 대상자별로 요인점수를 구할 수 있다. 성분점수 공분산행렬이 대각선은 1이고 나머지는 0인 것은 베리멕스 방법에 의한 회전방법을 선택하여 직각 회전의 결과이기 때문에 두 요인 간의 관련성이 0인 단위행렬이기 때문이다.

두 요인은 독립적인 관련성을 갖는다고 해석을 하여야 한다.

※ 요인분석 결과를 이용한 회귀분석

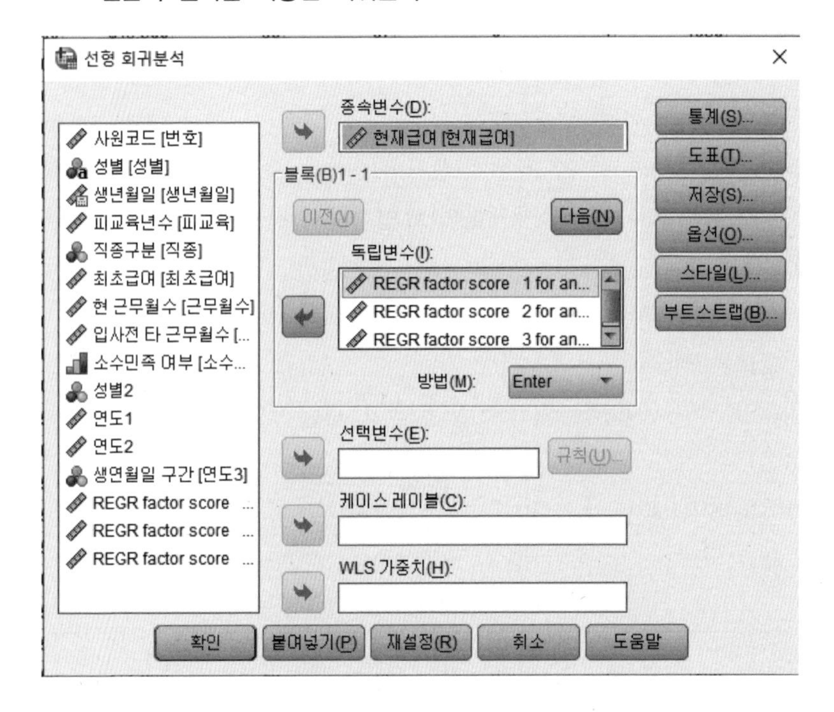

입력된/제거된 변수[a]

모형	입력된 변수	제거된 변수	방법
1	REGR factor score 3 for analysis 1, REGR factor score 2 for analysis 1, REGR factor score 1 for analysis 1[b]	–	Enter

a. 종속변수: 현재급여

b. 모든 요청된 변수가 입력되었습니다.

모형요약[b]

모형	R	R 제곱	조정된 R 제곱	표준 추정값 오류	통계 변경					Durbin-Watson
					R 제곱 변화량	F 변화량	df1	df2	유의수준 F 변화량	
1	.947[a]	.896	.895	$5,526.457	.896	1348.558	3	470	.000	1.890

a. 예측변수: (상수), REGR factor score 3 for analysis 1, REGR factor score 2 for analysis 1, REGR factor score 1 for analysis 1

b. 종속변수: 현재급여

분산 분석[a]

모형		제곱합	df	평균 제곱	F	유의수준
1	회귀분석	1.236E+11	3	4.119E+10	1348.558	.000[b]
	잔차	1.435E+10	470	30541732.27		
	총계	1.379E+11	473			

a. 종속변수: 현재급여

b. 예측변수: (상수), REGR factor score 3 for analysis 1, REGR factor score 2 for analysis 1, REGR factor score 1 for analysis 1

계수[a]

모형		비표준 계수		표준계수	t	유의수준	B의 95.0% 신뢰구간		상관		
		B	표준오차	베타			하한	상한	0차	편	준편상관
1	(상수)	34419.568	253.839		135.596	.000	33920.769	34918.366			
	REGR factor score 1 for analysis 1	16119.865	254.107	.944	63.437	.000	15620.539	16619.191	.944	.946	.944
	REGR factor score 2 for analysis 1	-358.108	254.107	-.021	-1.409	.159	-857.434	141.218	-.021	-.065	-.021
	REGR factor score 3 for analysis 1	1118.882	254.107	.066	4.403	.000	619.556	1618.208	.066	.199	.066

a. 종속변수: 현재급여

$$Y = 34419.568 + 16119.865f_1 - 358.108f_2 + 1118.882f_3$$

Y : 현재급여

f_1 : 교육, 최초급여(제1 요인)

f_2 : 입사전 타 근무월수(제2 요인)

f_3 : 현 근무월수(제3 요인)

※ AMOS 통한 현재급여 분석

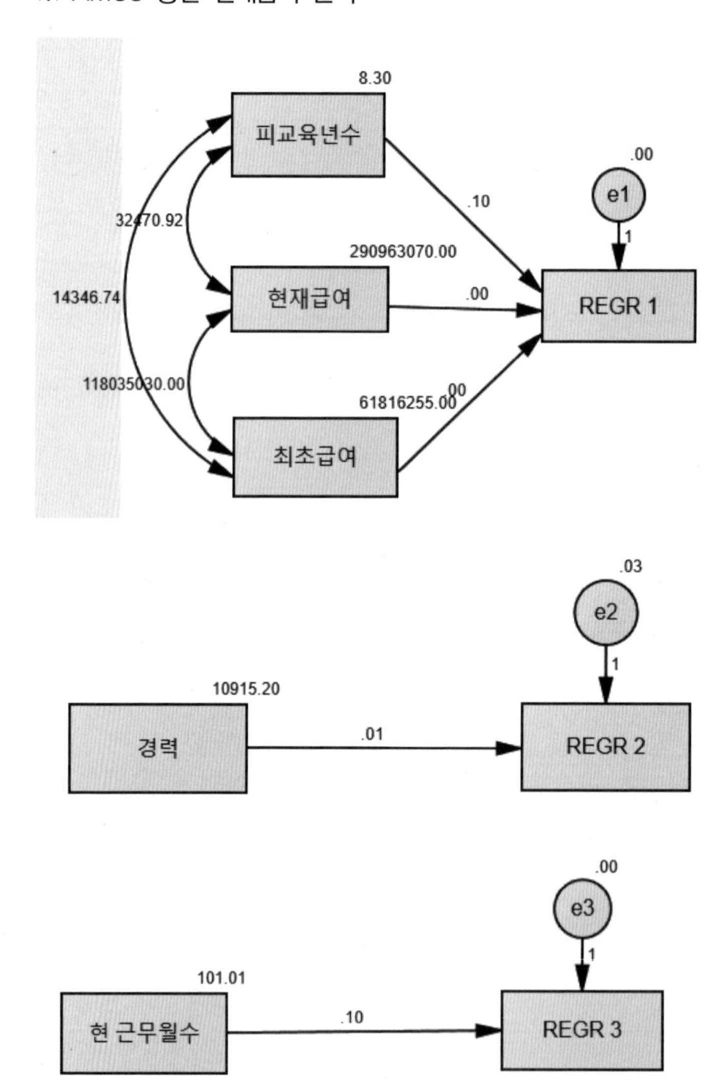

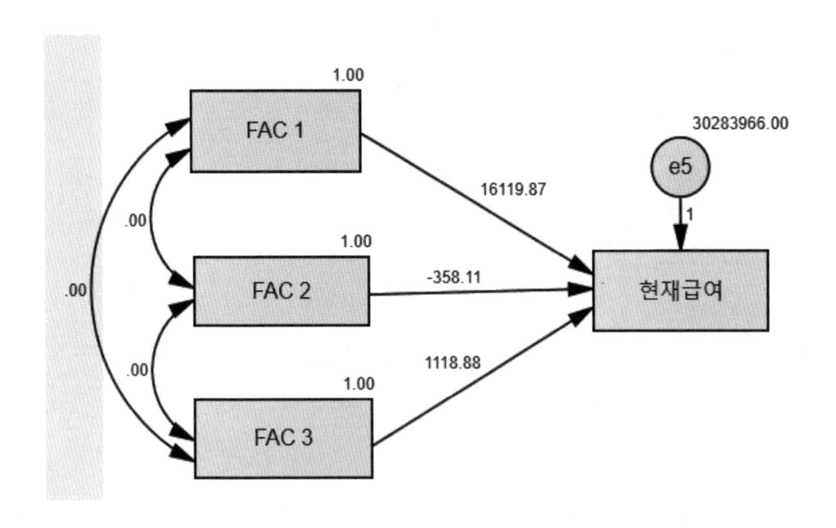

※ 중요도-만족도(Importance Performance Analysis) 분석

IPA분석은 만족도와 중요도의 평균 값을 기준으로 기업의 전체 활동 영역을 크게 1. 유지관리 영역, 2. 과잉투자 영역, 3. 중점개선 영역, 4. 개선 대상영역의 4개 영역으로 나누어줍니다.

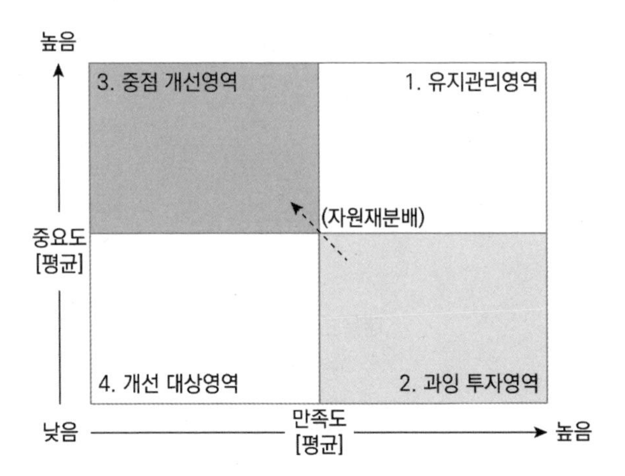

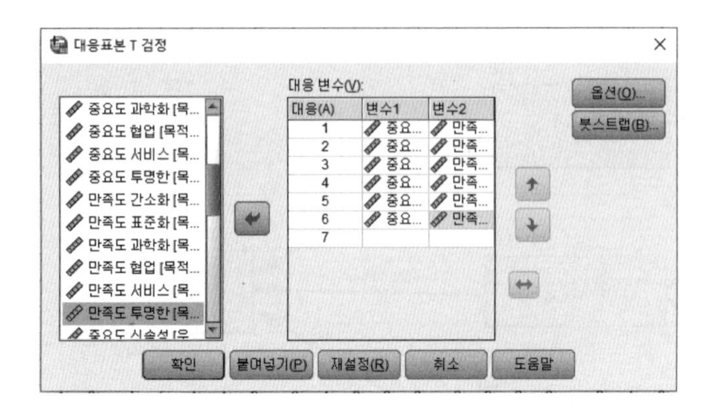

대응표본 통계량

		평균	N	표준화 편차	표준오차 평균
대응 1	중요도 간소화	4.33	211	.663	.046
	만족도 간소화	3.18	211	.894	.062
대응 2	중요도 표준화	4.36	211	.656	.045
	만족도 표준화	3.33	211	.847	.058
대응 3	중요도 과학화	4.04	209	.759	.052
	만족도 과학화	3.15	209	.824	.057
대응 4	중요도 협업	4.40	211	.679	.047
	만족도 협업	3.10	211	.844	.058
대응 5	중요도 서비스	4.14	210	.782	.054
	만족도 서비스	3.37	210	.833	.057
대응 6	중요도 투명한	4.43	210	.655	.045
	만족도 투명한	3.43	210	.862	.060

대응표본 검정

		대응차					t	자유도	유의확률 (양측)
					차이의 95% 신뢰구간				
		평균	표준화 편차	표준오차 평균	하한	상한			
대응 1	중요도 간소화 - 만족도 간소화	1.142	1.112	.077	.991	1.293	14.918	210	.000
대응 2	중요도 표준화 - 만족도 표준화	1.024	1.039	.072	.883	1.165	14.306	210	.000
대응 3	중요도 과학화 - 만족도 과학화	.885	1.059	.073	.741	1.030	12.084	208	.000
대응 4	중요도 협업 - 만족도 협업	1.299	1.087	.075	1.151	1.446	17.351	210	.000
대응 5	중요도 서비스 - 만족도 서비스	.771	1.096	.076	.622	.921	10.200	209	.000
대응 6	중요도 투명한 - 만족도 투명한	1.005	1.038	.072	.864	1.146	14.033	209	.000

– 대응표본 통계량을 이용한 그래프 분석 준비 단계

	구분	중요도	만족도	변수
1	간소화	4.33	3.18	
2	표준화	4.36	3.33	
3	과학화	4.04	3.15	
4	협업	4.40	3.10	
5	서비스	4.14	3.37	
6	투명성	4.43	3.43	

– 그래프; 레거시 대화상자; 산점도/점도표

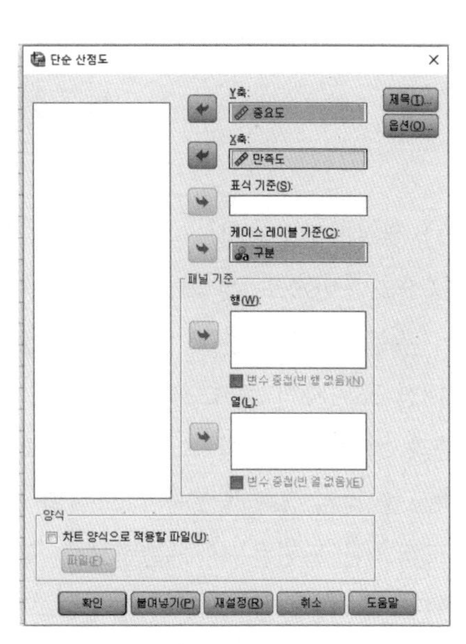

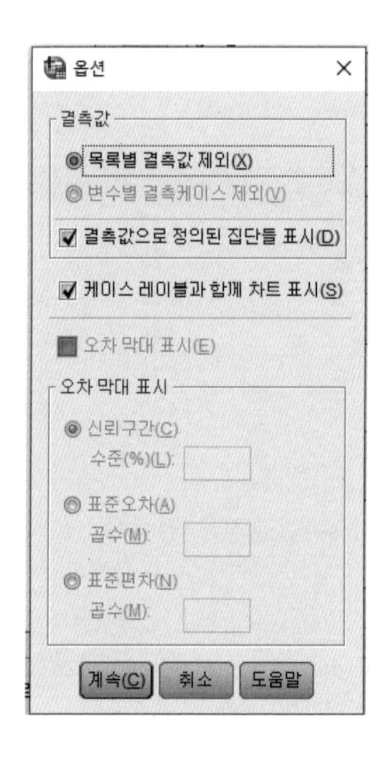

1) 행정업무운영제도의 추진방향(목적)에 대한 중요도-만족도 분석(IPA)

중요도-만족도 분석(Importance-Performance Analysis: IPA)방법을 실시하여 우선순위를 도출할 수 있으며, 중요도-만족도 분석(IPA)은 상품과 서비스에 대한 소비자의 중요도와 만족도를 측정하여 동시에 비교 분석하는 기법이다. 상품과 서비스에 대한 소비자의 중요도와 만족도를 측정하여 측정한 중요도와 만족도를 각각 X축과 Y축에 도식화 한다.

도식화된 도면은 4(사)분면으로 표시되고 각 위치에 따라 정책의 방향을 설정한다(Matilla & James(1997). 중요도-만족도 분석(IPA)은 Matilla & James (1997)에 의해 처음 제안된 분석법으로 수행도(Performance)를 대신하여 만족도(satisfaction)의 개념을 통하여 ISA((Importance-Satisfaction Analysis)으로도 활용되고 있다. 최근에는 사회복지, 정책학, 행정학 분야에서도 제도 및 정책에 대한 만족도를 측정하고 성과관리를 위해서 활용도가 높아지고 있다.

본 연구에서 ISA측정방법을 활용하고자 두 가지 영역(중요도와 만족도)으로 구분하여 질적 요인을 평가하여 결과를 4사분면(matrix)으로 전환하면 만족도를 높이기 위해 우선적으로 집중해야 할 분야와 과잉 투자되고 있는 분야 그리고 현재의 여건을 유지해야 할 분야들에 대한 구별이 가능해 진다.

행정업무운영제도의 각 항목의 차이들이 통계적으로 유의미한지 알아보기 위해 대응표본 t-test 분석을 실시하였다. 분석결과 모든 항목에서 중요도와 만족도의 평균차이가 95%신뢰수준에서 통계적으로 유의미한 것으로 나타났다. 구체적으로 항목별 평균차이를 보면 부처 간 협업이 1.30으로 가장 높고 업무의 간소화 1.15, 업무의 표준화 1.03, 투명한 정부 1.00, 업무의 과학화0.89, 서비스 정부 0.77순으로 나타났다.

〈표 11〉 **분석목적과 방법**

변수명	평 균		불일치	기대수준 대비 만족비율	t	p
	중요도 (기대)	만족도				
업무의 간소화	4.33	3.18	1.15	73.44	14.918	0.000
업무의 표준화	4.36	3.33	1.03	76.38	14.306	
업무의 과학화	4.04	3.15	0.89	77.97	12.084	
부처 간 협업	4.40	3.10	1.30	70.45	17.351	
서비스 정부	4.14	3.37	0.77	81.40	10.200	
투명한 정부	4.43	3.43	1.00	77.43	14.033	

2) 행정업무운영제도의 운영(원칙)에 대한 중요도-만족도 분석(IPA)

행정업무운영제도의 운영 원칙에 대한 대응표본 t-test 분석결과 행정업무운영제도 원칙에 대한 모든 항목에서 중요도와 만족도의 평균차이가 95%신뢰수준에서 통계적으로 유의미한 것으로 나타났다. 구체적으로 항목별 평균차이를 보면 책임성 0.91, 경제성 0.90, 정확성 0.89, 편리성 0.85, 신속성 0.63 순으로 나타났다. 이를 통해 전반적으로 중요도에 비해 만족도가 낮게 나타나는 것으로 나타났다. 이는 행정업무운영제도의 만족도를 향상시킬 수 있는 방안을 모색할 필요가 있다는 것을 의미한다. 특히 중요도와 만족도 차이가 가장 큰 책임성의 만족도를 향상시키기 위해 많은 노력을 기울일 필요가 있다.

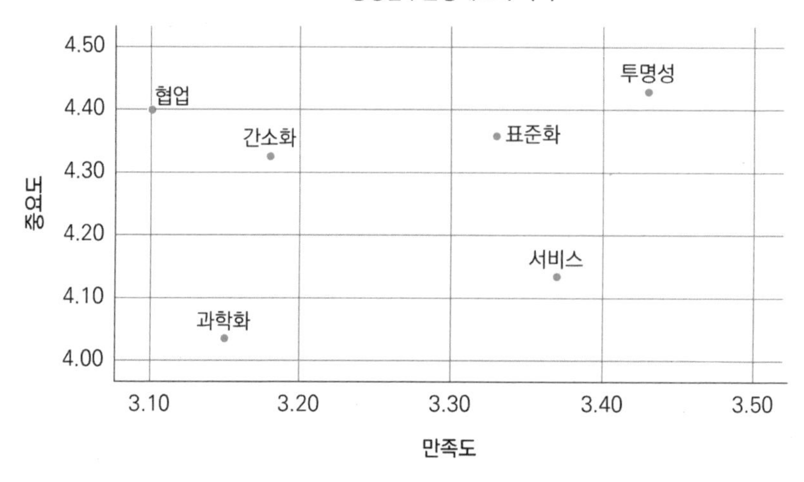

〈표 12〉 행정업무운영제도의 운영(원칙) 중요도와 만족도 간 평균 차이 검증

변수명	평 균		불일치	기대수준 대비 만족비율	t	p
	중요도 (기대)	만족도				
신속성	4.23	3.60	0.63	85.11	9.924	0.000
정확성	4.56	3.67	0.89	80.48	14.546	
편리성	4.33	3.48	0.85	80.37	11.764	
경제성	4.22	3.32	0.90	78.67	12.776	
책임성	4.43	3.52	0.91	79.46	13.019	

3) 시스템에 대한 중요도-만족도 분석

① 대응표본 t-test 분석을 통한 분석 자료 추출

대응표본 통계량

		평균	N	표준화 편차	표준오차 평균
대응 1	중요도 공문서	4.35	210	.656	.045
	만족도 공문서	3.70	210	.788	.054
대응 2	중요도 업무관리	4.40	210	.644	.044
	만족도 업무관리	3.57	210	.823	.057

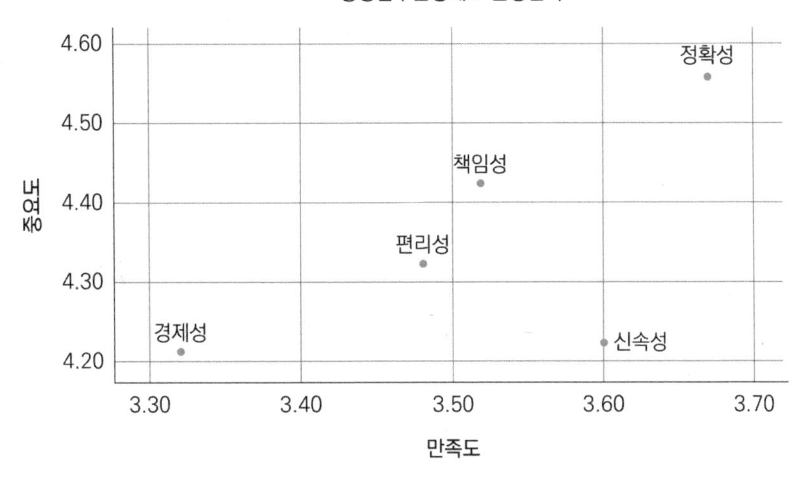

② 중요도-만족도 분석 진행을 위한 분석 자료 추출

	이름	유형	너비	소수점이...	레이블	값	결측값	열	맞춤	측도	역할
1	구분	문자	20	0		지정않음	지정않음	8	왼쪽	명목형(N)	입력
2	중요도	숫자	8	2		지정않음	지정않음	8	오른쪽	척도	입력
3	만족도	숫자	8	2		지정않음	지정않음	8	오른쪽	척도	입력

	구분	중요도	만족도	변수
1	공문서	4.35	3.70	
2	업무관리	4.40	3.57	
3				

③ 구성된 자료를 통한 그래프를 통한 결과물 추출

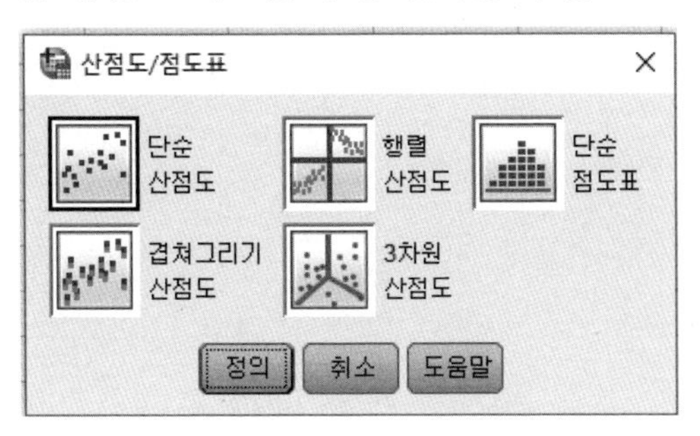

④ 그래프 항목에서 산점도/점도표 선정 및 진행

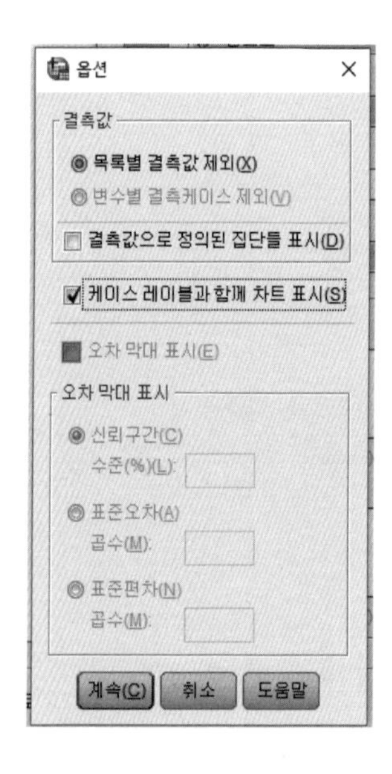

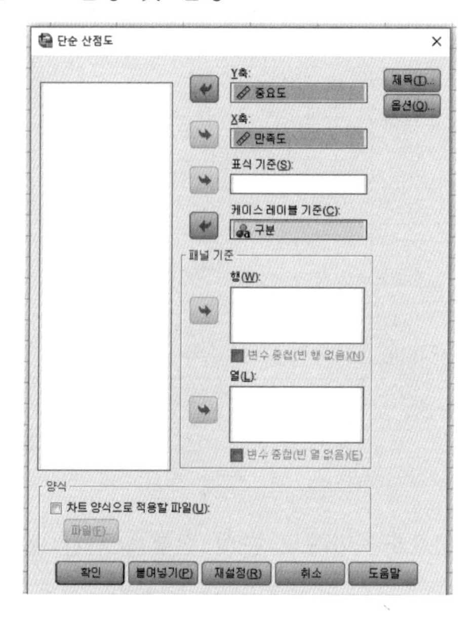

⑤ 최종 중요도-만족도 분석의 그래프 결과물 획득

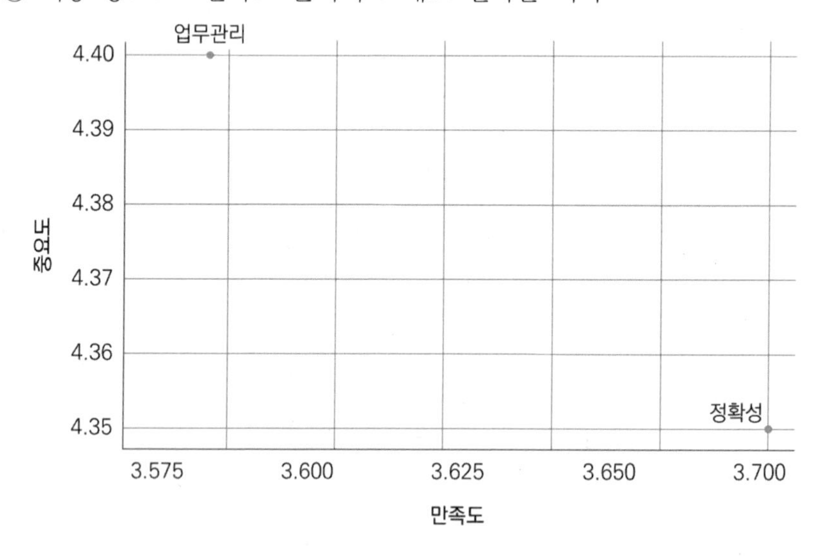

제 24 장

신뢰성 분석
(Reliability Analysis)

1. 신뢰성 분석

(1) 신성도 분석은 측정하고자 하는 개념이 설문 응답자로부터 정확하고 일관되게 측정되었는가를 확인하는 것이다. 즉, 동일한 개념에 대해 측정을 반복했을 때 동일한 측정값을 얻을 수 있는 가능성을 의미한다.

(2) 신뢰성 분석은 측정도구의 정확성이나 정밀성을 나타내는 것이다.

(3) 신뢰성 분석의 결과는 Cronbach α 와 같은 신뢰성 척도를 계산한 값을 가지고 판단한다(Cronbach α 값에 대한 판단기준은 신뢰성 분석결과에서 설명할 것이다).

(4) 신뢰성 분석은 일반적으로 요인분석을 실행하여 몇 가지 하위요인으로 추출한 후, 각각의 하위요인들의 동질적인 변수로 구성되어 있는가를 확인할 때 이용한다.

(5) 신뢰성 분석은 연구결과와 해석을 위한 필요조건일 뿐 충분조건은 아니다.

(6) 신뢰성 분석은 요인분석을 실시한 이후 각각의 요인들의 변수들을 가지고 신뢰성 분석을 실시한다. 예를 들면, 요인분석을 실시한 사회적 지지의 하위요인인 정서적 지지의 경우 5개 변수(문항)로 구성되어 있으므로, 신뢰성 분석은 이 5개 변수를 가지고 실시하면 된다. 만약 5개 변수 중 신뢰성을 저해하는 항목이 있다면 이를 제거해야 한다. 즉, 요인분석과 신뢰성 분석을 통하여 변수 정제과정을 거친 후 최종적으로 남은 변수들을 가지고 변수계산을 해주어야 한다. 변수계산 후 생성된 새로운 변수는 회귀분석, 평균차이검정(t-test, ANOVA) 등과 같은 추후분석에 이용된다.

(7) 연구자가 통계분석을 실시할 때, 분석에 포함해야 할 중요한 요소 중 하나가 측정도구의 신뢰성과 타당성이다.

타당성(validity)이란 요인분석을 말하는 것이고, 신뢰성(reliability)이란 신뢰도 분석을 의미한다.

신뢰성이란 측정도구를 측정한 결과 오차가 들어 있지 않은 정도를 말하는 것이고, 타당성이란 측정도구가 측정하고자 하는 것을 실제로 측정하고 있는 정도를 나타내는 것이다.

2. 신뢰성 분석방법

1) 신뢰성 분석 대화상자 경로

척도 ⇒ 신뢰성 분석[1)]

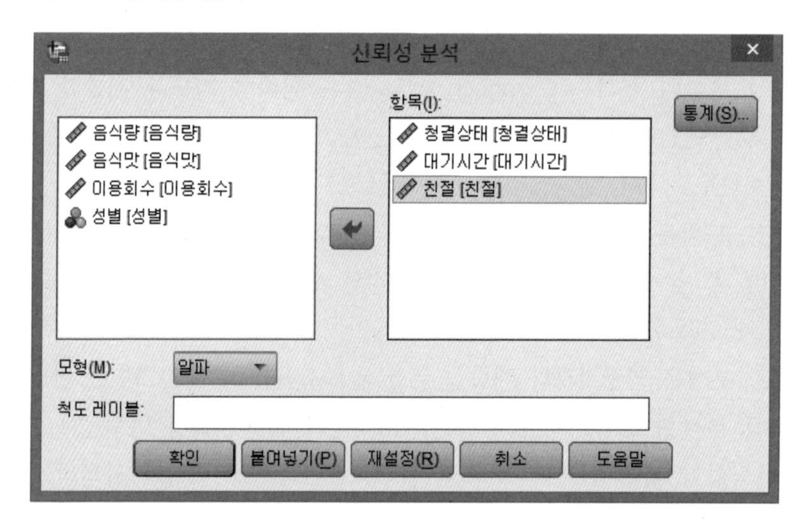

– 요인분석의 성분행렬에서 요인(성분) 1, 2에 대하여 3변수 x1(청결상태), x3(대기시간), x5(친절)의 부하량과 3변수 x2(음식량), x4(음식맛), x6(이용회수)의 부하량은 각각 하나의 공통적인 특성을 가지고 있는 것으로 나타났다.

따라서 신뢰성 분석의 항목에 요인 1에 포함된 청결상태, 대기시간, 친절을 선택하였고, 통계량으로 진전하였다.

1) 요인(성분) 1은 음식점 이용에 관련된 요인, 요인(성분) 2는 음식에 관련된 요인이다.

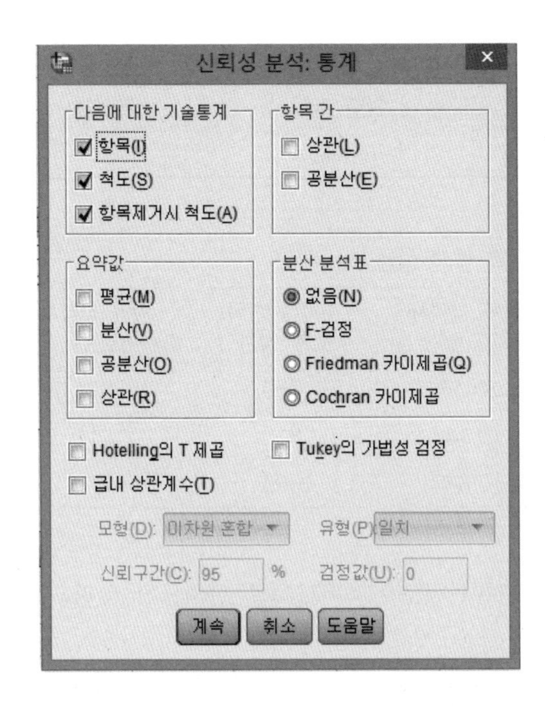

케이스 처리 요약

		N	%
케이스	유효함	25	100.0
	제외됨[a]	0	.0
	총계	25	100.0

a. 프로시저 내의 모든 변수에 기반한 목록별 삭제입니다.

신뢰도 통계

Cronbach의 알파	항목의 N
.823	3

항목 통계

	평균	표준 편차	N
청결상태	4.36	1.823	25
대기시간	4.04	1.695	25
친절	3.96	1.645	25

척도 통계

평균	분산	표준 편차	항목의 N
12.36	19.740	4.443	3

항목 총계 통계

	항목 삭제시 척도 평균	항목 삭제시 척도 분산	수정된 항목 총계 상관	항목 삭제시 Cronbach의 알파
청결상태	8.00	8.417	.756	.674
대기시간	8.32	10.143	.623	.811
친절	8.40	10.083	.665	.771

– 신뢰성 분석결과에서 Cronbach α 값[2]이 0.823으로 신뢰도가 있다. 따라서 식당이용요인의 신뢰도는 높은 것으로 나타났다.
청결상태(0.674), 대기시간(0.811), 친절(0.771)으로 보이고, 청결상태를 제거했을 때 Cronbach α 값은 0.674가 된다는 것이다. 공정성 Alpha 값은 0.823이며, 청결상태를 제거하면 Cronbach α 값이 0.674이 되는 것으로 하락하는 셈이 되는 것이다. 결과적으로 청결상태를 제거하면 안된다는 것을 의미한다. 대기시간, 친절도 역시 제거하면 Cronbach α 값보다 하락하기 때문에 제거하면 안된다. 반면에, 어떤 항목을 제거했을 때 Cronbach α 값이 상승하는 것으로 나타날 경우도 있다. 이런 경우에는 해당항목을 제거하여 신뢰수준을 높이는 것이 바람직하다.

2) Cronbach α 값의 기준

Cronbach α(알파) 값을 해석하는 기준은 일반적으로 사회과학분야에서는 0.6 이상이면 신뢰도가 있다고 본다. 그리고 전체 Cronbach α 값이 높다면, 어떤 항목을 제거하여 신뢰수준이 높아진다고 하더라도 반드시 제거할 필요는 없다는 것이다.

2) Cronbach α 값은 0.6 이상이면 신뢰도가 있다고 본다.

3) 음식관련(요인 2) 공정성

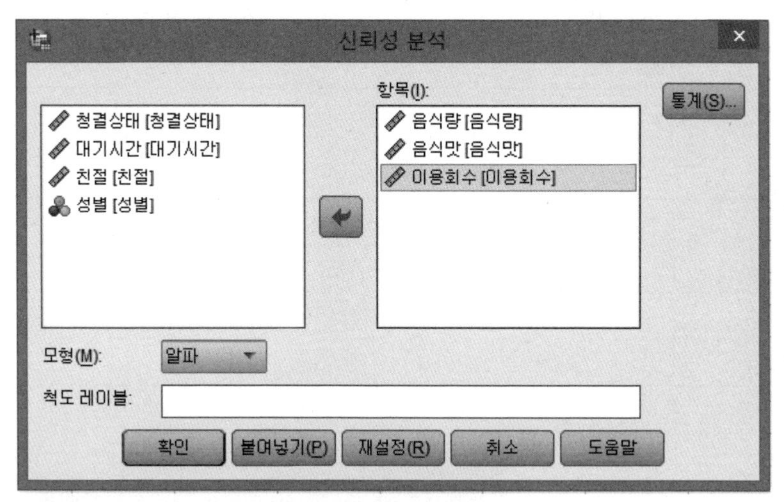

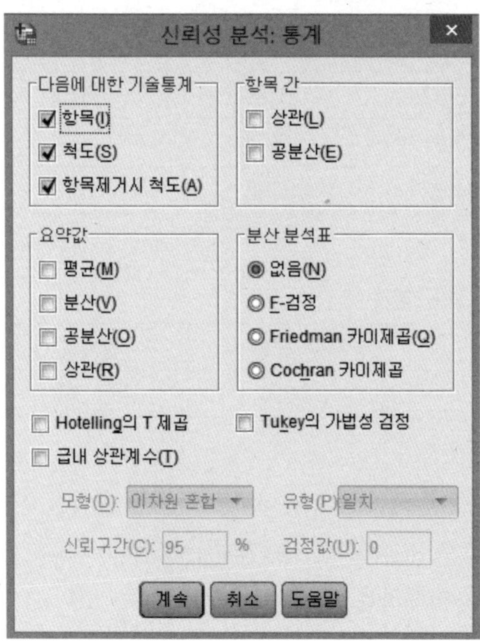

신뢰도 통계

Cronbach의 알파	항목의 N
.788	3

항목 통계

	평균	표준 편차	N
음식량	4.52	1.503	25
음식맛	4.40	1.155	25
이용회수	3.68	1.435	25

항목 총계 통계

	항목 삭제 시 척도 평균	항목 삭제 시 척도 분산	수정된 항목 총계 상관	항목 삭제 시 Cronbach의 알파
음식량	8.08	5.827	.528	.835
음식맛	8.20	6.917	.604	.751
이용회수	8.92	4.827	.798	.511

척도 통계

평균	분산	표준 편차	항목의 N
12.60	11.917	3.452	3

– Cronbach α 값은 0.788이며, 항목 삭제시 Cronbach α 값은 음식량 0.835, 음식맛 0.751, 이용회수 0.511로 음식맛과 이용회수는 Cronbach α 값보다 낮은 수준으로 신뢰수준을 저해하는 항목으로 간주할 수 있다.

제 25 장

변수계산

1. 변수계산

요인분석, 신뢰성분석을 통하여 변수를 제거하였다. 즉, 요인분석을 통하여 잘못 적재된 항목이나 요인적재량이 0.4 이하일 때 제거하고, 신뢰성 분석을 통하여 Alpha if Item Deleted 값이 전체 Cronbach α 값보다 높을 때(항목을 제거했을 때 신뢰수준을 높아지는 경우) 제거해야 한다는 것을 의미한다. 이러한 절차를 통하여 선택한 측정도구의 변수를 정화하는 과정을 최종적으로 거쳤다. 그 후에도 무엇을 해야 할 경우에는 변수계산이다.

변수계산은 요인분석과 신뢰성 분석 등 변수정제과정을 통하여 최종적으로 남아 있는 변수들을 모두 더하기 하여 변수의 수만큼 나누어주는 것이다.

2. 변수계산 대화상자

변수계산은 각 요인들의 평균값을 구하는 것이다.

<변환> – <변수계산>

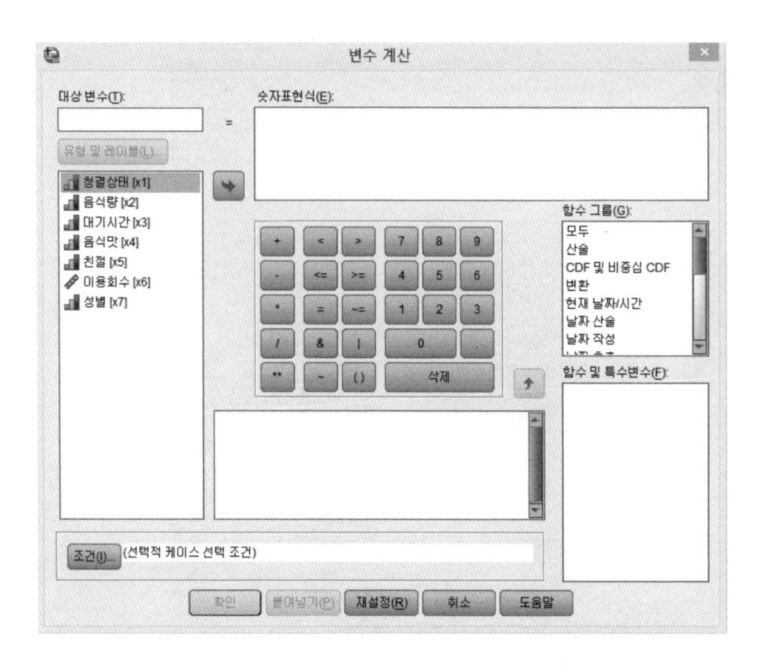

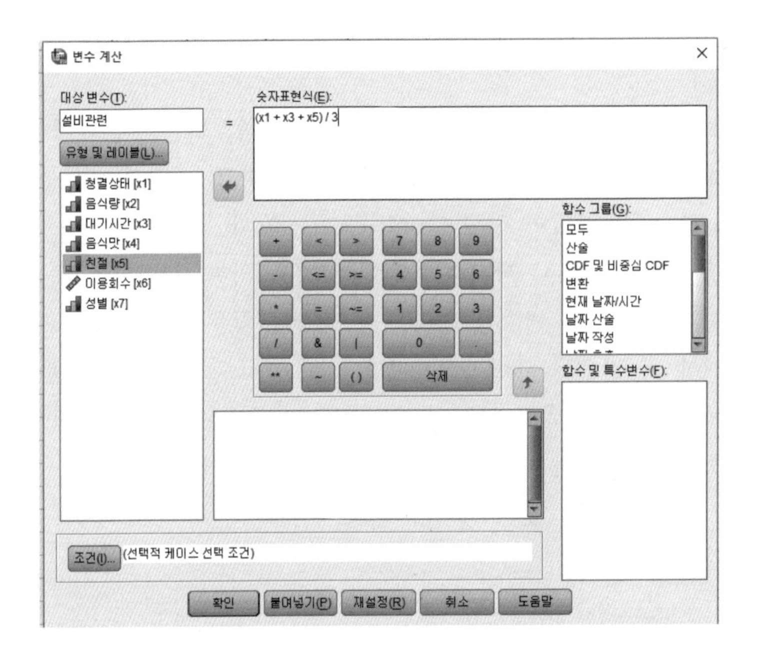

– 설비관련 청결상태(x1), 대기시간(x3), 이용회수(x5)의 변수계산 과정이다.

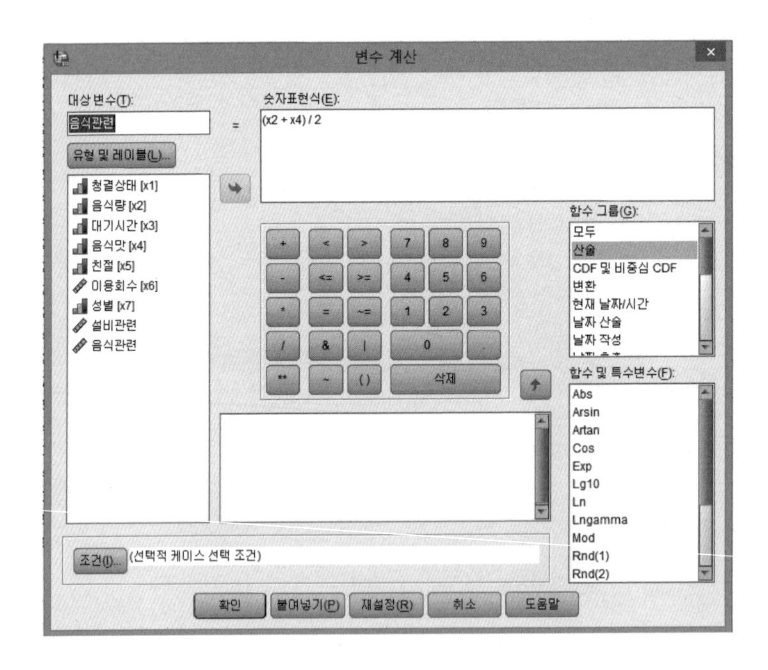

– 음식관련 음식량(x2), 음식맛(x4)의 변수계산 과정이다.

x6	x7	설비관련	음식관련	변수
4	1	6.00	5.00	
6	1	5.33	6.50	
4	1	5.00	4.00	
3	1	3.00	3.00	
2	1	3.00	3.00	
3	1	2.33	5.00	
1	1	2.00	3.00	
2	1	2.67	4.50	
4	1	6.00	4.00	
5	1	4.33	4.00	
6	1	4.00	6.00	
3	1	2.33	3.00	
6	2	4.33	6.00	
3	2	6.00	4.00	
2	2	3.00	3.50	
4	2	3.67	6.00	

– 위의 설비관련 및 음식관련 변수계산의 결과는 위의 표와 같다. 이 결과는 상관관계 분석에서 이용할 수 있다.

제 26 장

조절효과 분석방법

1. 조절변수란

SPSS를 이용하여 독립변수와 종속변수 간의 인과관계를 규명하는 것은 보편적인 연구방법이다. 그런데 사회현상을 설명하는데 있어 독립변수와 종속변수 간의 관계 외에 다른 독립변수를 고려해야 하는 경우가 있다. 예를 들면, 종사원이 지각하는 조직공정성은 조직후원인식에 영향을 미친다는 연구상황에서, 연구자는 리더－멤버교환관계의 질의 정도에 따라 조직후원에 미치는 영향은 달라질 것이라고 가정하였다. 이 경우 리더멤버교환관계는 조절변수가 된다. 이것을 가설로 나타내면 다음과 같다:

가설: 종사원이 지각하는 조직공정성과 조직후원인식의 영향관계에 있어서 리더－멤버교환관계가 조절작용을 할 것이다.

결론적으로 조절변수란 독립변수와 종속변수 사이의 관계를 체계적으로 변화시키는 일종의 독립변수이다.

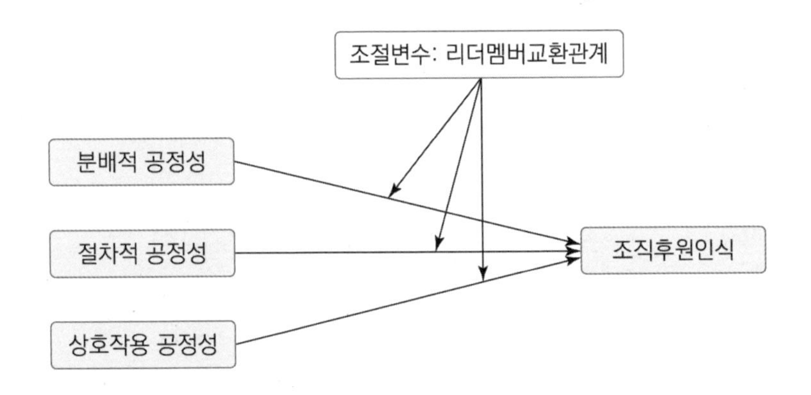

– 조직공정성과 조직후원 사이에 종사원들에게 조직후원인식을 더욱 지각하게끔 만드는 변수로 리더멤버교환관계라는 리더십 변수를 추가로 고려해 보자.
  종사원 중 리더멤버교환관계를 높게 지각하는 사람과 낮게 지각하는 사람 사이에는 조직후원인식을 지각하는데에는 어떠한 다른 차이가 존재한다는 것을 인지할 수 있다.

(예제) 조절변수를 통한 현재급여에 대한 회귀분석

- 선형회귀분석을 통한 결과를 보다 조정된 결과를 추출하기 위하여 다음의 절차에 따라서 진행하였습니다.

[변환-변수계산]: 입사전 근무월수를 고려하여 평균근무라는 변수를 창출하였다.

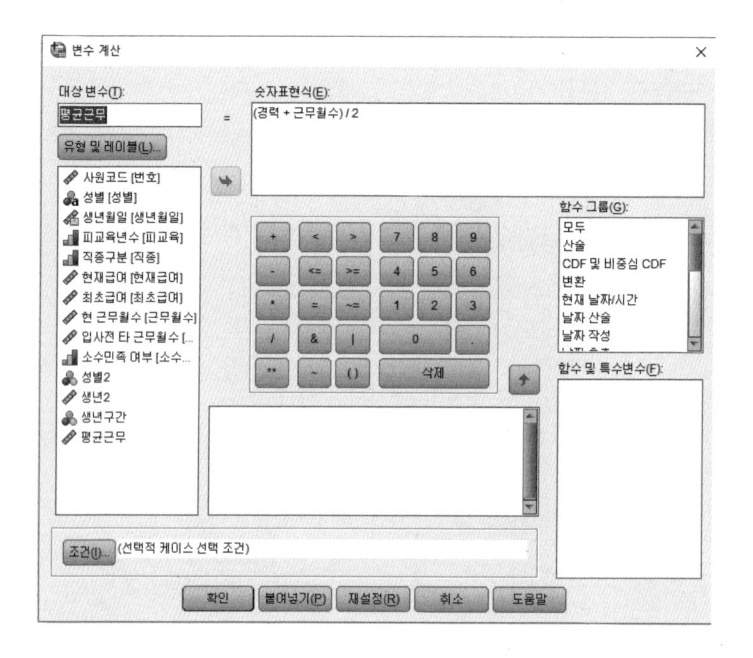

① 새로운 변수인 조절변수 평균근무를 이용한 회귀분석을 시행하였으며, 과정은 다음과 같다.

종속변수: 현재급여, 1차적 독립변수: 피교육년수 <다음>

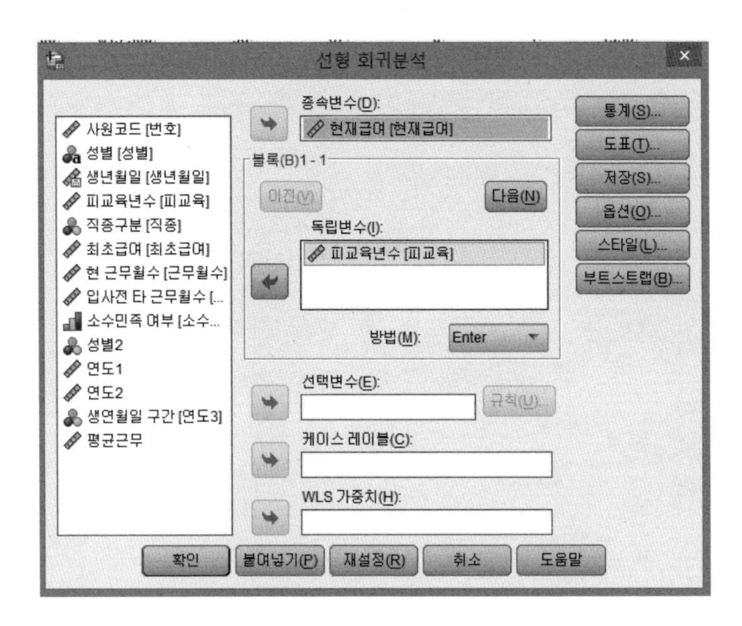

② 2차적으로 종속변수인 현재급여와 독립변수인 피교육년수, 현근무월수를 선택하고,

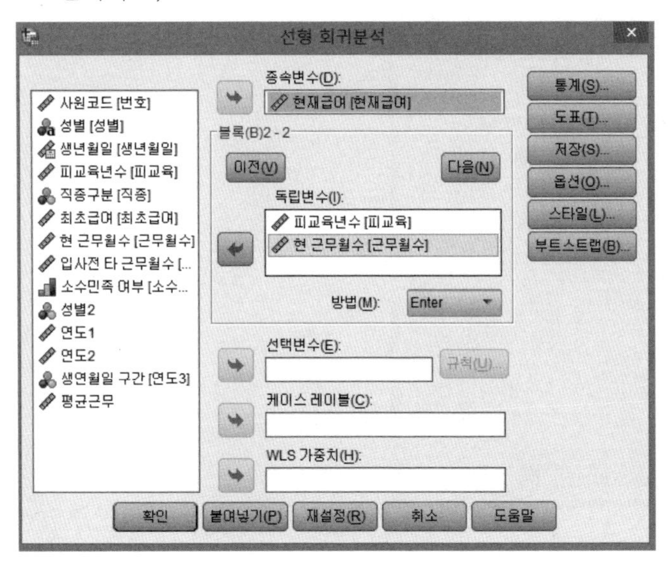

③ 3차적으로 평균근무를 추가하여 진행한다.

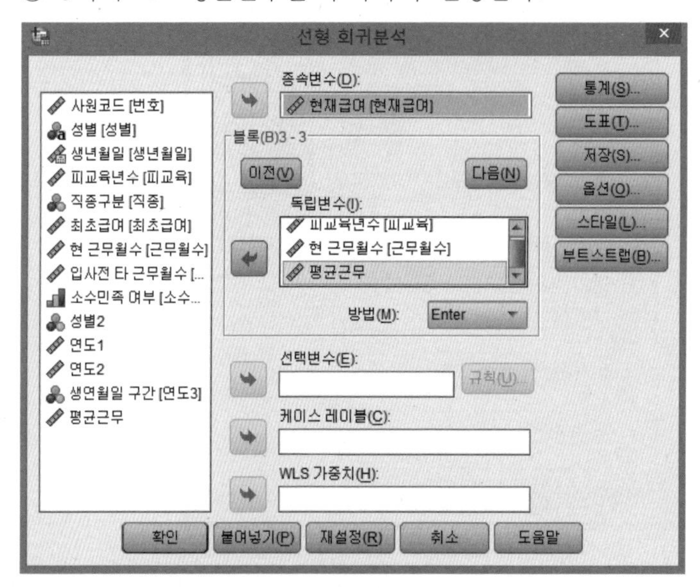

④ 통계에서 아래와 같이 선택한다.

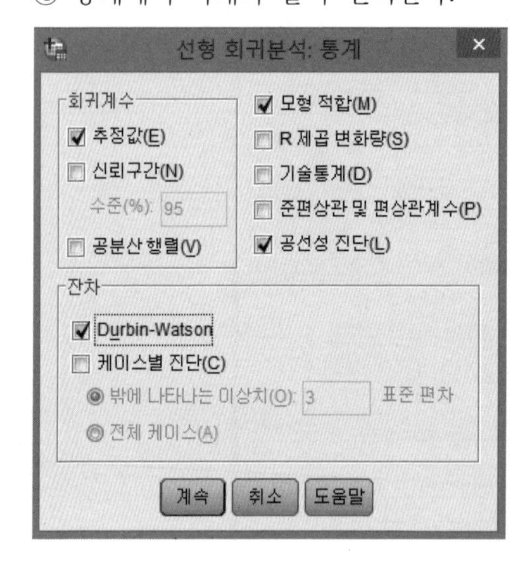

분석결과

입력된/제거된 변수[a]

모형	입력된 변수	제거된 변수	방법
1	피교육년수[b]	-	Enter
2	현 근무월수[b]	-	Enter
3	평균근무[b]	-	Enter

a. 종속변수: 현재급여

b. 모든 요청된 변수가 입력되었습니다.

모형요약[d]

모형	R	R 제곱	조정된 R 제곱	표준 추정값 오류	Durbin-Watson
1	.661[a]	.436	.435	$12,833.540	
2	.663[b]	.439	.437	$12,815.280	
3	.666[c]	.444	.441	$12,771.556	1.879

a. 예측변수: (상수), 피교육년수

b. 예측변수: (상수), 피교육년수, 현 근무월수

c. 예측변수: (상수), 피교육년수, 현 근무월수, 평균근무

d. 종속변수: 현재급여

- 모형1(독립변수: 피교육년수)의 R=0.661이며, 독립변수가 종속변수를 43.5% 설명하는 것으로 나타났다.

  모형2(독립변수: 피교육년수, 현근무월수)의 R=0.663이며, 독립변수가 종속변수를 43.7% 설명하는 것으로 나타났다.

  모형3(독립변수: 피교육년수, 현근무월수, 평균근무)의 R=0.666이며, 독립변수가 종속변수를 44.4%로 설명력이 가장 높은 것으로 나타났다.

  또한 Durbin-Watson은 1.879로 기준값이 2에 근접하고 0 또는 4에 가깝지 않기 때문에 잔차들 간에 상관관계는 없는 것으로 판단된다. 따라서 회귀모형이 적합하다고 해석할 수 있다.

분산 분석[a]

모형		제곱합	df	평균 제곱	F	유의수준
1	회귀분석	6.018E+10	1	6.018E+10	365.381	.000[b]
	잔차	7.774E+10	472	164699740.8		
	총계	1.379E+11	473			
2	회귀분석	6.056E+10	2	3.028E+10	184.385	.000[c]
	잔차	7.735E+10	471	164231390.5		
	총계	1.379E+11	473			
3	회귀분석	6.125E+10	3	2.042E+10	125.176	.000[d]
	잔차	7.666E+10	470	163112654.7		
	총계	1.379E+11	473			

a. 종속변수: 현재급여

b. 예측변수: (상수), 피교육년수

c. 예측변수: (상수), 피교육년수, 현 근무월수

d. 예측변수: (상수), 피교육년수, 현 근무월수, 평균근무

– 모형1은 F값이 365.381, 유의확률 0.000이고 모형2는 F값이 184.385, 유의확률 0.000이며, 모형3은 F값 125.176, 유의확률 0.000으로 p값이 모두 통계적 유의수준하에 있는 것으로 나타나, 회귀선이 모델에 적합하다고 할 수 있다.

계수[a]

모형		비표준 계수		표준 계수	t	유의수준	공선성 통계	
		B	표준 오차	베타			허용 오차	VIF
1	(상수)	-18331.178	2821.912		-6.496	.000		
	피교육년수	3909.907	204.547	.661	19.115	.000	1.000	1.000
2	(상수)	-25415.257	5415.865		-4.693	.000		
	피교육년수	3895.067	204.486	.658	19.048	.000	.998	1.002
	현 근무월수	89.808	58.634	.053	1.532	.126	.998	1.002

3	(상수)	-27886.290	5529.479		-5.043	.000		
	피교육년수	4004.576	210.628	.677	19.013	.000	.934	1.071
	현 근무월수	76.014	58.817	.045	1.292	.197	.985	1.015
	평균근무	23.873	11.607	.073	2.057	.040	.927	1.079

a. 종속변수: 현재급여

- 위의 표는 위계적 회귀분석 결과 나타나는 t값과 유의확률을 제시하고 있다. 모형1은 t값이 19.115로 피교육년수가 현재급여에 영향을 미치는 정도를 나타낸다.

  모형2는 모형1에 현근무월수를 추가로 회귀식에 투입한 결과이며, 피교육년수 19.048, 현근무월수 1.532이며, 현근무월수는 0.126으로 유의수준하에서 영향을 미치는 것으로 나타났다.

  모형3은 모형2에 추가로 평균근무를 추가로 회귀식에 투입한 결과이며, 피교육년수 19.013, 현근무월수 1.292, 평균근무 2.057 등으로 영향을 미치는 것으로 나타났으며, 현근무월수의 유의수준이 0.197로 유의성이 없는 것으로 나타났다.

  또한 공차한계(VIF)는 모두 1.0 이상의 수치로 다중공선성에 문제가 없다고 할 수 있다.

  표준계수 베타값에 따라 피교육년수가 0.677로 가장 높은 수치를 나타내고 있으므로 종속변수인 현재급여에 가장 높은 영향력을 미치는 것이며, 둘째로 평균근무, 셋째로 현근무월수 등이다.

제외된 변수[a]

모형		베타 IN	t	유의수준	편상관	공선성 통계		
						허용 오차	VIF	최소 허용 오차
1	현 근무월수	.053[b]	1.532	.126	.070	.998	1.002	.998
	평균근무	.079[b]	2.217	.027	.102	.939	1.065	.939
2	평균근무	.073[c]	2.057	.040	.094	.927	1.079	.927

a. 종속변수: 현재급여

b. 모형의 예측변수: (상수), 피교육년수

c. 모형의 예측변수: (상수), 피교육년수, 현 근무월수

공선성 진단[a]

모형	차원	고유값	조건 지수	분산 비율			
				(상수)	피교육년수	현 근무월수	평균근무
1	1	1.978	1.000	.01	.01		
	2	.022	9.469	.99	.99		
2	1	2.961	1.000	.00	.00	.00	
	2	.032	9.691	.03	.90	.12	
	3	.007	20.496	.97	.09	.88	
3	1	3.742	1.000	.00	.00	.00	.01
	2	.223	4.093	.00	.03	.00	.82
	3	.027	11.728	.04	.86	.17	.15
	4	.007	23.149	.96	.11	.83	.01

a. 종속변수: 현재급여

잔차 통계[a]

	최소값	최대값	평균	표준 편차	N
예측값	$10,421.83	$67,100.66	$34,419.57	$11,379.811	474
잔차	-$23,029.156	$75,980.750	$0.000	$12,730.990	474
표준 예측값	-2.109	2.872	.000	1.000	474
표준 잔차	-1.803	5.949	.000	.997	474

a. 종속변수: 현재급여

제 27 장

군집분석

1. 군집분석이란

1) 요인분석은 자료의 상관관계를 이용하여 유사한 집단으로 분류하고, 군집분석은 각 대상들이 갖고 있는 값을 거리로 환산하여 가까운 거리에 있는 대상들을 하나의 집단으로 묶는다는 점이 다르다.

2) 군집분석에서 가장 중요한 과제는 대상들을 몇 개의 군집으로 분류할 것인가 인데, 군집수의 결정은 연구자의 주관적 개입이 가능하다. 연구자가 군집의 수를 2개로 했을 때와 군집의 수를 3개로 하였을 때 시장세분화 결과가 달라질 수 있다. 즉, 연구자의 주관적 판단에 따라 결과가 달라질 수 있기 때문에 불완전한 통계분석기법에 속한다고도 볼 수 있다.

3) 군집분석이 가장 유용하게 사용되는 상황은 마케팅을 위한 시장세분화 할 때 필요한 기법이다.

4) 시장세분화를 위한 일반적인 통계분석방법의 절차는 다음과 같다: ① 해당 변수들을 요인분석과 신뢰도 분석 등 변수정제과정을 거친 후, 변수계산을 통하여 새로운 변수를 생성시킨다. 이 새로운 변수를 가지고 군집분석을 실시한다. ② 도출된 군집들과 인구통계적 변수(성별, 나이, 학력, 소득 등)와의 연관성을 보기 위하여 카이스퀘어 검정을 실시한 후 시장세분화를 실시한다. ③ 차이검정이 필요하면 군집별로 차이검정을 실시하면 된다.

2. 연구 상황

– 분석절차는 다음과 같다.

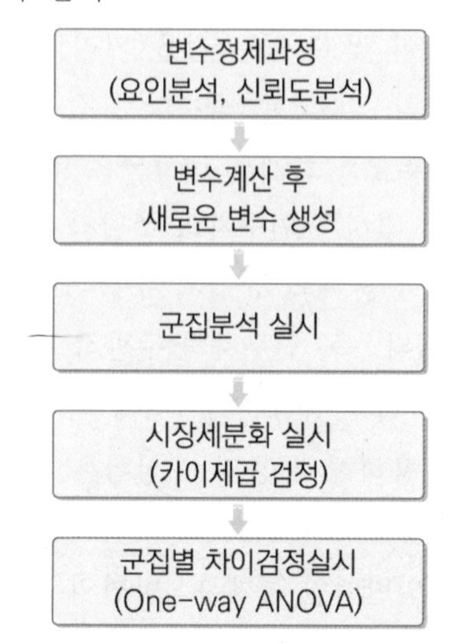

3. 새로운 변수의 생성

– 새로운 변수를 생성하기 위해서는 "변수정제 과정"과 "변수계산 후 새로운 변수 생성"과정을 거쳐야 한다.

• **비계층적 군집분석(K-Means 군집분석)**

비계층적 군집분석에서 가장 많이 이용되는 것은 K–Means 군집분석이다. 이는 군집의 수를 연구자가 지정해야 하는 점에서 계층적 군집분석과는 다르다. 여기서 K는 연구자가 정하는 군집의 수를 의미한다. 또한 이 변수를 군집화하기 보다는 대상이나 응답자를 군집화 하는데 많이 사용된다. 사회과학분야에 군집분석을 이용할 경우에는 일반적으로 케이스로 분석을 하기 보다는 요인분석한 결과를 가지고 하는 경우가 보편적이다. 따라서 K–Means 군집분석이 많이 사용된다.

계층적 군집분석은 비계층적 군집분석과는 달리 연구자가 군집의 수를 지정하는 것이 아니라 SPSS 분석결과에서 2개의 군집일 때는 어떠한 변수들끼리 묶어 두 개의 군집이 되고, 3개의 군집일 때는 어떠한 변수들끼리 묶여 3개의 군집이 된다는 정보를 제공해준다. 계층적 군집분석에서는 가까운 대상끼리 순차적으로 묶어가는 Agglomerative Hirarchical Method(AHM) 방식이 주로 사용된다.

4. 군집분석 실시

– 분석–분류분석–K–Means 군집분석

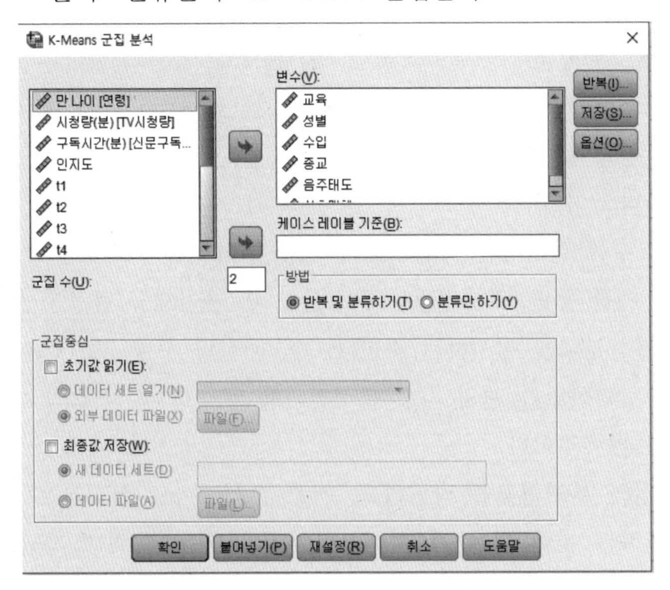

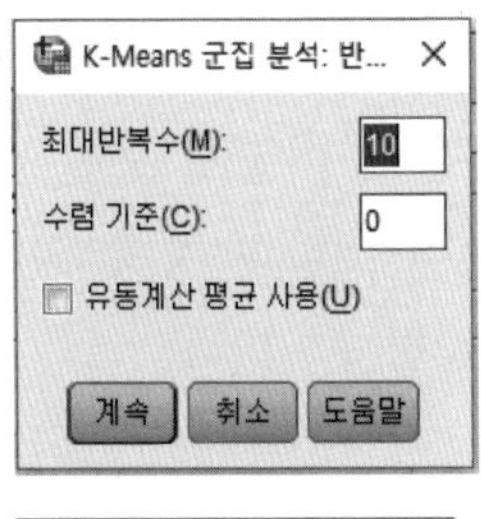

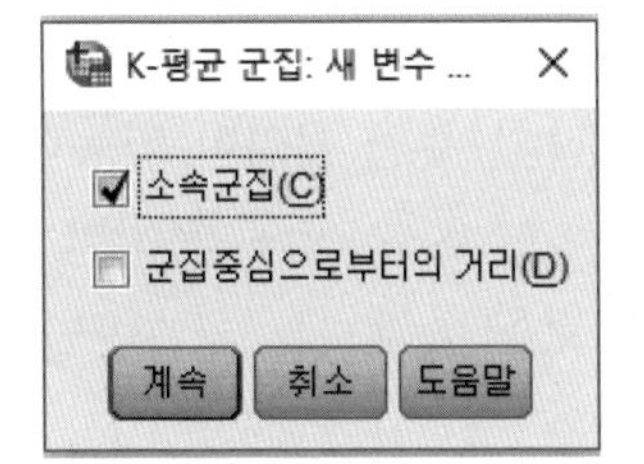

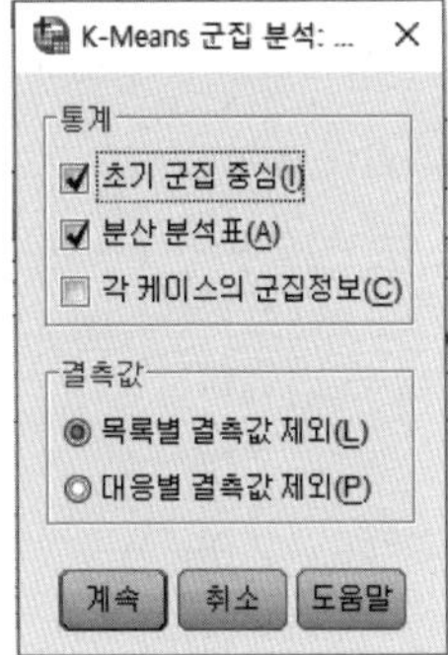

– 최초 군집의 수는 2로 설정되어 있다. 군집의 수는 군집의 분포 정도를 기준으로 정할 수 있다. 즉, 군집의 분포 정도가 일정한 군집의 수로 결정한다는 것이다. ① K-평균 군집분석을 클릭한 후, 최초 화면에서 기본 설정된 군집의 수를 2로 하고 분석하면, 군집 1=12, 군집 2=13으로 군집 2가 많은 분포를 보이고 있다. ② 다음으로 군집의 수를 3으로 입력하면, 군집 1=8, 군집 2=8, 군집 3=9로 군집 3이 분포를 이루고 있다. ③ 군집의 수를 4로 입력하면, 군집 1=6, 군집 2=2, 군집 3=9, 군집 4=8로 군집 3이 높은 분포를 이루고 있다. 결과적으로 군집의 수를 2로 설정하는 것이 적절하다고 할 수 있다.

또 다른 군집의 수를 결정하는 방법으로서 최종 분석결과를 파악한 후 결정하는 것이다. 예를 들면, 조사절차는 군집분석 후 카이제곱 검정을 실시하고 일원배치분산분석을 실시하는 것이다. 즉, 군집의 수를 2로 했을 때와 3 혹은 4로 입력하였을 때의 최종 분석결과를 도출한 후 군집의 수를 결정할 수도 있다는 것이다.

결론적으로 군집의 분포정도를 확인하고, 최종 분석결과도 살펴본 후 군집의 수를 결정하는 것이 가장 적합한 방법일 것이다. 왜냐하면, 군집의 수를 5로 입력하고 분석하면 군집의 분포는 일정하지만 최종 분석결과는 만족할 만한 성과를 얻지 못할 것이기 때문이다. 따라서 군집분석은 다른 분석과는 달리 연구자의 주관 개입이 가능하기 때문에 어떻게 보면 비과학적 분석방법이라고 할 수도 있다. 하지만 주관성이 포함된 창의적인 아이디어 생성을 위해서는 요구되는 접근방법이라고 할 수 있다.

초기 군집 중심

	군집	
	1	2
교육	3.00	2.00
성별	1.00	2.00
수입	5.00	2.00
종교	1.00	2.00
음주태도	1.00	5.00
선호매체	1.00	2.00

반복 히스토리[a]

반복	군집 중심의 변경	
	1	2
1	1.911	1.954
2	.133	.147
3	.000	.000

a. 군집 중심에 변경이 없거나 적으므로 수렴이 이루어졌습니다. 중심의 최대 절대 좌표 변경 값은 .000입니다. 현재 반복은 3입니다. 초기 중심 사이의 최소 거리는 5.385입니다.

마지막 군집 중심

	군집	
	1	2
교육	2.50	1.77
성별	1.42	1.62
수입	3.67	1.85
종교	2.17	2.00
음주태도	1.58	3.23
선호매체	1.50	1.54

– 최대 반복 계산수는 10회로 지정되어 있으며, 총 3회가 실시된 결과이다.

분산 분석

	군집		오류		F	유의수준
	평균 제곱	df	평균 제곱	df		
교육	3.332	1	.492	23	6.778	.016
성별	.246	1	.261	23	.946	.341
수입	20.681	1	.798	23	25.909	.000
종교	.173	1	.681	23	.254	.619
음주태도	16.936	1	.923	23	18.352	.000
선호매체	.009	1	.271	23	.034	.855

다른 군집에 있는 케이스 사이의 차이를 최대화하도록 군집이 선택되었으므로 F 검정은 설명용으로만 사용해야 합니다. 이 경우 관측된 유의수준이 정정되지 않으므로 군집 평균이 동일한 가설 검증으로 해석할 수 없습니다.

각 군집의 케이스 수

군집	1	12.000
	2	13.000
유효함		25.000
결측값		.000

– 마지막 군집 중심을 통해서 반복계산 후의 각 군집별 중심값을 보여준다. 군집1에서 수입이 3.67로 가장 중심값이 높게 나타났고, 그 다음으로 교육 2.50, 종교 2.17, 음주태도 1.58 등으로 나타났다. 즉, 군집1의 결과는 수입에 관한 개별적 관심도가 가장 높다는 것을 의미하며, 수입을 높이기 위해서 교육, 종교, 음주태도, 선호매체, 성별의 순으로 관심도를 집중하는 것이 요구된다고 할 수 있다. 군집2의 경우에는 음주태도에 관해 개별적 관심도가 가장 높게 나타났으며, 종교, 수입, 교육, 성별, 선호매체 순으로 관심을 가지는 것이 요구된다.

각 군집의 케이스 수는 각 군집별 분포수를 보여주는 것이며, 군집1은 12명, 군집2는 13명으로 나타났으며 비교적 각 군집별 분포수가 일정하다는 것을 알 수 있었다.

분산분석결과를 통해 군집은 23명으로 구성되었으며, 교육(F값 6.778, 유의수준 0.000), 수입(F=25.909, 유의수준 0.000), 음주태도(F=18.352, 유의수준 0.000) 등이 유의성이 있는 것으로 파악된다.

5. 카이제곱 검정

카이제곱 검정에 사용할 변수로는 인구통계학적 변수인 교육, 수입, 음주태도와 근집분석 후 생성된 변수인 QCL 1변수를 사용한다.

분석; 기술통계; 교차 분석표

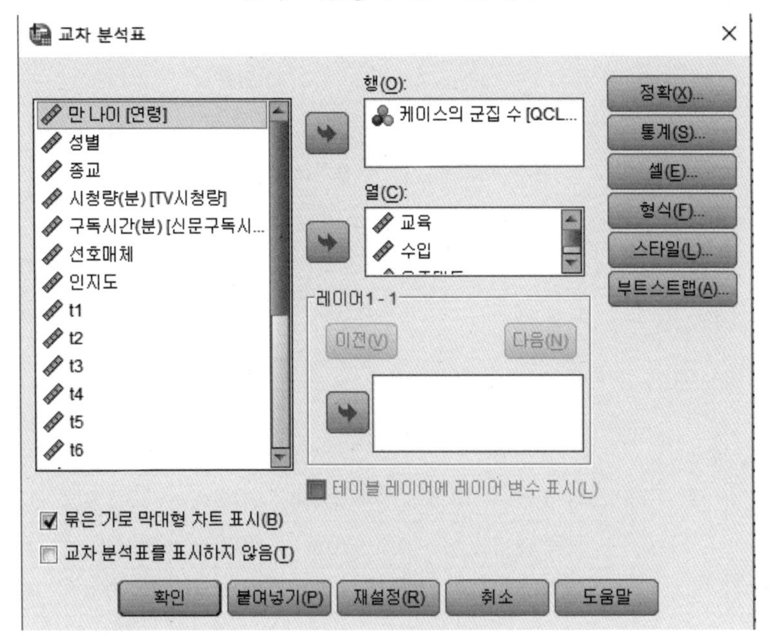

– 정확검정: 점근적 검정, 교차분석: 통계량에서 카이제곱, 파이 및 크레이머의 V(P), 람다, 셀 표시: 빈도에서 관측빈도 및 기대빈도, 퍼센트에서 행, 열, 전체, 정수가 아닌 가중값에서 셀 수 반올림, 형식: 오름차순,

1) 분석결과: 교육 사례

케이스 처리 요약

	케이스					
	유효함		결측값		총계	
	N	퍼센트	N	퍼센트	N	퍼센트
케이스의 군집 수×교육	25	100.0%	0	0.0%	25	100.0%
케이스의 군집 수×수입	25	100.0%	0	0.0%	25	100.0%
케이스의 군집 수×음주태도	25	100.0%	0	0.0%	25	100.0%

케이스 군집번호×교육 교차표

교차 분석표

			교육			
			중졸	고졸	대졸	총계
케이스의 군집 수	1	개수	0	6	6	12
		기대개수	2.9	4.8	4.3	12.0
		케이스의 군집 수 내 %	0.0%	50.0%	50.0%	100.0%
		교육 내 %	0.0%	60.0%	66.7%	48.0%
		총계의 %	0.0%	24.0%	24.0%	48.0%
	2	개수	6	3	3	13
		기대개수	3.1	5.2	4.7	13.0
		케이스의 군집 수 내 %	46.2%	30.8%	23.1%	100.0%
		교육 내 %	100.0%	40.0%	33.3%	52.0%
		총계의 %	24.0%	16.0%	12.0%	52.0%
총계		개수	6	10	9	25
		기대개수	6.0	10.0	9.0	25.0
		케이스의 군집 수 내 %	24.0%	40.0%	36.0%	100.0%
		교육 내 %	100.0%	100.0%	100.0%	100.0%
		총계의 %	24.0%	40.0%	36.0%	100.0%

– 2개의 군집과 교육의 교차표이다. 군집1은 중졸 0명, 고졸 6명, 고졸 6명으로 전체에서 각각 고졸 24.0%, 대졸 24.0%의 본포를 보이고 있다. 군집 2의 경우에는 전체에서 중졸 24.0%, 고졸 16.0%, 대졸 12.0%를 나타내고 있다.

카이제곱 검정

	값	df	점근 유의수준(양면)
Pearson 카이제곱	7.372[a]	2	.025
우도비	9.700	2	.008
선형 대 선형 연결	5.463	1	.019
유효 케이스 N	25		

a. 5셀(83.3%)에 5 미만의 개수가 있어야 합니다. 예상되는 최소 개수는 2.88입니다.

– 2개의 군집과 교육에 대한 카이제곱 검정결과, 유의 확률이 0.025($p<0.05$)으로 2개의 군집과 교육 간에는 분포의 차이가 있다고 할 수 있다. 그러나 기대빈도가 5보다 작은 셀의 비율이 83.3%로 20% 이상으로 변수값을 코딩한 후, 재분석을 실시하여야 한다고 할 수 있다.

2) 수입에 관한 분석

– 군집1은 200～250만원 미만 1명으로 전체에서 4.0%, 250～300만원 미만 5명으로 전체에서 20.0%, 300～350만원 미만 3명으로 12.0%, 350～400만원 미만 3명으로 12.0%를 차지한다.

교차 분석표

			수입					총계
			200만원 미만	200만원 이상 250만 미만	250만 이상 300만 미만	300만 이상 350만 미만	350만 이상 400만 미만	
케이스의 군집 수	1	개수	0	1	5	3	3	12
		기대개수	2.4	2.9	3.8	1.4	1.4	12.0
		케이스의 군집 수 내 %	0.0%	8.3%	41.7%	25.0%	25.0%	100.0%
		수입 내 %	0.0%	16.7%	62.5%	100.0%	100.0%	48.0%
		총계의 %	0.0%	4.0%	20.0%	12.0%	12.0%	48.0%
	2	개수	5	5	3	0	0	13
		기대개수	2.6	3.1	4.2	1.6	1.6	13.0
		케이스의 군집 수 내 %	38.5%	38.5%	23.1%	0.0%	0.0%	100.0%
		수입 내 %	100.0%	83.3%	37.5%	0.0%	0.0%	52.0%
		총계의 %	20.0%	20.0%	12.0%	0.0%	0.0%	52.0%

		5	6	8	3	3	25
총계	개수	5	6	8	3	3	25
	기대개수	5.0	6.0	8.0	3.0	3.0	25.0
	케이스의 군집 수 내 %	20.0%	24.0%	32.0%	12.0%	12.0%	100.0%
	수입 내 %	100.0%	100.0%	100.0%	100.0%	100.0%	100.0%
	총계의 %	20.0%	24.0%	32.0%	12.0%	12.0%	100.0%

카이제곱 검정

	값	df	점근 유의수준(양면)
Pearson 카이제곱	14.149[a]	4	.007
우도비	18.626	4	.001
선형 대 선형 연결	12.714	1	.000
유효 케이스 N	25		

a. 10셀(100.0%)에 5 미만의 개수가 있어야 합니다. 예상되는 최소 개수는 1.44입니다.

– 2개의 군집과 수입에 대한 카이제곱 검정결과 0.007($p<0.05$)으로 2개의 군집과 수입간에는 분포의 차이가 있다고 할 수 있다. 그러나 기대빈도가 5보다 작은 셀의 비율이 100.0%로 20% 이상으로 변수값을 코딩한 후, 재분석을 실시하여야 한다.

3) 음주태도에 관한 분석

교차 분석표

			음주태도					총계
			아주 부정적	조금 부정적	보통	조금 긍정적	아주 긍정적	
케이스의 군집 수	1	개수	5	7	0	0	0	12
		기대개수	2.9	4.8	1.4	1.9	1.0	12.0
		케이스의 군집 수 내 %	41.7%	58.3%	0.0%	0.0%	0.0%	100.0%

		음주태도 내 %	83.3%	70.0%	0.0%	0.0%	0.0%	48.0%
		총계의 %	20.0%	28.0%	0.0%	0.0%	0.0%	48.0%
	2	개수	1	3	3	4	2	13
		기대개수	3.1	5.2	1.6	2.1	1.0	13.0
		케이스의 군집 수 내 %	7.7%	23.1%	23.1%	30.8%	15.4%	100.0%
		음주태도 내 %	16.7%	30.0%	100.0%	100.0%	100.0%	52.0%
		총계의 %	4.0%	12.0%	12.0%	16.0%	8.0%	52.0%
총계		개수	6	10	3	4	2	25
		기대개수	6.0	10.0	3.0	4.0	2.0	25.0
		케이스의 군집 수 내 %	24.0%	40.0%	12.0%	16.0%	8.0%	100.0%
		음주태도 내 %	100.0%	100.0%	100.0%	100.0%	100.0%	100.0%
		총계의 %	24.0%	40.0%	12.0%	16.0%	8.0%	100.0%

– 군집1에서 "아주 부정적" 항목은 전체의 20.0%, "조금 부정적"은 항목에서 28.0%, "보통", "조금 긍정적", "아주 긍정적" 등의 항목은 각각 0%를 차지한다. 또한 군집2에서는 "아주 부정적" 항목은 전체의 4.0%, "조금 부정적" 항목은 12.0%, "보통" 항목은 12.0%, "조금 긍정적" 항목은 16.0%, "아주 긍정적" 항목은 8.0%를 차지한다.

카이제곱 검정

	값	df	점근 유의수준(양면)
Pearson 카이제곱	13.248[a]	4	.010
우도비	16.993	4	.002
선형 대 선형 연결	10.651	1	.001
유효 케이스 N	25		

a. 9셀(90.0%)에 5 미만의 개수가 있어야 합니다. 예상되는 최소 개수는 .96입니다.

– 2개의 군집과 음주태도에 대한 카이제곱 검정결과 0.010($p<0.05$) 2개의 군집과 수입간에는 분포의 차이가 있다고 할 수 있다.

참고문헌

강병서 · 김계수. (2005). 「사회과학 통계분석」. 한나래아카데미.

강주희. (2015). 「New SPSS 프로그램을 활용한 따라하는 통계분석」. 크라운출판사.

구자홍 · 김진경 · 박진호 · 박헌진 · 이재준 · 전홍석 · 황진수. (2000). 「통계학 : 엑셀을 이용한 분석」. 자유아카데미.

김계수. (2001). 「AMOS 구조방정식 모형분석」. SPSS 아카데미.

김렬 · 성도경 · 이환범 · 송건섭 · 조태경 · 이수창. (2005). 「통계분석의 이해 및 활용」. 도서출판 대명.

김민주. (2015). 「행정계량분석(SPSS21활용)」. 대영문화사.

김연형 · 김재훈. (2006). 「SPSS와 사회과학 자료분석」. 교우사.

김영석. (2002). 「사회조사방법론 SPSS WIN 통계분석」. 나남.

김용대 · 박진경. (2015). 「SPSS 통계분석」. 자유아카데미.

김준우. (2015). 「설문지 작성법이 추가된 즐거운 SPSS, 풀리는 통계학」. 박영사.

김충현. (2012). 「SPSS 데이터분석」. 21세기사.

김태영 · 김정수 · 조임곤. (2003). 「사회과학 논문 작성과 통계자료 분석」. 대영문화사.

김태진. (2006). 「행정계량분석의 이론과 활용」. 대영문화사.

김호정. (1997). 「행정통계학」. 삼영사.

남궁근. (2001). 「행정조사방법론」. 법문사.

노형진. (2014). 「SPSS를 활용한 조사방법 및 통계분석」. 학현사.

민윤기 · 윤영채. (2004). 「사회과학을 위한 통계분석」. 형설출판사.

박광박. (1999). 「기초통계학」. 교우사.

박성현 · 김성수 · 황현식. (2011). 「고급 SPSS 이해와 활용」. 한나래.

배규한 · 이태림 · 이기재. (2014). 「SPSS를 이용한 통계학」. 자유아카데미.

배규한 · 이태림 · 이기재. (2000). 「사회조사분석(필기시험)을 위한 조사방법론과 사회통계」. 자유아카데미.

배일섭 · 정영숙. (1998). 「SPSS 한글프로그램과 통계분석기법」. 대구대학교출판부.

성내경. (2012). 「표본조사방법론」. 자유아카데미.

송건섭. (2005). 「SPSS 설문지 조사통계 입문 및 조사 실제 사회조사방법론」. 대구대학교출 판부.

송지준. (2017). 「논문작성에 필요한 SPSS/AMOS 통계분석방법」. 21세기사

안광호 · 임병훈. (2004). 「SPSS를 활용한 사회과학조사방법론」. 학현사.
오종철. (2015). 「IBM SPSS Statistics 기초통계분석」. 자유아카데미.
우수명. (2015). 「마우스로 잡는 SPSS22」. 인간과 복지.
이기훈. (2014). 「SPSS를 이용한 통계자료분석」. 자유아카데미.
이덕기. (1999). 「예측방법의 이해」. SPSS 아카데미.
이명천 · 김요한. (2014). 「SPSS를 이용한 사회과학통계」. 커뮤니케이션북스.
이상만 · 김원식 · 김주안. (2015). 「SPSS를 활용한 사회과학 통계분석」. 한울.
이준형. (2000). 「통계분석」. 대영문화사.
이학식 · 임지훈. (2014). 「사회과학 논문작성을 위한 연구방법론: SPSS 활용방법」. 집현재.
장상희 · 홍동식. 「사회통계학: 원리와 실제」. 박영사.
정동빈. (2003). 「SPSS를 활용한 시계열 자료와 단순화 분석」. SPSS 아카데미.
정우석 · 손일권. (2012). 「과학적 조사방법론(SPSS활용)」. 두양사.
제갈돈. (1997). 「간여시계열 실험과 분석」. 길안사.
제갈욱 · 김병규 · 윤기웅 · 제갈돈(2016). 「조사방법론」. 대영문화사.
최기창 · 박혜련 · 오세열. (1999). 「실문자를 위한 통계학 : SPSS/win의 활용」. 한올출판사
최기헌. (1999). 「설문조사 통계자료분석」. 자유아카데미.
최종후 · 강현희. (1998). 「설문조사－처음에서 끝까지」. 자유아카데미.
최철현. (2007). 「사회통계방법론」. 나남.
한승준. (2003). 「사회조사방법론」. 대영문화사.
허명회. (1992). 「수량화 방법론의 이해」. 자유아카데미.
허명회. (1998). 「사회여론조사 : 통계적 연구사례」. 자유아카데미.
허명회. (2001). 「사회과학을 위한 통계적 방법」. 자유아카데미.
허명회. (2002). 「SPSS 설문지 조사 입문」. SPSS 아카데미.
한승준. (2006). 「조사방법의 이해와 SPSS활용」. 대영문화사.
허준 · 최인규. (2000). 「AMOS를 이용한 구조방정식 모형과 경로분석」. SPSS 아카데미.

Anderson, T. W. (1971). *The Statistical Analysis of Time Series*. Wiley.
Alan Agresti and Barbara finlay Agresti. (1986). Statistical Methods for the Social Sciences, Dellen Publishing Company.
Ann B. Blalock. and Hubert M. Blalock, JR. (1982). Introduction to social research, Prentice－Hall.
Barrow, Michael. (1996). *Statistics for Economics, Accounting, and Business Studies,*

London: Longman.

Creswell, J. W., Research Design: Qualitative & Quantitative Approaches, Thousand Oaks: Sage, 1994.

David Nachmias. (2008). *Research Methods in the Social Science,* WorthPublishers.

Dillon, W. R., and M. Goldstein. (1984). *Multivariate Analysis: Methods and Applications*, New York: Wiley.

Earl R. Babbie. (2007). *Research Methods for Social Work.* Wadsworth.

Etzioni, Amitai and Frederic Dubow(eds.), *Comparative Perspectives: Theories and Methods*, Boston: Little, Brown, 1970.

Folz, David H. (1996). *Survey Research for Public Administration.* Sage.

Kim, Joe－On & Mueller, C. H. (1978). In*troduction to Factor Analysis: What it is and how to do it.* Sage.

Lang, Gerhard and Georage D. Heiss, *A Practical Guide to Research Methods*, Lanham, MD: University Press of America, 1984.

Lewin, Kurt, *Field Theory in Social Science*, New York: Harper, 1951.

Miller, Delbert C., *Handbook of Research Design and Social Measurement*, fifth edition, Sage Publications, 1991.

William Fox. (2002). Social Statistics: A Text using MicroCase, forth edition, Wadsworth.

White, Jay D. & Adams, Guy B. (1994). *Research in Public Administration: Reflections on Theory and Practice.* Sage.

찾아보기

저자소개

제갈욱

미국 Arizona State University에서 행정학박사학위를 취득하고, 현재 순천향대학교 행정학과 교수로 재직 중이며, 주요 관심분야는 정보 및 사무관리제도, 행정학 교육정책, SPSS를 포함한 계량분석론, 환경정책 등이다. 저서로는 "사회과학을 위한 PC의 이해와 활용", "국가공인 행정관리사 문제연구", "조사방법론", "행정전산 사무관리론" 등이 있다.

SPSS활용 통계조사방법론

초판 발행　2021년 4월 10일

지은이　제갈욱
펴낸이　안종만 · 안상준

편　집　우석진
기획/마케팅　오치웅
표지디자인　최윤주
제　작　고철민 · 조영환

펴낸곳　(주) 박영사
서울특별시 금천구 가산디지털2로 53, 210호(가산동, 한라시그마밸리)
등록 1959. 3. 11. 제300-1959-1호(倫)
전　화　02)733-6771
f a x　02)736-4818
e-mail　pys@pybook.co.kr
homepage　www.pybook.co.kr
ISBN　979-11-303-1152-4　93310

copyright©제갈욱, 2021, Printed in Korea

* 파본은 구입하신 곳에서 교환해 드립니다. 본서의 무단복제행위를 금합니다.
* 저자와 협의하여 인지첩부를 생략합니다.

정 가　32,000원